高 等 学 校 规 划 教 材

Thermal Fundamentals in
Inorganic Nonmetallic Materials

无机非金属材料热工基础

裴秀娟　编著

化学工业出版社

·北京·

内 容 简 介

《无机非金属材料热工基础》系统地阐述了无机非金属材料工业热工过程中的基础理论，主要包括气体力学及其在窑炉系统中的应用、燃料及其燃烧、传热原理、传质原理、干燥过程与设备。本书既注重基本概念和基本原理的阐述，又注重基本原理在无机非金属材料热工过程中的应用，并着力增加反映当代生产技术、科学研究和与我国国民经济发展紧密相关的内容 。

本书既可作为高等院校无机非金属材料工程专业、材料科学与工程专业、材料化学专业、粉末冶金专业及相关专业的热工基础课程的教材，也可作为从事无机非金属材料研究、生产、工厂设计以及节能降耗的广大科研人员、技术人员和管理人员的参考书。

图书在版编目（CIP）数据

无机非金属材料热工基础/裴秀娟编著 . —北京：
化学工业出版社，2020.10
高等学校规划教材
ISBN 978-7-122-37517-9

Ⅰ.①无…　Ⅱ.①裴…　Ⅲ.①无机非金属材料-热工
学-高等学校-教材　Ⅳ.①TB321

中国版本图书馆 CIP 数据核字（2020）第 148711 号

责任编辑：窦　臻　林　媛　　　　　　　文字编辑：林　丹　段曰超
责任校对：王素芹　　　　　　　　　　　装帧设计：王晓宇

出版发行：化学工业出版社（北京市东城区青年湖南街 13 号　邮政编码 100011）
印　　装：三河市双峰印刷装订有限公司
787mm×1092mm　1/16　印张 20¾　插页 2　字数 569 千字　2020 年 12 月北京第 1 版第 1 次印刷

购书咨询：010-64518888　　　　　　　　售后服务：010-64518899
网　　址：http://www.cip.com.cn
凡购买本书，如有缺损质量问题，本社销售中心负责调换。

定　价：56.00 元　　　　　　　　　　　　　　　　　　版权所有　违者必究

前言

材料是人类赖以生存的物质基础和科学技术发展的核心与先导。材料分为金属材料、无机非金属材料、有机高分子材料和复合材料四大类。无机非金属材料制品因其应用范围广而成为材料领域研究和开发的重点。

"无机非金属材料热工基础"课程是高等院校无机非金属材料专业的主干课程之一，是从基础课到专业课的过渡课程，也是无机非金属材料专业的枢纽课程。它是深入学习和掌握无机非金属材料工业热工设备的理论基础，也是无机非金属材料工业热工设备设计计算、合理操作和控制的理论基础；对于降低窑炉燃料消耗量、提高热量利用率、提高产品质量、降低生产成本、保护环境具有重要的理论指导意义。

全书主要内容包括气体力学及其在窑炉系统中的应用、燃料及其燃烧、传热原理、传质原理、干燥过程与设备。每章末附思考题与习题，书后附有附录及习题答案。本书在编写过程中，既注重基本概念和基本原理的阐述，又注重基本原理在无机非金属材料热工过程中的应用，并着力增加反映当代生产技术、科学研究和与我国国民经济发展紧密相关的内容，使本书在内容和体系上有较大的改革和创新，以适应当今复合型人才培养的需要。

本书融理论性和实用性于一体，既可作为高等院校无机非金属材料工程专业、材料科学与工程专业、材料化学专业、粉末冶金专业及相关专业的热工基础课程的教材，也可作为从事无机非金属材料研究、生产、工厂设计以及节能降耗的广大科研人员、技术人员和管理人员的参考书。

本教材按 64～84 学时编写，共分五章，各章的建议学时数如下（供参考）：

绪论	1～2 学时
第一章　气体力学及其在窑炉系统中的应用	15～20 学时
第二章　燃料及其燃烧	12～16 学时
第三章　传热原理	20～26 学时
第四章　传质原理	6～8 学时
第五章　干燥过程与设备	10～12 学时

本书的出版得到了华北理工大学材料科学与工程学院和化学工业出版社的大力支持，在此一并表示衷心的感谢！同时对书中所列参考文献的中外作者致以诚挚的谢意！

鉴于笔者水平有限，书中难免存在不足之处，敬请各位读者和专家批评指正。

作　者
2020 年 9 月于华北理工大学

目录

绪　论

第一章　气体力学及其在窑炉系统中的应用

第二章　燃料及其燃烧

第三章　传　热　原　理

附　　录

习　题　答　案

参　考　文　献

绪　论

　　无机非金属材料产品种类繁多，生产工艺各不相同，但绝大多数产品的制备和生产有一个共同的特点，就是成品或半成品都需要经过热的加工工序。如某些原料需经过煅烧才可用于生产，配制好的水泥生料需经高温煅烧为水泥熟料，陶瓷、耐火材料坯体需经高温烧成才能达到所要求的物理、化学特性；为了便于生产过程的进行，某些原料（煤、结合黏土等）在粉磨之前需经干燥处理，陶瓷坯体在施釉和入窑烧成之前需经干燥处理，耐火材料坯体在入窑烧成之前也需经干燥处理；玻璃制品生产过程中，需将配合好的混合料在特定的熔窑中熔融为熔体，成型后的制品需经退火处理。在上述各种热加工过程中，物料将进行一系列的物理、化学变化，并最终决定着产品的质量。因此，热加工工序在绝大多数无机非金属材料制品生产中都是不可缺少的重要工序。

　　无机非金属材料制品热加工工序需要大量的热能，而热能主要来自燃料燃烧产生的热量，气态燃烧产物（烟气）即是热的载体，其在热工设备中的流动不仅影响传热效率和热能的有效利用率，还影响热工设备内横截面上的温度均匀性，从而影响着燃料消耗量和制品的合格率；另外，燃料燃烧的排放物如烟尘、SO_2、NO_x 等是造成大气污染的重要原因之一，CO_2 是加剧大气温室效应的主要因素。因此，设计合理的热工设备、组织好燃料燃烧过程、合理地控制热工设备内气体的流动、提高传热效率和热能的利用率、合理地操作窑炉，是保证产品产量和质量、节约能源、降低成本、减少公害、保护环境的重要措施。

　　在无机非金属材料工业中，常用的热工设备包括干燥设备和窑炉。而窑炉是无机非金属材料生产工艺中最为核心的部分，在无机非金属材料工厂常把窑炉形象地比作"心脏"，以喻它的重要性。窑炉的结构和种类随制品种类不同而不同，陶瓷和耐火材料工业常用的连续式窑炉有窑车隧道窑（简称隧道窑）和辊底隧道窑（简称辊道窑），间歇式窑炉有梭式窑；水泥工业常用的连续式窑炉为回转窑，回转窑又分为悬浮预热器窑和窑外分解窑；玻璃工业常用的连续式窑炉有横火焰玻璃池窑（简称横火焰窑）和马蹄焰玻璃池窑（简称马蹄焰窑），间歇式窑炉有坩埚窑。干燥设备的种类和结构也是因制品的种类而异，主要有室式干燥器、隧道干燥器、辊道干燥器、链式干燥器、喷雾干燥塔、转筒干燥器、流态化干燥器等。

　　各种类型的无机非金属材料热工设备，尽管在结构、流程等方面存在很大差异，但是由于它们都是热工设备，因此仍然存在许多共性。它们的共性就是都遵循热工过程的基本原理：气体力学基本原理、燃料燃烧原理、传热原理和传质原理。各类无机非金属材料热工设备都是在共同的热工过程基础理论指导下研究、设计与操作的，相互之间都具有有机的联系。

　　无机非金属材料热工基础是无机非金属材料专业的一门重要的专业基础课，它主要包括气体力学及其在窑炉系统中的应用、燃料及其燃烧、传热原理、传质原理、干燥过程与设备，是后续课程"无机非金属材料热工设备""无机非金属材料工艺原理"的学习以及毕业设计的理论基础，也是无机非金属材料工业热工设备合理设计、操作和控制的理论基础，同时对本专业所涉及的工程及材料学的研究都是不可缺少的。

本课程学习是建立在"流体力学"课程基础之上的，凡用到的流体力学方面的知识只给出公式结果，不再推导。同时为学好本课程，应具备高等数学、工程数学、化学、电工学、物理化学等知识。

本课程要求学生能熟练掌握和灵活运用热工基础的知识，去分析和解决实际问题，达到学以致用和融会贯通，为以后的学习和工作打下良好的基础。

第一章
气体力学及其在窑炉系统中的应用

气体力学是从宏观角度研究气体平衡和流动规律的一门学科。

在无机非金属材料工业中，绝大多数窑炉都属于火焰窑，即以燃料燃烧作为窑炉热能的来源，窑炉系统中的气体主要是烟气和空气。烟气作为窑炉内的载热体，在窑炉内的流动过程中，把热量传递给窑内被加热的制品；空气既是燃料的助燃剂，又是窑炉冷却阶段制品的冷却剂。

窑炉系统中的气体分布和流动与窑炉的设计和操作有着密切的关系。气体的分布状况对窑炉内压强和温度的分布以及控制有影响，气体的流动状态、速度和流动方向等对窑炉内的热量交换过程有影响，气体的压强和流动阻力对排烟、排风系统及装置的设计和操作有影响，气流的混合对燃料的燃烧过程有影响。因此，气体力学是气体输送设备、燃料燃烧设备、窑炉系统等设计及操作的理论基础。

第一节　气体力学基础

一、气体的物理属性

关于气体的物理属性在以前其他课程中已有详细论述，本书这里仅作必要的、延伸性的论述和补充，为本课程后面的学习奠定必要的基础。

（一）理想气体状态方程

理想气体是指分子间无引力且分子本身不占有体积的一种假想气体。实际气体分子间存在引力，并且分子本身占有体积，因此，实际气体不是理想气体。

对于实际气体，分子间距越大，分子间的引力就越小，分子本身的体积占气体总体积的比例就越小，实际气体就越接近理想气体。对于同一种气体，压强越小，温度越高，气体的密度就越小，分子间距就越大，就越接近理想气体。

为了简化实际气体的研究，一般地，实际气体在常压（1atm 左右）、常温或高温下，可近似看作理想气体。

理想气体状态方程式：

$$pV=nRT=\frac{m}{M}RT \tag{1-1}$$

或
$$p=\frac{m}{V}\times\frac{R}{M}T=\rho\frac{R}{M}T \tag{1-2}$$

式中　p——气体的绝对压强，N/m^2 或 Pa；

V——气体的体积，m^3；

n——气体的物质的量，mol 或 kmol；

m——气体的质量，g 或 kg；

M——气体的摩尔质量，数值上等于气体的分子量，g/mol 或 kg/kmol；

R——气体常数，$R = 8.3143 \text{J}/(\text{mol} \cdot \text{K}) = 8314.3 \text{J}/(\text{kmol} \cdot \text{K})$；

T——气体的热力学温度，旧称为绝对温度，K；

ρ——气体的密度，kg/m^3。

从式(1-1)可知，当气体的物质的量 n 一定时，理想气体状态方程式可写为：

$$\frac{pV}{T} = 常数 \tag{1-3}$$

从式(1-2)可知，对于同一种气体，即 M 一定时，理想气体状态方程式可写为：

$$\frac{p}{\rho T} = 常数 \tag{1-4}$$

对于无机非金属材料工业窑炉系统中的气体，温度高，压强接近于 1atm，因此可近似看作理想气体来研究。

在对气体进行定量研究时，要注意压强 p 的量度单位及换算。压强 p 的量度单位有三种表示方法：应力单位、大气压单位和液柱高单位。应力单位即从压强的基本定义出发，采用单位面积上承受力的大小表示，国际标准单位为 Pa（N/m^2），工程单位为 kgf/cm^2；大气压单位是用大气压的倍数来表示压强的大小，国际标准单位为 atm（标准大气压），工程单位为 at（工程大气压）；液柱高单位是直接用液柱高度来表示压强的大小，常用水柱高度或汞柱高度，其单位有 mH_2O（米水柱）和 mmHg（毫米汞柱）。除此之外，有时压强量度单位还用 bar（巴）表示。压强各量度单位之间的换算关系如下：

$1\text{atm} = 101325\text{Pa} = 760\text{mmHg} = 10.332\text{mH}_2\text{O} = 1.01325\text{bar}$；

$1\text{at} = 9.81 \times 10^4 \text{Pa} = 735.6\text{mmHg} = 10\text{mH}_2\text{O} = 0.981\text{bar}$；

$1\text{mmHg} = 13.6\text{mmH}_2\text{O}$；

$1\text{mmH}_2\text{O} = 9.81\text{Pa} = 1\text{kgf}/\text{m}^2$。

（二）气体的膨胀性和压缩性

众所周知，气体的密度随温度和压强的变化而变化。从式(1-4)可知，对于同一种气体，密度与压强成正比，与温度成反比。

1. 气体的膨胀性

当压强一定时，气体密度随温度升高而减小的性质称为气体的膨胀性。气体的膨胀性用体积膨胀系数"β_T"表示。

$$\beta_T = -\frac{1}{\rho} \times \frac{\mathrm{d}\rho}{\mathrm{d}T} = \frac{1}{\upsilon} \times \frac{\mathrm{d}\upsilon}{\mathrm{d}T} \quad (\text{K}^{-1}) \tag{1-5}$$

式中，υ 为气体的比体积，即单位质量的气体具有的体积，m^3/kg。

比体积和密度互为倒数关系，即

$$\upsilon = \frac{1}{\rho} \tag{1-6}$$

气体体积膨胀系数是指在一定压强下，单位温度变化量所产生的密度或比体积的相对变化率。显然，β_T 恒为正值，β_T 值越大，表示气体的膨胀性越大，反之则表示膨胀性越小。

由式(1-4)可知，当气体压强 p 一定时，$\rho T = 常数$，或者 $T/\upsilon = 常数$。

当气体的压强 p 一定时，随着温度 T 的升高，密度 ρ 降低，比体积 υ 增大，则气体具有膨胀性。但是，当气体温度降至过低（接近于气体的凝固点）时，实际气体不能近似看作理想气体，故式(1-4)不再适用于实际气体。

2. 气体的压缩性

当温度一定时，气体密度随压力增大而增大的性质称为气体的压缩性。气体的压缩性用体积压缩系数"β_p"表示。即

$$\beta_p = \frac{1}{\rho} \times \frac{\mathrm{d}\rho}{\mathrm{d}p} = -\frac{1}{\upsilon} \times \frac{\mathrm{d}\upsilon}{\mathrm{d}p} \quad (\mathrm{Pa}^{-1} \text{ 或 } \mathrm{m}^2/\mathrm{N}) \tag{1-7}$$

气体的体积压缩系数是指在一定温度下，单位压强变化量所产生的密度或比体积的相对变化率。显然，β_p 恒为正值，β_p 值越大，表示气体的压缩性越大，反之则表示压缩性越小。

由式(1-4)可知，当气体温度 T 一定时，$p/\rho =$ 常数，或者 $p\upsilon =$ 常数。

当气体的温度 T 一定时，随着压强 p 的增大，密度 ρ 增大，比体积 υ 减小，则气体具有压缩性。但是，当压强 p 过大时，实际气体不能近似看作理想气体，故式(1-4)不再适用于实际气体。

气体的体积压缩系数的倒数称为气体的体积弹性模量，用 E 表示。即

$$E = \frac{1}{\beta_p} = -\upsilon \frac{\mathrm{d}p}{\mathrm{d}\upsilon} = \rho \frac{\mathrm{d}p}{\mathrm{d}\rho} \quad (\mathrm{Pa}) \tag{1-8}$$

工程上也常用体积弹性模量 E 来表示气体的压缩性。弹性模量越大，说明气体越不易被压缩，即气体的压缩性越小，弹性越小。

虽然气体具有压缩性，但在某种情况下却表现得不太明显，如气体流速不大、压强和温度变化很小时，气体的压缩性很小，可以忽略不计。根据压缩性表现得明显与否，气体可以分为可压缩气体和不可压缩气体两种。密度随压强变化大，不能忽略其压缩性的气体称为可压缩气体；密度随压强变化很小，能忽略其压缩性的气体称为不可压缩气体。对于不可压缩的气体，由于可以忽略压强对密度的影响，因此，同一种气体的密度只与温度有关。

一般地，当气体的压强变化大于 10% 或流速大于 $100\mathrm{m/s}$ 时，密度随压强变化表现明显，可以判断为可压缩气体；反之，判断为不可压缩气体。

证明：当过程压强变化率 $\dfrac{p_2 - p_1}{p_1} \times 100\% \leqslant 10\%$ 时，实际气体视为不可压缩气体所产生的相对误差在工程允许误差（$<5\%$）的范围内。

由能量方程：

$$z_1 g + \frac{u_1^2}{2} = z_2 g + \frac{u_2^2}{2} + \int_{p_1}^{p_2} \frac{\mathrm{d}p}{\rho}$$

若按可压缩气体处理，必须知道密度随压强的变化规律。设过程为等温过程，则：

$$p\upsilon = \frac{p}{\rho} = \text{常数}$$

$$\int_{p_1}^{p_2} \frac{\mathrm{d}p}{\rho} = \int_{p_1}^{p_2} \upsilon \mathrm{d}p = \int_{p_1}^{p_2} \frac{p_1 \upsilon_1}{p} \mathrm{d}p = p_1 \upsilon_1 \ln \frac{p_2}{p_1} = \frac{p_1}{\rho_1} \ln\left(1 + \frac{p_2 - p_1}{p_1}\right)$$

上式用泰勒级数展开，得：

$$\int_{p_1}^{p_2} \frac{\mathrm{d}p}{\rho} = \frac{p_1}{\rho_1}\left(\frac{p_2 - p_1}{p_1}\right)\left[1 - \frac{1}{2}\left(\frac{p_2 - p_1}{p_1}\right) + \cdots\right]$$

$$\int_{p_1}^{p_2} \frac{\mathrm{d}p}{\rho} = \left(\frac{p_2 - p_1}{\rho_1}\right)\left[1 - \frac{1}{2}\left(\frac{p_2 - p_1}{p_1}\right) + \cdots\right]$$

若按不可压缩气体处理，ρ 为常数，即 $\rho = \rho_1 = \rho_2$，则：

$$\int_{p_1}^{p_2} \frac{\mathrm{d}p}{\rho} = \frac{p_2 - p_1}{\rho_1}$$

对比上两式，并且要求相对误差＜5％，则必须：

$$\left| \frac{1}{2} \left(\frac{p_2 - p_1}{p_1} \right) \right| \leqslant 5\%$$

即

$$\frac{p_2 - p_1}{p_1} \leqslant 10\%$$

因此，气体的压强变化不大于 10％时，可视为不可压缩气体。

对于无机非金属材料工业窑炉系统中的气体，通常流速小于 100m/s，压强变化很小，因此可看作不可压缩气体。

若令 p_0、T_0、V_0、ρ_0、u_0 分别表示标准状态下气体的压强、热力学温度、体积、密度、流速（一般地，标准状态下气体参数用右下角标"0"表示），则由理想气体状态方程式（1-1）和式（1-2）可以推导出在压强 p 和温度 T 时气体的体积 V_t、密度 ρ_t、流速 u_t 为：

$$V_t = V_0 \frac{p_0}{p} \times \frac{T}{T_0} \tag{1-9}$$

$$\rho_t = \rho_0 \frac{p}{p_0} \times \frac{T_0}{T} \tag{1-10}$$

$$u_t = u_0 \frac{p_0}{p} \times \frac{T}{T_0} \tag{1-11}$$

对于无机非金属材料工业窑炉系统，由于 $p \approx p_0$，则式（1-9）～式（1-11）可以简写为：

$$V_t = V_0 \frac{T}{T_0} = V_0 \frac{273 + t}{273} \tag{1-12}$$

$$\rho_t = \rho_0 \frac{T_0}{T} = \rho_0 \frac{273}{273 + t} \tag{1-13}$$

$$u_t = u_0 \frac{T}{T_0} = u_0 \frac{273 + t}{273} \tag{1-14}$$

式中，t 为气体的摄氏温度（一般地，T 表示热力学温度，t 表示摄氏温度），℃。

气体的膨胀和压缩除了与温度和压强有关外，还与热量传递的多少有关。在有热量传递的条件下，气体的膨胀或压缩过程称为多变过程。在多变过程中，理想气体各参数之间的关系式称为多变方程，即

$$\frac{p}{\rho^n} = pv^n = 常数 \tag{1-15}$$

$$T\rho^{1-n} = Tv^{n-1} = 常数 \tag{1-16}$$

$$T^n p^{1-n} = 常数 \tag{1-17}$$

$$n = \frac{\gamma - q/\Delta e}{1 - q/\Delta e}$$

$$\gamma = \frac{c_p}{c_V}$$

式中　n——多变指数；

　　　γ——比定压热容与比定容热容之比，称为绝热指数；

　　　q——加给系统的热量，绝热或等熵过程 $q = 0$，J/kg；

　　　Δe——系统内气体的内能增量，J/kg。

将式(1-15)求导后代入式(1-8)得：

$$E = np \tag{1-18}$$

对于绝热过程，$n = \gamma$，则有：

$$E = \gamma p = \gamma \frac{\rho R T}{M} \tag{1-19}$$

气体的绝热指数 γ 与气体的结构和种类有关。对于单原子气体，$\gamma = 1.6$；对于双原子气体，$\gamma = 1.4$；对于多原子气体，$\gamma = 1.3$；对于煤气，$\gamma = 1.33$。

(三) 气体的黏性

实际流体由于分子的扩散、频繁碰撞和分子间的吸引力，不同流速流体之间必有动量交换发生，因而在流体内部会产生内摩擦力。

气体的黏性是指气体内部质点或流层间因相对运动而产生内摩擦力以抵抗其相对运动的性质。气体的黏性可由牛顿内摩擦定律表示。

牛顿内摩擦定律：运动流体的内摩擦力的大小与两层流体的接触面积成正比，与两层流体之间的速度梯度成正比。其数学表达式为：

$$f = \mu A \frac{\mathrm{d}u}{\mathrm{d}y} \tag{1-20}$$

单位面积上的内摩擦力为：

$$\tau = \frac{f}{A} = \mu \frac{\mathrm{d}u}{\mathrm{d}y} \tag{1-21}$$

式中　f——运动流体的内摩擦力，N；

　　A——相邻两流层的接触面积，m^2；

　　$\dfrac{\mathrm{d}u}{\mathrm{d}y}$——流层间的速度梯度，表示垂直于流体流动方向的速度变化率，s^{-1}；

　　μ——比例系数，称为绝对动力黏度系数，简称为动力黏度或黏度，$\mathrm{Pa \cdot s}$；

　　τ——单位面积上的内摩擦力，亦称为剪应力，Pa。

动力黏度 μ 在数值上等于两流层的速度梯度为 1 时单位接触面积上的内摩擦力，它是衡量气体黏性大小的物理量。气体动力黏度 μ 值大，表明流体的黏性大，流动性差。

流体产生黏性的原因有两个，一是流体内部分子之间的吸引力，吸引力越大，黏性越大；二是流体内部分子的紊乱运动，紊乱运动越强烈，黏性越大。流体的黏度随流体种类而异，并与温度有密切关系。对于液体，分子间的引力是产生黏性的主要因素，当温度升高时，分子间距增大，分子间引力减小，因此黏度减小。对于气体，分子的紊乱运动是产生黏性的主要因素，当温度升高时，分子的紊乱运动加快，因此黏度增大。

气体的黏度与温度的关系可用下式表示：

$$\mu_t = \mu_0 \left(\frac{273 + C}{T + C} \right) \left(\frac{T}{273} \right)^{1.5} \tag{1-22}$$

式中　μ_t、μ_0——温度分别为 t 和 0℃时气体的黏度，$\mathrm{Pa \cdot s}$；

　　　T——气体的热力学温度，K；

　　　C——与气体性质有关的常数。

空气和烟气的 μ_0 与 C 值见表 1-1。

表 1-1   空气和烟气的 μ_0 与 C 值

气体种类	$\mu_0/\mathrm{Pa \cdot s}$	C
空气	1.72×10^{-5}	122
烟气	1.578×10^{-5}	173

气体黏性的大小除了用动力黏度 μ 表示以外，还可以用运动黏度表示。运动黏度是指气体的动力黏度与其密度的比值，用符号 ν（$\mathrm{m^2/s}$）表示。

$$\nu = \frac{\mu}{\rho} \tag{1-23}$$

（四）空气的浮力

由阿基米德浮力原理可知，单位体积物体在大气中受到空气的浮力在数值上等于单位体积空气的重力，浮力的方向与重力的方向相反。即

$$f = \rho_a g \tag{1-24}$$

式中 f——单位体积的物体在大气中受到空气的浮力，$\mathrm{N/m^3}$；

ρ_a——空气的密度，$\mathrm{kg/m^3}$；

g——重力加速度。

单位体积的物体在大气中所受到的重力与浮力的合力 ΔF 为：

$$\Delta F = G - f = (\rho - \rho_a)g \tag{1-25}$$

式中 G——单位体积物体的重力，$\mathrm{N/m^3}$；

ρ——物体的密度，$\mathrm{kg/m^3}$。

对于固体和液体，由于物体的密度 ρ 远大于空气的密度 ρ_a，即固、液体物质在大气中所受到的空气浮力远小于自身的重力，所以固体和液体通常不考虑空气浮力的影响；对于窑炉系统中的热气体，由于 $\rho < \rho_a$，所以合力 $\Delta F < 0$，表明热气体的重力小于空气的浮力，即合力 ΔF 方向向上。因此，热气体在没有外力存在时通常做自由上升流动，与固、液体的自由落体运动正好相反。

二、气体动力学基本方程

气体动力学基本方程就是质量守恒定律、能量守恒定律和动量守恒定律在气体动力学中的具体应用。气体动力学的质量守恒定律即为气体的质量方程，又称为连续性方程；气体动力学的能量守恒定律即为气体的伯努利方程；气体动力学的动量守恒定律即为气体的动量方程。

（一）质量方程——连续性方程

1. 质量方程的积分形式

在某气体流场中，任取一固定空间 V 作为控制体，其界面 F 为控制面，在 V 内取一任意单元体 $\mathrm{d}V$，在 F 面上任取一微元面 $\mathrm{d}F$，如图 1-1 所示。

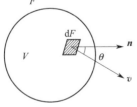

假设在 τ 时刻控制体 V 内的气体具有一定的质量 m。若在 $\mathrm{d}\tau$ 时间内通过控制面 F 流出控制体 V 的气体质量（$m_出$）大于流入 V 的气体质量（$m_入$），则控制体 V 内的气体质量将减小（即 $\mathrm{d}m < 0$）；反之，若在 $\mathrm{d}\tau$ 时间内通过控制面 F 流出控制体 V 的气体质量（$m_出$）小于流入 V 的气体质量（$m_入$），则控制体 V 内的气体质量将增大（即 $\mathrm{d}m > 0$）。

图 1-1   控制体示意图

即 $\begin{cases} 若\ m_出 > m_入，则\ \mathrm{d}m < 0 \\ 若\ m_出 < m_入，则\ \mathrm{d}m > 0 \end{cases}$，根据质量守恒定律，则有：

在单位时间内，通过 F 面的气体净流出质量＋V 内气体质量变化量＝0

其数学表达式为：

$$\oiint_F \rho \cdot \boldsymbol{v} \cdot \boldsymbol{n} \cdot \mathrm{d}F + \frac{\partial}{\partial \tau} \iiint_V \rho \mathrm{d}V = 0 \tag{1-26}$$

式中　ρ——气体的密度，$\mathrm{kg/m^3}$；

　　　$\boldsymbol{v}$——$\mathrm{d}F$ 面上气体的点速度矢量，其标量为 v，$\mathrm{m/s}$；

　　　$\boldsymbol{n}$——$\mathrm{d}F$ 面上的外法线单位矢量，其方向以流出为正、流入为负。

式(1-26) 称为气体质量方程的积分形式。

2. 质量方程的微分形式

按高斯散度定理：　　$\oiint_F \rho \cdot \boldsymbol{v} \cdot \boldsymbol{n} \cdot \mathrm{d}F = \iiint_V \mathrm{div}(\rho \cdot \boldsymbol{v}) \mathrm{d}V$

代入式(1-26)，可得

$$\iiint_V \left[\mathrm{div}(\rho \cdot \boldsymbol{v}) + \frac{\partial \rho}{\partial \tau} \right] \mathrm{d}V = 0$$

即有　　　　　　　　　　$$\mathrm{div}(\rho \cdot \boldsymbol{v}) + \frac{\partial \rho}{\partial \tau} = 0 \tag{1-27}$$

$$\mathrm{div}(\rho \cdot \boldsymbol{v}) = \frac{\partial(\rho \cdot \boldsymbol{v})}{\partial x} + \frac{\partial(\rho \cdot \boldsymbol{v})}{\partial y} + \frac{\partial(\rho \cdot \boldsymbol{v})}{\partial z}$$

式中，$\mathrm{div}(\rho \cdot \boldsymbol{v})$ 称为散度。

式(1-27) 称为气体质量方程的微分形式。

对于同一种不可压缩的气体，由于密度只是温度的函数，当温度不变时，密度 ρ 为常数。则式(1-27) 可以写为：

$$\mathrm{div}\boldsymbol{v} = \frac{\partial v}{\partial x} + \frac{\partial v}{\partial y} + \frac{\partial v}{\partial z} = 0 \tag{1-28}$$

3. 稳定态一元流（管流）质量方程——连续性方程

流体在流场中流动时，任意一点流体的物理参数（如温度、压强、密度、流速等）均不随时间变化而变化的流动过程称为稳定流动；否则，任意一点流体的物理参数随时间变化而变化的流动过程称为非稳定流动。

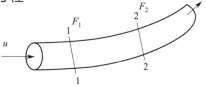

图 1-2　气体在管道中做稳定流动

如图 1-2 所示，气体在一密闭管道中做稳定连续流动。在管道上任意取两个与流动方向相垂直的截面 1—1 面和 2—2 面，1—1 截面的面积为 F_1，2—2 截面的面积为 F_2，气体在 1—1 截面上的密度、点速度和平均流速分别为 ρ_1、v_1、u_1，气体在 2—2 截面上的密度、点速度和平均流速分别为 ρ_2、v_2、u_2。

由质量方程的积分形式［式(1-26)］

因为　　　　　　　　　　$$\frac{\partial}{\partial \tau} \iiint_V \rho \mathrm{d}V = 0$$

所以有 $\oiint_F \rho \cdot \boldsymbol{v} \cdot \boldsymbol{n} \cdot \mathrm{d}F = \rho_2 \iint_{F_2} v_2 \mathrm{d}F - \rho_1 \iint_{F_1} v_1 \mathrm{d}F = \rho_2 u_2 F_2 - \rho_1 u_1 F_1 = 0$

或 $\qquad\qquad\qquad\qquad \rho_1 u_1 F_1 = \rho_2 u_2 F_2 = \dot{m}$ (1-29)

式中　u_1——气体在 1—1 截面上的平均流速，$u_1 = \dfrac{\iint_{F_1} v_1 \mathrm{d}F}{F_1}$，m/s；

$\qquad u_2$——气体在 2—2 截面上的平均流速，$u_2 = \dfrac{\iint_{F_2} v_2 \mathrm{d}F}{F_2}$，m/s；

$\qquad \dot{m}$——气体的质量流量，kg/s。

式(1-29) 称为气体稳定态一元流质量方程，又称为气体稳定态管流连续性方程，简称气体的连续性方程。

气体连续性方程的内容：当气体在一密闭管道内做稳定连续流动时，通过管道任意截面的质量流量都相等。

对于同一种不可压缩的气体，由于密度只是温度的函数，当温度不变时，密度 ρ 为常数，则有

$$u_1 F_1 = u_2 F_2 = V$$ (1-30a)

式中，V 为气体的体积流量，m^3/s。

式(1-30a) 称为不可压缩气体的连续性方程。其内容：当不可压缩气体在一密闭管道内做稳定连续流动时，通过管道任意截面的体积流量都相等，即流速与管道截面积成反比。

对于截面为圆形的管道，式(1-30a) 可以写为：

$$\frac{u_1}{u_2} = \frac{F_2}{F_1} = \left(\frac{d_2}{d_1}\right)^2$$ (1-30b)

式中　d_1、d_2——分别为 1—1 截面和 2—2 截面的直径，m。

连续性方程式(1-30a) 和式(1-30b) 的适用条件：不可压缩气体由 1—1 截面流至 2—2 截面为等温过程。若为变温过程，取两截面的算数平均温度 $t_{av} = \dfrac{t_1 + t_2}{2}$ 进行计算。

连续性方程式也适用于有分支的密闭气体管道。如图 1-3 所示，其连续性方程可以写为：

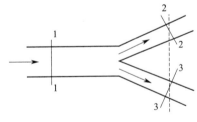

图 1-3　有分支的密闭气体管道

$$\dot{m}_1 = \dot{m}_2 + \dot{m}_3$$

即 $\qquad\qquad\qquad \rho_1 u_1 F_1 = \rho_2 u_2 F_2 + \rho_3 u_3 F_3$

（二）稳定态一元流（管流）热气体的能量方程——热气体伯努利方程

在"流体力学"课程中已经详细探讨了单一流体的伯努利方程，所谓"单一流体"是指可以忽略外界空气浮力影响的不可压缩流体。而对于热气体，由于外界空气浮力

大于自身重力，在没有外力存在时做自由上升的流动。显然单一流体的伯努利方程不太适合于热气体，为此需要探讨适用于在管道中做稳定流动的不可压缩热气体的伯努利方程。

1. 热气体的伯努利方程

如图 1-4 所示，不可压缩的热气体在密闭管道中自下向上做稳定流动，管道内热气体的平均密度为 ρ。在与气体流动相垂直的方向上任意截取两个截面，上游截面为 1—1 面，下游截面为 2—2 面，选取水平面 0—0 面为基准面。1—1 截面的面积、平均流速、绝对压强分别为 F_1、u_1、p_1，2—2 截面的面积、平均流速、绝对压强分别为 F_2、u_2、p_2；1—1 面和 2—2 面相对于基准面 0—0 面的距离（即位头）分别为 z_1 和 z_2。

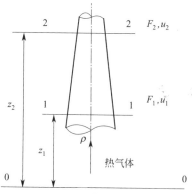

图 1-4　热气体伯努利方程的推导

对于管道内热气体，1—1 面与 2—2 面的伯努利方程为：

$$p_1 + \rho g z_1 + \frac{u_1^2}{2}\rho = p_2 + \rho g z_2 + \frac{u_2^2}{2}\rho + \sum h_{L(1\text{-}2)} \quad (\mathrm{J/m^3} \text{ 或 } \mathrm{Pa}) \tag{1-31}$$

对于管道外的空气，密度为 ρ_a。取与管道相同位置的两个截面 1—1 面和 2—2 面，1—1 面和 2—2 面的空气绝对压强分别为 p_{a1} 和 p_{a2}。由于管道外空气的流速相对于管道内的热气体流速很小，因此可以把管外空气近似看作静止的。则 1—1 面和 2—2 面的空气的静力学能量方程为：

$$p_{a1} + \rho_a g z_1 = p_{a2} + \rho_a g z_2 \quad (\mathrm{J/m^3} \text{ 或 } \mathrm{Pa}) \tag{1-32}$$

式（1-31）−式（1-32），并合并同类项，可得：

$$(p_1 - p_{a1}) + (\rho - \rho_a) g z_1 + \frac{u_1^2}{2}\rho = (p_2 - p_{a2}) + (\rho - \rho_a) g z_2 + \frac{u_2^2}{2}\rho + \sum h_{L(1\text{-}2)} \tag{1-33a}$$

因为 $\rho < \rho_a$，则 $(\rho - \rho_a) g z_1 < 0$，$(\rho - \rho_a) g z_2 < 0$，上式可以写为：

$$(p_1 - p_{a1}) + (\rho_a - \rho) g(-z_1) + \frac{u_1^2}{2}\rho = (p_2 - p_{a2}) + (\rho_a - \rho) g(-z_2) + \frac{u_2^2}{2}\rho + \sum h_{L(1\text{-}2)}$$

$$\tag{1-33b}$$

由式（1-25）可知，单位体积热气体的重力与大气浮力的合力 $\Delta F = G - f = (\rho - \rho_a) g < 0$，方向向上，即单位体积热气体在大气中受到的净浮力为 $f - G = (\rho_a - \rho) g > 0$。热气体向上流动时，净浮力 $(\rho_a - \rho) g$ 做正功；热气体向下流动时，净浮力 $(\rho_a - \rho) g$ 做负功。也就是说，热气体的截面位置越低，净浮力 $(\rho_a - \rho) g$ 所具有的做功能力（即净浮力势能）就越大。显然，式（1-33b）中等号两边的第二项 $(\rho_a - \rho) g(-z)$ 表示单位体积热气体的净浮力 $(\rho_a - \rho) g$ 所具有的势能。对于热气体的净浮力势能而言，如图 1-4 中所示的 1—1 面和 2—2 面相对于下面的基准面 0—0 面的位头 z_1、z_2 的方向与净浮力 $(\rho_a - \rho) g$ 的方向相反，即 $z_1 < 0$，$z_2 < 0$，则 $-z_1 > 0$、$-z_2 > 0$。因此，为了热气体净浮力势能的表示方便，需要重新规定热气体基准面的位置和位头 z 的正负。对于热气体，基准面一般选在截面的上方，基准面下方的截面位头 z 为正，基准面上方的截面位头 z 为负。

如图 1-5 所示，选取截面上方的水平面 0—0 面为基准面，1—1 面和 2—2 面相对于基准面 0—0 面的位头分别为 z_1 和 z_2。根据上面的新规定，z_1 和 z_2 均为正值，并且 $z_1 > z_2$。则式（1-33b）可以改写为：

$$(p_1 - p_{a1}) + (\rho_a - \rho)gz_1 + \frac{u_1^2}{2}\rho = (p_2 - p_{a2}) + (\rho_a - \rho)gz_2 + \frac{u_2^2}{2}\rho + \sum h_{L(1\text{-}2)}(\text{Pa})$$

$$(1\text{-}34)$$

为书写方便，上式可简写为：

$$h_{s1} + h_{ge1} + h_{k1} = h_{s2} + h_{ge2} + h_{k2} + \sum h_{L(1\text{-}2)}(\text{Pa}) \tag{1-35}$$

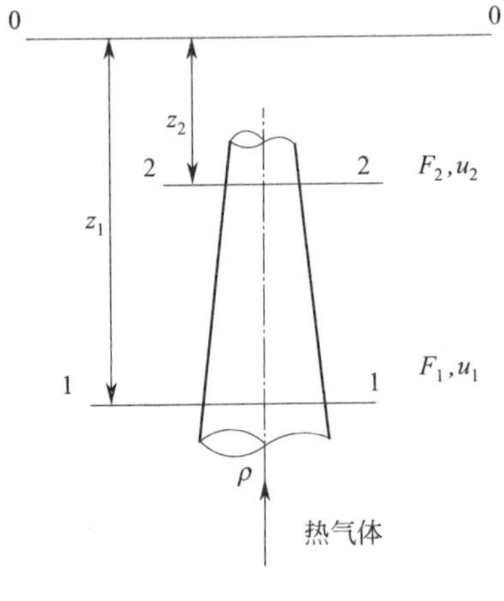

图1-5　基准面在上方的热气体
伯努利方程的推导

式(1-34)和式(1-35)均称为热气体的伯努利方程，亦称为二流体的伯努利方程。

热气体伯努利方程式中，$h_s = p - p_a$，称为相对静压头，简称为静压头，指单位体积的热气体具有的静压能与同一水平面上单位体积的空气具有的静压能之差。它在数值上等于该截面上的表压强值，但二者意义不同。

$h_{ge} = zg(\rho_a - \rho)$，称为相对几何压头，简称为几何压头，指同一高度上单位体积的空气与单位体积的热气体的重力势能之差。其物理意义为单位体积的热气体在净浮力 $g(\rho_a - \rho)$ 的作用下所具有的势能，即净浮力势能。几何压头的大小与热气体流动方向无关；当热气体向上流动时 h_{ge} 为动力，当热气体向下流动时 h_{ge} 为阻力。

$h_k = \frac{u^2}{2}\rho$，称为动压头，表示单位体积的热气体流动时所具有的动能。

$\sum h_{L(1\text{-}2)}$ 表示单位体积的热气体由1—1截面流至2—2截面时的能量损失，又称为压头损失。

热气体伯努利方程的内容：不可压缩的热气体在密闭管道中做稳定连续流动时，任一截面上的静压头、几何压头与动压头之和都等于其下游任一截面上的静压头、几何压头、动压头以及两截面间的能量损失之和，即能量守恒。

所取截面1—1面和2—2面间的热气体，不考虑其热能的损失，若两截面间有温差，则用两截面的平均温度处理，即看作平均温度下的等温过程。另外，两截面间沿程的气体流量不能改变。

2. 能量损失（$\sum h_L$）

气体在管道中流动时，能量损失主要包括摩擦阻力损失和局部阻力损失。

（1）摩擦阻力损失　实际气体在管道中流动时，由于气体的黏性产生内摩擦力而造成的能量损失称为摩擦阻力损失。摩擦阻力损失存在于整个流动路程中。单位体积气体的摩擦阻力损失计算公式为：

$$h_f = \lambda \frac{l}{d_e} \times \frac{u^2}{2}\rho \tag{1-36}$$

式中　h_f——摩擦阻力损失，Pa；

　　　l——两截面间管道的长度，m；

　　　d_e——管道的当量内径，$d_e = 4r_w \left[\dfrac{\text{通道截面积（}F\text{）}}{\text{浸湿周边边长（}L\text{）}}\right]$，$r_w$ 称为水力半径$\Big]$，对于圆形管道，$d_e = d$，m；

u——管道两截面间的平均流速，用两截面的平均温度和平均内径计算平均流速，m/s；

ρ——管道两截面间的平均密度，kg/m^3；

λ——摩擦阻力系数（一般地，对于砖或混凝土等材料砌筑的烟道，可近似取 $\lambda = 0.05$），可按下式计算：

$$\lambda = \frac{b}{Re^n} \tag{1-37}$$

Re——雷诺数，$Re = \frac{d_e u \rho}{\mu} = \frac{d_e u}{\nu}$，用于判断流体的流动状态；

b、n——与气体的流动状态及管内壁相对粗糙度有关的系数，其值可参阅表 1-2。

由式(1-36)可知，摩擦阻力损失与流经的管道长度及动压头成正比，与管道的当量内径成反比。

当气体在不同直径的管道中流动时，计算摩擦阻力损失应分段进行。

表 1-2　b 与 n 的取值

流态与管道		b	n	流态与管道		b	n
层流		64	1	湍流	光滑金属管道	0.320	0.25
湍流	砖砌管道	0.175	0.12		粗糙金属管道	0.129	0.12

（2）局部阻力损失　当气体通过管道中的入口、拐弯、扩大、收缩、闸板及出口等局部障碍时，引起流速的大小或方向突然发生改变，导致气体质点与质点间、质点与管壁间发生碰撞和产生漩涡而造成的能量损失，称为局部阻力损失。单位体积气体的局部阻力损失计算公式为：

$$h_1 = \xi \frac{u^2}{2} \rho \tag{1-38}$$

式中　h_1——局部阻力损失，Pa；

u——气体的平均流速，m/s；

ρ——气体的密度，kg/m^3；

ξ——局部阻力系数，一些常见的局部阻力系数列于附录二中（一），查附录二时要注意计算流速与表中简图的对应位置。

在气体管道设计和安装上，必须尽量减小压头损失。一般地，局部阻力损失远大于摩擦阻力损失，所以，减小压头损失必须从减小局部阻力损失着手。减小局部阻力损失的措施可归纳为五个字，即圆（进口和转弯要圆滑）、平（管道要平、起伏坎坷要少）、直（管道要直、转弯要少）、缓（截面改变、速度改变、转弯等都要缓慢）、少（涡流要少）。

在无机非金属材料工业窑炉系统中，压头损失的大小直接影响到窑炉系统的设计及其运转情况。研究无机非金属材料工业窑炉系统的压头损失，是为确定和计算送风、排烟设备所必需，为确定合理的窑炉结构、操作方案（如隧道窑装窑车方案）、窑炉烧成制度所必需，为检查窑炉工作情况（如压强分布情况）所必需，为减小窑炉横断面上的温度差所必需，也是为提高产品质量、减少产品缺陷（如提高产品白度、光泽度或透明度，减少气泡缺陷等）所必需。因此，在无机非金属材料制品生产中，常常将调节压头损失的大小作为一种手段来服务于窑炉的操作和控制。

【例 1-1】 如图 1-6 所示，烟气在等径的管道内流动，管道的直径为 0.8m，管内烟气温度为 300℃，烟气的密度为 1.32kg/Nm³，流速为 8Nm/s，管外空气温度为 20℃，空气在标准状态时的密度为 1.293kg/Nm³，A 点处的静压头为 392Pa，转弯处的局部阻力系数为 1.5，管内摩擦阻力系数为 0.05，求 B 点处的静压头。

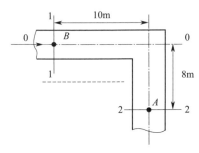

图 1-6 热烟气在等径管道中流动

【解】 如图 1-6 所示，过 B 点与气流方向相垂直的截面为 1—1 面，过 A 点与气流方向相垂直的截面为 2—2 面，选取过 1—1 截面中心点（即 B 点）的水平面 0—0 面为基准面。

由题意可知，$\rho_{a0} = 1.293\text{kg/Nm}^3$，$\rho_0 = 1.32\text{kg/Nm}^3$，$t_a = 20℃$，$t = 300℃$，$u_0 = 8\text{Nm/s}$，$d = 0.8\text{m}$，$\xi = 1.5$，$\lambda = 0.05$，$h_{s2} = 392\text{Pa}$，$z_1 = 0$，$z_2 = 8\text{m}$。

$$\rho_a = \rho_{a0} \frac{273}{273+t_a} = 1.293 \times \frac{273}{273+20} = 1.205(\text{kg/m}^3)$$

$$\rho = \rho_0 \frac{273}{273+t} = 1.32 \times \frac{273}{273+300} = 0.629(\text{kg/m}^3)$$

$$u = u_0 \frac{273+t}{273} = 8 \times \frac{273+300}{273} = 16.8(\text{m/s})$$

列 1—1 面与 2—2 面的伯努利方程式：

$$h_{s1} + h_{ge1} + h_{k1} = h_{s2} + h_{ge2} + h_{k2} + \sum h_{L(1\text{-}2)}$$

$z_1 = 0$，则有 $h_{ge1} = 0$。

$d_1 = d_2$，由连续性方程式可知 $u_1 = u_2$，则有 $h_{k1} = h_{k2}$。

又 $$\sum h_{L(1\text{-}2)} = h_1 + h_f$$

上述伯努利方程式可整理为：$h_{s1} = h_{s2} + h_{ge2} + h_f + h_1$

则有

$$h_{s1} = h_{s2} + z_2 g(\rho_a - \rho) + \lambda \frac{l}{d} \times \frac{u^2}{2}\rho + \xi \frac{u^2}{2}\rho$$

$$= h_{s2} + z_2 g(\rho_a - \rho) + \left(\lambda \frac{l}{d} + \xi\right)\frac{u^2}{2}\rho$$

$$= 392 + 8 \times 9.8 \times (1.205 - 0.629) + \left(0.05 \times \frac{10+8}{0.8} + 1.5\right) \times \frac{16.8^2}{2} \times 0.629$$

$$= 670.2(\text{Pa})$$

B 点处的静压头为 670.2Pa。

3. 各压头间的相互转换

伯努利方程式是能量守恒定律在气体力学中的表现形式。能量不仅守恒，各种能量之间还可以相互转换。几何压头、静压头和动压头之间可以相互转换；但是，由于压头损失只发生在气体流动时，因此，只有动压头才能直接转变为压头损失，并且是不可逆的。伯努利方程式中的各压头之间的相互转换如图 1-7 所示。

（1）静压头和几何压头之间的相互转换　如图 1-8（a）所示，不可压缩的

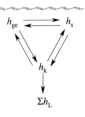

图 1-7 压头转换示意图

热气体在一竖直等径管道内自上而下流动。

列 1—1 面和 2—2 面间的伯努利方程式：

$$h_{s1}+h_{ge1}+h_{k1}=h_{s2}+h_{ge2}+h_{k2}+\sum h_L$$

取 1—1 面为基准面，则有 $h_{ge1}=0$。

因为 $d_1=d_2$，则有 $h_{k1}=h_{k2}$。

因为 $h_{ge2}>h_{ge1}$　　则有 $h_{s1}>h_{s2}$。

又因为 $\sum h_L=h_f$，所以，上述伯努利方程式可写为：

$$h_{s1}-h_{s2}=h_{ge2}+h_f$$

由此可知，静压头 h_s 的减小，一部分转变为几何压头 h_{ge} 的增大，另一部分通过动压头用于摩擦阻力损失。其压头转换关系为：

压头转换图如图 1-8(b) 所示。

相反，当不可压缩的热气体在上述管道中自下向上流动时，如图 1-9(a) 所示。同理可以推出，几何压头 h_{ge} 的减小一部分转换给静压头 h_s 的增加，另一部分通过动压头用于摩擦阻力损失。其压头转换图如图 1-9(b) 所示。

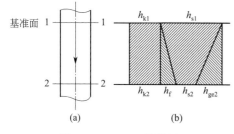

图 1-8　$h_s \rightarrow h_{ge}$ 转换图

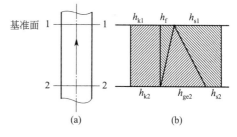

图 1-9　$h_{ge} \rightarrow h_s$ 转换图

由此可以得出结论：当热气体自上向下流动时，h_{ge} 同 $\sum h_L$ 一样，是一种"阻力"；当热气体自下向上流动时，h_{ge} 是流动的动力。热气体的截面位置越高，几何压头 h_{ge} 越小，静压头 h_s 越大，与液体正好相反。

（2）动压头与静压头之间的相互转换　如图 1-10(a) 所示，不可压缩的热气体在水平渐扩管道内流动。

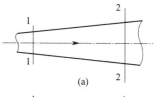

列 1—1 面和 2—2 面间的伯努利方程式：

$$h_{s1}+h_{ge1}+h_{k1}=h_{s2}+h_{ge2}+h_{k2}+\sum h_L$$

因为 $z_1=z_2$，所以 $h_{ge1}=h_{ge2}$。

因为 $d_1<d_2$，则有 $u_1>u_2$，故 $h_{k1}>h_{k2}$。

又因为 $\sum h_L=h_f$，所以，上述伯努利方程式可写为：

$$h_{k1}-h_{k2}=(h_{s2}-h_{s1})+h_f$$

由此可知，动压头 h_k 的减小，一部分转变为静压头 h_s 的增大，另一部分用于摩擦阻力损失。其压头转换关系为：

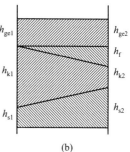

图 1-10　$h_k \rightarrow h_s$ 转换图

压头转换图如图 1-10(b) 所示。

相反，当不可压缩的热气体在上述管道中反向（即在水平渐缩管道中）流动时，同理可以推出，静压头 h_s 转换为动压头 h_k。

（3）综合转换　以烟气在自然排烟的烟囱内流动为例，如图 1-11(a) 所示，2—2 面为烟囱出口。

列 1—1 面和 2—2 面间的伯努利方程式：

$$h_{s1}+h_{ge1}+h_{k1}=h_{s2}+h_{ge2}+h_{k2}+\sum h_L$$

以 2—2 面为基准面，则有 $h_{ge2}=0$。

因为 2—2 面为出口，则有 $h_{s2}=0$。

因为 $h_{s1}<h_{s2}$，则有 $h_{s1}<0$。

因为 $d_1>d_2$，则有 $h_{k1}<h_{k2}$。

所以，上述伯努利方程式可写为：

$$h_{s1}+h_{ge1}+h_{k1}=h_{k2}+\sum h_L$$

或

$$h_{ge1}=(h_{k2}-h_{k1})+(-h_{s1})+\sum h_L$$

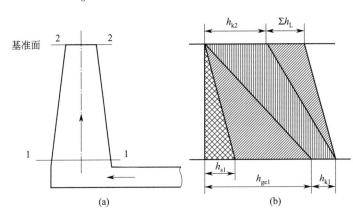

图 1-11　压头综合转换图

由此可知，几何压头 h_{ge} 的减小，一部分转化为静压头 h_s 的增大，一部分转化为动压头 h_k 的增大，一部分通过动压头用于阻力损失。其压头转换关系为：

$$h_{ge}\nearrow \begin{matrix} h_s \\ h_k \\ h_k \end{matrix} \longrightarrow \sum h_L$$

压头转换图如图 1-11(b) 所示。

（三）稳定态一元流（管流）的动量方程

气体在密闭管道中做稳定流动，如图 1-12 所示。入口断面的面积为 F_1、质量流量为 $\dot{m}_1$，出口断面的面积为 F_2、质量流量为 $\dot{m}_2$，入口断面、管壁内表面以及出口断面构成一个控制体，作用在此控制体上的合外力代数和为 $\sum F$。

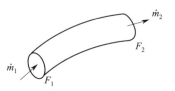

图 1-12　推导稳定态管流动量方程示意图

根据牛顿第二定律，作用于控制体上的外力总和应等于该系统气体的动量增量。其数学表达式为：

$$\sum F=\int_{F_2}v\,\mathrm{d}\dot{m}-\int_{F_1}v\,\mathrm{d}\dot{m}=\beta_2\dot{m}_2u_2-\beta_1\dot{m}_1u_1 \tag{1-39}$$

$$\beta_2 = \frac{\int_{F_2} v\,\mathrm{d}\dot{m}}{\dot{m}_2 u_2}\,;\beta_1 = \frac{\int_{F_1} v\,\mathrm{d}\dot{m}}{\dot{m}_1 u_1}\,;\beta = \frac{\int_{F} v\,\mathrm{d}\dot{m}}{\dot{m}u}\,.$$

式中，β 为气体的平均动量修正系数。对于湍流，$\beta = 1.01 \sim 1.02$，故可认为 $\beta_1 \approx \beta_2 \approx 1$；对于稳定态流动的气体，$\dot{m}_1 = \dot{m}_2 = \dot{m}$，故式（1-39）可以写为：

$$\sum F = \dot{m}(u_2 - u_1) \tag{1-40}$$

式中　$\dot{m}$——管内气体的质量流量，kg/s；

　u_2、u_1——管道内出口截面和入口截面上气体的平均流速，m/s。

式（1-40）称为气体稳定态管流的动量方程。

应用动量方程时，可以不考虑控制体内气体进行的过程，只根据界面上气体的参数进行计算。动量方程是喷射器和喷射式煤气烧嘴工作的理论基础。

若合外力 $\sum F = 0$，则有：

$$\dot{m}u_1 = \dot{m}u_2 \tag{1-41}$$

说明作用于系统的合外力为零时，系统的动量是守恒的，故式（1-41）称为动量守恒原理。

第二节　窑炉系统中的气体流动

一、不可压缩气体的流动

在无机非金属材料工业窑炉系统中，气体的流动大多是属于不可压缩气体的流动，如气体在窑炉内的水平流动、垂直流动、从孔口和炉门的流出或吸入等均是不可压缩气体的流动。下面主要介绍气体从流出或吸入窑炉规律、分散垂直气流法则。

（一）气体流出和吸入窑炉规律

当窑炉系统内外存在压差时，气体就会通过小孔和炉门从压强高的一侧流向压强低的一侧，窑炉系统内相对压强为正压时窑内气体会流出，窑炉系统内相对压强为负压时外界气体会被吸入。

1. 气体通过小孔的流出和吸入

当气体由一较大的空间突然经过小孔向外流出时，气体的静压头转变为动压头，其压强降低，速度增加，在流出气体的惯性作用下，气流本身会自动地形成一个最小截面，这种现象称为缩流。气流最小截面面积 F_2 与小孔截面面积 F 的比值称为缩流系数，用 ε 表示，其数学表达式为：

$$\varepsilon = \frac{F_2}{F} \tag{1-42}$$

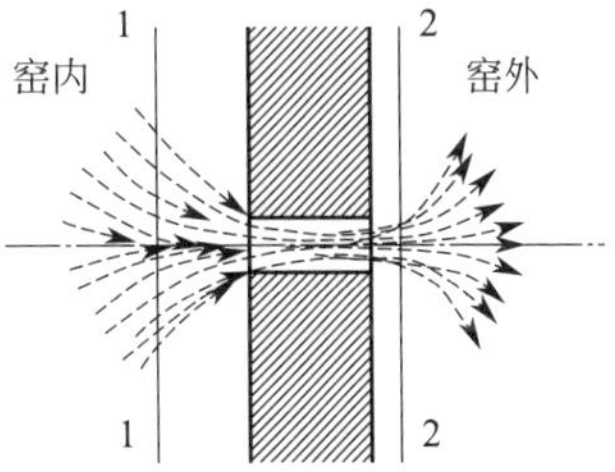

图 1-13　气体通过薄
壁小孔的流出

如图 1-13 所示，当窑炉内的表压强值为正压（即 $h_{s1} > 0$）时，窑炉内热气体通过窑墙上的小孔向外流出。由于无机非金属材料工业窑炉内的表压强值较小，气体通过小孔流出时的压差很小，可认为是不可压缩气体。1—1 截面取在窑内，2—2 截面取在流出气流的最小截面处。对于通过小孔流出的热气体，1—1 截面与 2—2 截面间的伯努利方程式为：

$$h_{s1} + h_{ge1} + h_{k1} = h_{s2} + h_{ge2} + h_{k2} + \sum h_L$$

因为流出气流 1—1 截面和 2—2 截面的中心在同一水平面上，故 $h_{ge1}=h_{ge2}$；因 $F_1 \gg F_2$，$u_1 \ll u_2$，所以 h_{k1} 可忽略；因 $p_2=p_a$，所以 $h_{s2}=0$；因 $h_1 \gg h_f$，所以 h_f 可忽略，因此，通过小孔流出的热气体的 1—1 截面与 2—2 截面间的伯努利方程式可简化为：

$$h_{s1}=h_{k2}+h_1$$

即

$$h_{s1}=\frac{u_2^2}{2}\rho+\xi\frac{u_2^2}{2}\rho$$

则有

$$u_2=\frac{1}{\sqrt{1+\xi}}\sqrt{\frac{2h_{s1}}{\rho}}=\varphi\sqrt{\frac{2h_{s1}}{\rho}} \tag{1-43}$$

式中　　φ——速度系数，$\varphi=\dfrac{1}{\sqrt{1+\xi}}$，与气体流出时的阻力有关；

　　　　h_{s1}——位于小孔水平中心线上窑炉内的静压头，Pa；

　　　　ρ——窑内热气体的密度，kg/m^3。

通过小孔流出的气体体积流量 V 的计算式为：

$$V=F_2u_2=\varepsilon F\varphi\sqrt{\frac{2h_{s1}}{\rho}}=\mu F\sqrt{\frac{2h_{s1}}{\rho}} \quad (m^3/s) \tag{1-44}$$

式中，μ 为流量系数，$\mu=\varepsilon\varphi$。

其中，缩流系数 ε、速度系数 φ 和流量系数 μ 的值均由实验确定，可从表 1-3 查得。表中的所谓薄壁和厚壁是按气流最小截面的位置来区分。凡气流最小截面在孔口外的壁称为薄壁；凡气流最小截面在孔口内的壁称为厚壁。构成厚壁的条件为：

$$\delta \geqslant 3.5d_e \tag{1-45}$$

式中　　δ——窑墙的厚度，即小孔的长度，m；

　　　　d_e——小孔的当量直径，m。

由于厚壁的缩流系数较薄壁的缩流系数大很多，因此厚壁的流量系数要比薄壁的流量系数大。

当窑炉内的表压强值为负压（即 $h_{s1}<0$）时，窑炉外的空气通过窑墙上的小孔向窑炉

表 1-3　不可压缩气体通过小孔时的系数

序号	小孔类型	小孔示意图	ε	φ	μ
1	薄壁小孔 （圆形或正方形）		0.64	0.97	0.62
2	厚壁小孔 （圆形或正方形）		1	0.82	0.82
3	棱角圆柱形外管嘴		0.82	1	0.82

续表

序号	小孔类型	小孔示意图		ε	φ	μ
4	圆角圆柱形外管嘴			1	0.9	0.9
5	棱角圆柱形内管嘴			1	0.71	0.71
6	流线圆柱形管嘴			1	0.97	0.97
7	圆锥形收缩管嘴		$\alpha=13°$	0.98	0.96	0.945
			$\alpha=30°$	0.92	0.975	0.896
			$\alpha=45°$	0.87	0.98	0.85
			$\alpha=90°$	—	—	0.75
8	圆锥形扩散管嘴		$\alpha=8°$	1	0.98	0.98
			$\alpha=45°$	1	0.55	0.55
			$\alpha=90$	1	0.58	0.58

内吸入。同理可以推导出,通过小孔吸入的外界空气的体积流量计算式为:

$$V = \mu F \sqrt{\frac{2(-h_{s1})}{\rho_a}} \quad (m^3/s) \tag{1-46}$$

式中,ρ_a 为窑炉外空气的密度,kg/m^3。

2. 气体通过炉门的流出和吸入

通过炉门流出和吸入气体体积流量的计算原理与小孔的相似,但小孔的直径较小,在计算时认为沿小孔整个高度上气体的静压头不变,而炉门有一定的高度,在计算时要考虑炉门高度上的静压头变化对气体流出和吸入量的影响。

当窑炉内表压强值为正压时,炉门开启后就会有热气体从炉门向外流出。

无论哪一种形状的炉门,单位时间内通过微元面积 dF 的气体体积流量,可用气体通过小孔的流量公式来计算,即

$$dV = \mu_z dF \sqrt{\frac{2h_{sz}}{\rho}} \tag{1-47}$$

如图 1-14 所示,对于矩形炉门,设炉门的宽度为 B,高度为 H,炉门中心线距炉底的高度为 z_0,假设窑底(A—A 面)为零压面,在距离窑底高度为 z 处在炉门上取一高度为 dz 的微小单元。

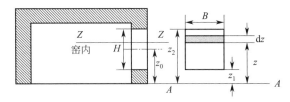

图 1-14　热气流通过炉门流出

对于窑炉内的热气体，在距离窑底 z 高度处取一水平截面 $Z—Z$ 面（见图1-14）。在几何压头的作用下，窑炉内的热气体会自动自下向上流动。则 $A—A$ 面与 $Z—Z$ 面间的窑炉内热气体伯努利方程为：

$$h_{sA} + h_{geA} + h_{kA} = h_{sZ} + h_{geZ} + h_{kZ} + \sum h_{L(A-Z)}$$

以 $Z—Z$ 面为基准面，则 $h_{geZ} = 0$；因为 $A—A$ 面为零压面，故 $h_{sA} = 0$；因为 $F_A = F_Z$，则 $h_{kA} = h_{kZ}$；又因窑炉内的热气体自下向上流速较小，所以阻力损失 $\sum h_{L(A-Z)}$ 可忽略不计。因此，$A—A$ 面与 $Z—Z$ 面间的窑炉内热气体伯努利方程可简化为：

$$h_{sZ} = h_{geA} = zg(\rho_a - \rho) \tag{1-48}$$

将式(1-48)代入式(1-47)，并且 $dF = Bdz$，可得：

$$dV = \mu_z B \, dz \sqrt{\frac{2zg(\rho_a - \rho)}{\rho}} = \mu_z B \sqrt{\frac{2g(\rho_a - \rho)}{\rho}} z^{\frac{1}{2}} dz$$

对于整个炉门的热气体流出量用积分求得

$$V = \int_{z_1}^{z_2} \mu_z B \sqrt{\frac{2g(\rho_a - \rho)}{\rho}} z^{\frac{1}{2}} dz$$

实际上不同炉门高度上的流量系数 μ_z 是不同的，因为对于炉门每一个微小单元来说，其阻力系数都是不相同的，为了简化计算，将上式中的流量系数 μ_z 看作常数，认为是整个炉门上的平均流量系数 μ。因此，上式积分后得出矩形炉门热气体体积流出量的计算公式为：

$$V = \frac{2}{3} \mu B \sqrt{\frac{2g(\rho_a - \rho)}{\rho}} (z_2^{\frac{3}{2}} - z_1^{\frac{3}{2}}) \, (\text{m}^3/\text{s}) \tag{1-49}$$

式中　μ——炉门流量系数，其值由实验确定，一般取 $0.52 \sim 0.62$；

　　　B——炉门的宽度，m；

z_1、z_2——炉门下缘和上缘至零压面的距离，m。

式(1-49)中 $(z_2^{\frac{3}{2}} - z_1^{\frac{3}{2}})$ 用牛顿二项式展开，得：

$$z_2^{\frac{3}{2}} - z_1^{\frac{3}{2}} = \frac{3}{2} H \sqrt{z_0} \left[1 - \frac{1}{96} \left(\frac{H}{z_0}\right)^2 - \cdots \right] \approx \frac{3}{2} H \sqrt{z_0}$$

因此，可以得出矩形炉门热气体体积流出量的近似计算公式为：

$$V = \mu F \sqrt{\frac{2g z_0 (\rho_a - \rho)}{\rho}} \tag{1-50}$$

式中　F——炉门截面积，$F = BH$，m^2；

　　　z_0——炉门中心线至零压面的距离，m。

用近似计算公式[式(1-50)]取代式(1-49)时，计算误差不超过6.1%。并且随着 z_0 值的增大，其误差相应减小。当 $z_0 = H$ 时，其相对误差为1.1%。

当窑炉内表压强值为负压时，炉门开启后就会有外界空气从炉门向窑炉内流入。同理可以推导出，通过炉门吸入的外界空气体积流量的计算公式为：

$$V = \frac{2}{3} \mu B \sqrt{\frac{2g(\rho_a - \rho)}{\rho_a}} (z_1^{\frac{3}{2}} - z_2^{\frac{3}{2}}) \quad (\text{m}^3/\text{s}) \tag{1-51}$$

（二）分散垂直气流法则

当一股气流在垂直通道中被分割成多股平行小气流时，称为分散垂直气流。如在梭式窑中、煤气发生炉中、玻璃池窑的蓄热室中的气流等均属于分散垂直气流。气体垂直流动的方向对气体在同一水平面上各个分散垂直通道中的温度分布均匀性有很大影响。下面用热气体的伯努利方程来探讨气体在分散垂直通道内的流动方向对气体在同一水平面上各个分散垂直通道中的温度分布均匀性的影响。

如图1-15所示，不可压缩的热气体在分散垂直通道内自上向下流动。a、b为等截面通道，截取两个水平面1—1面和2—2面。

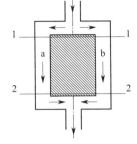

对于a通道，1—1面与2—2面间的伯努利方程式为：

$$h_{s1,a}+h_{ge1,a}+h_{k1,a}=h_{s2,a}+h_{ge2,a}+h_{k2,a}+\sum h_{L,a}$$

选取1—1面为基准面，则$h_{ge1,a}=0$。

因为$F_{1,a}=F_{2,a}$，故$u_{1,a}=u_{2,a}$，则$h_{k1,a}=h_{k2,a}$。

又因$h_{ge2,a}>h_{ge1,a}$，$h_{s2,a}<h_{s1,a}$，故a通道伯努利方程式可以

图1-15　分散垂直气流

化简为：$h_{s1,a}-h_{s2,a}=h_{ge2,a}+\sum h_{L,a}$。

同理可以得出，b通道伯努利方程式为：$h_{s1,b}-h_{s2,b}=h_{ge2,b}+\sum h_{L,b}$。

显然，要想使温度在a、b通道内均匀分布，必须使a、b通道两端的静压差相等，因为它是气体流动的动力，即

$$h_{s1,a}-h_{s2,a}=h_{s1,b}-h_{s2,b}$$

这样，当气体自上而下流动时，在a、b通道内温度均匀分布的条件为：

$$h_{ge2,a}+\sum h_{L,a}=h_{ge2,b}+\sum h_{L,b}$$

当气体在分散垂直通道内自下向上流动时，同理可以得出a、b通道的伯努利方程式为：

$$\begin{cases}h_{s1,a}-h_{s2,a}=h_{ge2,a}-\sum h_{L,a}\\ h_{s1,b}-h_{s2,b}=h_{ge2,b}-\sum h_{L,b}\end{cases}$$

当气体自下而上流动时，在a、b通道内温度均匀分布的条件为：

$$h_{ge2,a}-\sum h_{L,a}=h_{ge2,b}-\sum h_{L,b}$$

由此可知，保证a、b通道内温度均匀分布的条件是：通道内的几何压头和阻力损失各自对应相等。下面进行讨论：

(1) 当$h_{ge}\ll\sum h_L$时，即几何压头h_{ge}对气流温度分布的影响可以忽略不计，此时，气流温度分布均匀与否只取决于阻力损失$\sum h_L$，而与气流方向无关。只要$\sum h_{L,a}=\sum h_{L,b}$，则气流温度就能均匀分布。

(2) 当$h_{ge}\gg\sum h_L$时，即阻力损失$\sum h_L$对气流温度分布的均匀性影响可以忽略不计，因此，气流温度分布均匀与否只取决于几何压头。只要$h_{ge2,a}=h_{ge2,b}$，即$z_a g(\rho_{air}-\rho_a)=z_b g(\rho_{air}-\rho_b)$，则气流温度就能均匀分布。此时，若$z_a=z_b$，则两通道内的几何压头相等与否就取决于两通道内的气体密度ρ_a和ρ_b。

① 若热气体在分散垂直通道内自上而下流动时，热气体被吸热使得温度降低。假设在同一水平截面上a、b通道内温度$t_a<t_b$时，则有$\rho_a>\rho_b$，$h_{ge2,a}<h_{ge2,b}$；因为热气体向上流动时几何压头h_{ge}为阻力，所以a、b通道内的气体流量$V_a>V_b$；在同一散热环境下，气体的流量越大，其温降就越小，则有$t_a>t_b$，由此可见，与假设$t_a<t_b$相互矛盾，因此，可以推理出$t_a=t_b$。即可以推理出，气体在a、b通道内的同一水平截面上温度均匀分布。

② 若热气体在分散垂直通道内自下而上流动时，热气体被吸热使得温度降低。假设在

同一水平截面上 a、b 通道内温度 $t_a < t_b$ 时，则有 $\rho_a > \rho_b$，$h_{ge2,a} < h_{ge2,b}$；因为热气体向上流动时几何压头 h_{ge} 为动力，所以 a、b 通道内的气体流量 $V_a < V_b$；在同一散热环境下，气体的流量越小，其温降就越大，则有 $t_a < t_b$，由此可见，与假设 $t_a < t_b$ 相吻合，即使得 a、b 通道内的气体温差越来越大，因此，可以推理出 $t_a \neq t_b$，气体在 a、b 通道内的同一水平截面上温度分布不均匀。

当冷气体在分散垂直通道内流动时，由于它在通道内被加热而使温度升高，同理可以推出，冷气体应当自下而上流动，才能使 a、b 通道内的同一水平截面上气体温度均匀分布。

综上所述，在分散垂直通道内，热气体应当自上而下流动才能使气流温度均匀分布，冷气体应当自下而上流动才能使气流温度均匀分布。此法则称为分散垂直气流法则。从上述讨论过程可知，此法则主要适用于几何压头起主要作用的分散垂直通道。例如在梭式窑中、玻璃池窑的蓄热室中气体的流动遵循分散垂直气流法则；而在煤气发生炉中，因为阻力损失远大于几何压头，此法则就不适用了。

二、 可压缩气体的流动

无机非金属材料工业窑炉系统中的高、中压煤气喷嘴，燃油雾化喷嘴，袋式收尘器中的反吹喷嘴，以及煤气管道、油管道的吹扫喷嘴等，都是气体在压强高达几个大气压的条件下喷出的。气体从喷嘴中喷出时，压强、温度、密度等参数变化很大，速度可达到或超过声速，此时必须考虑气体的压缩性，这种高压气体的外射流动为可压缩气体的流动，其特性与不可压缩气体流动相比，不仅具有量的差别而且有质的区别。

（一）可压缩气体流动的特性

1. 绝热流动

由于可压缩气体的流动速度很大，流动时所引起的温度变化很小，因此可认为是可逆绝热过程，即等熵过程。

由理想气体的多变方程式(1-15)和式(1-17)，因为绝热过程 $n = \gamma$，可得理想气体的绝热方程为：

$$\frac{p}{\rho^{\gamma}} = 常数 \tag{1-52}$$

$$T^{\gamma} p^{1-\gamma} = 常数 \tag{1-53}$$

式中，γ 为绝热指数，$\gamma = c_p / c_V$。

由此可以推出：

$$\rho_2 = \rho_1 \left(\frac{p_2}{p_1} \right)^{\frac{1}{\gamma}} \tag{1-54}$$

$$T_2 = T_1 \left(\frac{p_2}{p_1} \right)^{\frac{\gamma-1}{\gamma}} \tag{1-55}$$

2. 气体中的声速

声波是微弱扰动产生的压力波，声波在弹性介质中的传播速度称为声速。其表达式为：

$$a = \sqrt{\frac{E}{\rho}} \tag{1-56}$$

式中　a —— 声波在弹性介质中的传播速度，m/s；

　　　ρ —— 介质的密度，kg/m^3；

E——介质的弹性模量，Pa。

声波在气体中传播时所引起的温度变化很小，并且传播速度很大，可以认为是可逆绝热过程，即等熵过程。把式(1-8)和式(1-19)代入式(1-56)，可得声波在静止的理想气体中的声速方程式为：

$$a = \sqrt{\frac{\mathrm{d}p}{\mathrm{d}\rho}} = \sqrt{\frac{\gamma p}{\rho}} = \sqrt{\frac{\gamma R T}{M}} \tag{1-57}$$

式中，R 为气体常数，$R = 8314.3 \mathrm{J/(kmol \cdot K)}$。

对于空气，$\gamma = 1.4$，则空气中的声速方程为：

$$a = 20.04\sqrt{T} \tag{1-58}$$

由此可知，气体中的声速与气体的种类及温度有关，它是气体状态的一个重要参数。声速的大小反映出气体的可压缩程度，声速越大，说明气体的可压缩程度就越小。

3. 马赫数

马赫数是指管道中某截面上气体的流速 u 与当地条件下声速 a 之比，用 Ma 表示。其数学表达式为：

$$Ma = \frac{u}{a} \tag{1-59}$$

在管流的某一截面处，迎气流方向声波的传播速度称为相对声速，用 a' 表示。其数学表达式为：

$$a' = a - u = a(1 - Ma) \tag{1-60}$$

根据马赫数的大小，可以将气体的流动分为如下几种类型：

$Ma \ll 1$ 时，$a' \approx a$，为不可压缩流动；

$Ma < 1$ 时，$a' > 0$，为亚声速流动；

$Ma \approx 1$ 时，$a' \approx 0$，为跨声速流动；

$Ma > 1$ 时，$a' < 0$，为超声速流动。

用马赫数可以判断气体的流动情况。在跨声速和超声速流动的气流中，声波已不可能逆流传播。

（二）可压缩气体的伯努利方程

根据流体力学中的单位质量理想流体的能量方程微分形式（即欧拉方程）：

$$g\,\mathrm{d}z + \frac{\mathrm{d}p}{\rho} + \mathrm{d}\left(\frac{u^2}{2}\right) = 0 \tag{1-61}$$

对于可压缩气体，由于其压强和流速变化很大，而密度又很小，因此 $g\,\mathrm{d}z$ 相对很小，可以忽略不计，上式可表示为：

$$\frac{\mathrm{d}p}{\rho} + \mathrm{d}\left(\frac{u^2}{2}\right) = 0 \tag{1-62}$$

上式即为单位质量理想可压缩气体的能量方程微分形式。

两边积分，得：

$$\int\left(\frac{\mathrm{d}p}{\rho} + \frac{u^2}{2}\right) = C（常数）$$

由式(1-52)得出 $p = C\rho^{\gamma}$，代入上式，积分后得：

$$\frac{\gamma}{\gamma - 1} \times \frac{p}{\rho} + \frac{u^2}{2} = 常数（\mathrm{J/kg}） \tag{1-63}$$

上式即为可压缩理想气体的伯努利方程。

（三）可压缩气体通过渐缩喷嘴流出

1. 流速和流量

设有一容量足够大的大型气罐，罐中的高压气体通过一个小流量的渐缩喷嘴流入压强为 p_a 的空间，如图 1-16 所示。罐内气体的参数在短时间内可视为常数，气体在罐中的流速，

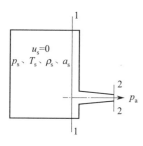

图 1-16　可压缩气体通过渐变喷嘴流出示意图

如 1—1 截面的流速可视为零。流速为零的状态称为滞止状态，气体滞止状态的参数用右下标"s"表示。气体进入渐缩喷嘴后，加速流动，至出口的 2—2 截面，速度最大。

气体在喷嘴中的流速很大，可看作可压缩气体的流动，若将气体近似看作理想气体，根据式（1-63），则 1—1 截面和 2—2 截面间的可压缩气体的伯努利方程式为：

$$\frac{\gamma}{\gamma-1}\times\frac{p_s}{\rho_s}+\frac{u_s^2}{2}=\frac{\gamma}{\gamma-1}\times\frac{p_2}{\rho_2}+\frac{u_2^2}{2}$$

由式（1-54）有 $\dfrac{\rho_s}{\rho_2}=\left(\dfrac{p_s}{p_2}\right)^{\frac{1}{\gamma}}$，代入上式，则可推导出由渐缩喷嘴出口喷出的气体流速计算式为：

$$u_2=\sqrt{\frac{2\gamma}{\gamma-1}\times\frac{p_s}{\rho_s}\left[1-\left(\frac{p_2}{p_s}\right)^{\frac{\gamma-1}{\gamma}}\right]}=\sqrt{\frac{2\gamma}{\gamma-1}\times\frac{RT_s}{M}\left[1-\left(\frac{p_2}{p_s}\right)^{\frac{\gamma-1}{\gamma}}\right]} \tag{1-64a}$$

由式（1-55）可得 $\dfrac{p_2}{p_s}=\left(\dfrac{T_2}{T_s}\right)^{\frac{\gamma}{\gamma-1}}$，代入上式，则有：

$$u_2=\sqrt{\frac{2\gamma}{\gamma-1}\times\frac{R}{M}(T_s-T_2)} \tag{1-64b}$$

由渐缩喷嘴出口喷出的气体质量流量计算式为：

$$\dot{m}=F_2\rho_2u_2=F_2\rho_s\left(\frac{p_2}{p_s}\right)^{\frac{1}{\gamma}}u_2=F_2\sqrt{\frac{2\gamma}{\gamma-1}p_s\rho_s\left[\left(\frac{p_2}{p_s}\right)^{\frac{2}{\gamma}}-\left(\frac{p_2}{p_s}\right)^{\frac{\gamma+1}{\gamma}}\right]} \tag{1-65}$$

式中　p_2——喷嘴出口断面上的绝对压强，Pa；

F_2——喷嘴出口断面面积，m^2；

p_s——气罐中的绝对压强，即气体的滞止压强，Pa；

ρ_s——气罐中气体的密度，即气体的滞止密度，kg/m^3；

T_s——气罐中气体的热力学温度，即气体的滞止温度，K；

M——气体的摩尔质量，kg/kmol。

实际可压缩气体流动时要有能量损失，其喷出速度及质量流量要小于式（1-64）和式（1-65）计算的理想值。令 u_2' 和 $\dot{m}'$ 代表实际喷出速度和质量流量，则：

$$u_2'=\varphi u_2 \tag{1-66}$$

$$\dot{m}'=\mu\dot{m} \tag{1-67}$$

式中，φ 为速度系数；μ 为流量系数。φ 和 μ 的大小反映出喷嘴的工作效率，其取值与气体的流动状态及雷诺数有关。当 $Re\geqslant10^6$ 时，$\varphi=0.96\sim0.99$，$\mu=0.99$；当 $Re<10^6$ 时，气流的速度边界层相对比较厚，φ 和 μ 的值要小些。

2. 极限速度和临界速度

给定喷嘴的出口断面面积及气体的滞止参数，并使喷嘴出口处的环境压强 p_a 由抽气机

和阀门可连续调节，如图 1-17 所示。

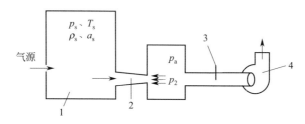

图 1-17　可压缩气体的极限速度及临界速度实验装置示意图
1—气柜；2—喷嘴；3—调节阀；4—抽气机

实验表明，当环境压强从 $p_a = p_s$ 开始连续调低时，喷嘴出口断面上的气体压强（称为背压或反压）p_2 也连续变化并等于环境压强 p_a，但当 p_a 降低至某一值后，背压 p_2 不再随环境压强的降低而变低，而是保持一定值并高于环境压强 p_a，即 $p_2 > p_a$。

（1）极限速度　由流速计算式(1-64a) 和质量流量计算式(1-65) 可知：当背压 $p_2 = p_s$ 时，$u_2 = 0$，$\dot{m} = 0$；当 $p_2 = 0$ 时，表示向绝对真空环境喷射，此时喷出速度 u_2 达到极限值，即

$$u_2 = u_{\max} = \sqrt{\frac{2\gamma}{\gamma-1} \times \frac{p_s}{\rho_s}} = \sqrt{\frac{2\gamma}{\gamma-1} \times \frac{RT_s}{M}} \tag{1-68}$$

因为绝对真空环境在实际上是不可能达到的，所以气体的喷出速度不可能达到极限速度 $u_{\max}$，它只是理论上的参考值。

由质量流量计算式(1-65) 可知，当 $p_2 = 0$ 时，$\dot{m} = 0$，这是因为在绝对真空环境中气体密度趋于零。

（2）临界速度　以压强比 $\dfrac{p_2}{p_s}$ 为横坐标，流速 u_2 和质量流量 $\dot{m}$ 为纵坐标，则式(1-64a) 和式(1-65) 所表示的函数关系可表示为图 1-18。

图 1-18 表明，在 $0 < \dfrac{p_2}{p_s} < 1$ 的范围内，质量流量 $\dot{m}$ 有一最大值 $\dot{m}_{\max}$，其对应的状态称为临界状态，对应的气体参数称为临界参数，用右下标"cr"表示。

令 β 和 β_{cr} 分别表示压强比和临界压强比，即

$$\beta = \frac{p_2}{p_s} \ , \ \beta_{cr} = \frac{p_{2cr}}{p_s}$$

则式(1-65) 可写为：

$$\dot{m} = F_2 \sqrt{\frac{2\gamma}{\gamma-1} p_s \rho_s (\beta^{\frac{2}{\gamma}} - \beta^{\frac{\gamma+1}{\gamma}})}$$

将上式对 β 求一阶导数，即 $\dfrac{\mathrm{d}\dot{m}}{\mathrm{d}\beta}$，由于图 1-18 中的 E 点

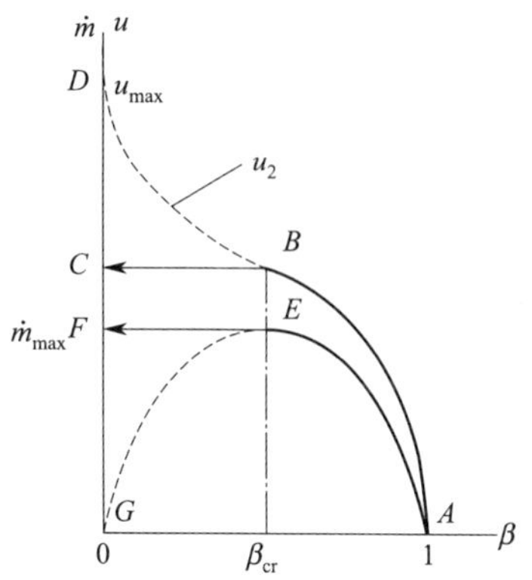

图 1-18　u_2、$\dot{m}$ 与 β 的关系图

为极值点，所以有 $\dfrac{\mathrm{d}\dot{m}}{\mathrm{d}\beta} = 0$。由此可以推导出临界压强比的计算式为：

$$\beta_{cr} = \frac{p_{2cr}}{p_s} = \left(\frac{2}{\gamma+1}\right)^{\frac{\gamma}{\gamma-1}} \tag{1-69}$$

由理想气体的绝热方程式(1-52)和式(1-53),有:

$$T_{cr}^{\gamma} p_{cr}^{1-\gamma} = T_s^{\gamma} p_s^{1-\gamma} \quad , \quad \frac{p_{cr}}{\rho_{cr}^{\gamma}} = \frac{p_s}{\rho_s^{\gamma}}$$

可以推导出其他临界参数与滞止参数之间的关系式:

密度比:

$$\frac{\rho_{cr}}{\rho_s} = \left(\frac{2}{\gamma+1}\right)^{\frac{1}{\gamma-1}} \tag{1-70}$$

温度比:

$$\frac{T_{cr}}{T_s} = \frac{2}{\gamma+1} \tag{1-71}$$

由式(1-57),可得声速比:

$$\frac{a_{cr}}{a_s} = \sqrt{\frac{T_{cr}}{T_s}} = \sqrt{\frac{2}{\gamma+1}} \tag{1-72}$$

将式(1-69)和式(1-71)代入式(1-64a)和式(1-65),可求得临界速度和最大质量流量。

$$u_{cr} = \sqrt{\frac{2\gamma}{\gamma+1} \times \frac{p_s}{\rho_s}} = \sqrt{\frac{\gamma R T_{cr}}{M}} = a_{cr} \tag{1-73}$$

$$\dot{m}_{max} = F_{cr} \sqrt{\gamma p_s \rho_s \left(\frac{2}{\gamma+1}\right)^{\frac{\gamma+1}{\gamma-1}}} \tag{1-74}$$

上式中 $F_{cr} = F_2$,是渐缩喷嘴的出口断面积。

由声速方程式(1-57)可知,上面临界速度 u_{cr} 的计算式与声速方程式完全一样,所以,在喷嘴出口达到临界压强比时的气流就达到了声速。

由以上各式可知,临界参数仅与滞止参数即气体的绝热指数有关。表 1-4 列出了一些气体的绝热指数 γ 值及临界参数的简化公式。

表 1-4 某些气体的 γ 值及临界参数的简化公式

临界参数	双原子气体和空气 $\gamma = 1.40$	过热水蒸气和多原子气体 $\gamma = 1.30$	过饱和蒸汽 $\gamma = 1.135$	煤气 $\gamma = 1.33$
压强 p_{cr}/Pa	$0.528 p_s$	$0.546 p_s$	$0.577 p_s$	$0.540 p_s$
密度 $\rho_{cr}/(kg/m^3)$	$0.634 \rho_s$	$0.628 \rho_s$	$0.616 \rho_s$	$0.630 \rho_s$
温度 T_{cr}/K	$0.833 T_s$	$0.870 T_s$	$0.937 T_s$	$0.858 T_s$
速度 $u_{cr}/(m/s)$	$1.08 \sqrt{p_s/\rho_s}$ $1.08 \sqrt{RT_s/M}$	$1.063 \sqrt{p_s/\rho_s}$ $1.063 \sqrt{RT_s/M}$	$1.031 \sqrt{p_s/\rho_s}$ $1.031 \sqrt{RT_s/M}$	$1.068 \sqrt{p_s/\rho_s}$ $1.068 \sqrt{RT_s/M}$
最大流量 $\dot{m}_{max}/(kg/s)$	$0.685 F_{cr} \sqrt{p_s \rho_s}$	$0.667 F_{cr} \sqrt{p_s \rho_s}$	$0.636 F_{cr} \sqrt{p_s \rho_s}$	$0.673 F_{cr} \sqrt{p_s \rho_s}$

实验证明,当环境压强从 $p_a = p_s$ 起逐渐减小时,渐缩喷嘴喷出的气体速度 u_2 沿着图 1-18 中的 AB 曲线连续增大,喷嘴的背压强 $p_2 = p_a$,达到 B 点时流速达到临界值,相应的背压强为临界压强,即 $p_{2cr} = \beta_{cr} p_s$。此后,当 p_a 继续减小时,喷嘴的背压强仍保持为 p_{2cr} 并高于环境压强 p_a,而气体速度也保持为 u_{cr},如图中的 BC 水平线。

图 1-18 中的 BD 曲线对渐缩喷嘴是不存在的,但对后面将要讨论的拉伐尔喷嘴而言,这段曲线是存在的。

实验证明,无论何种喷嘴,其质量流量随压强比的变化关系如图 1-18 中 AEF 所示,在临界压强比 β_{cr} 时,流量达到最大值 $\dot{m}_{max}$,此后流量保持不变。图中的 EG 曲线段实际上是不存在的。流量达到一定值后不再随压强比的减小而继续增大的现象称为拥塞效应。

出现拥塞效应的原因可说明如下:可压缩气体在喷嘴中绝热加速流动时是降温、降压过程。在喷嘴背压高于临界压强时,气体的出口温度高于临界温度,即 $T_2 > T_{cr}$,而气体的出口速度低于当地声速，即出口气体的马赫数 $Ma_2 = \dfrac{u_2}{a_2} < 1$。

由马赫数定义、式(1-57)、式(1-64b) 及理想气体的绝热方程可知：

$$Ma_2 = \frac{u_2}{a_2} = \frac{\sqrt{\dfrac{2\gamma}{\gamma-1} \times \dfrac{R}{M}(T_s - T_2)}}{\sqrt{\dfrac{\gamma R T_2}{M}}} = \sqrt{\frac{2}{\gamma-1}\left(\frac{T_s}{T_2} - 1\right)} \tag{1-75}$$

由式(1-71) 可知

$$\frac{T_s}{T_2} < \frac{T_s}{T_{cr}} = \frac{\gamma+1}{2}$$

则有

$$\frac{T_s}{T_2} - 1 < \frac{T_s}{T_{cr}} - 1 = \frac{\gamma+1}{2} - 1 = \frac{\gamma-1}{2}$$

代入式(1-75) 可知，$Ma_2 = \dfrac{u_2}{a_2} < 1$。因为声速就是微弱扰动压力波的传播速度，所以当气体出口速度为亚声速时，环境压强降低的压力波能够逆流传递至喷嘴出口处，使喷嘴的背压 p_2 等于环境压强 p_a；但到喷嘴背压降至临界压强时，气流速度达到临界速度并等于出口处的当地声速，使马赫数 $Ma_2 = 1$，此时若环境压强 p_a 继续降低，则其压力波已不能逆流传递到喷嘴出口处，所以喷嘴的背压保持为临界压强值 $p_{2cr} = \beta_{cr} p_s$ 并高于环境压强 p_a。因为滞止压强和背压均为定值，故此渐缩喷嘴的出口流速和质量流量保持为常数。

可压缩气体通过等直径的直形喷嘴外射流动的特性与渐缩喷嘴并无本质差别，不同的是前者是突然加速而后者是逐渐加速而已。

对于无机非金属材料工业窑炉系统，其环境压强 p_a 一般为 101325Pa（即 1atm），所以只要气体的滞止表压强在 91192.5Pa（即 0.9atm）左右就可以使渐缩喷嘴出口断面达到临界状态，滞止压强 p_s 再高时，并不能提高气体的出口流速和质量流量，仅提高了气体的出口压强。若环境压强与滞止压强之比小于临界值，即 $\dfrac{p_a}{p_s} < \beta_{cr}$ 时，出口气体的压强为 $p_{2cr} = \beta_{cr} p_s > p_a$，其剩余压强为 $\beta_{cr} p_s - p_a$，这部分剩余压强在环境中继续膨胀，使出口的气体温度下降，这显然是一种无谓的能量损失。

（四）可压缩气体由渐缩至渐扩喷嘴（拉伐尔喷嘴）外射流动

为了充分利用气体的压力能以获得超声速的出口气流速度，可在渐缩喷嘴的出口处再接一段逐渐扩张的部分，形成一个渐缩-渐扩式喷嘴，这种喷嘴称为拉伐尔喷嘴，如图 1-19 所示。拉伐尔喷嘴的最小断面即渐缩与渐扩的结合部，称为喉部。

当环境压强与滞止压强之比小于临界值（即 $p_a / p_s < \beta_{cr}$）时，气体先在喷嘴的渐缩段加速，在喉部达到临界速度，即当地声速；在渐扩段气体能进一步加速，使剩余的压力能转化为动能以获得超声速的气流速度。欲使出口气体的压强等于环境压强 p_a，渐扩段必须有足够的长度。

拉伐尔喷嘴的出口气流速度与压强比的关系，如图 1-18 中的 ABD 曲线所示，其分析式仍为式(1-64a)；质量流量仍由式(1-65) 和式(1-74) 计算，其中 F_{cr} 为喉部断面面积，F_2 为出口

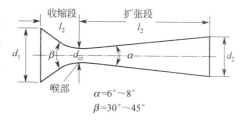

图 1-19　拉伐尔喷嘴示意图

断面面积。

1. 喷嘴断面积与速度变化的关系

由单位质量理想可压缩气体的能量方程微分形式，即式(1-62)，有：

$$\frac{\mathrm{d}p}{\rho} + u\,\mathrm{d}u = 0$$

上式两边同除以 u^2，得：

$$\frac{1}{u^2} \times \frac{\mathrm{d}p}{\mathrm{d}\rho} \times \frac{\mathrm{d}\rho}{\rho} + \frac{\mathrm{d}u}{u} = 0$$

由式(1-57) 可得 $\frac{\mathrm{d}p}{\mathrm{d}\rho} = a^2$，代入上式得：

$$\frac{a^2}{u^2} \times \frac{\mathrm{d}\rho}{\rho} = -\frac{\mathrm{d}u}{u}$$

则有

$$\frac{\mathrm{d}\rho}{\rho} = -\frac{u^2}{a^2} \times \frac{\mathrm{d}u}{u} = -Ma^2\,\frac{\mathrm{d}u}{u} \tag{1-76}$$

由连续性方程 $\dot{m} = \rho u F = C$，两边取自然对数，得：

$$\ln\rho + \ln u + \ln F = \ln C$$

微分后得：

$$\frac{\mathrm{d}\rho}{\rho} + \frac{\mathrm{d}u}{u} + \frac{\mathrm{d}F}{F} = 0 \tag{1-77}$$

把式(1-76) 代入式(1-77)，整理后得：

$$\frac{\mathrm{d}F}{F} = (Ma^2 - 1)\frac{\mathrm{d}u}{u} \tag{1-78}$$

从式(1-78) 可知，当 $Ma < 1$（亚声速流动）时，$Ma^2 - 1 < 0$，则 $\frac{\mathrm{d}u}{u}$ 与 $\frac{\mathrm{d}F}{F}$ 符号相反，即 $\mathrm{d}u$ 与 $\mathrm{d}F$ 符号相反，说明随着气流截面积的增大，流速减小，即与不可压缩气体的性质相似；当 $Ma > 1$（超声速流动）时，$Ma^2 - 1 > 0$，$\frac{\mathrm{d}u}{u}$ 与 $\frac{\mathrm{d}F}{F}$ 符号相同，即 $\mathrm{d}u$ 与 $\mathrm{d}F$ 符号相同，说明随着气流截面积的增大，流速增大，即超声速气流在渐扩管中加速，在渐缩管中减速。由此说明，可压缩气体在加速流动过程中具有从量变到质变的特性。

2. 气体参数及喷嘴断面面积与马赫数的关系

由马赫数定义式：

$$Ma = \frac{u}{a}$$

将式(1-57)（即 $a = \sqrt{\dfrac{\gamma p}{\rho}}$）和式(1-64a)（即 $u_2 = \sqrt{\dfrac{2\gamma}{\gamma - 1} \times \dfrac{p_s}{\rho_s}\left[1 - \left(\dfrac{p_2}{p_s}\right)^{\frac{\gamma - 1}{\gamma}}\right]}$）代入上式，再利用绝热方程 $\dfrac{\rho}{\rho_s} = \left(\dfrac{p_s}{p}\right)^{-\frac{1}{\gamma}}$，可得：

$$Ma = \sqrt{\frac{2}{\gamma - 1}\left[\left(\frac{p_s}{p}\right)^{\frac{\gamma - 1}{\gamma}} - 1\right]} \tag{1-79}$$

由此可得：

压强比：

$$\frac{p}{p_s} = \left(1 + \frac{\gamma - 1}{2}Ma^2\right)^{-\frac{\gamma}{\gamma - 1}} \tag{1-80}$$

由绝热方程可以得到其他参数与马赫数 Ma 的关系如下：

温度比：
$$\frac{T}{T_s} = \left(1 + \frac{\gamma-1}{2}Ma^2\right)^{-1} \tag{1-81}$$

密度比：
$$\frac{\rho}{\rho_s} = \left(1 + \frac{\gamma-1}{2}Ma^2\right)^{-\frac{1}{\gamma-1}} \tag{1-82}$$

声速比：
$$\frac{a}{a_s} = \left(1 + \frac{\gamma-1}{2}Ma^2\right)^{-\frac{1}{2}} \tag{1-83}$$

由连续性方程 $\dot{m} = \rho u F = \rho_{cr} u_{cr} F_{cr}$ 和式(1-73)、式(1-59)、式(1-72)，可得喷嘴任意断面与喉部断面面积之比：

$$\frac{F}{F_{cr}} = \frac{u_{cr}}{u} \times \frac{\rho_{cr}}{\rho} = \frac{a_{cr}}{a \cdot Ma} \times \frac{\rho_{cr}}{\rho} = \frac{a_s}{a} \times \frac{\sqrt{\dfrac{2}{\gamma+1}}}{Ma} \times \frac{\rho_{cr}}{\rho_s} \times \frac{\rho_s}{\rho}$$

将式(1-70)、式(1-82) 和式(1-83) 代入上式，得：

$$\frac{F}{F_{cr}} = \frac{1}{Ma}\left(\frac{1 + \dfrac{\gamma-1}{2}Ma^2}{\dfrac{\gamma+1}{2}}\right)^{\frac{\gamma+1}{2(\gamma-1)}} \tag{1-84}$$

对于空气，$\gamma = 1.4$，则有：

$$\frac{F}{F_{cr}} = \frac{(1+0.2Ma^2)^3}{1.728Ma} \tag{1-85}$$

上式表明，对于给定的一个马赫数，对应着一个面积比，而一个面积比则对应着两个马赫数，其中一个为 $Ma<1$，另一个为 $Ma>1$。

拉伐尔喷嘴获得超声速气流的条件是出口断面处的环境压强 p_a 与进入喷嘴前的气体滞止压强 p_s 之比必须小于临界值，即 $\dfrac{p_a}{p_s}<\beta_{cr}$，否则拉伐尔喷嘴便成为一个文氏管。

若给出气体的质量流量 $\dot{m}$ 及喷嘴前后的压强比，便可计算出拉伐尔喷嘴的各部分尺寸及气体参数。为防止气体在喷嘴的扩张段中因过度膨胀而造成的出口流速下降，在喷嘴设计时往往有意使扩张段的出口直径略小于理论计算值。

【例 1-2】 滞止参数为 $p_s = 3 \times 10^5$ Pa，$T_s = 288$K 的压缩空气，由出口截面积为 7.85×10^{-5} m^2 的渐缩喷嘴喷入压强为 1.013×10^5 Pa 的炉膛内，求喷出气体的参数及质量流量。已知喷嘴的速度系数 φ 和流量系数 μ 均为 0.98。

【解】 由已知可得：$\dfrac{p_a}{p_s} = \dfrac{1.013 \times 10^5}{3 \times 10^5} = 0.338$。

查表 1-4 可知，$\dfrac{p_a}{p_s} = 0.338 < 0.528$，表明气体在喷出出口截面已经达到临界状态。

由理想气体状态方程式，可得压缩空气的滞止密度为：

$$\rho_s = \frac{Mp_s}{RT_s} = \frac{29 \times 3 \times 10^5}{8314.3 \times 288} = 3.63 \, (\text{kg/m}^3)$$

由表 1-4 查得喷嘴出口处气体的临界参数简化公式，可得：

压强：$p_{cr} = 0.528p_s = 0.528 \times 3 \times 10^5 = 1.584 \times 10^5$ (Pa)

温度：$T_{cr} = 0.833T_s = 0.833 \times 288 = 240$ (K) $= -33$ (℃)

密度：$\rho_{cr} = 0.634\rho_s = 0.634 \times 3.63 = 2.30$（kg/m³）

速度：$u_{cr} = 1.08\sqrt{\dfrac{p_s}{\rho_s}} = 1.08\sqrt{\dfrac{3 \times 10^5}{3.63}} = 310$（m/s）

实际流出速度：$u'_{cr} = \varphi u_{cr} = 0.98 \times 310 = 304$（m/s）

质量流量：

$$\dot{m} = 0.685\varphi F_{cr}\sqrt{p_s\rho_s} = 0.685 \times 0.98 \times 7.85 \times 10^{-5} \times \sqrt{3 \times 10^5 \times 3.63} = 0.055(\text{kg/s})$$

出口气流的压强 p_{cr} 大于环境压强 p_a，因而空气在炉膛内继续膨胀，膨胀终了温度可由绝热方程得出：

$$T_2 = T_{cr}\left(\frac{p_a}{p_{cr}}\right)^{\frac{\gamma-1}{\gamma}} = 240 \times \left(\frac{1.013 \times 10^5}{1.584 \times 10^5}\right)^{\frac{1.4-1}{1.4}} = 214(\text{K}) = -59(℃)$$

【例1-3】　滞止参数为 $p_s = 7 \times 10^5$Pa，$T_s = 303$K 的压缩空气，由拉伐尔喷嘴喷入压强为 1.013×10^5Pa 的炉膛内，质量流量为 0.8kg/s，试确定喷嘴的主要尺寸及出口截面的气体参数，已知喷嘴的速度系数 φ 和流量系数 μ 均为0.99。

【解】　拉伐尔喷嘴的结构示意图如图1-19所示。

由已知可得：$\dfrac{p_a}{p_s} = \dfrac{1.013 \times 10^5}{7 \times 10^5} = 0.1447 < 0.528$，查表1-4表明气体在喉部已经达到临界状态。

由理想气体状态方程式，可得压缩空气的滞止密度为：

$$\rho_s = \frac{Mp_s}{RT_s} = \frac{29 \times 7 \times 10^5}{8314.3 \times 303} = 8.06(\text{kg/m}^3)$$

由表1-4查得喷嘴出口处气体的临界参数简化公式，可得：

$$F_{cr} = \frac{\dot{m}}{0.685\mu\sqrt{p_s\rho_s}} = \frac{0.8}{0.685 \times 0.99 \times \sqrt{7 \times 10^5 \times 8.06}} = 0.000497(\text{m}^2)$$

喉部直径：　$d_{cr} = \sqrt{\dfrac{4F_{cr}}{\pi}} = \sqrt{\dfrac{4 \times 0.000497}{\pi}} = 0.025(\text{m}) = 25(\text{mm})$

由式(1-79)，可得扩张段出口断面的马赫数为：

$$Ma_2 = \sqrt{\frac{2}{\gamma-1}\left[\left(\frac{p_s}{p_a}\right)^{\frac{\gamma-1}{\gamma}} - 1\right]} = \sqrt{\frac{2}{1.4-1}\left[\left(\frac{7 \times 10^5}{1.013 \times 10^5}\right)^{\frac{1.4-1}{1.4}} - 1\right]} = 1.92$$

由式(1-85)，可求出扩张段出口截面面积为：

$$F_2 = \frac{(1+0.2Ma^2)^3}{1.728Ma}F_{cr} = \frac{(1+0.2 \times 1.92^2)^3}{1.728 \times 1.92} \times 0.000497 = 7.854 \times 10^{-4}(\text{m}^2)$$

出口直径：　$d_2 = \sqrt{\dfrac{4F_2}{\pi}} = \sqrt{\dfrac{4 \times 7.854 \times 10^{-4}}{\pi}} = 0.032(\text{m}) \approx 32(\text{mm})$

取扩张角 $\alpha = 6°$，则扩张段长度为：

$$l_2 = \frac{d_2 - d_{cr}}{2\tan\dfrac{\alpha}{2}} = \frac{32-25}{2\tan3°} = 66.8(\text{mm})$$

设气体进入渐缩管的速度为 $u_1 = 50$m/s，低速流动时可按不可压缩气体处理，$\rho_1 = \rho_s$，因此渐缩管的进口直径为：

$$d_1 = \sqrt{\dfrac{\dfrac{4\dot{m}}{u\rho_1}}{\pi}} = \sqrt{\dfrac{4 \times \dfrac{0.8}{50 \times 8.05}}{\pi}} = 0.050(\text{m}) = 50(\text{mm})$$

喷嘴出口处的其他参数：

由式(1-81)可得温度为：

$$T_2 = T_s \left(1 + \frac{\gamma-1}{2}Ma^2\right)^{-1} = 303 \times \left(1 + \frac{1.4-1}{2} \times 1.92^2\right)^{-1} = 174(\text{K})$$

由式(1-82)可得密度为：

$$\rho_2 = \rho_s \left(1 + \frac{\gamma-1}{2}Ma^2\right)^{-\frac{1}{\gamma-1}} = 8.05 \times \left(1 + \frac{1.4-1}{2} \times 1.92^2\right)^{-\frac{1}{1.4-1}} = 2.02(\text{kg/m}^3)$$

出口断面当地声速：

$$a_2 = \sqrt{\frac{\gamma R T_2}{M}} = \sqrt{\frac{1.4 \times 831.3 \times 174}{29}} = 264.4(\text{m/s})$$

气体出口速度：

$$u_2 = \varphi a_2 \cdot Ma_2 = 0.99 \times 264.4 \times 1.92 = 502.6(\text{m/s})$$

三、喷射流股与流股作用下窑内气体的流动

在无机非金属材料窑炉中经常会遇到气流经管嘴喷射到空间中去，由于气流脱离了原来限制其流动的管壁，不再受固体壁面的限制，而在空间继续扩散流动，这种气体的流动称为射流。例如喷射到窑内的气体燃料或火焰、烟囱冒出的烟气等都属于射流现象。气体在管道中流动时，与固体壁面相接触，要受到固体壁面的影响；而气体射流时，脱离了管口，不受管壁的影响和限制，它与周围气体接触和混合。因此射流与管流有着不同的流动规律。

在使用燃料燃烧喷嘴的火焰窑炉内，窑内气体的流动在很大程度上取决于烧嘴所喷出的射流流股。

(一) 自由喷射流股

当气体由管口喷射到充满静止介质的无限空间时，喷射流股已完全不受固体壁面的限制，这种流股称为自由喷射流股。自由喷射流股在流出管口时，流股横截面上各点速度相同，但由于流股中气体质点的不规则运动，使流出气体的质点与周围静止气体的质点发生碰撞，进行动量交换。喷出的气体把自己的一部分动量传递给相邻的静止气体，带动它们运动，被带动的气体在流动过程中逐渐向流股中心扩散，流股截面逐渐扩大，被带动的气体量逐渐增多，速度逐渐衰减。所以自由喷射流股实际上就是喷出气体与周围静止气体进行动量和质量的交换过程，即喷出气体与周围气体的混合过程。

喷出的气体由于碰撞造成了能量损失，而静止的质点被碰撞后获得了动量开始运动，所以喷出气体与被带动气体二者的动量之和不变，即沿流股进程总动量不变。根据动量守恒原理，由于动量不变，沿流股进程的压强也保持不变，这是自由喷射流股的主要特点。

(二) 相交的自由喷射流股

中心线在同一平面上的两个喷射流股相遇后，由于相互作用，引起流股形状的改变，合并成为一个统一的流股。相交的自由喷射流股可分为三段，即开始段、过渡段和主段。

流股汇合后的流动方向，取决于两流股原有的方向和它们的动量。如果用两流股的动量向量作平行四边形的两邻边，其对角线便代表汇合后流股的方向。但是，实验证明，平行四

边形原理只能用于喷出口相同的两流股。若两流股喷出口大小不同，则情况比较复杂，其中一个流股的一部分气体并不会遇到另一流股的冲击。

两个平行流股往同一方向流动时，它们张开以后也能相遇，混合成一个流股。该流股边缘并不弯曲而是直的。因为它并不受什么使它变形的作用力。汇合后的流股张角比自由流股小些，这是因为汇合后流股界面相对减小，周围气体吸入量也随之变小。

(三) 受限喷射流股

当气体由管口喷射到有限空间时，喷射流股要受到空间的部分限制，这种流股称为受限喷射流股。如果喷射流股开始截面比有限空间截面小很多时，限制空间的壁面对射流实际上起不到限制作用，则这种喷射流股可看成为自由喷射流股。如果这个限制空间较小，喷射出去的气体充满整个限制空间，便像气体通过微小张角的扩张管一样，成为管流，就没有受限喷射流股的特点了。因此，受限射流是介于自由射流与管流之间的气体流动，它既受到周围空间的限制，又不能充满整个空间。

在限制空间里，气流喷出后只能从喷嘴附近的有限空间里吸入气体并带着向前运动。经过一段距离后，一部分气体从流股分离出来沿相反方向流回至喷嘴附近，形成一个循环区。除此之外，在有限空间局部变形处存在着漩涡区。受限喷射流股简图如图1-20所示。

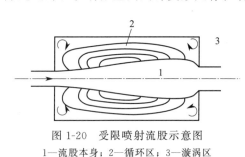

图 1-20　受限喷射流股示意图
1—流股本身；2—循环区；3—漩涡区

在气流从喷口流出不远的一段内，流股由循环区带入气体，流量增加，周边速度降低，速度沿长度方向趋于不均匀化，与自由喷射流股相似。此后，由于从周围带入的气体受到限制，特别是在流股的后半段，流股还要向循环区分出一部分气体，使本身的流量减少，速度分布趋于均匀化。当流股开始进入限制空间时，其动量保持不变，后来则由于流量的减小，速度减慢且趋于均匀化，使动量显著降低。随流股动量的降低，沿流股进程压强增加。

(四) 限制空间内的气体循环

在窑炉空间内的气体循环是保证炉内横断面上温度均匀的一个重要措施，同时对保证炉内热交换程度、温度分布及压强分布也具有重要意义。

炉内气体循环程度用循环倍数 "B" 表示。设单位时间内由烧嘴喷出的气体量为 m_1 （即新的燃烧产物量），烟气循环返回量为 m_2，则有：

$$B = \frac{m_1 + m_2}{m_1} \tag{1-86}$$

若新燃烧产物的温度为 t_1，比热容为 c_1，则其所带入的热量 Q_1 为：$Q_1 = m_1 c_1 t_1$。

循环烟气的温度为 t_2，比热容为 c_2，则其所带入的热量 Q_2 为：$Q_2 = m_2 c_2 t_2$。

若混合气体的温度为 t_m，比热容为 c_m，则有：$(m_1 + m_2) c_m t_m = m_1 c_1 t_1 + m_2 c_2 t_2$。

当 $c_1 = c_2 = c_m$ 时，则有：　　　$t_m = \dfrac{m_1 t_1 + m_2 t_2}{m_1 + m_2}$。

则温度差为：$\Delta t = t_m - t_2 = \dfrac{m_1 t_1 + m_2 t_2}{m_1 + m_2} - t_2 = \dfrac{m_1 (t_1 - t_2)}{m_1 + m_2}$。

将式(1-86)代入上式，可得：

$$\Delta t = \frac{t_1 - t_2}{B} \tag{1-87}$$

可见循环倍数 B 越大，温差就越小，窑内横断面上温度分布就越均匀。

限制空间内气流循环的影响因素主要有以下几点：

（1）限制空间的大小　　主要是喷射流股出口截面与有限空间截面面积之比。若这一比值很小，属于等压自由喷射流股，不会产生气体循环。若这一比值较大，射流边界层与有限空间边角距离较小，气体循环阻力大，循环气流减弱。若这一比值很大，则会形成管流，使循环气体等于零。因此，只有当两者有适当比值时，才能造成最大的气流循环。

（2）流股喷入口的位置　　若射流喷入口的位置在有限空间的中央，有限射流就上下左右对称，流股主流区呈椭圆形，四周为回流区，如图 1-20 所示。若射流喷入口的位置靠近有限空间的下部，喷射流股将整个贴附在有限空间的底部，循环区全部集中在流股的上部和有限空间的顶部之间，这种现象称为贴附现象，此时的喷射流股称为贴附喷射流股。产生这种现象是由于有限空间底部附近的流速增大，静压减小，而流股上部静压增大，上下压差使喷射流股贴附在有限空间的底部。

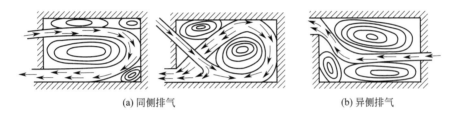

(a) 同侧排气　　　　　　　　　　　(b) 异侧排气

图 1-21　排气位置不同时的限制空间流股流动的示意图

（3）流股喷入口与气流出口的相对位置　　当流股喷入口与气流出口处于同一侧时，将使气流循环加剧。如图 1-21(a) 所示，在空间中心部位形成了较大而强烈的循环区。这种循环区有利于炉内的高温、低温气流相互混合，使横断面上温度分布均匀。

当流股喷入口与气流出口位置在有限空间两侧时，循环气流发生在流股主段两边，循环区较小，循环减弱，如图 1-21(b) 所示。

气流出口的位置及布置往往是非常重要的，只要其布置恰当，尺寸合适，气流就可以被引导到所需之处。例如在梭式窑、隧道窑和玻璃退火窑中，往往设计很多小孔，使气流的排出孔均匀地分布在窑底或窑墙上，这样能使气流在窑内均匀分布，有利于制品的加热。

有多个射流喷出口的空间，为了加剧气流循环，可以把射流喷出口布置成相对并相互错开，如图 1-22 所示。例如梭式窑和隧道窑上烧嘴的布置就是采用相对并相互错开的布置方式，有利于减小窑炉横断面的温差。

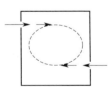

图 1-22　喷出口相对并相互错开时的气体循环

（4）流股的喷出压强和流股与壁面交角　　射流喷出后的压力能转化为动能，动能越大，可以带动的回流区气体越多，引起的气体循环就越强烈。流股与壁面交角越大，流股与壁面碰撞后易较早脱离壁面而改变方向，形成回流，使循环区向前移动，循环区也就缩小了。在玻璃池窑内，火焰以一定角度冲击玻璃液表面，回流区充满窑顶，而回流区的温度较主流区低，回流对窑顶有一定的保护作用。

影响窑炉内气流循环的因素较多，除上述四个因素以外，窑顶和窑墙的位置及斜度、窑顶的种类、窑炉内物料的排列情况、窑炉内的窑压及抽力等因素都会影响窑炉内气流的循环。

第三节　烟囱和喷射器

一、烟囱

烟囱是火焰窑炉不可缺少的设备。要使火焰窑炉能正常工作，不仅要源源不断地向窑内输入足够的燃料和助燃空气，还必须不断地将燃料燃烧产生的烟气排出。排烟方法一般有两种：一种是利用烟囱进行自然排烟，其特点是不需要消耗电能，平时维修费用低，工作可靠，但一次性投资费用高；另一种是利用风机或喷射器进行机械排烟，其特点是一次性投资费用低，调节比较灵敏，但需要消耗电能，平时维修费用较高。采用机械排烟时，烟囱主要起气体导向的作用。

烟囱的种类按排烟方法可分为自然排烟烟囱和机械排烟烟囱两种；按建筑材料又可分为钢板烟囱、砖砌烟囱和钢筋混凝土烟囱三种。钢板烟囱均为等径的圆筒形，而砖砌烟囱和钢筋混凝土烟囱为了稳固性，通常为上小下大的截锥体。采用哪一种烟囱，需要根据工厂的具体实际情况而定。下面主要讨论自然排烟烟囱的工作原理和设计。

（一）烟囱工作原理

对于自然排烟的窑炉，燃料燃烧生产的烟气，由窑炉内流经烟道排至烟囱出口，其流动动力全部来自烟囱高度产生的几何压头。在无机非金属材料工业中，目前玻璃工厂的窑炉大多采用自然排烟的烟囱。图1-23为横火焰玻璃池窑排烟系统示意图。

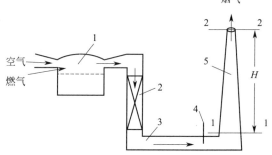

图 1-23　横火焰玻璃池窑排烟系统示意图
1—窑炉；2—蓄热室；3—烟道；4—闸板；5—烟囱

在烟囱底部取截面为 1—1 面，在烟囱出口处取截面为 2—2 面。

列 1—1 面与 2—2 面间的伯努利方程式：

$$h_{s1} + h_{ge1} + h_{k1} = h_{s2} + h_{ge2} + h_{k2} + \sum h_{L(1-2)}$$

以 2—2 面为基准面，则有 $h_{ge2} = 0$；

因为 2—2 面为烟囱的出口，则有 $h_{s2} = 0$；

由于热气体的截面位置越高，几何压头 h_{ge} 越小，静压头 h_s 越大，则 $h_{s1} < h_{s2} = 0$；

因为 $F_1 > F_2$，有 $h_{k1} < h_{k2}$；

又因为 $\sum h_{L(1-2)} = h_f$。

所以上述伯努利方程式可以简化为：

$$h_{ge1} = (-h_{s1}) + (h_{k2} - h_{k1}) + h_f \tag{1-88}$$

式(1-88) 即为自然排烟烟囱的工作原理式。由此式可以得出自然排烟烟囱的工作原理：烟囱高度 H 产生的底部几何压头 h_{ge1}，除了克服烟气在烟囱内流动时的动压头增量和阻力损失外，还要造成烟囱底部的负压 h_{s1}。

由于无机非金属材料窑内的表压强值接近于零压，对于自然排烟的窑炉，燃料燃烧产生的烟气从窑内流至烟囱底部的动力就是窑内与烟囱底部的静压差，即$-h_{s1}$。$-h_{s1}$值越大，烟气从窑内流至烟囱底部的动力就越大，因此$-h_{s1}$称为烟囱底部的抽力，简称为烟囱的抽力。它用于克服烟气从窑内流至烟囱底部的所有阻力损失，包括摩擦阻力损失、局部阻力损失以及热烟气自上向下流动时的几何压头的增量。

因此，对于自然排烟的烟囱，其底部几何压头h_{ge1}越大，产生的烟囱抽力就越大。由于$h_{ge1}=Hg(\rho_a-\rho)$，烟囱的抽力与烟囱的高度H、外界空气的密度ρ_a以及烟气在烟囱中的平均密度ρ有关。烟囱高度越高，烟囱抽力就越大；烟气在烟囱中的平均温度越高，其平均密度ρ越小，烟囱抽力就越大，这就是间歇窑炉在点火初期烟囱抽力不如旺火期大的原因；外界空气的温度越高，其密度ρ_a越小，烟囱抽力就越小，所以冬季烟囱抽力较夏季烟囱抽力大；空气的湿度越大，空气的密度越小，烟囱抽力就越小，因此阴雨潮湿天气时的烟囱抽力会减小；除此之外，大气压强和风速的大小也会在一定程度上影响烟囱的抽力。

烟囱抽力的大小直接影响到窑压的变化，窑压会随着烟囱抽力的增大而减小。因此，为了确保窑压稳定，需要根据燃料组成的变化、季节的变化、天气的变化等因素及时调整烟道闸板的开度。

（二）烟囱的设计

烟囱的设计内容包括出口内径、选型、底部内径和高度的计算。设计前需要计算和准备的参数有烟气排出量V、烟气在标准状态下的密度ρ_0、空气的密度ρ_a、烟囱底部烟气的温度t_B、烟气从窑内流至烟囱底部的总阻力损失$\sum h_L$（沿程所有的摩擦阻力损失、局部阻力损失以及烟气自上向下流动时的几何压头增量的总和）。

1. 烟囱顶部出口内径（d_T）的计算

烟囱顶部出口内径根据烟气排出量和烟气出口流速可由连续性方程式计算，其计算式为：

$$d_T=\sqrt{\frac{4V}{\pi u_T}} \tag{1-89}$$

式中　d_T——烟囱顶部出口内径，m；

　　　V——烟气排出量，Nm^3/s；

　　　u_T——烟气在烟囱顶部的出口流速，Nm/s。

烟气排出量根据窑炉中燃料燃烧产生的实际烟气量（将在本书"第二章　燃料及其燃烧"中讨论其计算）和窑炉及烟道漏风量等计算。烟气在烟囱顶部的出口流速一般根据经验选取，对于自然排烟的烟囱，$u_T=2\sim4Nm/s$。因为排烟速度u_T太小时，烟气流出烟囱出口时的动量小，在外界风速较大时容易产生倒风现象；排烟速度u_T太大时，烟气在烟囱中的阻力损失增大，动压头增量（$h_{k2}-h_{k1}$）增大，会导致烟囱设计高度增大，从而增大烟囱投资成本。对于机械排烟的烟囱，$u_T=8\sim15Nm/s$。

2. 烟囱选型

烟囱选型要根据烟囱顶部出口内径d_T的大小而定。一般地，当$d_T\leqslant0.7m$时，选用钢板烟囱；当$d_T>0.7m$时，选用砖砌烟囱或钢筋混凝土烟囱。圆形截面砖砌烟囱的最小出口内径可以为0.7m，但考虑到砌筑施工的方便，常用出口内径范围为$0.8\sim1.8m$；钢筋混凝土烟囱常用出口直径范围为$1.4\sim3.6m$。

3. 烟囱底部直径（d_B）的计算

对于钢板烟囱，通常为等径的圆筒形，因此$d_B=d_T$。

对于砖砌烟囱或钢筋混凝土烟囱，为了烟囱的稳固性，通常为上小下大的截锥体，其斜率一般为 $1\% \sim 2\%$。因此烟囱底部内径的计算式为：

$$d_B = d_T + 2 \times (0.01 \sim 0.02)H \tag{1-90}$$

式中，H 为烟囱的高度，m。

由于烟囱高度未知，为了计算烟囱底部内径，需要利用已有资料数据，结合式(1-88)对烟囱高度进行估算，烟囱高度的估算式为：

$$H' = \frac{K \sum h_L}{g(\rho_a - \rho_B)} \tag{1-91}$$

式中　H'——估算高度，m；

　　　　K——储备系数，$K = 1.2 \sim 1.3$；

　　$\sum h_L$——烟气从窑内流至烟囱底部的总阻力损失，Pa；

　　　　ρ_a——外界空气的密度，kg/m^3；

　　　　ρ_B——烟气在烟囱底部的密度，用烟气在烟囱底部的温度 t_B 计算，kg/m^3。

4. 烟囱高度的计算

为了确保设计出的烟囱在任何情况下都具有足够的抽力，烟囱抽力 $-h_{s1}$ 必须要大于烟气从窑内流至烟囱底部的总阻力损失 $\sum h_L$，一般选取储备系数 $K = 1.2 \sim 1.3$，即 $-h_{s1} = K \sum h_L$。

由式(1-88)可有：

$$H g(\rho_a - \rho_{av}) = K \sum h_L + \frac{\rho_{av}}{2}(u_T^2 - u_B^2) + \lambda \frac{H}{d_{av}} \times \frac{u_{av}^2}{2}\rho_{av}$$

则烟囱高度的计算式为：

$$H = \frac{K \sum h_L + \dfrac{\rho_{av}}{2}(u_T^2 - u_B^2)}{g(\rho_a - \rho_{av}) - \dfrac{\lambda u_{av}^2 \rho_{av}}{2 d_{av}}} \tag{1-92}$$

式中　ρ_{av}——烟气在烟囱内的平均密度，用烟气在烟囱内的平均温度 $t_{av} = \dfrac{t_T + t_B}{2}$ 计算，kg/m^3；

　　　　u_T——烟气在烟囱顶部的出口流速，用烟气在烟囱内的平均温度 t_{av} 计算，m/s；

　　　　u_B——烟气在烟囱底部的流速，用烟气在烟囱内的平均温度 t_{av} 计算，m/s；

　　　　u_{av}——烟气在烟囱内的平均流速，用平均温度 t_{av} 和平均内径 d_{av} 计算，m/s；

　　　　ρ_a——外界空气的密度，kg/m^3；

　　　　d_{av}——烟囱的平均内径，$d_{av} = \dfrac{d_T + d_B}{2}$，m；

　　　　λ——烟囱内的摩擦阻力系数，对于砖砌烟囱和钢筋混凝土烟囱，$\lambda = 0.05$，对于钢板烟囱，$\lambda = 0.02$。

通常只知道烟气在烟囱底部的温度 t_B，而烟囱顶部的烟气温度 t_T 需根据烟囱的估算高度 H' 和烟气沿烟囱高度的温降值求得，从而求得烟气在烟囱中的平均温度 t_{av}。烟气在烟囱内每米高度上的温降值见表 1-5。

表 1-5　烟气在烟囱内每米高度上的温降值

烟囱种类		不同烟气温度下的每米温降 /(℃/m)			
		300～400℃	400～500℃	500～600℃	600～800℃
砖砌烟囱和钢筋混凝土烟囱		1.5～2.5	2.5～3.5	3.5～4.5	4.5～6.5
钢板烟囱	带耐火衬砖	2～3	3～4	4～5	5～7
	不带耐火衬砖	4～6	6～8	8～10	10～14

由于在计算烟囱高度的过程中，利用了烟囱的估算高度 H' 值，因此需要验证烟囱高度计算值 H 的准确性。一般地，利用计算高度 H 与估计高度 H' 的相对误差来验证烟囱高度计算值 H 的准确性。计算高度 H 与估计高度 H' 的相对误差 δ 的计算式为：

$$\delta = \frac{|H - H'|}{H'} \times 100\% \tag{1-93}$$

若 $\delta < 5\%$，认为烟囱高度的计算值合格，则计算高度 H 值即为烟囱的设计高度；若 $\delta \geqslant 5\%$，认为烟囱高度的计算值不合格，需要重新进行计算，此时，将上一步的计算高度值作为下一步的估计高度值，再重新计算烟囱高度值，直至 $\delta < 5\%$ 为止。

在进行烟囱设计时，应注意如下几个问题：

① 为确保烟囱在任何季节都有足够的抽力，计算时应选用当地最高气温时的空气密度。

② 若当地的空气湿度较大，应选用当地最大湿度气候下的湿空气密度进行计算。

③ 如地处高原或山区，应考虑当地海拔高度对气压和空气密度的影响。

④ 如附近有飞机场，应不妨碍飞机的升降，此时烟囱高度一般不超过 20m。

⑤ 烟囱高度的确定，还应符合环境卫生部门的规定，尽量减少对环境的污染。

⑥ 当窑炉在不同阶段产生的烟气量不同（如间歇窑炉）时，应采用最大排烟量进行计算。

⑦ 要充分考虑烟道积水、积灰和烟囱严密程度对抽力的影响。

⑧ 几座窑合用一座烟囱时，各窑的烟道应并联，以防止互相干扰；计算时烟气由窑内流至烟囱底部的总阻力 $\sum h_L$ 应采用阻力最大的一座窑的数据，而烟气量则应采用几座窑的总烟气量。

【例 1-4】　某窑炉采用自然排烟的烟囱，其排烟系统示意图如图 1-24 所示。试设计该窑炉的烟囱。

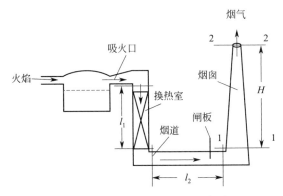

图 1-24　某窑炉排烟系统示意图

已知原始资料为：

（1）$l_1 = 3$m，$l_2 = 10$m，吸火口处截面积为 0.3m²，砖砌烟道截面宽为 0.75m、高

为 0.8m；

（2）闸板开度为 50%；

（3）烟气由吸火口流经换热室至烟道入口的局部阻力和摩擦阻力共计为 50Pa，烟气由烟道进入烟囱底部急转弯的局部阻力系数为 1.0；

（4）烟气和外界空气的温度见下表：

烟气进吸火口温度/℃	烟气在换热室内平均温度/℃	烟气在烟道内平均温度/℃	烟气进烟囱底部温度/℃	外界空气温度/℃
1350	850	400	350	20

（5）烟气的密度见下表：

吸火口至换热室/(kg/Nm³)	烟道内/(kg/Nm³)	烟囱内/(kg/Nm³)
1.34	1.33	1.32

（6）烟气流量与流速见下表

部位	烟气量 V_0 /(Nm³/s)	计入漏气量后的烟气量 漏气率(占烟气量的体积分数)/%	计入漏气量后的烟气量 V_0'/(Nm³/s)	F /m²	u_0 /(Nm/s)
吸火口	0.9	0	0.9	0.4	2
烟道内	0.9	10	0.99	0.6	1.65
烟囱底部	0.9	20	1.08	—	—

注：不考虑烟囱本身漏气。

（7）零压面位置在吸火口平面。

【解】（1）烟气由吸火口流至烟囱底部的总阻力 $\sum h_L$ 的计算

① 烟气由窑炉进入吸火口突然收缩的局部阻力 h_{l1}：

由于吸火口截面积远小于窑炉的截面积，即 $F_{吸火口}/F_{窑炉} \approx 0$，由附录二可以查得局部阻力系数 $\xi_1 = 0.5$，则局部阻力计算式为：

$$h_{l1} = \xi \frac{u^2}{2} \rho_{吸火口} = 0.5 \times \frac{\left(2 \times \frac{273+1350}{273}\right)^2}{2} \times 1.34 \times \frac{273}{273+1350} = 7.966(\text{Pa})$$

② 烟气由吸火口流经换热室至烟道入口的总阻力 h_{L2}：

烟气由吸火口流经换热室至烟道入口的总阻力包括局部阻力、摩擦阻力和烟气向下流动的几何压头增量，即

$$h_{L2} = h_{ge} + h_f + h_1 = l_1 g(\rho_a - \rho_{换热室}) + h_f + h_1$$
$$= 3 \times 9.81 \times \left(1.293 \times \frac{273}{273+20} - 1.34 \times \frac{273}{273+850}\right) + 50 = 75.869(\text{Pa})$$

③ 烟道内摩擦阻力 h_{f3}：

烟道当量直径：　　$d_e = 4r_w = \frac{4 \times 0.75 \times 0.8}{2 \times (0.75+0.8)} = 0.774(\text{m})$

由于砖砌烟道，所以取摩擦阻力系数 $\lambda = 0.05$。

$$h_{f3} = \lambda \frac{l_2}{d_e} \times \frac{u^2_{烟道}}{2} \rho_{烟道} = 0.05 \times \frac{10}{0.774} \times \frac{\left(1.65 \times \frac{273+400}{273}\right)^2}{2} \times 1.33 \times \frac{273}{273+400} = 2.883(\text{Pa})$$

④ 烟气经过闸板时的局部阻力 h_{l4}：

由附录二查得，矩形闸板开度为 50% 时的局部阻力系数 $\xi_4 = 4$，则局部阻力计算式为：

$$h_{l4} = \xi_4 \frac{u^2_{烟道}}{2} \rho_{烟道} = 4 \times \frac{\left(1.65 \times \frac{273+400}{273}\right)^2}{2} \times 1.33 \times \frac{273}{273+400} = 17.853(\text{Pa})$$

⑤ 由烟道进入烟囱底部 90° 急转弯的局部阻力 h_{15}：

$$h_{15} = \xi_5 \frac{u^2}{2} \rho = 1.0 \times \frac{\left(1.65 \times \frac{273+350}{273}\right)^2}{2} \times 1.32 \times \frac{273}{273+350} = 4.1(\text{Pa})$$

⑥ 烟气由吸火口流至烟囱底部的总阻力 $\sum h_{\text{L}}$：

$$\sum h_{\text{L}} = h_{l1} + h_{L2} + h_{f3} + h_{l4} + h_{l5}$$
$$= 7.966 + 75.869 + 2.883 + 17.853 + 4.1 = 108.671(\text{Pa})$$

（2）烟囱顶部出口内径 d_{T} 的计算及烟囱选型

取烟气在烟囱顶部的出口流速 $u_{\text{T}} = 2.5\text{Nm/s}$，则

$$d_{\text{T}} = \sqrt{\frac{4V}{\pi u_{\text{T}}}} = \sqrt{\frac{4 \times 1.08}{\pi \times 2.5}} = 0.74(\text{m})$$

因为 $d_{\text{T}} > 0.7\text{m}$，所以选用砖砌烟囱。

（3）烟囱底部内径（d_{B}）的计算

选取烟囱储备系数 $K = 1.3$，则烟囱估算高度为：

$$H' = \frac{K \sum h_{\text{L}}}{g(\rho_{\text{a}} - \rho_{\text{B}})} = \frac{1.3 \times 108.671}{9.81 \times \left(1.293 \times \frac{273}{273+20} - 1.32 \times \frac{273}{273+350}\right)} = 23(\text{m})$$

取烟囱的斜率为 1%，则烟囱底部内径为：

$$d_{\text{B}} = d_{\text{T}} + 2 \times 0.01 H' = 0.74 + 2 \times 0.01 \times 23 \approx 1.2(\text{m})$$

（4）烟囱高度 H 的计算

烟囱平均内径：
$$d_{\text{av}} = \frac{d_{\text{T}} + d_{\text{B}}}{2} = \frac{0.74 + 1.2}{2} = 0.97(\text{m})$$

由表 1-5 取烟气在烟囱中的温降为 2.5℃/m，则烟气在烟囱出口处的温度为：
$$t_{\text{T}} = t_{\text{B}} - 2.5 H' = 350 - 2.5 \times 23 = 292.5(℃)$$

烟气在烟囱中的平均温度为：
$$t_{\text{av}} = \frac{t_{\text{T}} + t_{\text{B}}}{2} = \frac{292.5 + 350}{2} = 321.25(℃)$$

由连续性方程，可计算出烟气在烟囱底部的流速为：
$$u_{\text{B}} = u_{\text{T}} \frac{d_{\text{T}}^2}{d_{\text{B}}^2} = 2.5 \times \frac{0.74^2}{1.2^2} = 0.95(\text{Nm/s})$$

烟气在烟囱中的平均流速：
$$u_{\text{av}} = u_{\text{T}} \frac{d_{\text{T}}^2}{d_{\text{av}}^2} = 2.5 \times \frac{0.74^2}{0.97^2} = 1.45(\text{Nm/s})$$

烟囱高度为：

$$H = \frac{K \sum h_{\text{L}} + \frac{\rho_{\text{av}}}{2}(u_{\text{T}}^2 - u_{\text{B}}^2)}{g(\rho_{\text{a}} - \rho_{\text{av}}) - \frac{\lambda u_{\text{av}}^2 \rho_{\text{av}}}{2 d_{\text{av}}}}$$

$$= \frac{1.3 \times 108.671 + \frac{1.32}{2}(2.5^2 - 0.95^2) \times \frac{273+321.25}{273}}{9.81 \times \left(1.293 \times \frac{273}{273+20} - 1.32 \times \frac{273}{273+321.25}\right) - \frac{0.05 \times 1.45^2 \times 1.32 \times \frac{273+321.25}{273}}{2 \times 0.97}}$$

$$=26.1(\text{m})$$

计算估计高度与计算高度的相对误差：

$$\delta = \frac{|H-H'|}{H'} \times 100\% = \frac{26.1-23}{23} \times 100\% = 13.5\% > 5\%$$

所以，计算烟囱高度 H 不合格，需要重新计算。

假设烟囱估计高度为 26.1m。

则有烟囱底部内径为：

$$d_B = d_T + 2 \times 0.01H' = 0.74 + 2 \times 0.01 \times 26.1 = 1.262(\text{m})$$

烟囱平均内径：

$$d_{av} = \frac{d_T + d_B}{2} = \frac{0.74 + 1.262}{2} = 1.001(\text{m})$$

取烟气在烟囱中的温降仍为 2.5℃/m，则烟气在烟囱出口处的温度为：

$$t_T = t_B - 2H' = 350 - 2.5 \times 26.1 = 284.75(℃)$$

烟气在烟囱中的平均温度为：

$$t_{av} = \frac{t_T + t_B}{2} = \frac{284.75 + 350}{2} = 317.4(℃)$$

烟气在烟囱底部的流速为：

$$u_B = u_T \frac{d_T^2}{d_B^2} = 2.5 \times \frac{0.74^2}{1.262^2} = 0.860(\text{Nm/s})$$

烟气在烟囱中的平均流速：

$$u_{av} = u_T \frac{d_T^2}{d_{av}^2} = 2.5 \times \frac{0.74^2}{1.001^2} = 1.37(\text{Nm/s})$$

烟囱高度为：

$$H = \frac{K \sum h_L + \frac{\rho_{av}}{2}(u_T^2 - u_B^2)}{g(\rho_a - \rho_{av}) - \frac{\lambda u_{av}^2 \rho_{av}}{2d_{av}}}$$

$$= \frac{1.3 \times 108.671 + \frac{1.32}{2} \times (2.5^2 - 0.860^2) \times \frac{273+317.4}{273}}{9.81 \times \left(1.293 \times \frac{273}{273+20} - 1.32 \times \frac{273}{273+317.4}\right) - \frac{0.05 \times 1.37^2 \times 1.32 \times \frac{273+317.4}{273}}{2 \times 1.001}}$$

$$= 26.2(\text{m})$$

计算估计高度与计算高度的相对误差：

$$\delta = \frac{|H-H'|}{H'} \times 100\% = \frac{|26.2-26.1|}{26.1} \times 100\% = 0.4\% < 5\%，\text{此次计算合格。}$$

所以，烟囱的设计参数为：选用砖砌烟囱，顶部内径为 0.74m，底部内径为 1.262m，高度为 26.2m。

二、喷射器

(一) 喷射器的分类和构成

喷射器是利用从喷嘴喷出的高速流体，吸引并带动另一种流体流动的装置。在喷射器中高速流体（称为喷射流体）将能量传递给静止或低速流体（称为被喷射流体），使其能量提高，以达到输送或混合流体的目的。在无机非金属材料工业中，喷射器主要应用于煤气燃烧器（如喷射式无焰燃烧器、高速烧嘴的预热装置等）和输送高温气体以及排烟等喷射式抽风装置，可以将空气、煤气、水蒸气等作为喷射气体。

排烟喷射器具有结构简单、设备低廉的优点；缺点是能量损失大，工作时消耗的能量比排烟机高，效率较低。排烟喷射器一般用于排烟机不能输送的高温气体、腐蚀性气体或摩擦易发生爆炸的气体，当工厂内有剩余的高压气源时，也可选用喷射器作为排气装置。在隧道窑上除用喷射器来排烟外，还可用它来抽引冷却带内的热空气（>300℃），作为燃料燃烧用的一次空气。在热工测量中还用喷射器做成抽气热电偶，以减小测温误差。

喷射器按其结构分为带扩张管的喷射器和不带扩张管的喷射器。带扩张管的喷射器有四个基本组成部分：喷嘴、吸气管、混合管（亦称喉部）和扩张管，如图 1-25 所示，图 1-25（a）中的混合管为一等径直管，而图 1-25（b）中的混合管是由一个小收缩管和一个等径直管构成。

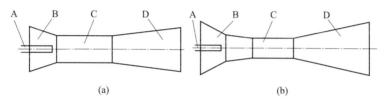

（a）　　　　　　　　　　　　　　（b）

图 1-25　带扩张管的喷射器结构示意图
A—喷嘴；B—吸气管；C—混合管；D—扩张管

喷射器按喷射气体的压强大小分为低压喷射器、中压喷射器和高压喷射器三种。当喷射气体的压强 $p_1 < 20\text{kPa}$ 时，其压强的影响可忽略不计，称为低压喷射器；当喷射气体的压强 p_1 与喷出后的压强 p_2' 的比值 $\dfrac{p_2'}{p_1} > \left(\dfrac{2}{\gamma+1}\right)^{\frac{\gamma}{\gamma-1}}$ 时（亚临界状态），称为中压喷射器；当喷射气体的压强 p_1 与喷出后的压强 p_2' 的比值 $\dfrac{p_2'}{p_1} < \left(\dfrac{2}{\gamma+1}\right)^{\frac{\gamma}{\gamma-1}}$ 时（超临界状态），称为高压喷射器。高、中压喷射器的计算要考虑气体的可压缩性，而低压喷射器则不必考虑，因此高、中压与低压喷射器的计算是有区别的。

喷射器按被喷射气体的吸入速度可分为常压吸气式喷射器和负压吸气式喷射器两种。如果喷射器的吸气管较大，吸入的气体在吸入管内的流速很小，几乎可忽略不计，这种喷射器称为常压吸气喷射器（亦称为第二类喷射器）。常压吸气喷射器由于吸气管比较大，不会破坏喷射气体的自由射流结构，因此可以按自由射流的运动规律进行计算，在吸气管内视为等压流动。如果喷射器的吸气管比较小时，被吸入的气体在吸气管内的流速较大，气流在吸气管内发生扰动，气体的流速不能忽略，这种喷射器称为负压吸气喷射器（亦称为第一类喷射器）。设计这种喷射器时要求吸气管的形状合理，否则将增加吸入气体的阻力，降低喷射效率。低压喷射器一般为常压吸气式的，中、高压喷射器一般为负压吸气式的。

（二）喷射器的工作原理

如图 1-26 所示，图中 p_1、ρ_1' 为进喷嘴前喷射气体的压强和密度，$\dot{m}_1$、u_1、ρ_1 为从喷嘴喷出的喷射气体的质量流量、速度、密度，$\dot{m}_2$、u_2、ρ_2 为被喷射气体的质量流量、速度、密度，$\dot{m}_3$、u_3、ρ_3 为混合气体的质量流量、速度、密度。p_2、f_2 和 p_3、f_3 分别为

2—2 面和 3—3 面上的绝对压强、面积，并且喷射气体为可压缩气体，被喷射气体为不可压缩气体。

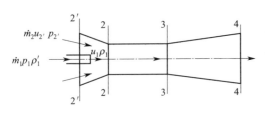

图 1-26　喷射器工作原理图

喷射气体与被喷射气体刚进入混合管时，其速度很不均匀，在流动过程中才渐渐均匀起来，流至混合管的末端 3—3 截面时混合气体的平均速度为 u_3，绝对压强由 p_2 升至 p_3。在扩张管内，混合气体的速度由 u_3 降至 u_4，绝对压强由 p_3 升至 p_4。

因为 $f_2 = f_3$，对混合管内由 2—2 面、3—3 面及混合管内壁所构成的控制体列出动量方程：

$$\dot{m}_3 u_3 - (\dot{m}_1 u_1 + \dot{m}_2 u_2) = (p_2 - p_3) f_3$$

因为 $p_3 > p_2$，所以 $\dot{m}_1 u_1 + \dot{m}_2 u_2 > \dot{m}_3 u_3$，因此上式可以写为：

$$(\dot{m}_1 u_1 + \dot{m}_2 u_2) - \dot{m}_3 u_3 = (p_3 - p_2) f_3 \tag{1-94}$$

由此可知，$p_3 - p_2$ 越大，动力越大，被喷射气体的吸入量就越多。

（三）喷射器各组成部分的作用及其参数方程

喷射器各组成部分的方程可由连续性方程、伯努利方程和动量方程为基础进行推导。

1. 喷嘴的作用及方程

喷嘴的作用是喷入高速气流，将喷射气体的压力能转变成动能。

若喷射气体为可压缩气体时，其喷出速度 u_1 的计算式可由式（1-64a）和式（1-66）获得，即

$$u_1 = \varphi \sqrt{\frac{2\gamma}{\gamma - 1} \times \frac{p_1}{\rho_1'} \left[1 - \left(\frac{p_2}{p_1} \right)^{\frac{\gamma - 1}{\gamma}} \right]} \tag{1-95}$$

若喷射气体为不可压缩气体时，其喷出速度 u_1 的计算式可由式（1-43）获得，即

$$u_1 = \varphi \sqrt{\frac{2(p_1 - p_2)}{\rho_1'}} \tag{1-96}$$

2. 吸气管的作用及方程

吸气管是被喷射气体的入口处，其作用是减小被喷射气体进入时的阻力。

对于被喷射气体，列 $2'$—$2'$ 与 2—2 面间的伯努利方程为：

$$h_{s2'} + h_{ge2'} + h_{k2'} = h_{s2} + h_{ge2} + h_{k2} + \sum h_{L(2'-2)}$$

因为 $h_{ge2'} = h_{ge2}$；阻力损失 $\sum h_{L(2'-2)}$ 很小，可忽略不计。上式可以写为：

$$p_{2'} - p_a + \frac{\rho_2}{2} u_{2'}^2 = p_2 - p_a + \frac{\rho_2}{2} u_2^2$$

则可得吸气管的方程为：

$$p_{2'} - p_2 = \frac{\rho_2}{2} (u_2^2 - u_{2'}^2) \tag{1-97}$$

因为 $u_2 > u_{2'}$，则有 $p_{2'} > p_2$，因此被喷射气体能够被吸入吸气管。

3. 混合管的作用及方程

混合管是喷射器的主要部分，其作用是使喷射气体与被喷射气体的速度趋于均匀，使混合管内动量降低，产生压强差，以提高喷射效率。混合管有圆柱形、收缩型或二者相结合的形式。实验证明，收缩型混合管有利于管内速度场的均匀分布，但不利于浓度场和温度场的

均匀分布；而圆柱形混合管，则能使速度场、浓度场和温度场都能达到一定程度的均匀分布。

由式(1-94)，可得混合管的方程式为：

$$p_3 - p_2 = \frac{\dot{m}_1 u_1 + \dot{m}_2 u_2 - \dot{m}_3 u_3}{f_3} \tag{1-98}$$

式(1-98)即为喷射器的基本方程。说明 2—2 面与 3—3 面之间的压强差取决于动量之差。

4. 扩张管的作用及方程

扩张管的作用是为了减少阻力损失，增加喷射器出口与吸气管之间的压强差，提高喷射效率。

列 3—3 面与 4—4 面间的伯努利方程式为：

$$h_{s3} + h_{ge3} + h_{k3} = h_{s4} + h_{ge4} + h_{k4} + \sum h_{L(3-4)}$$

因为 $h_{ge3} = h_{ge4}$，阻力损失 $\sum h_{L(3-4)}$ 用局部阻力计算式的形式表示，上式可以写为：

$$(p_3 - p_a) + \frac{\rho_3}{2} u_3^2 = (p_4 - p_a) + \frac{\rho_4}{2} u_4^2 + \xi_3 \frac{\rho_3}{2} u_3^2$$

式中，ξ_3 为扩张管内气体的总阻力系数。

在扩张管内混合气体为不可压缩气体，流速随管道截面积增大而减小，因而动压头转换为静压头，即 $u_3 > u_4$，$p_3 < p_4$。

又因为 $\rho_3 = \rho_4$，$u_3 f_3 = u_4 f_4$，代入上式，则有：

$$p_4 - p_3 = \frac{\rho_3}{2} u_3^2 \left[1 - \left(\frac{f_3}{f_4} \right)^2 - \xi_3 \right] \tag{1-99a}$$

令 $\eta_s = 1 - \left(\frac{f_3}{f_4} \right)^2 - \xi_3$，则有：

$$p_4 - p_3 = \eta_s \rho_3 \frac{u_3^2}{2} \tag{1-99b}$$

式中，η_s 为扩张管的效率，一般 $\eta_s = 0.7 \sim 0.8$。

一般情况下扩张管的角度为 $6° \sim 8°$。

(四) 喷射器的参数方程

1. 喷射器效率

喷射器效率是指在喷射器中被喷射气体所获得的能量与喷射气体所付出的能量之比，用"η"表示。被喷射气体所获得的能量主要指静压能的变化，而动压能的变化量相对很小，可以忽略不计。则喷射器效率的数学表达式为：

$$\eta = \frac{(p_4 - p_{2'}) V_2}{V_1 \left[\frac{1}{2} \rho_1 u_1^2 - (p_4 - p_2) \right]} \tag{1-100}$$

式中　V_1——喷射气体的体积流量，m^3/s；

　　　V_2——被喷射气体的体积流量，m^3/s。

2. 喷射器两端的压差

由式(1-97)、式(1-98)和式(1-99b)联立组成方程组如下：

$$\begin{cases} p_{2'} - p_2 = \dfrac{\rho_2}{2}(u_2^2 - u_{2'}^2) \\[2mm] p_3 - p_2 = \dfrac{\dot{m}_1 u_1 + \dot{m}_2 u_2 - \dot{m}_3 u_3}{f_3} \\[2mm] p_4 - p_3 = \eta_s \dfrac{\rho_3}{2} u_3^2 \end{cases}$$

由于

$$f_3 = \frac{\dot{m}_3}{u_3 \rho_3}$$

由式（1-98）+式（1-99b）-式（1-97）得：

$$p_4 - p_{2'} = \frac{u_3 \rho_3 (\dot{m}_1 u_1 + \dot{m}_2 u_2 - \dot{m}_3 u_3)}{\dot{m}_3} + \eta_s \frac{\rho_3}{2} u_3^2 - \frac{\rho_2}{2}(u_2^2 - u_{2'}^2) \tag{1-101}$$

由式（1-98）+式（1-99b）得：

$$p_4 - p_2 = \frac{u_3 \rho_3 (\dot{m}_1 u_1 + \dot{m}_2 u_2 - \dot{m}_3 u_3)}{\dot{m}_3} + \eta_s \frac{\rho_3}{2} u_3^2 \tag{1-102}$$

3. 喷射器的最佳流速

对式（1-100）进行分析可知，要使喷射器效率 η 最大，则需要 $(p_4 - p_{2'})$ 和 $(p_4 - p_2)$ 均最大。利用数学求极值的方法，由式（1-101）对 u_2 求一阶偏导数，令其为零；式（1-102）对 u_3 求一阶偏导数，令其为零。并联立方程组，则有：

$$\begin{cases} \dfrac{\partial(p_4 - p_{2'})}{\partial u_2} = \dfrac{u_3 \rho_3 \dot{m}_2}{\dot{m}_3} - \rho_2 u_2 = 0 \\[3mm] \dfrac{\partial(p_4 - p_2)}{\partial u_3} = \dfrac{\rho_3(\dot{m}_1 u_1 + \dot{m}_2 u_2)}{\dot{m}_3} + (\eta_s - 2)\rho_3 u_3 = 0 \end{cases}$$

解此方程组，求得的速度即为最佳流速。

则 2—2 截面的最佳流速 $(u_2)_G$ 为：

$$(u_2)_G = \frac{\dfrac{\dot{m}_2}{\dot{m}_1} u_1}{(2 - \eta_s)\left(\dfrac{\dot{m}_2}{\dot{m}_1} + \dfrac{\rho_2}{\rho_1}\right)\left(1 + \dfrac{\dot{m}_2}{\dot{m}_1}\right) - \left(\dfrac{\dot{m}_2}{\dot{m}_1}\right)^2} \tag{1-103}$$

则 3—3 截面的最佳流速 $(u_3)_G$ 为：

$$(u_3)_G = \frac{\left(\dfrac{\dot{m}_2}{\dot{m}_1} + \dfrac{\rho_2}{\rho_1}\right) u_1}{(2 - \eta_s)\left(\dfrac{\dot{m}_2}{\dot{m}_1} + \dfrac{\rho_2}{\rho_1}\right)\left(1 + \dfrac{\dot{m}_2}{\dot{m}_1}\right) - \left(\dfrac{\dot{m}_2}{\dot{m}_1}\right)^2} \tag{1-104}$$

式中　$\dfrac{\dot{m}_2}{\dot{m}_1}$——喷射质量流量比；

$\dfrac{\rho_2}{\rho_1}$——喷射密度比。

（五）喷射器的设计

带扩张管喷射器的结构及主要尺寸如图 1-27 所示。则部分的尺寸计算公式为：

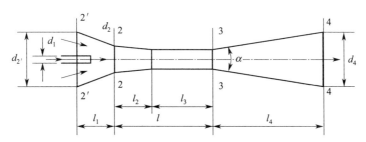

图 1-27 带扩张管喷射器的结构及主要尺寸示意图

喷射管的内径：$d_1 = \sqrt{\dfrac{4V_1}{\pi u_1}}$

喷射管的外径：$d_1' = d_1 + 2\delta$ （δ 为喷射管的壁厚）

2—2 面的内径：$d_2 = \sqrt{d_1'^2 + \dfrac{4V_2}{\pi u_2}}$ ［u_2 用 $(u_2)_G$ 式计算］

3—3 面的内径：$d_3 = \sqrt{\dfrac{4V_3}{\pi u_3}}$ ［u_3 用 $(u_3)_G$ 式计算］

根据经验，喷射器其他部位尺寸为：

$$d_4 = d_{2'} = l_1 = l_2 = 2d_3$$
$$l_3 = 3d_3$$

$$l_4 = \frac{d_4 - d_3}{2\tan\dfrac{\alpha}{2}}(\alpha \text{ 为扩张管的扩张角}, \alpha = 6° \sim 8°)$$

若 $\alpha = 6°$ 时，则 $l_4 = 10d_3$。

【例 1-5】 用温度为 150℃、绝对压强为 15atm 的过热水蒸气引射温度为 500℃、密度为 1.3kg/Nm^3 的烟气。已知：烟气流量为 $3\text{ Nm}^3/\text{s}$，烟气在烟道中的阻力为 $10\text{mmH}_2\text{O}$，$\dfrac{\dot{m}_2}{\dot{m}_1} = 20$。试设计此喷射器。

【解】 由理想气体状态方程式：$\rho_1' = \dfrac{M_1 p_1}{RT_1} = \dfrac{18 \times 15 \times 101325}{8314 \times (273 + 150)} = 7.7 \text{ (kg/m}^3)$

由表 1-4 查得，过热水蒸气 $\gamma = 1.30$。

则由绝热方程：$\rho_1 = \rho_1'\left(\dfrac{p_2}{p_1}\right)^{\frac{1}{\gamma}} = 7.7 \times \left(\dfrac{1}{15}\right)^{\frac{1}{1.30}} = 0.96(\text{kg/m}^3)$

$$V_2 = V_{2,0}\frac{T}{T_0} = 3 \times \frac{273 + 500}{273} = 8.5(\text{m}^3/\text{s})$$

$$\rho_2 = \rho_{2,0}\frac{T_0}{T} = 1.3 \times \frac{273}{273 + 500} = 0.46(\text{kg/m}^3)$$

则喷射密度比为：

$$\frac{\rho_2}{\rho_1} = \frac{0.46}{0.96} = 0.48$$

$$\dot{m}_2 = \rho_2 V_2 = 0.46 \times 8.5 = 3.9(\text{kg/s})$$

$$\dot{m}_1 = \frac{\dot{m}_2}{20} = \frac{3.9}{20} = 0.195(\text{kg/s})$$

$$V_1 = \frac{\dot{m}_1}{\rho_1} = \frac{0.195}{0.96} = 0.2(\text{m}^3/\text{s})$$

$$V_3 = V_1 + V_2 = 0.2 + 8.5 = 8.7(\text{m}^3/\text{s})$$

$$\dot{m}_3 = \dot{m}_1 + \dot{m}_2 = 0.195 + 3.9 = 4.1(\text{kg/s})$$

$$\rho_3 = \frac{\dot{m}_3}{V_3} = \frac{4.1}{8.7} = 0.47(\text{kg/m}^3)$$

取扩张管的效率 $\eta_s = 0.75$，则有：

$$u_2 = (u_2)_G = \frac{\dfrac{\dot{m}_2}{\dot{m}_1} u_1}{(2 - \eta_s)\left(\dfrac{\dot{m}_2}{\dot{m}_1} + \dfrac{\rho_2}{\rho_1}\right)\left(1 + \dfrac{\dot{m}_2}{\dot{m}_1}\right) - \left(\dfrac{\dot{m}_2}{\dot{m}_1}\right)^2}$$

$$= \frac{20 u_1}{(2 - 0.75) \times (20 + 0.48) \times (1 + 20) - 20^2} = 0.15 u_1$$

$$u_3 = (u_3)_G = \frac{\left(\dfrac{\dot{m}_2}{\dot{m}_1} + \dfrac{\rho_2}{\rho_1}\right) u_1}{(2 - \eta_s)\left(\dfrac{\dot{m}_2}{\dot{m}_1} + \dfrac{\rho_2}{\rho_1}\right)\left(1 + \dfrac{\dot{m}_2}{\dot{m}_1}\right) - \left(\dfrac{\dot{m}_2}{\dot{m}_1}\right)^2} = 0.16 u_1$$

由式(1-101) 有：

$$p_4 - p_{2'} = \frac{u_3 \rho_3 (\dot{m}_1 u_1 + \dot{m}_2 u_2 - \dot{m}_3 u_3)}{\dot{m}_3} + \eta_s \frac{\rho_3}{2} u_3^2 - \frac{\rho_2}{2}(u_2^2 - u_{2'}^2)$$

$u_{2'} \ll u_2$，故 $u_{2'}$ 可忽略。

$$p_4 - p_{2'} = 10\text{mmH}_2\text{O} = 10 \times 9.81 = 98.1(\text{Pa}); f_3 = \frac{\dot{m}_3}{u_3 \rho_3}$$

$$98.1 = \frac{0.47 \times 0.16 u_1 (0.195 u_1 + 3.9 \times 0.15 u_1 - 4.1 \times 0.16 u_1)}{4.1} +$$

$$0.75 \times \frac{0.47}{2} \times (0.16 u_1)^2 - \frac{0.46}{2} \times (0.15 u_1)^2$$

解得：$u_1 = 247\text{m/s} > 100\text{m/s}$，所以，喷射气体为可压缩气体。

$$u_2 = 0.15 \times 247 = 37(\text{m/s})$$

$$u_3 = 0.16 \times 247 = 40(\text{m/s})$$

喷射器各部分尺寸为：

$$d_1 = \sqrt{\frac{4V_1}{\pi u_1}} = \sqrt{\frac{4 \times 0.2}{3.14 \times 247}} = 0.032(\text{m})$$

取喷射管的壁厚 $\delta = 3\text{mm}$，则 $d_1' = d_1 + 2\delta = 0.032 + 2 \times 0.003 = 0.038$（m）

$$d_2 = \sqrt{d_1'^2 + \frac{4V_2}{\pi u_2}} = \sqrt{0.038^2 + \frac{4 \times 8.5}{3.14 \times 37}} = 0.542 (\text{m})$$

$$d_3 = \sqrt{\frac{4V_3}{\pi u_3}} = \sqrt{\frac{4 \times 8.7}{3.14 \times 40}} = 0.526 (\text{m})$$

$$d_4 = d_{2'} = l_1 = l_2 = 2d_3 = 1.052 (\text{m})$$

$$l_3 = 3d_3 = 3 \times 0.526 = 1.578 (\text{m})$$

取 $\alpha = 60°$，则 $l_4 = 10d_3 = 5.26$ （m）

💡 思考题与习题

思考题

1-1　热力学第一定律与伯努利方程同是能量方程，两者有何联系及区别？

1-2　连续性方程的适用条件和注意事项是什么？方程式的物理意义是什么？

1-3　单一流体的伯努利方程与热气体伯努利方程有何联系和区别？

1-4　热气体伯努利方程的物理意义是什么？方程式中各项的含义是什么？其适用条件是什么？应用时的注意事项是什么？

1-5　窑炉系统气体流动有何特点？

1-6　摩擦阻力系数与流体种类和流动状态有关，而局部阻力系数与流体种类和流动状态无关，为什么？

1-7　窑炉系统内的"窑压"大小与哪些因素有关？在生产实践中是如何调窑压的？窑压大小对生产过程有什么影响？

1-8　在窑炉系统中气体垂直流动时的分流法则是什么？此法则的适用条件是什么？

1-9　声速、马赫数都是表示气体可压缩程度的参数，二者之间有何不同？

1-10　为什么亚声速气流无论在多长的收缩管道中流动都不能获得超声速气流？

1-11　在超声速流动中，速度随断面积增大而增大的物理实质是什么？

1-12　亚声速气流在缩-扩喷嘴中流动获得超声速的条件是什么？

1-13　烟囱的"抽力"与哪些因素有关？若烟气的温度相同，同一座烟囱的抽力是夏季大还是冬季大？

1-14　若烟气与环境温度都不变，烟囱的抽力是晴天大还是雨天大？为什么？

1-15　在我国北方农村，家里的烟囱会在阴雨天或刮风天出现"倒风"现象，各是什么原因？应采取什么办法解决？

1-16　为什么同样规模的烟囱，在沿海地区能正常工作而在内地高原地区却达不到原有的排烟能力？

1-17　家里燃气灶的结构如何？燃气灶的一次空气吸入原理是什么？如何调节一次空气量的大小？

习题

1-1　如图1-28所示，热空气在垂直等径的管道内流动，管内气体的平均温度为546℃，管外空气温度为0℃，试求：

(1) 热空气自上而下流动时在截面2—2处的静压头，并绘出1—1截面与2—2截面间的压头转变图。已知1—1与2—2截面间的摩擦阻力为4Pa，截面1—1处的静压头为−40Pa。

(2) 热空气自下而上流动时在截面1—1处的静压头，并绘出1—1截面与2—2截面间的压头转变图。已知 2—2 与 1—1 截面间的摩擦阻力为 2Pa，截面 2—2 处的静压头为 -100Pa。

1-2　某窑炉的窑墙厚为 240mm，窑墙上下各有一个直径为 200mm 的小孔，两个孔间垂直距离为 1m，窑内气体温度为 1000℃，烟气标态密度为 1.32kg/Nm³，外界空气温度 20℃，窑内零压面在两个小孔垂直距离的中间。求通过上下两个小孔的漏气量。

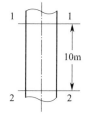

图 1-28　习题 1-1 图

1-3　压缩空气从装有一管嘴的气罐中流入大气，气罐中的压力 $p_1 = 7.09 \times 10^5$ Pa，温度 $t = 20℃$，大气压强 $p_a = 1.05 \times 10^5$ Pa，管嘴速度系数 $\varphi = 0.9$。试求流出速度：（1）管嘴为收缩管；（2）管嘴为拉伐尔管。

1-4　已知某烟囱高度 35m，上口直径为 1m，烟气的密度为 1.3kg/m³，烟气在上口的流速为 2Nm/s，烟囱下口直径为上口直径的两倍，烟囱内烟气平均温度为 273℃，烟气在烟囱内流动时的摩擦阻力系数为 0.05；烟囱外空气温度 20℃，密度 1.20kg/m³，求烟囱底部的负压。

1-5　某窑炉的烟气量为 8000Nm³/h，烟气密度为 1.34kg/Nm³，烟囱底部的烟气温度为 400℃，窑炉系统总阻力为 180Pa，夏季空气最高温度为 38℃，试设计该烟囱的尺寸。

1-6　某厂有三座窑拟用一座烟囱，已知烟气总流量为 36000Nm³/h（最大）和 25000 Nm³/h（最小），烟囱内烟气的平均温度为 350℃，烟气密度为 1.32kg/Nm³。各座窑要求烟囱底部的抽力分别为：1 号窑 147Pa，2 号窑 108Pa，3 号窑 118Pa。外界空气温度：冬季 0℃，夏季 35℃。烟囱内的摩擦阻力系数为 0.05，烟囱底部与出口直径比为 1.4，烟囱顶部出口流速为 4Nm/s。试计算该烟囱的尺寸。

1-7　无焰烧嘴用高炉煤气作喷射剂，助燃空气为被喷射气体，煤气燃烧所需空气量为 2Nm³/s，煤气与空气温度均为 27℃，煤气密度为 0.9kg/m³，燃煤气量为 600Nm³/h，要求 $p_4 - p_{2'} = 500$ Pa，试设计喷射器的主要尺寸。

第二章
燃料及其燃烧

大多数无机非金属材料制品在生产过程中需要干燥、煅烧等工序，因此需要大量的热能。热能的来源有两种，一种是由燃料的燃烧产生，另一种是利用电能转变为热能。但因后者成本较高，目前无机非金属材料工业生产中窑炉的热源仍以燃料为主。

为了确保干燥和煅烧产品的高产和优质、降低成本和燃料消耗量、提高窑炉使用寿命、防止环境污染，必须合理地选择燃料、科学地组织和控制燃料的燃烧。因此，需要了解各种燃料的热工特性、燃烧机理和过程，掌握燃料燃烧计算的方法，并正确选用高效节能的燃烧设备。

第一节　燃料的种类和组成

一、燃料的种类

凡是在燃烧时能够放出大量的热，并且此热量能有效地被利用在工业或其他方面的物质，统称为燃料。燃料按状态不同，可分为固体燃料、液体燃料和气体燃料三种；按来源不同，又可分为天然燃料和人造燃料两种。工业燃料分类见表 2-1。

表 2-1　工业燃料分类

燃料种类	气体燃料	液体燃料	固体燃料
天然燃料	天然气	石油	褐煤、烟煤、无烟煤、油页岩、木材等
人造燃料	高炉煤气、焦炉煤气、发生炉煤气、石油气等	汽油、煤油、柴油、重油、水煤浆、煤液化油等	木炭、焦炭、煤粉等

（一）固体燃料

在无机非金属材料工业窑炉中使用的固体燃料主要是煤。煤是古代植物埋藏在地下经历了复杂的生物化学和物理化学变化逐渐形成的固体可燃性矿物。煤是一种固体可燃有机岩，主要由植物遗体经生物化学作用，埋藏后再经地质作用转变而成，俗称煤炭。

煤是根据煤化程度及热加工性能而进行分类的。按国家标准，煤主要分为三大类：褐煤、烟煤和无烟煤。

1. 褐煤

褐煤因其外观多呈黑褐色（也有少量为黑色的）而得名。褐煤的煤化程度低，多为块状，光泽暗淡，质地疏松；含水量较多，且含有较高的内在水分和不同数量的腐殖酸，含碳量与发热量较低；含挥发分 40% 左右，燃点低，容易着火，易于风化破裂，因此长期储存易自燃和碎裂。

　　褐煤一般用于制造煤气和锅炉燃料，目前一些水泥厂为了降低成本也开始用褐煤作为回转窑燃料。

2. 烟煤

　　烟煤是自然界中最重要、分布最广、品种最多的煤种。根据煤化程度的不同、黏结性的强弱以及挥发分含量的不同等可将烟煤分为：长焰煤、不黏结煤、弱黏结煤、气煤、肥煤、焦煤、瘦煤和贫煤。烟煤一般为粒状、小块状，也有粉状的，多呈黑色而有光泽，质地细致，燃点不太高，较易点燃；含碳量与发热量较高，大多数烟煤有黏性，燃烧时易结渣。

　　水泥回转窑煅烧大多采用烟煤磨成的煤粉作燃料。

3. 无烟煤

　　无烟煤有粉状和块状两种，呈黑色，有金属光泽而发亮；杂质少，质地紧密，固定碳含量高，可达80%以上；挥发分含量低，在10%以下；燃点高，不易着火；发热量高，燃烧火焰短，黏结性弱，燃烧时不易结渣。

　　低灰、低硫且质软易磨的无烟煤，不仅是理想的高炉喷吹和烧结铁矿石用的还原剂与燃料，而且还可以作制造各种碳素材料如碳电极、炭块、活性炭、滤料等的原料。现在国内一些水泥厂已成功采用无烟煤作为水泥窑炉燃料，对提高水泥企业经济效益效果显著。

（二）液体燃料

　　无机非金属材料工业用液体燃料可以分为两大类：①重油；②新型液体燃料，包括水煤浆和煤液化油。

1. 重油

　　目前无机非金属材料用液体燃料主要是重油。重油是从原油中蒸馏出轻质油后剩下的较重部分。重油是一些有机化合物的混合物，主要由不同族的液体烃类化合物和溶在其中的固体烃类化合物所组成，包括烷烃、环烷烃、芳香烃和少量的烯烃，此外还有少量的硫化物、氧化物、水分及混入的机械杂质。

2. 水煤浆

　　以煤代油是我国能源政策的重要组成部分，而水煤浆是实现以煤代油的一个重要技术途径。水煤浆是由65%～70%的煤、29%～34%的水和1%左右的化学添加剂组成的煤基液态燃料。其特点是污染低、效率高、流动性强，像油一样易于装卸、储存及直接雾化燃烧，可以代替油、气等燃料，直接用于工业窑炉。作为燃料用的水煤浆应具备下列性质：

　　① 为了利于燃烧，水煤浆的含煤浓度要高；

　　② 为了便于泵送和雾化，黏度要低，并具有良好的流变特性；

　　③ 为了防止产生沉淀，应有良好的稳定性，一般要求能静置存放一个月不产生不可恢复的硬沉淀；

　　④ 为了提高煤炭的燃烧效率，煤粒应达到一定细度，一般要求粒度上限为300μm，其中小于74μm的含量不少于75%。

　　目前我国水煤浆在工业窑炉中的应用主要集中在无机非金属材料和冶金材料行业，其中应用最广泛的是陶瓷厂喷雾干燥塔中的热风炉，在山东、福建、广东、湖南等地，已有百余家大型陶瓷企业的200余台热风炉由原来燃烧柴油、重油等改烧水煤浆，每年的燃烧量超过200万吨。

3. 煤液化油

　　煤液化是把固体煤通过化学加工过程，使其转化成为液体燃料、化工原料和产品的先进洁净煤技术。根据不同的加工工艺，煤液化可分为直接液化和间接液化两大类。

煤直接液化是在高温（400℃以上）、高压（10MPa以上）、催化剂和溶剂作用下使煤的分子进行裂解加氢，直接转化成液体燃料，再进一步加工精制成汽油、柴油等燃料油，又称加氢液化。

煤直接液化典型的工艺过程主要包括煤的破碎与干燥、煤浆制备、加氢液化、固液分离、气体净化、液体产品分馏和精制，以及液化残渣气化制取氢气等部分。氢气制备是加氢液化的重要环节，大规模制氢通常采用煤气化及天然气转化。液化过程中，将煤、催化剂和循环油制成的煤浆，与制得的氢气混合送入反应器。在液化反应器内，煤首先发生热解反应，生成自由基"碎片"，不稳定的自由基"碎片"再与氢在催化剂存在条件下结合，形成分子量比煤低得多的初级加氢产物。出反应器的产物构成十分复杂，包括气、液、固三相。气相的主要成分是氢气，分离后循环返回反应器重新参加反应；固相为未反应的煤、矿物质及催化剂；液相则为轻油（粗汽油）、中油等馏分油及重油。液相馏分油经提质加工（如加氢精制、加氢裂化和重整）得到合格的汽油、柴油和航空煤油等产品。重质的液固淤浆经进一步分离得到重油和残渣，重油作为循环溶剂配煤浆用。

煤的间接液化技术是先将煤全部气化成合成气，然后以煤基合成气（CO 和 H_2）为原料，在一定温度和压强以及催化剂的作用下，将其催化合成为烃类燃料油及化工原料和产品。其工艺过程包括煤炭气化制取合成气、气体净化与交换、催化合成烃类产品以及产品分离和改制加工等过程。

煤间接液化可分为高温合成与低温合成两类工艺。高温合成得到的主要产品有石脑油、丙烯、α-烯烃和 C_{14}～C_{18} 烷烃等，这些产品可以用作生产石化替代产品的原料，如石脑油馏分制取乙烯、α-烯烃制取高级洗涤剂等，也可以加工成汽油、柴油等优质发动机燃料。低温合成的主要产品是柴油、航空煤油、蜡和 LPG 等。煤间接液化制得的柴油十六烷值可高达 70，是优质的柴油调兑产品。

（三）气体燃料

气体燃料可分为天然气和人造燃气两大类。人造燃气包括石油气、焦炉煤气、高炉煤气、发生炉煤气等。

天然气的主要成分为可燃烃类，其中以甲烷为主，天然气中不可燃的物质很少。开采出来的天然气经清洗和除尘后可以长距离输送。液化天然气是将天然气除去固体杂质、硫、二氧化碳及水之后进行液化处理所得，使用时需要再经过预热、气化等过程，因此液化天然气是经过加工的更纯净的燃料。

液化石油气是石油开采及炼制过程的副产品，主要成分为丙烷和丁烷，它们在常温、常压下以气态存在。丙烷沸点为 -11.6℃，丁烷沸点为 5℃，降低温度或增加压强则为液体。为了便于储存和运输，石油气一般通过加压使其变成液体装在容器中，因此称为液化石油气。液化石油气主要优点是热值高，且成分和热值都比较稳定，杂质少，不需脱除氨和硫化物；其缺点是燃烧速度慢。

焦炉煤气是炼焦副产品，由于焦炉煤气含有较多的氢气和烃类化合物，热值较高，燃烧速度比较快，燃烧的火焰短、火力集中。

高炉煤气是炼铁副产品，可燃成分以 CO 为主，H_2 含量次之，同时含有大量的 N_2。其热值较低，只适用于作低温窑炉的燃料。

发生炉煤气是以固体煤为原料，在煤气发生炉内，在气化剂作用下经气化而制得的人造气体燃料。采用的气化剂有空气、水蒸气、空气与水蒸气的混合气体三种，因此发生炉煤气又分为空气煤气、水煤气和混合煤气三种。

目前，我国无机非金属材料工业所用气体燃料主要是天然气、焦炉煤气和发生炉煤气。

二、燃料的组成与换算

燃料的种类不同，其组成不同，则组成的表示方法也就不同。

（一）固体和液体燃料的组成与换算

固体和液体燃料的成分分析方法有元素分析法和工业分析法两种。其组成含量是以各组成成分的质量分数（％）表示。

1. 元素分析法

元素分析法就是用元素表示固体和液体燃料组成的分析方法。固体和液体燃料主要是由复杂的有机化合物组成，所包含的组成元素有碳（C）、氢（H）、氧（O）、氮（N）、硫（S）等五种元素和灰分（A）、水分（M）。其中 C、H 和 S 三种元素为可燃元素，是固、液体燃料热能的来源；O 和 N 为不可燃元素，降低燃料的燃烧能力和热值；灰分和水分为杂质成分，降低燃料的品质。C、H、S、O、N 五种元素并不是单独自由存在的，而是结合成有机化合物的形式存在。

碳元素是固体和液体燃料的主要可燃组分，是热能的主要来源，在煤中碳含量为 50％～90％，在液体燃料中碳含量一般在 85％ 以上。碳元素燃烧的产物为 CO_2 和 CO。

氢元素是固体和液体燃料的重要可燃组分，在固体和液体燃料中与碳、硫结合为化合物的形式存在，但不包括燃料所含水中的氢元素，因此又称为净氢。在煤中的含量一般小于6％，在液体燃料中的含量约为 10％～12％。氢元素燃烧的产物为水。

硫元素虽然是可燃组分，但其燃烧产物为 SO_2，遇水后形成亚硫酸，腐蚀金属管道和设备，污染空气，因此希望燃料中的硫元素含量越少越好。工业用固体和液体燃料一般要求硫含量限制在低于 1％。

氮元素为不可燃组分，一般不参与燃烧反应，但在高温下易产生氮氧化合物 NO_x，污染大气，此外在燃烧中吸热，增大烟气量。

氧元素为不可燃组分，由于它与其他可燃组分形成氧化物，不能进行燃烧放热，从而降低了这些可燃组分的燃烧热，故希望燃料中氧元素含量越少越好。

灰分是指燃料中不能燃烧的矿物杂质，其组成主要有 SiO_2、Al_2O_3、Fe_2O_3、CaO、MgO、Na_2O、K_2O、SO_3 等。燃料中的灰分不仅降低可燃组分的含量和燃料的发热量，而且会降低燃料的燃烧速度，影响燃料的燃烧完全程度，高温下易形成液相，在燃烧室内造成结皮、结渣现象，灰分还会造成制品污染，影响制品的质量。

水分会降低燃料的发热量，增加烟气带走热量，且使炉温降低，亦不利于着火。

由于煤的开采、运输和贮存的条件不同，因此煤的组成往往有较大的变动，特别是其中的水分和灰分含量。因此表示煤的组成时，必须说明所选煤的基准。根据实践及生产需要，表示固体和液体燃料组成的基准主要有收到基、空气干燥基、干燥基和干燥无灰基四种。

（1）收到基　指使用单位实际收到的燃料的组成，亦即实际使用的燃料的组成。在各组成符号的右下角标以"ar"表示。即

$$C_{ar}\% + H_{ar}\% + S_{ar}\% + O_{ar}\% + N_{ar}\% + A_{ar}\% + M_{ar}\% = 100\% \qquad (2-1)$$

在固、液体燃料的燃烧计算中必须采用收到基的组成。

（2）空气干燥基　指实验室里所用的空气干燥煤样的组成。即指在实验室中，将煤样在温度为 20℃、相对湿度为 70％ 的空气中连续干燥 1h 后质量变化不超过 0.1％ 的煤样的组成。此时煤样中的水分与空气中的水分达到平衡状态，认为已达到空气干燥状态。在各组成符号的右下角标以"ad"表示。即

$$C_{ad}\% + H_{ad}\% + S_{ad}\% + O_{ad}\% + N_{ad}\% + A_{ad}\% + M_{ad}\% = 100\% \tag{2-2}$$

对收到基与空气干燥基进行分析可知：收到基中的水分 M_{ar} 可以分为两部分，一部分为空气干燥状态下残留在煤中的水分，称为内在水分，用 $M_{ar,inh}$ 表示；另一部分为在空气干燥过程中逸出的水分，称为外在水分，用 $M_{ar,f}$ 表示。即有：

$$M_{ar} = M_{ar,inh} + M_{ar,f} \tag{2-3}$$

但是，$M_{ar,inh} \neq M_{ad}$，因为二者的基准不同。二者的关系式为：

$$M_{ar,inh} = M_{ad}\frac{100 - M_{ar,f}}{100} \tag{2-4}$$

（3）干燥基 指绝对干燥的燃料的组成。在各组成符号的右下角标以"d"表示。即

$$C_d\% + H_d\% + O_d\% + N_d\% + S_d\% + A_d\% = 100\% \tag{2-5}$$

煤的干燥基组成不受开采、运输和贮存过程中水分变化的影响。

（4）干燥无灰基 指除去水分和灰分的燃料的组成，即无灰无水的燃料的组成。在各组成符号的右下角标以"daf"表示。即

$$C_{daf}\% + H_{daf}\% + O_{daf}\% + N_{daf}\% + S_{daf}\% = 100\% \tag{2-6}$$

一般地，同一矿井的煤，干燥无灰基的组成不会发生很大的变化，因此，煤矿的煤质资料常以此基准表示。

固体和液体燃料元素分析法组成与各基准之间的关系如图 2-1 所示。

图 2-1 固、液体燃料元素分析法组成与基准的关系

煤矿提供的一般是煤的干燥无灰基组成，实验室提供的是煤的空气干燥基或干燥基组成，而燃烧计算使用的是收到基组成。因此，不同基准的组成需要进行换算。通过质量守恒定律可以推导出各基准之间的换算系数。例如，空气干燥基与收到基之间的换算系数的推导过程如下。

已知煤的组成 C_{ad}、M_{ad} 和 M_{ar}，求 C_{ar}。

计算基准：以 100kg 收到基煤为基准。

100kg 收到基煤折合为空气干燥基煤的质量为（$100 - M_{ar,f}$）kg。由质量守恒定律可知，100kg 收到基煤中所含碳的质量等于（$100 - M_{ar,f}$）kg 空气干燥基煤所含碳的质量，其数学表达式为：

$$100C_{ar} = (100 - M_{ar,f})C_{ad}$$

将式（2-4）代入式（2-3），并整理后得 $M_{ar,f} = 100\dfrac{M_{ar} - M_{ad}}{100 - M_{ad}}$，代入上式，并整理后得：

$$C_{ar} = C_{ad}\frac{100 - M_{ar}}{100 - M_{ad}} \tag{2-7}$$

或者写为：

$$C_{ad} = C_{ar} \frac{100 - M_{ad}}{100 - M_{ar}} \tag{2-8}$$

同理可以推导出其他基准之间的换算系数。固体和液体燃料元素分析法组成各基准间的换算系数见表 2-2。

表 2-2　固体和液体燃料元素分析法不同基准组成的换算系数

已知的"基"	所要换算的"基"			
	收到基	空气干燥基	干燥基	干燥无灰基
收到基	1	$\dfrac{100 - M_{ad}}{100 - M_{ar}}$	$\dfrac{100}{100 - M_{ar}}$	$\dfrac{100}{100 - (M_{ar} + A_{ar})}$
空气干燥基	$\dfrac{100 - M_{ar}}{100 - M_{ad}}$	1	$\dfrac{100}{100 - M_{ad}}$	$\dfrac{100}{100 - (M_{ad} + A_{ad})}$
干燥基	$\dfrac{100 - M_{ar}}{100}$	$\dfrac{100 - M_{ad}}{100}$	1	$\dfrac{100}{100 - A_d}$
干燥无灰基	$\dfrac{100 - (M_{ar} + A_{ar})}{100}$	$\dfrac{100 - (M_{ad} + A_{ad})}{100}$	$\dfrac{100 - A_d}{100}$	1

注：适用于除水分以外的各种组分的换算及高位发热量的换算。

【例 2-1】 已知煤的干燥无灰基组成（质量分数/%）为：

C_{daf}	H_{daf}	O_{daf}	N_{daf}	S_{daf}
80.2	6.1	11.6	1.4	0.7

收到基水分 $M_{ar} = 3.5$，干燥基灰分 $A_d = 8.2$。

求：收到基 C_{ar} 的质量分数（%）。

【解】 由于三个基准不能同时转换，因此分两步进行计算。

(1) 先由 A_d 换算成 A_{ar}（%）：

$$A_{ar} = A_d \frac{100 - M_{ar}}{100} = 8.2 \times \frac{100 - 3.5}{100} = 7.913$$

(2) 再由 C_{daf} 换算成 C_{ar}（%）：

$$C_{ar} = C_{daf} \frac{100 - (M_{ar} + A_{ar})}{100} = 80.2 \times \frac{100 - (3.5 + 7.913)}{100} = 71.0$$

2. 工业分析法

工业分析法是固体燃料组成的一种简易分析方法，其组成包括挥发分（V）、固定炭（FC）、灰分（A）和水分（M）四种。挥发分是指固体燃料在隔绝空气条件下受热（亦称干馏），分解出来的可燃气态物质，其主要成分是烃类化合物。挥发分随煤化程度的提高而下降，是固体燃料燃烧放热的重要组成部分，它将影响火焰长度和着火温度。一般地，挥发分含量越高，燃烧火焰长度越长，着火温度越低。挥发分逸出后煤中所残留的焦炭中在有氧气存在的条件下可以燃烧的组分称为固定炭，不可燃烧的组分为灰分。

固体燃料的工业分析法组成的表示方法同元素分析法组成的表示方法一样，主要有收到基、空气干燥基、干燥基和干燥无灰基四种基准。

煤的工业分析法组成一般采用称重法，其具体的分析方法见国家标准 GB/T 212—2008《煤的工业分析方法》。固体燃料的工业分析法组成分析方法简单，一般工厂均可进行，并且可以初步判断煤的性质、种类和工业用途，对于了解固体燃料的使用性能已能满足要求，故应用广泛。

我国出产的一些煤及燃油的组成见表 2-3 和表 2-4。

表 2-3　煤的组成

种类	产地	工业分析组成/%					元素分析组成/%					Q_{net} /(MJ/kg)
		M_{ar}	M_{ad}	A_{ad}	A_d	V_{daf}	C_{daf}	H_{daf}	O_{daf}	N_{daf}	S_{daf}	
无烟煤	阳泉	2.44	0.98	16.61	—	9.54	89.87	4.36	4.37	1.02	0.38	27.79
烟煤	焦作	4.32	1.43	20.00	—	5.62	92.38	2.87	3.32	1.05	0.36	25.12
烟煤(瘦煤)	铜川	1.62	0.70	17.18	—	15.58	84.23	3.30	5.51	1.13	5.83	28.45
烟煤(弱黏结)	大同	2.28	1.42	4.69	—	29.59	83.38	5.24	10.21	0.64	0.53	29.69
烟煤(气煤)	淮南	4.6	2.5	18.6	—	36.1	84.47	6.24	1.42	6.50	1.37	24.97
烟煤(气煤)	抚顺	3.50	—	—	7.89	44.46	80.3	6.1	11.6	1.4	0.6	27.81
烟煤(肥煤)	开滦	5.0	—	—	28.00	32.00	—	—	—	—	1.73	23.35
褐煤	扎赉诺尔	19.17	—	—	7.67	48.69	66.61	7.11	24.62	1.56	0.26	19.85

表 2-4　燃油的组成

种类	油田	元素分析组成/%							Q_{net} /(MJ/kg)
		C	H	O	N	S	A	W	
原油	大庆	85.98	12.59	0.84	0.39	0.14	0.06	1.0	41.86
原油	胜利	85.21	12.36	1.06	0.24	0.90	0.03	0.2	41.72
重油	大庆	86.47	12.74	0.29	0.28	0.21	0.01	0.2	42.29
重油	胜利	85.97	11.67	0.62	0.34	1.06	0.04	0.3	40.48

(二) 气体燃料的组成与换算

气体燃料是由多种可燃气体和不可燃气体组成的混合气体，由于其来源与制造方法不同而含有不同的成分。其中可燃气体成分主要有 CO、H_2、CH_4、C_mH_n（除 CH_4 之外的其他所有烃类）和 H_2S 等，不可燃气体成分主要有 CO_2、SO_2、N_2、O_2 和 H_2O 等。在可燃成分中，H_2、CH_4、C_mH_n 的发热量大，H_2S 虽然为可燃成分，但由于其燃烧产物 SO_2 污染环境及腐蚀金属设备，因此希望气体燃料中 H_2S 的含量越少越好。

气体燃料的组成是以各组成成分的体积分数表示。其成分一般用吸收法分析，即用不同的化学试剂选择吸收各成分，可由吸收前后的体积差来求得各成分的体积分数。气体燃料的组成表示方法有湿成分（湿基组成）和干成分（干基组成）两种。

气体燃料的湿成分是指包含水蒸气在内的成分，即气体燃料的实际成分。在各组成化学式的右上角标以"v"表示。即

$$CO^v\% + H_2^v\% + CH_4^v\% + C_mH_n^v\% + H_2S^v\% + CO_2^v\% + N_2^v\% + SO_2^v\% + O_2^v\% + H_2O^v\% = 100\%$$

气体燃料的干成分是指不包含水蒸气在内的成分，即绝对干燥的气体燃料成分。在各组成化学式的右上角标以"d"表示。即

$$CO^d\% + H_2^d\% + CH_4^d\% + C_mH_n^d\% + H_2S^d\% + CO_2^d\% + N_2^d\% + SO_2^d\% + O_2^d\% = 100\%$$

气体燃料中水蒸气含量一般是其温度下的饱和水蒸气含量，当温度发生变化时，饱和水蒸气量也要发生变化，从而引起气体燃料湿成分的变化。因此，气体燃料的组成通常用比较稳定的干成分来表示，但在燃烧计算中必须要用气体燃料的湿成分作为计算的依据。干、湿成分的换算关系式如下：

$$x^v = x^d \frac{100 - H_2O^v}{100} \tag{2-9}$$

式中　x^v、x^d——湿成分、干成分中某组成的体积分数，%；

H_2O^v——湿成分中水蒸气的体积分数，%。

在冷煤气中，通常可认为含有饱和水蒸气，其水蒸气的含量与煤气的温度和压强有关。

当煤气的总压强 $p_总 = 1atm$ 时，在不同温度下的饱和水蒸气量（H_2O^v）如表 2-5 所示。

表 2-5　总压强为 1atm 时煤气在不同温度下的饱和水蒸气量

煤气的温度/℃	H_2O^v/%	煤气的温度/℃	H_2O^v/%
−25	0.062	15	1.68
−20	0.101	20	2.30
−15	0.163	25	3.13
−10	0.256	30	4.19
−5	0.395	35	5.55
0	0.602	40	7.27
5	0.86	45	9.46
10	1.21	50	12.18

当煤气的总压强 $p_总 \neq 1atm$ 时，H_2O^v 的计算式如下：

$$H_2O^v\% = \frac{p_{饱和}}{p_总} \times 100\% \tag{2-10}$$

式中　$p_{饱和}$——饱和水蒸气压强；

$p_总$——煤气的总压强。

热煤气中的水蒸气含量与操作条件有关，一般为 5%～7%。

一些气体燃料的组成见表 2-6。

表 2-6　气体燃料的组成

种类	干成分（体积分数）/%								Q_{net}
	CO^d	H_2^d	CH_4^d	$C_mH_n^d$	H_2S^d	CO_2^d	N_2^d	O_2^d	/(MJ/Nm³)
高炉煤气	27.0	2.0	1.0	—	—	12.0	58.0	—	3.99
焦炉煤气	6.8	57.0	22.3	2.7	0.4	2.3	7.7	0.8	17.52
发生炉煤气	30.6	13.2	4.0	—		3.4	48.8	—	6.753
发生炉煤气	26.1	13.5	0.5	—	0.2	6.6	52.9	0.2	4.98
天然气	0.1	0.1	97.7	1.1		0.3	0.7	—	35.99
天然气	—	1.9	70.1	$C_2H_6^v$ 9.2	$C_3H_8^v$ 5.8	$C_4H_{10}^v$ 13.0			51.88
液化石油气（催化裂解气）	$C_2H_6^d$ 3～5	H_2^d 5～6	CH_4^d 10	$C_2H_4^d$ 3	$C_3H_8^d$ 16～20	$C_3H_6^d$ 6～11	$C_4H_{10}^d$ 42～46	$C_4H_8^d$ 5～6 $C_5H_n^d$ 类 5～12	92～121

第二节　燃料的热工性质

一、发热量（热值）

（一）发热量的概念

单位质量或体积的燃料完全燃烧，当燃烧产物冷却到燃烧前的温度（室温，20℃）时所放出的热量，称为燃料的发热量或热值，用"Q"表示。对于固体和液体燃料，单位为 kJ/kg；对于气体燃料，单位为 kJ/Nm³。

由于燃料燃烧后，燃烧产物中水的状态不同，放出的热量就不同，为此，又将发热量分为高位发热量和低位发热量两种。高位发热量是指燃烧产物中的水全部以 20℃ 液态水存在时的发热量，用"Q_{gr}"表示。低位发热量是指燃烧产物中的水以 20℃ 水蒸气存在时的发热量，用"Q_{net}"表示。

燃料实际燃烧时温度很高，燃烧产物中的水均以气态存在，不可能全部冷凝为液态水而放出汽化热，因此低位发热量 Q_{net} 更接近于燃料的实际发热量。故在燃烧计算中，应以实际燃料的低位发热量为基准。

由上述定义可知，同基准燃料的高位发热量与低位发热量之差应等于单位质量或体积的该基准燃料完全燃烧，产物中的水在 20℃ 时汽化需要的热量。

对于固体和液体燃料，以 1kg 的收到基燃料为基准，完全燃烧生成的烟气中水的质量为 $\left(\dfrac{M_{ar}}{100}+\dfrac{H_{ar}}{100}\times\dfrac{18}{2}\right)\mathrm{kg}$，而 20℃ 时水的汽化热约为 $2500\mathrm{kJ/kg}$，则收到基燃料的高位发热量与低位发热量之差的计算式为：

$$Q_{gr,ar}-Q_{net,ar}=25(M_{ar}+9H_{ar}) \tag{2-11}$$

式中　$Q_{gr,ar}$——收到基固体或液体燃料的高位发热量，$\mathrm{kJ/kg}$；

　　　$Q_{net,ar}$——收到基固体或液体燃料的低位发热量，$\mathrm{kJ/kg}$；

　　　M_{ar}——收到基燃料中水的质量分数，%；

　　　H_{ar}——收到基燃料中氢元素的质量分数，%。

同理，可以推导出空气干燥基固体和液体燃料高位发热量与低位发热量之差的计算式为：

$$Q_{gr,ad}-Q_{net,ad}=25(M_{ad}+9H_{ad}) \tag{2-12}$$

干燥基固体和液体燃料高位发热量与低位发热量之差的计算式为：

$$Q_{gr,d}-Q_{net,d}=225H_d \tag{2-13}$$

干燥无灰基固体和液体燃料高位发热量与低位发热量之差的计算式为：

$$Q_{gr,daf}-Q_{net,daf}=225H_{daf} \tag{2-14}$$

对于高位发热量来说，燃烧产物中的水分只是占据了其质量的一定份额而使燃料的发热量降低。因此，不同基准的固体和液体燃料的高位发热量之间的换算系数与燃料元素分析法不同基准组成的换算系数相同，见表 2-2。

对于低位发热量来说，燃烧产物中的水分不仅占据了其质量的一定份额，而且还要吸收汽化热。因此，不同基准燃料的低位发热量之间换算还需考虑水的汽化热。不同基准的固体和液体燃料的低位发热量之间的换算式见表 2-7。

表 2-7　不同基准固体和液体燃料的低位发热量的换算式

已知的"基"	所要换算的"基"			
	收到基	空气干燥基	干燥基	干燥无灰基
收到基	1	$(Q_{net,ar}+25M_{ar})\times$ $\dfrac{100-M_{ad}}{100-M_{ar}}-25M_{ad}$	$(Q_{net,ar}+25M_{ar})\times$ $\dfrac{100}{100-M_{ar}}$	$(Q_{net,ar}+25M_{ar})\times$ $\dfrac{100}{100-(M_{ar}+A_{ar})}$
空气干燥基	$(Q_{net,ad}+25M_{ad})\times$ $\dfrac{100-M_{ar}}{100-M_{ad}}-25M_{ar}$	1	$(Q_{net,ad}+25M_{ad})\times$ $\dfrac{100}{100-M_{ad}}$	$(Q_{net,ad}+25M_{ad})\times$ $\dfrac{100}{100-(M_{ad}+A_{ad})}$
干燥基	$Q_{net,d}\times\dfrac{100-M_{ar}}{100}-$ $25M_{ar}$	$Q_{net,d}\times\dfrac{100-M_{ad}}{100}-$ $25M_{ad}$	1	$Q_{net,d}\times\dfrac{100}{100-A_d}$
干燥无灰基	$\dfrac{100-(M_{ar}+A_{ar})}{100}\times$ $Q_{net,daf}-25M_{ar}$	$\dfrac{100-(M_{ad}+A_{ad})}{100}\times$ $Q_{net,daf}-25M_{ad}$	$Q_{net,daf}\times\dfrac{100-A_d}{100}$	1

对于气体燃料，以 $1\mathrm{Nm}^3$ 的湿成分燃料为基准，完全燃烧生成的烟气中水的质量为

$$\left[\frac{1}{100}\left(H_2^v+H_2S^v+2CH_4^v+\frac{n}{2}C_mH_n^v+H_2O^v\right)\times\frac{18}{22.4}\right]kg，而~20℃~时水的汽化热约$$

为 2500kJ/kg，则湿成分气体燃料的高位发热量与低位发热量之差的计算式为：

$$Q_{gr}^v-Q_{net}^v=2500\times\frac{1}{100}\left(H_2^v+H_2S^v+2CH_4^v+\frac{n}{2}C_mH_n^v+H_2O^v\right)\times\frac{18}{22.4}$$

$$=20.1\left(H_2^v+H_2S^v+2CH_4^v+\frac{n}{2}C_mH_n^v+H_2O^v\right)\ (kg/Nm^3) \tag{2-15}$$

同理，可以推导出干成分气体燃料的高位发热量与低位发热量之差的计算式为：

$$Q_{gr}^d-Q_{net}^d=2500\times\frac{1}{100}\left(H_2^d+H_2S^d+2CH_4^d+\frac{n}{2}C_mH_n^d\right)\times\frac{18}{22.4}$$

$$=20.1\left(H_2^d+H_2S^d+2CH_4^d+\frac{n}{2}C_mH_n^d\right)(kg/Nm^3) \tag{2-16}$$

（二）发热量的测定

固体燃料和沸点高于 250℃ 的液体燃料的发热量可以用氧弹式量热计测定。具体的测定方法是将 1g 的燃料放在一个小坩埚中，小坩埚放在氧弹筒内，在弹筒内充入 2.5～3MPa 的氧气，然后将氧弹放入盛有 3kg 水的筒中，再通电点火。弹筒中的燃料在高压纯氧中迅速着火燃烧并放出热量，此热量通过弹体传给水，根据水温的升高就可计算出燃料的发热量。

用氧弹式量热计测得的发热量称为燃料的氧弹发热量，用"Q_{DT}"表示。由于燃烧产物中的 SO_2 和 N_2 在富氧和高压下会生成 SO_3 和 NO_2，而 SO_3 和 NO_2 溶解于水后生成 H_2SO_4 和 HNO_3，且同时放出热量，故燃料的氧弹发热量要大于其高位发热量。二者之差即为燃料产物中的 SO_2 和 N_2 生成硫酸和硝酸的热效应。硫生成硫酸的热效应约为 9414kJ/kg，据实验统计，形成硝酸的热效应约为氧弹发热量的 0.15%。因此有：

$$Q_{gr}=Q_{DT}-94.14S-0.0015Q_{DT} \tag{2-17}$$

式中　Q_{gr}、Q_{DT}——燃料的高位发热量、氧弹发热量，kJ/kg；
S——燃料中硫的含量，%。

气体燃料的发热量则用气体量热计进行测定。

用量热计测定的燃料发热量结果比较精准，但测定过程比较复杂，而且需要特定的设备，一般工厂不能进行。

（三）发热量的计算

若已知燃料的组成，燃料的发热量也可以用经验公式进行近似计算。

1. 固体和液体燃料发热量的计算

（1）根据燃料元素分析组成计算　当已知固体和液体燃料的元素分析组成时，其收到基的低位发热量可用门捷列夫公式进行计算，即

$$Q_{net,ar}=339C_{ar}+1030H_{ar}-109(O_{ar}-S_{ar})-25M_{ar} \tag{2-18}$$

式中　$Q_{net,ar}$——燃料的收到基低位发热量，kJ/kg；
C_{ar}、H_{ar}、O_{ar}、S_{ar}、M_{ar}——燃料的 C、H、O、S、M 的收到基含量，%。

（2）根据燃料工业分析组成计算　当固体燃料无元素分析组成数据，仅有工业分析组成数据时，可按下列经验公式进行计算。

无烟煤（$V_{daf}\leqslant10\%$）的空气干燥基低位发热量的经验计算公式：

$$Q_{net,ad}=K_0-360M_{ad}-385A_{ad}-100V_{ad} \tag{2-19}$$

式中　$Q_{net,ad}$——燃料的空气干燥基低位发热量，kJ/kg；
M_{ad}、A_{ad}、V_{ad}——燃料的水分、灰分、挥发分的空气干燥基含量，%；

K_0——与 V'_{daf} 有关的系数。

V'_{daf} 的计算式为：

$$V'_{daf} = aV_{daf} - bA_d \tag{2-20}$$

上式中 a 和 b 的取值与煤的干燥基灰分 A_d 有关，如表 2-8 所示。

表 2-8　a、b 值与 A_d 的关系

A_d/%	30~40	25~30	20~25	15~20	10~15	≤10
a	0.80	0.85	0.95	0.80	0.90	0.95
b	0.10	0.10	0.10	0	0	0

K_0 值与 V'_{daf} 的关系如表 2-9 所示。

表 2-9　K_0 值与 V'_{daf} 的关系

V'_{daf}/%	≤3.0	>3.0~5.5	>5.5~8.0	>8.0
K_0	34300	34800	35200	35600

烟煤（$V_{daf}>10\%$）的空气干燥基低位发热量的经验计算公式：

$$Q_{net,ad} = 100K_1 - (K_1 + 25.12)(M_{ad} + A_{ad}) - 12.56V_{ad} \tag{2-21}$$

式中　$Q_{net,ad}$——燃料的空气干燥基低位发热量，kJ/kg；

K_1——系数，随 V_{daf} 及焦渣特征（即测定挥发分时所残留的焦渣外形特征）而异，可从表 2-10 查出。

表 2-10　K_1 与 V_{daf} 及焦渣特征的关系

K_1　V_{daf}/%　焦渣特征	10~13.5	13.5~17	17~20	20~23	23~29	29~32	32~35	35~38	38~42	>42
粉状	352	337	335	329	320	320	306	306	306	304
黏着	352	350	343	339	329	327	325	320	316	312
弱黏结	354	354	350	345	339	335	331	329	327	320
不熔融黏结	354	356	352	348	343	339	335	333	331	325
不膨胀熔融黏结、微膨胀熔融黏结	354	356	356	352	350	345	341	339	335	333
膨胀熔融黏结	354	356	356	356	354	352	348	345	343	339
强膨胀熔融黏结	354	356	356	358	356	354	350	348	345	343

2. 气体燃料发热量的计算

气体燃料的低位发热量可根据其各组分的体积分数进行计算，其计算式为：

$$Q_{net}^v = 126CO^v + 108H_2^v + 358CH_4^v + 590C_2H_4^v + 637C_2H_6^v + 806C_3H_6^v$$
$$+ 912C_3H_8^v + 1187C_4H_{10}^v + 1460C_5H_{12}^v + 232H_2S^v \tag{2-22}$$

式中　　　　　　　　　　　　　　　　　　　Q_{net}^v——气体燃料湿成分时的低位发热量，kJ/Nm³；

CO^v、H_2^v、CH_4^v、$C_2H_4^v$、$C_2H_6^v$、$C_3H_6^v$、$C_3H_8^v$、$C_4H_{10}^v$、$C_5H_{12}^v$、H_2S^v——燃料中各可燃组分的湿成分体积分数，%。

(四)标准燃料

不同种类的燃料其发热量差别很大，即使同一品种的燃料，其发热量也会因水分和灰分的含量不同而不同。因此，为便于统计和评比燃料消耗量，采用了"标准燃料"的概念。人为规定：标准煤的收到基低位发热量为 29270kJ/kg（即 7000kcal/kg）；标准燃油的收到基低位发热

量为 41820kJ/kg（即 10000kcal/kg）；标准燃气的湿成分低位发热量为 41820kJ/Nm³（即 10000kcal/Nm³）。这样，任何一种燃料的消耗量都可以换算为对应的标准燃料消耗量，其换算式为：

$$标准燃料消耗量 = 实际燃料消耗量 \times \frac{实际燃料发热量}{标准燃料发热量} \qquad (2\text{-}23)$$

二、其他热工性质

（一）固体燃料的其他热工性质

1. 挥发分

在隔绝空气的条件下，将一定量的煤样在 900℃ 下加热 7min，所得到的气态物质（不包括其中的水分）称为挥发物。挥发物占煤样的质量分数称为挥发分。挥发物的组成主要有烃类化合物、碳氧化合物、氢气和焦油蒸气等。

煤中挥发分的大小直接影响到燃烧时火焰的长度和着火温度。一般来说，挥发分高时，火焰长，着火温度低，易着火。

2. 结渣性

结渣性与煤中灰分的组成有关。灰分的组成影响灰分的熔融性，当灰分中 SiO_2、Al_2O_3 等含量高时，灰分软化温度高；FeO、Na_2O、K_2O 等含量高时，灰分软化温度低。灰分结渣性还与燃烧时的气氛有关，在氧化气氛中，铁以 Fe_2O_3 和 Fe_3O_4 形式存在，它们与 SiO_2 形成软化温度高的硅酸盐质灰分；在还原气氛中，铁以 FeO 形式存在，它与 SiO_2 形成软化温度低的硅酸盐质灰分。常采用三角锥法测定煤的结渣性。具体的测定方法：将煤灰粉末制成边长为 7mm、高为 20mm 的小三角锥体，放在底座上，送至炭粒电炉中，按规定速度升温，当三角锥顶部尖端开始变圆或弯曲时的温度称为变形温度（DT），当三角锥顶部尖端弯到底座平面时的温度称为软化温度（ST），当三角锥熔融在底座平面上时的温度称为熔化温度（FT）。通常判断煤是否易结渣时，软化温度（ST）是比较重要的指标；判断煤是否能液态排渣时，常采用熔化温度（FT）的数值。

烧易结渣的煤，操作困难，燃烧也不易稳定，且灰渣中容易带走未燃尽的燃料，使机械不完全燃烧损失增加。

3. 水分

煤中的水分会降低发热量，不利于着火，使燃烧温度降低，并增加烟气带走的热量，增大热损失。因此，煤中的水分越少越好。但是，当采用层燃式燃烧、煤的粒度较细时，通常加入适量水（<8%），以增加其黏性，减少煤的机械不完全燃烧，并使灰渣疏松易于排灰。

4. 可燃硫

燃料中的可燃硫燃烧后生成 SO_2，遇水形成亚硫酸，腐蚀金属管道和设备；此外，SO_2 若随烟气排至大气中，污染空气，并会形成亚硫酸雨，直接影响人体健康和植物的生长。一般要求煤中硫含量小于 1%。

另外，煤中若有微量氯存在时，危害也很大。对于带有旋风预热器的水泥回转窑来说，易在预热器中形成结皮现象，这可能是生成了低熔点的氯化物所致。此外，烟气中氯的存在，也易形成酸雾，腐蚀金属管道和设备，污染大气。

煤的热工特性如表 2-11 所示。

表 2-11　煤的热工特性

煤的种类		挥发分 V_{daf}/%	黏结性	着火温度/℃	低位热值 $Q_{net,ar}$/(kJ/kg)
褐煤		>37	不黏结	250~450	12540~16620
烟煤	长焰煤	>37	不黏结或弱黏结	400~500	20900~33440
	不黏结煤	20~37	不黏结		
	弱黏结煤	20~37	弱黏结		
	气煤	>28	不黏结或微弱黏结		
	肥煤	10~37	强黏结		
	焦煤	10~28	中等黏结或强黏结		
	瘦煤	10~20	中等黏结		
	贫煤	10~20	不黏结或微弱黏结		
无烟煤		≤10		600~700	25080~32600

（二）液体燃料的其他热工性质

我国无机非金属材料工业窑炉使用的液体燃料主要是重油。重油的特性对于油的装卸、运输、贮存、加热处理以及燃烧都有密切关系，因此，除了解重油的发热量外，还需了解以下特性。

1. 黏度

黏度对重油的装卸、贮存、过滤、运输及雾化等均有较大影响。我国重油常用的黏度标准是以恩氏黏度（°E）表示。即在测定温度下，油从恩格勒黏度计中流出 200mL 所需的时间（s）与 20℃蒸馏水流出 200mL 所需的时间（约 52s）之比值。我国重油的牌号是以 50℃时油的恩氏黏度进行分类的。

重油的黏度不仅和原油的产地及加工过程有关，还受温度的影响，温度升高则黏度降低。选择合理的加热温度，使重油达到一定的黏度以满足各种不同条件下的要求，甚为重要。图 2-2 表示各种重油的黏度与温度的关系，并说明不同情况下所需控制的黏度和温度要求。

若重油的温度过低，黏度过大，会使装卸、过滤及输送困难，雾化不良；温度过高，则易使油剧烈汽化，造成油罐冒顶，发生事故，亦容易使烧嘴发生气阻现象，使燃烧不稳定。

2. 闪点、燃点、着火点

油类加热到一定温度时，表面挥发逸出油蒸气至空气中，油温越高，油蒸气越多，油表面附近空气中的油蒸气浓度也就越大。当有火源接近时，若出现蓝色闪光，则此时的油温称为油的闪点。

油温达到闪点后继续升温，油的蒸发速度加快，以致用火源接近油表面时，在蓝光闪现后能持续燃烧（不少于 5s），此时的油温称为油的燃点。

油温达到燃点后再继续升高，油表面的蒸气即使无火源接近也会自发燃烧起来，这种现象称为自燃，相应的油温称为油的着火点。

闪点、燃点和着火点是使用重油或其他液体燃料时必须掌握的重要性能指标，它们关系到燃油的安全使用技术及燃烧条件。例如，燃油在贮存和运输过程中应严格将温度控制在闪点以下，以防发生火灾；燃烧室或炉膛内的温度不应低于燃油的着火点，否则燃油不易燃烧。

燃油的闪点与其组成有密切关系。油的密度越小，闪点就越低。测定闪点的方法有开口杯法（油表面暴露在大气中）和闭口杯法（油表面封闭在容器中）两种。开口杯法用于测定闪点较高的油类，如重油、润滑油等；闭口杯法用于测定闪点较低的油类，如原油、汽油

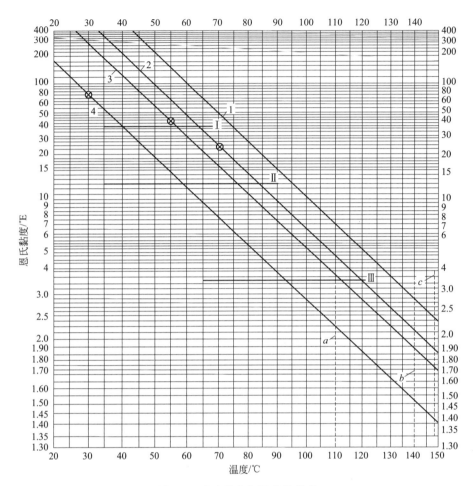

图 2-2　重油黏度与温度的关系

1—200 号重油；2—100 号重油；3—60 号重油；4—20 号重油

Ⅰ—用于泵送或抽吸的平均黏度；Ⅱ—主油路中允许的最大黏度；Ⅲ—低压雾化的最大黏度

a—加热重油最大温度；b—加热器中最大蒸气温度；

c—加热沉淀界限温度（在该温度下，碳素在加热器表面每月沉淀达 0.5mm）

等。开口杯法测定的闪点值一般比闭口杯法的测定值高 $15\sim25℃$。重油的开口杯法闪点约为 $80\sim130℃$。

　　燃油的闪点和燃点相差不大，重油的燃点一般比其闪点高 10℃ 左右。重油的着火点约为 $500\sim600℃$。

3. 凝固点

　　当油类完全失去流动性时的最高温度称为凝固点。此时若将盛放燃油的容器倾斜 45°，则其中的燃油油面可在 1min 内保持不动。显然，凝固点越高，其低温流动性就越差。油温低于凝固点时，燃油就无法在管道中输送。生产上常根据凝固点来选用贮运过程中的保温防凝措施。

　　燃油的凝固点与其组成有关，一般随蜡和水的含量增加而提高。我国生产的重油凝固点一般为 $30\sim45℃$，原油的凝固点在 30℃ 以下。

　　对于凝固点和闪点比较接近的燃油（如原油），则在防凝的同时还应注意防火安全。原油的卸油温度一般只比凝固点高 10℃ 左右。

4. 密度

重油的密度与温度有关，常随温度的增加而略有减小。重油的密度与温度的关系式为：

$$\rho_t = \frac{\rho_{20}}{1 + \beta(t - 20)} \tag{2-24}$$

式中　ρ_t、ρ_{20}——t℃、20℃时重油的密度，t/m^3，$\rho_{20} \approx 0.9 \sim 1.0 t/m^3$；

　　　　t——重油的温度，℃；

　　　　β——重油的体积膨胀系数，$℃^{-1}$，$\beta = 0.0025 - 0.002\rho_{20}$，也可查表 2-12。

表 2-12　重油的体积膨胀系数 β 值与密度的关系

密度 $\rho_{20}/(t/m^3)$	$\beta/℃^{-1}$	密度 $\rho_{20}/(t/m^3)$	$\beta/℃^{-1}$
0.93~0.9399	0.000635	0.98~0.9899	0.000536
0.94~0.9499	0.000615	0.99~0.9999	0.000518
0.95~0.9599	0.000594	1.00~1.0099	0.000499
0.96~0.9699	0.000574	1.01~1.0199	0.000482
0.97~0.9799	0.000555	1.02~1.0299	0.000464

5. 比热容和热导率

重油的比热容常随重油的密度增大而减小，随温度增加而增大。重油的比热容一般为 $1.88 \sim 2.1 kJ/(kg \cdot ℃)$，一般可用下式近似计算：

$$c_t = 1.74 + 0.0025t \tag{2-25}$$

式中　c_t——t℃时重油的比热容，$kJ/(kg \cdot ℃)$；

　　　　t——重油的温度，℃。

重油的热导率与油品及温度有关，一般变动不大，在 $0.128 \sim 0.163 W/(m \cdot ℃)$ 之间。对于无水的黏性油（温度在 20~135℃），热导率可按下式计算：

$$\lambda_t = \lambda_{20} - a(t - 20) \tag{2-26}$$

式中　λ_t、λ_{20}——t℃、20℃时重油的热导率，$W/(m \cdot ℃)$；

　　　　　　　对于高黏度裂化渣油，$\lambda_{20} = 0.158 W/(m \cdot ℃)$；

　　　　　　　对于较低黏度的直馏渣油，$\lambda_{20} = 0.145 W/(m \cdot ℃)$；

　　　　t——重油的温度，℃；

　　　　a——系数，裂化渣油 $a = 0.000209$，直馏渣油 $a = 0.000128$。

6. 水分

燃油中含有水，对燃烧不利，不仅降低燃油的发热量，而且当水分过高时易产生"汽塞"现象，使燃烧火焰不稳定。故贮油罐要经常排水，使燃油中含水量在 2% 以下。

7. 机械杂质

燃油中存在机械杂质易磨损油泵及导致管路或喷嘴堵塞，因此在进油泵及烧嘴前，需经过滤器除去机械杂质。

我国规定的重油质量标准见表 2-13。

表 2-13　重油的质量标准

项　目			质　量　指　标			
			20 号	60 号	100 号	200 号
恩氏黏度/°E	80℃	≤	5.0	11.0	15.5	—
	100℃	≤	—	—	—	5.5~9.5
闪点(开口)/℃		≥	80	100	120	130
凝固点/℃		≤	15	20	25	36

项　目		质量指标			
		20 号	60 号	100 号	200 号
灰分/%	≤	0.3	0.3	0.3	0.3
水分/%	≤	1.0	1.5	2.0	2.0
含硫量/%	≤	1.0	1.5	2.0	3.0
机械杂质/%	≤	1.5	2.0	2.5	2.5

(三) 气体燃料的其他热工性质

1. 摩尔质量和密度

气体燃料的摩尔质量与混合气体的摩尔质量一样，符合加和法则，计算式为：

$$M_{gas} = 0.01 \sum x_i M_{gas,i} \tag{2-27}$$

式中　M_{gas}——气体燃料的摩尔质量，kg/kmol；

　　　x_i——气体燃料中各组分的体积分数，%；

　　　$M_{gas,i}$——气体燃料中各组分的摩尔质量，kg/kmol。

气体燃料在标准状态下密度的计算式为：

$$\rho_0 = \frac{M_{gas}}{22.4} (kg/m^3) \tag{2-28}$$

气体燃料在 t℃、p(Pa) 时的密度为：

$$\rho = \frac{273 \times (101325 + p)}{(273 + t) \times 101325} \rho_0 (kg/m^3) \tag{2-29}$$

2. 平均比热容

气体燃料的平均比热容与混合气体的平均比热容一样，符合加和法则，计算式为：

$$c = 0.01 \sum x_i c_i \tag{2-30}$$

式中　c——气体燃料的平均比热容，kJ/(m³·℃)；

　　　x_i——气体燃料中各组分的体积分数，%；

　　　c_i——气体燃料中各组分的平均比热容，kJ/(m³·℃)。

各种气体在不同温度下的平均比热容见表 2-14 和表 2-15。

表 2-14　各单纯气体及干空气在不同温度下的平均比热容　　单位：kJ/(m³·℃)

温度/℃	CO_2	N_2	O_2	H_2O	干空气	H_2	CO	H_2S	SO_2
0	1.593	1.293	1.305	1.494	1.295	1.277	1.302	1.264	1.733
100	1.713	1.296	1.317	1.506	1.300	1.290	1.302	1.541	1.813
200	1.796	1.300	1.338	1.522	1.308	1.298	1.311	1.574	1.888
300	1.871	1.306	1.357	1.542	1.318	1.302	1.319	1.608	1.959
400	1.938	1.317	1.378	1.565	1.329	1.302	1.331	1.645	2.018
500	1.997	1.329	1.398	1.585	1.343	1.306	1.344	1.683	2.073
600	2.049	1.341	1.417	1.613	1.357	1.311	1.361	1.721	2.114
700	2.097	1.354	1.432	1.641	1.371	1.315	1.373	1.759	1.152
800	2.140	1.367	1.450	1.668	1.385	1.319	1.390	1.796	2.186
900	2.179	1.380	1.465	1.696	1.398	1.323	1.403	1.830	2.215
1000	2.214	1.392	1.478	1.722	1.410	1.327	1.415	1.863	2.240
1100	2.245	1.404	1.490	1.750	1.422	1.336	1.428	1.892	2.261
1200	2.275	1.415	1.501	1.777	1.433	1.344	1.440	1.922	2.278
1300	2.301	1.426	1.511	1.803	1.444	1.352	1.449	1.947	—
1400	2.325	1.436	1.520	1.824	1.454	1.361	1.461	1.972	—
1500	2.345	1.446	1.529	1.853	1.463	1.369	1.465	1.997	—
1600	2.368	1.454	1.538	1.877	1.472	1.378	1.470	—	—
1700	2.387	1.458	1.546	1.900	1.480	1.386	1.478	—	—

续表

温度/℃	CO_2	N_2	O_2	H_2O	干空气	H_2	CO	H_2S	SO_2
1800	2.405	1.470	1.554	1.922	1.487	1.394	1.486	—	—
1900	2.422	1.478	1.562	1.943	1.495	1.398	1.495	—	—
2000	2.437	1.484	1.569	1.963	1.501	1.407	1.507	—	—
2100	2.451	1.491	1.575	1.983	1.508	1.415	1.511	—	—
2200	2.465	1.496	1.583	2.001	1.514	1.424	1.520	—	—
2300	2.478	1.502	1.589	2.019	1.520	1.432	1.524	—	—
2400	2.490	1.508	1.595	2.037	1.526	1.440	1.528	—	—
2500	2.501	1.513	1.602	2.053	1.531	1.449	1.537	—	—

表 2-15　各种烃类气体在不同温度下的平均比热容　单位：$kJ/(m^3 \cdot ℃)$

温度/℃	CH_4	C_2H_2	C_2H_4	C_3H_6	C_4H_8	C_3H_8	C_4H_{10}	C_5H_{12}
0	1.566	1.871	1.716	2.178	3.069	3.831	4.207	5.212
100	1.658	2.047	2.106	2.505	3.533	4.295	4.752	5.924
200	1.767	2.185	2.328	2.797	3.140	4.743	5.233	6.631
300	1.892	2.290	2.529	3.077	4.400	5.162	5.715	7.293
400	2.022	2.370	2.721	3.337	4.798	5.564	6.196	7.929
500	2.144	2.437	2.893	3.571	5.129	5.916	6.627	8.474
600	2.269	2.508	3.048	3.806	5.455	6.271	7.058	9.022
700	2.357	2.575	3.190	4.015	5.769	6.589	7.452	9.319
800	2.470	2.629	3.341	4.207	6.041	6.887	7.812	9.901
900	2.596	2.684	3.450	4.379	6.305	7.159	8.139	10.265
1000	2.709	2.734	3.567	4.542	6.523	7.410	8.444	10.600

三、燃料的选用原则

燃料选用原则主要是：

① 从我国燃料资源的实际出发，根据国家当前的能源政策选用燃料。应坚持就地取材和物尽其用的原则，充分利用地方资源和工业废料，并设法采用低质、劣质燃料。

② 满足工艺要求，确保产品质量，并为机械化、自动化生产提供条件。

③ 来源充足，保证供应，能满足生产需要。

第三节　燃　烧　计　算

一、计算的目的、内容与基本概念

(一) 燃烧计算的目的与内容

燃料燃烧计算的目的有两个：设计窑炉的需要；操作窑炉的需要。

由于燃烧计算的内容不同，计算的目的也不相同。

① 燃料燃烧所需空气量的计算，是设计合理的供风系统、供给适量的空气、鼓风机选型计算的依据。

② 燃料燃烧生成的烟气量的计算，是设计合理的排烟系统、排烟机选型计算、烟道和烟囱设计计算的依据。

③ 烟气组成的计算，是烟气密度和比热容的计算依据。

④ 空气系数的计算，是用于判断运转的窑炉中燃料燃烧操作是否合理的依据。

⑤ 漏气量的计算，是窑炉热平衡计算的依据，也是判断窑炉运转情况是否合理的依据。

⑥ 燃烧温度的计算，是燃料消耗量的计算依据，还可以分析影响燃烧温度的因素，改进燃烧条件，从而保持合适的燃烧温度。

（二）燃烧计算中的假设条件

为了使燃料燃烧计算简化，又能满足工程计算精度的要求，在燃烧计算中通常采用以下几点假设：

① 所有涉及的气体均为理想气体，在标准状态下 1kmol 任何气体的体积均为 $22.4Nm^3$；

② 干空气的组成只考虑 O_2 和 N_2，忽略 CO_2 和其他气体，并且 O_2 与 N_2 体积比为 21∶79；

③ 燃烧产物中的 H_2O 和 CO_2 等气体不发生分解；

④ 计算温度的基准点是 0℃。

（三）燃烧计算的基本概念

1. 完全燃烧与不完全燃烧

完全燃烧是指燃料中的可燃成分与氧气发生完全氧化反应、生成的产物中不含有可燃成分的燃烧过程。例如，碳元素完全燃烧生成 CO_2，氢元素完全燃烧生成 H_2O，硫元素完全燃烧生成 SO_2。

不完全燃烧是指燃料中的可燃成分与氧气发生不完全氧化反应、生成的产物中还含有可燃成分的燃烧过程。不完全燃烧又分为机械不完全燃烧和化学不完全燃烧两种。机械不完全燃烧是由于机械设备原因或机械操作不当而产生的燃料不完全燃烧。化学不完全燃烧是由于氧气量不足或燃料与空气混合不好而造成的燃料不完全燃烧。燃料产生不完全燃烧不仅会造成燃烧热损失，降低燃烧温度，增大燃料消耗量，还会影响窑炉内的气氛和产品质量。

2. 理论空气量与实际空气量

（1）理论需氧量　单位质量或体积的燃料在理论上完全燃烧时所需要的氧气体积量称为理论需氧量，用 "$V_{O_2}^o$" 表示。对于固体和液体燃料，单位为 Nm^3/kg；对于气体燃料，单位为 Nm^3/Nm^3。这里的"在理论上完全燃烧"是指按照可燃成分与氧气的化学反应方程式进行完全燃烧。

（2）理论空气量　单位质量或体积的燃料在理论上完全燃烧时所需要的空气体积量称为理论空气量，用 "V_a^o" 表示，单位与理论需氧量相同。根据燃烧计算的假设条件，理论空气量与理论需氧量的关系式为：

$$V_a^o = \frac{100}{21} V_{O_2}^o \quad \text{或} \quad V_{O_2}^o = 21\% V_a^o \tag{2-31}$$

（3）理论湿空气量　单位质量或体积的燃料在理论上完全燃烧时所需要的湿空气体积量称为理论湿空气量，用 "$[V_a^o]$" 表示，单位与理论需氧量相同。

（4）实际空气量　单位质量或体积的燃料燃烧时实际需要的空气体积量称为实际空气量，用 "V_a" 表示，单位与理论需氧量相同。

3. 空气系数

在实际燃烧过程中，若仅提供理论空气量，由于空气与燃料的混合均匀性达不到理想程度或燃烧速度较慢等实际原因，会造成燃料的不完全燃烧。因而，为了确保燃料完全燃烧，实际空气量要比理论空气量大些。另外，为了控制烧成制品所需要的还原性窑炉气氛，实际空气量又要比理论空气量略小些。

燃料燃烧时，实际空气量与理论空气量的比值称为空气系数，用 "α" 表示。其数学表达式为：

$$\alpha = \frac{V_a}{V_a^o} \tag{2-32}$$

（1）影响空气系数的因素　空气系数的选择与燃料的种类、燃烧方法、燃烧设备及烧成制品对窑炉气氛的要求等因素有关。

① 空气系数与燃料种类有关　燃料的种类不同，与空气的接触比表面积和混合程度不同，燃烧速度不同，因此空气系数也就不同。α 值的一些经验数据如下：

气体燃料：$\alpha = 1.05 \sim 1.15$；

液体燃料：$\alpha = 1.15 \sim 1.25$；

块状固体燃料：$\alpha = 1.3 \sim 1.7$；

煤粉：$\alpha = 1.05 \sim 1.3$。

② 空气系数与窑炉内的气氛有关　当烧成制品要求窑炉内的气氛为氧化性气氛时，$\alpha > 1$；当烧成制品要求窑炉内的气氛为还原性气氛时，$\alpha < 1$（通常为略小于 1）。

③ 空气系数与燃烧方法有关　当煤粉采用喷燃燃烧时，$\alpha = 1.05 \sim 1.1$，当煤粉采用层燃燃烧时，$\alpha = 1.1 \sim 1.3$。对于气体燃料，采用长焰燃烧时，α 取值略大些；采用短焰燃烧时，α 取值略小些；采用无焰燃烧时，α 取值最小，通常 $\alpha \approx 1.05$ 即可。对于液体燃料，α 取值随重油的雾化方法不同而不同。

④ 空气系数与燃烧设备有关　燃烧设备的种类和结构不同，会导致燃料与空气的混合情况不同，则燃烧速度不同，因此空气系数 α 取值也就不同。

（2）空气系数在窑炉设计及操作中的意义　空气系数在窑炉设计及操作中的意义主要有以下几点：

① 合理选择空气系数有利于提高燃烧温度。在保证燃料完全燃烧的前提下，选择最小的空气系数，既能保证燃料的充分燃烧，又能使产生的烟气量尽可能少，从而提高燃烧温度。

② 控制空气系数是控制窑炉烧成气氛的保证。当烧成制品要求窑炉内的气氛为氧化性气氛时，控制空气系数 $\alpha > 1$；当烧成制品要求窑炉内的气氛为还原性气氛时，控制空气系数 $\alpha < 1$。

③ 空气系数的大小影响窑炉系统内的气体流动。对于同一种燃料，空气系数不同，产生的烟气量不同，则烟气在窑炉系统内的流动阻力不同。当空气系数较大时，烟气量增大，则气体流速增大，阻力损失也随之增加。

④ 空气系数会影响窑炉内的传热。对于同一种燃料，空气系数不同，产生的烟气组成不同，则烟气在窑内的传热效率不同。空气系数增大，烟气中的 O_2、N_2 的含量增大，CO_2、H_2O 的含量相对降低，即 CO_2、H_2O 的分压减小，因此烟气的辐射力降低。

⑤ 空气系数影响窑炉的热效率。空气系数增大，产生的烟气量增大，则烟气离窑时带走的热损失增加，使窑炉热效率降低。

4. 理论烟气量与实际烟气量

（1）理论烟气量　用理论空气量使单位质量或体积的燃料完全燃烧时产生的烟气体积量，用"V^o"表示。对于固体和液体燃料，单位为 Nm^3/kg；对于气体燃料，单位为 Nm^3/Nm^3。

（2）实际烟气量　用实际空气量使单位质量或体积的燃料实际燃烧时产生的烟气体积量，用"V"表示。单位与理论烟气量相同。

5. 火焰的气氛

根据燃烧产物的氧化还原性，燃料燃烧的火焰可分为氧化焰、中性焰和还原焰三种。

（1）氧化焰　氧化焰是指燃烧产物中有一定量的 O_2 而无可燃成分（主要指 CO）或只有微量的可燃成分存在时的火焰，此时火焰具有氧化性。氧化焰又可分为普通氧化焰和强氧化焰两种。当燃烧产物中 O_2 的体积分数为 $4\%\sim5\%$ 时，称为普通氧化焰；当燃烧产物中 O_2 的体积分数为 $8\%\sim10\%$ 时，称为强氧化焰。

（2）中性焰　中性焰是指燃烧产物中既无 O_2 也无 CO、H_2 等可燃成分时的火焰，即用理论空气量使燃料完全燃烧时的火焰。从理论上讲，中性焰可行，并且中性焰时燃烧温度最高。但是，在实际生产中很难实现中性焰。

（3）还原焰　还原焰是指燃烧产物中含有一定量的可燃成分（主要指 CO）而无 O_2 或只有微量 O_2，此时火焰具有还原性。当燃烧产物中 CO 的体积分数为 $3\%\sim5\%$ 时，称为强还原焰；当燃烧产物中 CO 的体积分数小于 2% 时称为弱还原焰。

二、空气量、烟气量及烟气组成的计算

空气量和烟气量的计算方法因已知条件的不同而异，通常有四种方法，即分析计算法、近似计算法、估算法和操作计算法。其中，分析计算法、近似计算法和估算法是为了设计窑炉的需要，而操作计算法是为了操作窑炉的需要。

（一）分析计算法

根据固体和液体燃料的实际元素分析组成或气体燃料的实际成分分析组成计算空气量和烟气量的计算方法称为分析计算法。

1. 固体和液体燃料的空气量、烟气量及烟气组成的计算

固体和液体燃料的收到基元素分析组成（质量分数）为：$C_{ar}\%$、$H_{ar}\%$、$O_{ar}\%$、$N_{ar}\%$、$S_{ar}\%$、$A_{ar}\%$、$M_{ar}\%$。

计算基准：1kg 燃料。

各可燃组分完全燃烧时的氧化反应式如下：

$C+O_2 \Longrightarrow CO_2$　　　　即 1kmol C 需要 1kmol 的 O_2，产生 1kmol 的 CO_2。

$H_2+\dfrac{1}{2}O_2 \Longrightarrow H_2O$　　　即 1kmol H_2 需要 0.5kmol 的 O_2，产生 1kmol 的 H_2O。

$S+O_2 \Longrightarrow SO_2$　　　　即 1kmol S 需要 1kmol 的 O_2，产生 1kmol 的 SO_2。

（1）空气量的计算

① 理论需氧量的计算式为：

$$V_{O_2}^o = \left(\frac{C_{ar}}{12}+\frac{H_{ar}}{4}+\frac{S_{ar}-O_{ar}}{32}\right)\times\frac{22.4}{100}(\text{Nm}^3/\text{kg}) \tag{2-33}$$

② 理论空气量的计算式为：

$$V_a^o = \frac{100}{21}V_{O_2}^o = \frac{22.4}{21}\left(\frac{C_{ar}}{12}+\frac{H_{ar}}{4}+\frac{S_{ar}-O_{ar}}{32}\right)(\text{Nm}^3/\text{kg}) \tag{2-34}$$

如果当地的空气湿度较大，需要考虑空气中带入的水蒸气量，并已知空气的湿含量为 x kg 水蒸气/kg 干空气时，则理论湿空气量的计算式为：

$$[V_a^o] = V_a^o + V_a^o \frac{29}{22.4}x\frac{22.4}{18} = V_a^o(1+1.61x)(\text{Nm}^3/\text{kg}) \tag{2-35}$$

由于通常空气中水蒸气含量很低，一般小于 0.01kg 水蒸气/kg 干空气，故在一般燃烧计算中可以忽略空气中的水蒸气，按干空气计算即可。

③ 实际空气量的计算式：

$$V_a = \alpha V_a^o(\text{Nm}^3/\text{kg}) \tag{2-36}$$

（2）理论烟气量的计算　理论烟气量由两部分组成，一部分是燃料完全燃烧的产物量，

另一部分是理论空气量带入的氮气量。理论烟气的组成为 CO_2、SO_2、H_2O 和 N_2，各组成的计算如下：

CO_2 来源于 C 的燃烧，计算式为：

$$V^o_{CO_2} = \frac{C_{ar}}{12} \times \frac{22.4}{100} (Nm^3/kg)$$

H_2O 来源于 H 的燃烧和燃料中的水，计算式为：

$$V^o_{H_2O} = \left(\frac{H_{ar}}{2} + \frac{M_{ar}}{18} \right) \times \frac{22.4}{100} (Nm^3/kg)$$

SO_2 来源于 S 的燃烧，计算式为：

$$V^o_{SO_2} = \frac{S_{ar}}{32} \times \frac{22.4}{100} (Nm^3/kg)$$

N_2 来源于燃料中的 N 和理论空气量，计算式为：

$$V^o_{N_2} = \frac{N_{ar}}{28} \times \frac{22.4}{100} + V^o_{O_2} \frac{79}{21} = \frac{N_{ar}}{28} \times \frac{22.4}{100} + 79\% V^o_a (Nm^3/kg)$$

因此，理论烟气量的计算式为：

$$V^o = V^o_{CO_2} + V^o_{H_2O} + V^o_{N_2} + V^o_{SO_2} = \left(\frac{C_{ar}}{12} + \frac{H_{ar}}{2} + \frac{N_{ar}}{28} + \frac{S_{ar}}{32} + \frac{M_{ar}}{18} \right) \frac{22.4}{100} + 79\% V^o_a \quad (2-37)$$

（3）实际烟气量及烟气组成的计算　实际烟气量及烟气组成与空气系数 α 有直接的关系。

① 当 $\alpha > 1$ 时，实际烟气量及烟气组成的计算。当 $\alpha > 1$ 时，实际烟气量由理论烟气量 V^o 和过剩的空气量 $(\alpha-1)V^o_a$ 两部分组成。实际烟气量的计算式为：

$$V = V^o + (\alpha-1)V^o_a (Nm^3/kg) \quad (2-38)$$

实际烟气的组成为 CO_2、SO_2、H_2O、O_2 和 N_2，各组成的计算如下：

CO_2 量：$V_{CO_2} = V^o_{CO_2} = \dfrac{C_{ar}}{12} \times \dfrac{22.4}{100}$ （Nm^3/kg）

H_2O 量：$V_{H_2O} = V^o_{H_2O} = \left(\dfrac{H_{ar}}{2} + \dfrac{M_{ar}}{18} \right) \times \dfrac{22.4}{100}$ （Nm^3/kg）

SO_2 量：$V_{SO_2} = V^o_{SO_2} = \dfrac{S_{ar}}{32} \times \dfrac{22.4}{100}$ （Nm^3/kg）

N_2 量：$V_{N_2} = \dfrac{N_{ar}}{28} \times \dfrac{22.4}{100} + 79\% V_a$ （Nm^3/kg）

O_2 量：$V_{O_2} = (\alpha-1)V^o_a \times 21\%$ （Nm^3/kg）

将烟气各组成量除以实际烟气量 V，即可求得实际烟气各组成的体积分数。即

CO_2 含量：$CO_2\% = \dfrac{V_{CO_2}}{V} \times 100\%$

H_2O 含量：$H_2O\% = \dfrac{V_{H_2O}}{V} \times 100\%$

SO_2 含量：$SO_2\% = \dfrac{V_{SO_2}}{V} \times 100\%$

N_2 含量：$N_2\% = \dfrac{V_{N_2}}{V} \times 100\%$

O_2 含量：$O_2\% = \dfrac{V_{O_2}}{V} \times 100\%$

② 当 $\alpha < 1$ 时，实际烟气量及烟气组成的计算。当 $\alpha < 1$ 时，由于空气量不足，即氧气量不足，会导致燃料产生化学不完全燃烧。因为固体和液体燃料的可燃元素中 C 含量最大，并且 C 的燃烧速率较慢，因此氧气量不足对于 S 和 H 的完全燃烧影响很小，可以忽略；会使得 C 不能全部被氧化成 CO_2，而有一部分 C 由于缺氧生成 CO。因此，实际烟气的组成为 CO_2、CO、SO_2、H_2O 和 N_2。

C 的燃烧产物不管是 CO_2 还是 CO，其总产物量不变，因此，当 $\alpha < 1$ 时实际空气量的不足，并不会影响燃料燃烧的产物量，但要比理论空气量少带入一部分 N_2 量。因此，实际烟气量要比理论烟气量小，二者的差值为实际空气量比理论空气量少带入的 N_2 量 [即 $79\%(1-\alpha)V_a^o$]。所以，当 $\alpha < 1$ 时实际烟气量的计算式为：

$$V = V^o - 79\%(1-\alpha)V_a^o \ (\mathrm{Nm^3/kg}) \tag{2-39}$$

C 在氧气量不足条件下燃烧时，缺少 1kmol 的 O_2，可生成 2kmol 的 CO。当 $\alpha < 1$ 时，1kg 燃料在理论上完全燃烧缺少的 O_2 量为：$(1-\alpha)V_{O_2}^o = 21\%(1-\alpha)V_a^o \ (\mathrm{Nm^3})$。则实际烟气中各组成的计算如下：

CO 量：$V_{CO} = 2(1-\alpha)V_{O_2}^o \ (\mathrm{Nm^3/kg})$

CO_2 量：$V_{CO_2} = \dfrac{C_{ar}}{12} \times \dfrac{22.4}{100} - 2(1-\alpha)V_{O_2}^o \ (\mathrm{Nm^3/kg})$

SO_2 量：$V_{SO_2} = V_{SO_2}^o = \dfrac{S_{ar}}{32} \times \dfrac{22.4}{100} \ (\mathrm{Nm^3/kg})$

H_2O 量：$V_{H_2O} = V_{H_2O}^o = \left(\dfrac{H_{ar}}{2} + \dfrac{M_{ar}}{18}\right) \times \dfrac{22.4}{100} \ (\mathrm{Nm^3/kg})$

N_2 量：$V_{N_2} = \dfrac{N_{ar}}{28} \times \dfrac{22.4}{100} + 79\%V_a \ (\mathrm{Nm^3/kg})$

实际烟气中各组成的体积分数为：

CO 含量：$CO\% = \dfrac{V_{CO}}{V} \times 100\%$

CO_2 含量：$CO_2\% = \dfrac{V_{CO_2}}{V} \times 100\%$

SO_2 含量：$SO_2\% = \dfrac{V_{SO_2}}{V} \times 100\%$

H_2O 含量：$H_2O\% = \dfrac{V_{H_2O}}{V} \times 100\%$

N_2 含量：$N_2\% = \dfrac{V_{N_2}}{V} \times 100\%$

【例 2-2】 已知煤的收到基组成（质量分数/%）如下：

C_{ar}	H_{ar}	O_{ar}	N_{ar}	S_{ar}	A_{ar}	M_{ar}
72.0	4.4	8.0	1.4	0.3	4.9	9.0

当 $\alpha = 1.2$ 时，计算 1kg 煤燃烧所需空气量、产生烟气量及烟气组成。

【解】 （1）实际空气量的计算：

$$V_a^o = \frac{22.4}{21}\left(\frac{C_{ar}}{12} + \frac{H_{ar}}{4} + \frac{S_{ar}-O_{ar}}{32}\right) = \frac{22.4}{21}\left(\frac{72.0}{12} + \frac{4.4}{4} + \frac{0.3-8.0}{32}\right) = 7.32(\text{Nm}^3/\text{kg})$$

$$V_a = \alpha V_a^o = 1.2 \times 7.32 = 8.78(\text{Nm}^3/\text{kg})$$

（2）实际烟气量的计算：

实际烟气中各组分的体积分别为：

$$V_{CO_2} = \frac{C_{ar}}{12} \times \frac{22.4}{100} = \frac{72.0}{12} \times \frac{22.4}{100} = 1.344(\text{Nm}^3/\text{kg})$$

$$V_{H_2O} = \left(\frac{H_{ar}}{2} + \frac{M_{ar}}{18}\right) \times \frac{22.4}{100} = \left(\frac{4.4}{2} + \frac{9.0}{18}\right) \times \frac{22.4}{100} = 0.6048(\text{Nm}^3/\text{kg})$$

$$V_{SO_2} = \frac{S_{ar}}{32} \times \frac{22.4}{100} = \frac{0.3}{32} \times \frac{22.4}{100} = 0.0021(\text{Nm}^3/\text{kg})$$

$$V_{N_2} = \frac{N_{ar}}{28} \times \frac{22.4}{100} + 79\% V_a = \frac{1.4}{28} \times \frac{22.4}{100} + 79\% \times 8.78 = 6.9474(\text{Nm}^3/\text{kg})$$

$$V_{O_2} = (\alpha-1) V_a^o \times 21\% = (1.2-1) \times 7.32 \times 21\% = 0.3074 (\text{Nm}^3/\text{kg})$$

则　$V = V_{CO_2} + V_{H_2O} + V_{SO_2} + V_{N_2} + V_{O_2} = 1.344 + 0.6048 + 0.0021 + 6.9474 + 0.3074 = 9.21 (\text{Nm}^3/\text{kg})$

（3）实际烟气组成的计算：

$$CO_2\% = \frac{V_{CO_2}}{V} \times 100\% = \frac{1.344}{9.21} \times 100\% = 14.60\%$$

$$H_2O\% = \frac{V_{H_2O}}{V} \times 100\% = \frac{0.6048}{9.21} \times 100\% = 6.57\%$$

$$SO_2\% = \frac{V_{SO_2}}{V} \times 100\% = \frac{0.0021}{9.21} \times 100\% = 0.02\%$$

$$O_2\% = \frac{V_{O_2}}{V} \times 100\% = \frac{0.3074}{9.21} \times 100\% = 3.34\%$$

$$N_2\% = 100\% - CO_2\% - H_2O\% - SO_2\% - O_2\% = 100\% - 14.60\% - 6.57\% - 0.02\% - 3.34\% = 75.47\%$$

【例 2-3】　已知煤的收到基组成（质量分数/%）如下：

C_{ar}	H_{ar}	O_{ar}	N_{ar}	S_{ar}	A_{ar}	M_{ar}
48	5	16	1.4	—	11.6	18

设：（1）燃烧时有机械不完全燃烧现象存在，灰渣中含有 C 量为 10%；

（2）要求还原焰烧成，干烟气分析其中 CO 含量为 5%。

计算：（1）干烟气及湿烟气组成（不考虑空气带入水分）；

（2）1kg 煤燃烧所需空气量；

（3）1kg 煤燃烧生成湿烟气量。

【解】　基准：100kg 煤

落入灰渣中的 C 量：$11.6 \times \dfrac{10}{100-10} = 1.29(\text{kg})$

至烟气中的 C 量：$48 - 1.29 = 46.7(\text{kg}) = \dfrac{46.7}{12}(\text{kmol}) = 3.89(\text{kmol})$

设生成 CO 的 C 量为 x kmol，则有（$3.89-x$）kmol 的 C 生成 CO_2。

则生成烟气的组成为：

CO 量：x kmol

CO_2 量：$(3.89-x)$ kmol

H_2O 量：$\dfrac{H_{ar}}{2}+\dfrac{M_{ar}}{18}=\dfrac{5}{2}+\dfrac{18}{18}=3.5(kmol)$

N_2 量：$\dfrac{N_{ar}}{28}+V_a\times79\%=\dfrac{N_{ar}}{28}+V_{O_2}\dfrac{79}{21}=\dfrac{1.4}{28}+\left[\dfrac{x}{2}+(3.89-x)+\dfrac{5}{4}-\dfrac{16}{32}\right]\times\dfrac{79}{21}$

$\qquad\qquad =17.5-1.88x(kmol)$

总干烟气量为：$x+(3.89-x)+(17.5-1.88x)=21.39-1.88x(kmol)$

干烟气中 CO 为 5%，则有：$\dfrac{x}{21.39-1.88x}=0.05$

解得：$x=0.98kmol$

（1）烟气组成的计算：

组分	CO	CO_2	N_2	H_2O
物质的量/kmol	0.98	2.91	15.66	3.5
干烟气（体积分数）/%	5.0	14.9	80.1	—
湿烟气（体积分数）/%	4.2	12.6	68.0	15.2

（2）空气量的计算：

$$\left[\dfrac{x}{2}+(3.89-x)+\dfrac{5}{4}-\dfrac{16}{32}\right]\times\dfrac{100}{21}\times\dfrac{22.4}{100}=4.43(Nm^3/kg)$$

（3）湿烟气量的计算：

$$(0.98+2.91+15.66+3.5)\times\dfrac{22.4}{100}=5.16(Nm^3/kg)$$

2. 气体燃料的空气量、烟气量及烟气组成的计算

气体燃料的湿成分组成（体积分数/%）为：CO^v、H_2^v、H_2S^v、CH_4^v、$C_mH_n^v$、CO_2^v、SO_2^v、N_2^v、O_2^v、H_2O^v 等。

计算基准：$1Nm^3$ 燃料。

各可燃组分完全燃烧时的氧化反应式如下：

$CO+\dfrac{1}{2}O_2=\!=CO_2$　即 $1Nm^3$ CO 需要 $0.5Nm^3$ 的 O_2，产生 $1Nm^3$ 的 CO_2。

$H_2+\dfrac{1}{2}O_2=\!=H_2O$　即 $1Nm^3$ H_2 需要 $0.5Nm^3$ 的 O_2，产生 $1Nm^3$ 的 H_2O。

$H_2S+\dfrac{3}{2}O_2=\!=H_2O+SO_2$　即 $1Nm^3$ H_2S 需要 $1.5Nm^3$ 的 O_2，产生 $1Nm^3$ SO_2 和 $1Nm^3$ H_2O。

$CH_4+2O_2=\!=CO_2+2H_2O$　即 $1Nm^3$ CH_4 需要 $2Nm^3$ 的 O_2，产生 $1Nm^3$ CO_2 和 $2Nm^3$ H_2O。

$C_mH_n+\left(m+\dfrac{n}{4}\right)O_2=\!=mCO_2+\dfrac{n}{2}H_2O$　即 $1Nm^3$ C_mH_n 需要 $\left(m+\dfrac{n}{4}\right)Nm^3$ 的 O_2，产生 $m\ Nm^3 CO_2$ 和 $\dfrac{n}{2}Nm^3$ H_2O。

（1）空气量的计算

① 理论需氧量的计算式为：

$$V_{O_2}^o = \left[\frac{1}{2}CO^v + \frac{1}{2}H_2^v + \frac{3}{2}H_2S^v + 2CH_4^v + \left(m+\frac{n}{4}\right)C_mH_n^v - O_2^v\right]\frac{1}{100} \quad (Nm^3/Nm^3)$$

$$(2\text{-}40)$$

② 理论空气量的计算式为：

$$V_a^o = \frac{100}{21}V_{O_2}^o = \frac{1}{21}\left[\frac{1}{2}CO^v + \frac{1}{2}H_2^v + \frac{3}{2}H_2S^v + 2CH_4^v + \left(m+\frac{n}{4}\right)C_mH_n^v - O_2^v\right] \quad (Nm^3/Nm^3)$$

$$(2\text{-}41)$$

如果当地的空气湿度较大，需要考虑空气中带入的水蒸气量，并已知空气的湿含量为 $x\,kg$ 水蒸气/kg 干空气时，则理论湿空气量的计算式为：

$$[V_a^o] = V_a^o + V_a^o \frac{29}{22.4}x\frac{22.4}{18} = V_a^o(1+1.61x) \quad (Nm^3/Nm^3) \quad (2\text{-}42)$$

由于通常空气中水蒸气含量很低，一般小于 $0.01\,kg$ 水蒸气/kg 干空气，故在一般燃烧计算中可以忽略空气中的水蒸气，按干空气计算即可。

③ 实际空气量的计算式：

$$V_a = \alpha V_a^o \quad (Nm^3/Nm^3) \quad (2\text{-}43)$$

（2）理论烟气量的计算 同固体和液体燃料一样，理论烟气量由两部分组成，一部分是燃料完全燃烧的产物量，另一部分是理论空气量带入的氮气量。理论烟气的组成为 CO_2、SO_2、H_2O 和 N_2，各组分体积的计算如下：

CO_2 来源于所有含 C 元素的可燃组分的燃烧和燃料中的 CO_2，计算式为：

$$V_{CO_2}^o = (CO^v + CH_4^v + mC_mH_n^v + CO_2^v)\frac{1}{100} \quad (Nm^3/Nm^3)$$

H_2O 来源于所有含 H 元素的可燃组分的燃烧和燃料中的水，计算式为：

$$V_{H_2O}^o = (H_2^v + H_2S^v + 2CH_4^v + \frac{n}{2}C_mH_n^v + H_2O^v)\frac{1}{100} \quad (Nm^3/Nm^3)$$

SO_2 来源于 H_2S 的燃烧和燃料中的 SO_2，计算式为：

$$V_{SO_2}^o = \frac{1}{100}(H_2S^v + SO_2^v) \quad (Nm^3/Nm^3)$$

N_2 来源于燃料中的 N_2 和理论空气量，计算式为：

$$V_{N_2}^o = N_2^v\frac{1}{100} + 79\%V_a^o \quad (Nm^3/Nm^3)$$

因此，理论烟气量的计算式为：

$$V^o = V_{CO_2}^o + V_{H_2O}^o + V_{N_2}^o + V_{SO_2}^o$$

$$= \left[CO_2^v + CO^v + H_2^v + 3CH_4^v + 2H_2S^v + (m+\frac{n}{2})C_mH_n^v + SO_2^v + N_2^v + H_2O^v\right]\frac{1}{100} + 79\%V_a^o$$

$$(2\text{-}44)$$

（3）实际烟气量及烟气组成的计算 实际烟气量及烟气组成与空气系数 α 有直接的关系。

① 当 $\alpha>1$ 时，实际烟气量及烟气组成的计算。当 $\alpha>1$ 时，实际烟气量由理论烟气量 V^o 和过剩的空气量 $(\alpha-1)V_a^o$ 两部分组成。实际烟气量的计算式为：

$$V = V^o + (\alpha-1)V_a^o \quad (Nm^3/Nm^3) \quad (2\text{-}45)$$

实际烟气的组成为 CO_2、SO_2、H_2O、O_2 和 N_2，各组成的计算如下：

$$CO_2 \text{ 量：} V_{CO_2} = V_{CO_2}^o = (CO^v + CH_4^v + mC_mH_n^v + CO_2^v) \times \frac{1}{100} \quad (Nm^3/Nm^3)$$

$$H_2O \text{ 量：} V_{H_2O} = V_{H_2O}^o = (H_2^v + H_2S^v + 2CH_4^v + \frac{n}{2}C_mH_n^v + H_2O^v)\frac{1}{100} \quad (Nm^3/Nm^3)$$

$$SO_2 \text{ 量：} V_{SO_2} = V_{SO_2}^o = \frac{1}{100}(H_2S^v + SO_2^v) \quad (Nm^3/Nm^3)$$

$$N_2 \text{ 量：} V_{N_2} = N_2^v \frac{1}{100} + 79\% V_a \quad (Nm^3/Nm^3)$$

$$O_2 \text{ 量：} V_{O_2} = (\alpha - 1)V_a^o \times 21\% \quad (Nm^3/Nm^3)$$

将烟气各组成量除以实际烟气量 V，即可求得实际烟气各组成的体积分数。即

$$CO_2 \text{ 含量：} CO_2\% = \frac{V_{CO_2}}{V} \times 100\%$$

$$H_2O \text{ 含量：} H_2O\% = \frac{V_{H_2O}}{V} \times 100\%$$

$$SO_2 \text{ 含量：} SO_2\% = \frac{V_{SO_2}}{V} \times 100\%$$

$$N_2 \text{ 含量：} N_2\% = \frac{V_{N_2}}{V} \times 100\%$$

$$O_2 \text{ 含量：} O_2\% = \frac{V_{O_2}}{V} \times 100\%$$

② 当 $\alpha < 1$ 时，实际烟气量及烟气组成的计算。当 $\alpha < 1$ 时，假设气体燃料按比例燃烧，则实际烟气量计算式为：

$$V = (1-\alpha) + \alpha V^o \quad (Nm^3/Nm^3) \tag{2-46}$$

式中　　$(1-\alpha)$——未燃烧的气体燃料量，Nm^3/Nm^3；

　　　　αV^o——燃料燃烧生成的烟气量，Nm^3/Nm^3。

由于气体燃料中各可燃组分的实际燃烧速率各不相同，因此，当 $\alpha < 1$ 时，实际烟气的组成很难求得。

【例 2-4】　某窑炉用发生炉煤气为燃料，其干成分体积分数（%）为：

CO_2^d	CO^d	H_2^d	CH_4^d	$C_2H_4^d$	H_2S^d	N_2^d
4.5	29.0	14.0	1.8	0.2	0.3	50.2

湿煤气含水率为 4%，当 $\alpha = 1.1$ 时，计算：

(1) 实际空气量；

(2) 实际烟气量及烟气组成。

【解】　由于气体燃料的燃烧计算需要用其湿成分，根据式（2-9），有：

$$x^v = x^d \frac{100 - H_2O^v}{100} = x^d \frac{100 - 4}{100} = 0.96x^d$$

则煤气的湿成分（体积分数/%）为：

CO_2^v	CO^v	H_2^v	CH_4^v	$C_2H_4^v$	H_2S^v	N_2^v	H_2O^v
4.32	27.84	13.44	1.73	0.19	0.29	48.19	4

(1) 实际空气量的计算

$$V_a^o = \frac{1}{21}\left(\frac{1}{2}CO^v + \frac{1}{2}H_2^v + 2CH_4^v + 3C_2H_4^v + \frac{3}{2}H_2S^v\right)$$

$$= \frac{1}{21}\left(\frac{27.84}{2} + \frac{13.44}{2} + 2\times1.73 + 3\times0.19 + \frac{3}{2}\times0.29\right) = 1.195 \quad (Nm^3/Nm^3)$$

$$V_a = \alpha V_a^o = 1.1\times1.195 = 1.315 \quad (Nm^3/Nm^3)$$

（2）实际烟气量及烟气组成的计算

实际烟气中各组分的体积为：

$$V_{CO_2} = (CO_2^v + CO^v + CH_4^v + 2C_2H_4^v)\frac{1}{100}$$

$$= (4.32 + 27.84 + 1.73 + 2\times0.19)\times\frac{1}{100} = 0.3427(Nm^3/Nm^3)$$

$$V_{H_2O} = (H_2^v + 2CH_4^v + 2C_2H_4^v + H_2S^v + H_2O^v)\frac{1}{100}$$

$$= (13.44 + 2\times1.73 + 2\times0.19 + 0.29 + 4)\times\frac{1}{100} = 0.2157(Nm^3/Nm^3)$$

$$V_{SO_2} = \frac{H_2S^v}{100} = \frac{0.29}{100} = 0.0029(Nm^3/Nm^3)$$

$$V_{N_2} = N_2^v\frac{1}{100} + 79\%V_a = \frac{48.19}{100} + 79\%\times1.315 = 1.5208(Nm^3/Nm^3)$$

$$V_{O_2} = (\alpha-1)V_a^o\times21\% = (1.1-1)\times1.195\times21\% = 0.0251(Nm^3/Nm^3)$$

则　　$V = V_{CO_2} + V_{H_2O} + V_{SO_2} + V_{N_2} + V_{O_2}$

$$= 0.3427 + 0.2157 + 0.0029 + 1.5208 + 0.0251 = 2.11 \quad (Nm^3/Nm^3)$$

实际烟气的组成为：

$$CO_2\% = \frac{V_{CO_2}}{V}\times100\% = \frac{0.3427}{2.11}\times100\% = 16.24\%$$

$$H_2O\% = \frac{V_{H_2O}}{V}\times100\% = \frac{0.2157}{2.11}\times100\% = 10.22\%$$

$$SO_2\% = \frac{V_{SO_2}}{V}\times100\% = \frac{0.0029}{2.11}\times100\% = 0.14\%$$

$$O_2\% = \frac{V_{O_2}}{V}\times100\% = \frac{0.0251}{2.11}\times100\% = 1.19\%$$

$$N_2\% = 100\% - CO_2\% - H_2O\% - SO_2\% - O_2\% = 100\% - 16.24\% - 10.22\% - 0.14\% - 1.19\%$$

$$= 72.21\%$$

（二）近似计算法

当不知道燃料的组成，只知道燃料的种类和低位发热量时，可根据燃料的种类和低位发热量利用经验公式近似计算理论空气量和理论烟气量，再根据确定的空气系数（α）值计算实际空气量和实际烟气量。

从前面的计算公式可以看出：理论空气量（V_a^o）、理论烟气量（V^o）及燃料的低位发热量（Q_{net}）的计算均与燃料的组成有关。因此当燃料的种类及组成一定时，理论空气量（V_a^o）、理论烟气量（V^o）及燃料的低位发热量（Q_{net}）间必然存在着一定的关系。通过大量的实验可以找到它们之间的关系，由于研究者进行的实验和整理数据的方法不尽相同，所以整理得到的经验公式形式和系数也略有不同。表 2-16 为国家标准总局推荐的经验公式。

表 2-16　理论空气量（V_a^o）和理论烟气量（V^o）的经验公式

燃料种类	$V_a^o/(\mathrm{Nm^3/kg})$ 或（$\mathrm{Nm^3/Nm^3}$）	$V^o/(\mathrm{Nm^3/kg})$ 或（$\mathrm{Nm^3/Nm^3}$）
煤	$0.241 \times \dfrac{Q_{\mathrm{net,ar}}}{1000} + 0.5$	$0.213 \times \dfrac{Q_{\mathrm{net,ar}}}{1000} + 1.65$
各种液体燃料	$0.203 \times \dfrac{Q_{\mathrm{net,ar}}}{1000} + 2$	$0.265 \times \dfrac{Q_{\mathrm{net,ar}}}{1000}$
煤气 $Q_{\mathrm{net}} < 12560\mathrm{kJ/Nm^3}$	$0.209 \times \dfrac{Q_{\mathrm{net}}}{1000}$	$0.173 \times \dfrac{Q_{\mathrm{net}}}{1000} + 1$
煤气 $Q_{\mathrm{net}} > 12560\mathrm{kJ/Nm^3}$	$0.26 \times \dfrac{Q_{\mathrm{net}}}{1000} - 0.25$	$0.272 \times \dfrac{Q_{\mathrm{net}}}{1000} + 0.25$
天然气 $Q_{\mathrm{net}} < 35800\mathrm{kJ/Nm^3}$	$0.264 \times \dfrac{Q_{\mathrm{net}}}{1000} + 0.05$	$0.264 \times \dfrac{Q_{\mathrm{net}}}{1000} + 1.05$
天然气 $Q_{\mathrm{net}} > 35800\mathrm{kJ/Nm^3}$	$0.264 \times \dfrac{Q_{\mathrm{net}}}{1000}$	$0.282 \times \dfrac{Q_{\mathrm{net}}}{1000} + 0.38$

（三）估算法

当燃料的组成和低位发热量都不知道，只知道燃料的种类时，可按表 2-17 粗略估计理论空气量（V_a^o）和理论烟气量（V^o），然后根据确定的空气系数（α）值计算实际空气量和实际烟气量。

表 2-17　燃料燃烧时的理论空气量（V_a^o）和理论烟气量（V^o）的数值范围

V_a^o 和 V^o 值	烟煤	重油	发生炉煤气	天然气
理论空气量(V_a^o)	$6 \sim 8\mathrm{Nm^3/kg}$	$10 \sim 11\mathrm{Nm^3/kg}$	$1.05 \sim 1.4\mathrm{Nm^3/Nm^3}$	$9 \sim 14\mathrm{Nm^3/Nm^3}$
理论烟气量(V^o)	$6.5 \sim 8.5\mathrm{Nm^3/kg}$	$10.5 \sim 12\mathrm{Nm^3/kg}$	$1.9 \sim 2.2\mathrm{Nm^3/Nm^3}$	$10 \sim 14.5\mathrm{Nm^3/Nm^3}$

（四）操作计算法

在运转的窑炉上抽取烟气并化验其组成，根据烟气的组成和燃料的组成可计算出燃料燃烧的实际空气量、实际烟气量、空气系数和窑炉不同负压处漏入的空气量，这种计算方法称为操作计算法。操作计算的目的是为了检测窑炉工作是否正常、窑炉操作管理是否科学，分析燃料燃烧是否科学合理。

1. 实际烟气量和空气量的计算

操作计算法计算燃料燃烧的实际空气量和实际烟气量没有具体的计算公式，只能根据燃料的组成、烟气的组成及灰渣成分，利用质量守恒定律进行计算。具体的计算原则为：

利用碳量守恒计算烟气量：燃料中 C＝烟气中 C＋灰渣中 C。

利用氮量守恒计算空气量：燃料中 N_2＋空气中 N_2＝烟气中 N_2。

列守恒计算等式时，各项的计算基准要统一。

【例 2-5】 某窑炉用煤作燃料，其收到基组成（质量分数/%）为：

C_{ar}	H_{ar}	O_{ar}	N_{ar}	S_{ar}	A_{ar}	M_{ar}
72	6	4.8	1.4	0.3	11.9	3.6

实际测得燃烧后的干烟气组成（体积分数）为：CO_2 13.6％，O_2 5.0％，N_2 81.4％。灰渣中含碳 17％、灰分 83％，小时燃煤量为 400kg，试计算每小时实际烟气量和实际空气量。

【解】　（1）实际烟气量的计算

根据 C 量守恒：煤中 C＝烟气中 C＋灰渣中 C。

计算基准：100kg 煤。

煤中 C 量＝72kg

灰渣中 C 量＝$A_{ar} \times \dfrac{17}{83} = 11.9 \times \dfrac{17}{83} = 2.44$（kg）

设 100kg 煤燃烧生成的干烟气量为 x Nm^3，则烟气中 C 量＝$\dfrac{13.6\%x}{22.4} \times 12$（kg）

则有：$72 = \dfrac{13.6\%x}{22.4} \times 12 + 2.44$

解得：$x = 954 Nm^3/100kg$ 煤

生成的水蒸气量＝$\left(\dfrac{H_{ar}}{2} + \dfrac{M_{ar}}{18}\right) \times 22.4 = \left(\dfrac{6.0}{2} + \dfrac{3.6}{18}\right) \times 22.4 = 71.7$（$Nm^3/100kg$ 煤）

生成的湿烟气量＝954＋71.7＝1025.7（$Nm^3/100kg$ 煤）

小时湿烟气生成量为：$V = \dfrac{1025.7}{100} \times 400 = 4102.8$（$Nm^3/h$）

（2）实际空气量的计算

根据 N_2 量守恒：煤中 N_2＋空气中 N_2＝烟气中 N_2

计算基准：100kg 煤。

煤中 N_2 量＝$\dfrac{N_{ar}}{28} \times 22.4 = \dfrac{1.4}{28} \times 22.4 = 1.12$（$Nm^3$）

设 100kg 煤燃烧所需实际空气量为 y Nm^3，则空气中 N_2 量＝79％y Nm^3。

烟气中 N_2 量＝81.4％x＝81.4％×954＝776.6（Nm^3）

则有：1.12＋0.79y＝776.6

解得：$y = 982 Nm^3/100kg$ 煤

小时实际空气量为：$V_a = \dfrac{400}{100} \times 982 = 3928$（$Nm^3/h$）

2. 空气系数的计算

操作计算法计算空气系数常用的方法有氧量守恒法和氮量守恒法两种。氧量守恒法适用于燃料在空气中、富氧空气中或纯氧气中燃烧时操作计算；氮量守恒法适用于燃料在空气中燃烧时操作计算。

（1）氧量守恒法　根据空气系数的定义，空气系数 α 的数学式可以表示为：

$$\alpha = \frac{\text{实际需氧量}}{\text{理论需氧量}} = \frac{\text{理论需氧量＋过剩氧量}}{\text{理论需氧量}} \tag{2-47}$$

式（2-47）中的分子和分母可以同为单位质量或体积的燃料燃烧的实际需氧量和理论需氧量，也可以同为生成 100Nm^3 烟气时燃料燃烧的实际需氧量和理论需氧量，即分子和分母的计算基准必须要相同。

由于燃料完全燃烧与不完全燃烧时烟气的组成不同，因此空气系数的计算也不相同。

① 燃料完全燃烧时空气系数的计算。

当燃料完全燃烧时，烟气中的组分为 CO_2、H_2O、SO_2、O_2 和 N_2。令 RO_2 为烟气中 CO_2 和 SO_2 的体积分数之和，H_2O 为烟气中 H_2O 的体积分数，$V_{O_2}^{o'}$ 和 $V_{O_2}^{o''}$ 分别为生成 $1Nm^3 RO_2$ 和 $1Nm^3 H_2O$ 的理论需氧量，则燃料燃烧生成 $100Nm^3$ 烟气时的理论需氧量为 $V_{O_2}^{o'} \cdot RO_2 + V_{O_2}^{o''} \cdot H_2O$，过剩氧量为 O_2。由式（2-47）则有：

$$\alpha = \frac{(V_{O_2}^{o'} \cdot RO_2 + V_{O_2}^{o''} \cdot H_2O) + O_2}{V_{O_2}^{o'} \cdot RO_2 + V_{O_2}^{o''} \cdot H_2O} \tag{2-48}$$

设 k 为生成 $100Nm^3$ 烟气时燃料燃烧的理论需氧量与烟气中 RO_2 体积分数的比值，即

$$k = \frac{V_{O_2}^{o'} \cdot RO_2 + V_{O_2}^{o''} \cdot H_2O}{RO_2}$$

则式（2-48）可以写为：

$$\alpha = \frac{k \cdot RO_2 + O_2}{k \cdot RO_2} \tag{2-49}$$

式中　RO_2——烟气中 CO_2 与 SO_2 的体积分数加和，%；

　　　　O_2——烟气中氧气的体积分数，%。

实践证明，组成变动不大的同种燃料的 k 值近似为常数。常用燃料的 k 值列于表 2-18。

表 2-18　常用燃料的 k 值（近似值）

燃料种类	k 值	燃料种类	k 值
焦炉煤气	2.15	重油	1.35
高炉煤气	0.36	焦炭	1.05
焦炉煤气与高炉煤气混合比 3:7	0.72	无烟煤	1.05~1.10
焦炉煤气与高炉煤气混合比 4:6	0.82	贫煤	1.12~1.13
天然气	2.0	气煤	1.14~1.16
用烟煤制得的发生炉煤气	0.75	长焰煤	1.14~1.15
用无烟煤制得的发生炉煤气	0.64	褐煤	1.05~1.06

② 燃料不完全燃烧时空气系数的计算。当燃料不完全燃烧时，烟气中的组分为 CO_2、H_2O、SO_2、O_2、N_2、CO、H_2、CH_4、C_mH_n 等，即烟气中仍含有 CO、H_2、CH_4、C_mH_n 等可燃组分，则空气系数的计算式为：

$$\alpha = \frac{k(RO_2 + CO + CH_4 + mC_mH_n) + O_2 - [0.5CO + 0.5H_2 + 2CH_4 + (m + \frac{n}{4})C_mH_n]}{k(RO_2 + CO + CH_4 + mC_mH_n)} \tag{2-50}$$

式中　　　　　　　　　　RO_2——烟气中 CO_2 与 SO_2 的体积分数加和，%；

　　O_2、CO、H_2、CH_4、C_mH_n——烟气中各组分的体积分数，%。

（2）氮量守恒法　根据空气系数的定义，空气系数 α 的数学式也可以表示为：

$$\alpha = \frac{实际空气量中的 N_2 量}{理论空气量中的 N_2 量} \tag{2-51}$$

式（2-51）中的分子和分母的计算基准必须相同，即以单位质量或体积的燃料为基准，或者以生成 $100Nm^3$ 烟气为基准。

对于固体和液体燃料，由于燃料中含氮量与实际空气中含氮量相比很小，可忽略不计。因此烟气中的氮量可以看作全部来自实际空气中。当灰渣中不存在未燃尽的碳时，由式

（2-51）则有：

$$\alpha = \frac{N_2}{N_2 - (O_2 - 0.5CO)\frac{79}{21}}$$ （2-52）

式中，N_2、O_2、CO 为烟气中各组成的体积分数，%。

当灰渣中含有未燃尽的碳时，灰渣中的碳完全燃烧需要空气量中的氮量应该包含在理论空气量中的氮量中，但要注意计算基准要相同。

对于气体燃料，由于燃料中含 N_2 量较高，不能忽略。烟气中的 N_2 量一部分来自气体燃料，另一部分来自空气。因此，实际空气中 N_2 量＝烟气中 N_2 量－燃料中 N_2 量，但要注意计算基准相同。由式（2-51）则有：

$$\alpha = \frac{N_2 - N_{2,f}}{(N_2 - N_{2,f}) - \left\{O_2 - \left[\frac{1}{2}CO + \frac{1}{2}H_2 + (m+\frac{n}{4})C_mH_n\right]\right\}\frac{79}{21}}$$ （2-53）

式中　N_2、O_2、CO、H_2、C_mH_n——烟气中各组成的体积分数，%；

　　　　$N_{2,f}$——以 $100Nm^3$ 烟气为基准时燃料中的 N_2 量。

$N_{2,f}$ 的计算方法：先利用 C 量守恒计算出生成 $100Nm^3$ 烟气时所需要的燃料量，然后根据燃料组成，即可计算出 $N_{2,f}$。

由于氧量守恒法选取的 k 值为近似值，计算的空气系数 α 值也同样为近似值；而用氮量守恒法计算的空气系数 α 值为燃料燃烧的实际值。因此，当燃料在空气中燃烧时，计算空气系数最好用氮量守恒法，以确保 α 计算值的准确性。

【例 2-6】　某隧道窑用发生炉煤气（由烟煤制得）为燃料，其干基组成（体积分数/%）为：

CO_2^d	CO^d	H_2^d	CH_4^d	$C_2H_4^d$	O_2^d	N_2^d
5.6	28.5	15.5	2.1	0.2	0.5	47.6

在烧成带处抽取烟气分析，其干烟气组成（体积分数/%）为：

CO_2	O_2	N_2
17.6	2.6	79.8

计算空气系数 α 值。

【解】　（1）用氧量守恒法

由表 2-18 查得 $k=0.75$，由已知的干烟气组成可知，燃料完全燃烧，故由式（2-49）可有：

$$\alpha = \frac{k \cdot RO_2 + O_2}{k \cdot RO_2} = \frac{0.75 \times 17.6 + 2.6}{0.75 \times 17.6} = 1.2$$

（2）用氮量守恒法

由发生炉煤气组成可知其中含有的 N_2 量高，不能忽略。

设生成 $100Nm^3$ 干烟气所需要的干煤气量为 $V_f Nm^3$，根据 C 量守恒，燃料中 C＝烟气中 C。

基准：$100Nm^3$ 干烟气。

$$V_f \frac{5.6 + 28.5 + 2.1 + 0.2 \times 2}{100} = 17.6$$

解得 $V_f = 48.1 Nm^3/100Nm^3$ 干烟气。

由式（2-53）可有：

$$\alpha = \frac{N_2 - N_{2,f}}{(N_2 - N_{2,f}) - O_2 \frac{79}{21}} = \frac{79.8 - 48.1 \times 47.6\%}{(79.8 - 48.1 \times 47.6\%) - 2.6 \times \frac{79}{21}} = 1.21$$

【例 2-7】 某窑炉用固体煤作燃料，其燃烧所需理论空气量为 $11 Nm^3/kg$，产生的理论烟气量为 $12 Nm^3/kg$，测得其干烟气组成（体积分数）为：CO_2 7.95%、CO 0.42%、O_2 4.05%、N_2 87.58%，求燃烧的实际空气量及产生的实际烟气量。

【解】 根据干烟气组成先计算空气系数，由式（2-52）有：

$$\alpha = \frac{N_2}{N_2 - (O_2 - 0.5CO)\frac{79}{21}} = \frac{87.58}{87.58 - (4.05 - 0.5 \times 0.42) \times \frac{79}{21}} = 1.20$$

实际空气量的计算，由式（2-36）可有：

$$V_a = \alpha V_a^o = 1.20 \times 11 = 13.2 (Nm^3/kg)$$

实际烟气量的计算，由式（2-38）可有：

$$V = V^o + (\alpha - 1)V_a^o = 12 + (1.2 - 1) \times 11 = 14.2 (Nm^3/kg)$$

3. 漏入空气量的计算

测定窑炉内不同负压处的烟气组成，则漏入窑炉内空气量的计算式为：

$$Q_漏 = (\alpha_2 - \alpha_1)V_a^o Q_f \tag{2-54}$$

式中　$Q_漏$——漏入窑炉内空气量，Nm^3/h；

　　　V_a^o——理论空气量，Nm^3/kg 或 Nm^3/Nm^3；

　　　Q_f——燃料量，kg/h 或 Nm^3/h；

　　α_1、α_2——不同测点处计算所得的空气系数，α_2 测点在下游。

三、燃烧温度的计算

所谓燃烧温度是指燃料燃烧时，气态燃烧产物（烟气）所能达到的最高温度。燃烧产物中所含的热量越多，它的温度就越高。燃烧温度与燃料种类、成分、燃烧条件和传热条件等因素有关，它主要取决于在燃烧过程中热量收入与热量支出的热平衡关系。一般是通过热平衡来找出燃烧温度的计算方法和提高燃烧温度的措施。

在以 $1kg$ 固、液体燃料或 $1Nm^3$ 气体燃料，$0℃$ 为基准时，燃烧过程中的热平衡项目如下：

（1）收入热量

① 燃料的化学热，即低位发热量，Q_{net}；

② 燃料带入的物理热，$Q_f = c_f t_f$；

③ 空气带入的物理热，$Q_a = V_a c_a t_a$。

式中　t_f——燃料进入燃烧室的温度，$℃$；

　　　c_f——燃料由 $0℃$ 至 t_f 时的平均比热容，$kJ/(kg \cdot ℃)$ 或 $kJ/(Nm^3 \cdot ℃)$；

　　　t_a——空气进入燃烧室的温度，$℃$；

　　　c_a——空气由 $0℃$ 至 t_a 时的平均比热容，$kJ/(Nm^3 \cdot ℃)$；

　　　V_a——实际空气量，Nm^3/kg 或 Nm^3/Nm^3。

（2）支出热量

① 气态燃烧产物（烟气）所含的物理热，$Q = Vct$；

② 由燃烧产物传给周围物体的热量，Q_1；

③ 由于机械不完全燃烧造成的热损失，Q_{ml}；

④ 由于化学不完全燃烧造成的热损失，Q_{ch}；

⑤ 烟气中部分 CO_2 和 H_2O 在高温下分解反应消耗的热量，Q_{di}；

⑥ 灰渣带走的物理热，$Q_{a,s}$。

式中　t——气态燃烧产物（烟气）的温度，即燃烧温度，℃；

　　　c——烟气由 0℃ 至 t 时的平均比热容，kJ/（$Nm^3 \cdot$ ℃）；

　　　V——实际烟气量，Nm^3/kg 或 Nm^3/Nm^3。

根据热量平衡原理，当收入的热量与支出的热量相等时，气态燃烧产物即达到一个相对稳定的燃烧温度。为便于研究和分析问题，通常建立三种燃烧温度的概念，即量热计式燃烧温度、理论燃烧温度和实际燃烧温度。

（一）量热计式燃烧温度

假定燃料在绝热系统中完全燃烧，并且不考虑燃烧产物在高温下的分解时，燃料燃烧收入的全部热量均用于加热气态燃烧产物，所得气态燃烧产物的温度称为量热计式燃烧温度，用"t_m"表示。

根据前面列出的热量收入和热量支出项目，以及量热计式燃烧温度的定义，可列出下面的热量平衡方程式：

$$Q_{net} + Q_f + Q_a = Q$$

由于此时 $Q = Vct_m$，故有：

$$t_m = \frac{Q_{net} + c_f c_f + V_a c_a t_a}{Vc} \tag{2-55}$$

当 t_f、t_a 均为 0℃，且空气系数 $\alpha = 1$ 时，量热计式燃烧温度又称为"燃烧理论发热温度""发热温度""产热度"，用"t_m^0"表示，即

$$t_m^0 = \frac{Q_{net}}{Vc} \tag{2-56}$$

t_m^0 只与燃料性质有关，它是从燃烧温度的角度评价燃料性质的一个指标。t_m^0 越大的燃料，其燃烧温度也越高。

（二）理论燃烧温度

假定燃料在绝热系统中完全燃烧，燃料燃烧收入的全部热量除考虑烟气中部分 CO_2 和 H_2O 在高温（>1600℃）下分解反应消耗的热量（Q_{di}）外全部用于加热气态燃烧产物，所得气态燃烧产物的温度称为理论燃烧温度，用"t_{th}"表示。

根据前面列出的热量收入和热量支出项目，以及理论燃烧温度的定义，可列出下面的热量平衡方程式：

$$Q_{net} + Q_f + Q_a = Q + Q_{di}$$

由于此时 $Q = Vct_{th}$，故有：

$$t_{th} = \frac{Q_{net} + c_f t_f + V_a c_a t_a - Q_{di}}{Vc} \tag{2-57a}$$

Q_{di} 的大小取决于燃烧产物中 CO_2 和 H_2O 的分解程度，而分解程度又与燃烧产物的温度及 CO_2、H_2O 的分压有关。分解程度越大，Q_{di} 就越大，因此理论燃烧温度降低得也就越多。

在无机非金属材料窑炉内的燃烧温度下，CO_2 和 H_2O 分解的量极小，故 Q_{di} 可忽略，故有：

$$t_{th} \approx t_m = \frac{Q_{net} + c_f c_f + V_a c_a t_a}{Vc} \tag{2-57b}$$

（三）实际燃烧温度

燃料燃烧时，气态燃烧产物的实际温度称为实际燃烧温度，用"t_p"表示。

根据前面列出的热量收入和热量支出项目，可列出下面的热量平衡方程式：

$$Q_{net} + Q_f + Q_a = Q + Q_1 + Q_{ml} + Q_{ch} + Q_{di} + Q_{a,s}$$

由于此时 $Q = Vct_p$，故有：

$$t_p = \frac{Q_{net} + c_f t_f + V_a c_a t_a - (Q_1 + Q_{ml} + Q_{ch} + Q_{di} + Q_{a,s})}{Vc} \tag{2-58}$$

由式（2-58）可知，影响实际燃烧温度的因素很多，而 Q_1、Q_{ml}、Q_{ch}、Q_{di}、$Q_{a,s}$ 等各项热损失会随着窑炉的工艺过程、热工过程、窑炉的种类和结构等因素的不同而不同，其数据很难获得。所以应用式（2-58）计算实际燃烧温度是十分困难的。

（四）窑炉的高温系数

燃料的实际燃烧温度与理论燃烧温度的比值称为窑炉的高温系数，用"η"表示。其数学表达式为：

$$\eta = \frac{t_p}{t_{th}} \tag{2-59}$$

η 值与窑炉形式和结构、燃料种类、燃烧方式、被加热制品的种类、操作条件等因素有关。一些无机非金属材料窑炉的高温系数 η 值见表 2-19。

表 2-19   无机非金属材料窑炉的高温系数 η 值

窑炉种类	使用燃料	η 值
玻璃池窑	气体或液体燃料	0.65～0.75（窑体未保温）
玻璃坩埚窑	气体或液体燃料	0.60～0.70（窑体保温）
水泥回转窑	煤粉、气体或液体燃料	0.70～0.75
陶瓷、耐火材料隧道窑	气体或液体燃料	0.78～0.83
陶瓷、耐火材料倒焰窑	气体燃料	0.73～0.78

（五）实际燃烧温度的计算

由于 Q_1、Q_{ml}、Q_{ch}、Q_{di}、$Q_{a,s}$ 等热损失不易获得，因此 t_p 无法直接按计算公式［式（2-58）］进行计算。在窑炉设计中，通常是先根据式（2-57b）计算理论燃烧温度（t_{th}），选取适当的 η 值，再根据式（2-59）计算出 t_p 值。实际燃烧温度 t_p 的计算方法和步骤如下：

1. 计算理论燃烧温度（t_{th}）

由于烟气的平均比热容 c 随烟气温度变化而变化，因此不能直接按式（2-57b）计算出 t_{th} 值。在利用公式（2-57b）计算理论燃烧温度时，一般需采用"试算法"和"内插法"，其具体计算步骤如下：

（1）计算出燃料燃烧收入的总热量 $Q = Q_{net} + c_f t_f + V_a c_a t_a$。

（2）分析比较   假设理论燃烧温度为 t_1，查出对应温度下烟气的平均比热容 c_1，计算出烟气所含热量 $Q_1 = Vc_1 t_1$。然后对 Q_1 与 Q 进行分析比较。

① 若 $Q_1 = Q$，则假设温度 $t_1 = t_{th}$；

② 若 $Q_1 > Q$，则说明 $t_1 > t_{th}$，需再假设 $t_2 = t_1 - 100$（既要便于计算，又要确保计算的精准度，两个相邻假设温度之差为 $100℃$），查得 c_2，计算出 $Q_2 = Vc_2t_2$。

若 $Q_2 > Q$，再假设 $t_3 = t_2 - 100$，查得 c_3，计算出 $Q_3 = Vc_3t_3$。

依次类推，直至假设到 $t_n = t_{n-1} - 100$，查得 c_n，计算得 $Q_{n-1} > Q > Q_n$ 为止。此时 t_{th} 值必定在 t_n 与 t_{n-1} 之间，如图 2-3（a）所示（因 $t_{n-1} - t_n = 100$，c 变化很小，故 Q 与 t 可近似看作线性关系），利用"内插法"以求得 t_{th} 值。即

$$\frac{t_{n-1} - t_{th}}{t_{n-1} - t_n} = \frac{Q_{n-1} - Q}{Q_{n-1} - Q_n}$$

则有：$t_{th} = t_{n-1} - \dfrac{Q_{n-1} - Q}{Q_{n-1} - Q_n} \times 100$

③ 若 $Q_1 < Q$，则说明 $t_1 < t_{th}$，需再假设 $t_2 = t_1 + 100$，查得 c_2，计算出 $Q_2 = Vc_2t_2$。

依次类推，直至假设到 $t_n = t_{n-1} + 100$，查得 c_n，计算得 $Q_{n-1} < Q < Q_n$ 为止。此时 t_{th} 值必定在 t_{n-1} 与 t_n 之间，如图 2-3（b）所示，利用"内插法"即可求得 t_{th} 值。即

$$\frac{t_n - t_{th}}{t_n - t_{n-1}} = \frac{Q_n - Q}{Q_n - Q_{n-1}}$$

则有：$t_{th} = t_n - \dfrac{Q_n - Q}{Q_n - Q_{n-1}} \times 100$

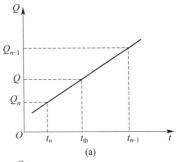

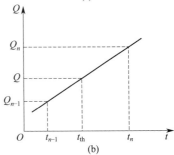

图 2-3　内插法求 t_{th} 值

2. 选取 η 值

根据实际情况，综合分析后选取适当的 η 值。

3. 计算 t_p 值

利用式（2-59），可有 $t_p = \eta t_{th}$，即可求得 t_p 值。

一些常用气体燃料及各种燃料的气态燃烧产物的平均比热容见表 2-20。

表 2-20　常用气体燃料及各种燃料的气态燃烧产物的平均比热容

温度/℃	气体燃料的平均比热容/[kJ/(Nm³·℃)]			气体燃烧产物的平均比热容/[kJ/(Nm³·℃)]			
	天然气	发生炉煤气	焦炉煤气	煤	重油	发生炉煤气	焦炉煤气
0	1.55	1.32	1.41	1.36	1.36	1.36	1.36
200	1.76	1.35	1.46	1.41	1.41	1.41	1.39
400	2.01	1.38	1.55	1.45	1.44	1.45	1.43
600	2.26	1.41	1.63	1.49	1.47	1.49	1.46
800	2.51	1.45	1.70	1.53	1.52	1.53	1.50
1000	2.72	1.49	1.78	1.56	1.55	1.56	1.54
1200	2.89	1.53	1.87	1.59	1.59	1.60	1.57
1400	3.01	1.57	1.96	1.62	1.62	1.62	1.60
1600	—	—	—	1.65	1.63	1.65	1.62
1800	—	—	—	1.68	1.65	1.68	1.64
2000	—	—	—	1.69	1.67	1.69	1.66
2200	—	—	—	1.70	1.69	1.70	1.68
2400	—	—	—	1.72	1.71	1.72	1.70

注：其他气体燃料及其气态燃烧产物（烟气）在不同温度下的平均比热容可根据组成和表 2-14、表 2-15，按加和法则[式(2-30)]进行计算。

【例 2-8】 例题 2-4 中设高温系数 $\eta = 0.80$，发生炉煤气温度 t_f 与空气温度 t_a 均为 20℃，计算实际燃烧温度是多少?

【解】 (1) 计算理论燃烧温度 t_{th}

根据发生炉煤气组成和式 (2-22) 计算其低位发热量:

$$Q_{net}^v = 126CO^v + 108H_2^v + 358CH_4^v + 590C_2H_4^v + 232H_2S^v$$
$$= 126 \times 27.84 + 108 \times 13.44 + 358 \times 1.73 + 590 \times 0.19 + 232 \times 0.29$$
$$= 5758.08 \; (kJ/Nm^3)$$

查表 2-14，用内插法查得 20℃时空气的平均比热容 $c_a = 1.296 kJ/(Nm^3 \cdot ℃)$。

查表 2-20，用内插法查得 20℃时发生炉煤气的平均比热容 $c_f = 1.323 kJ/(Nm^3 \cdot ℃)$。也可根据发生炉煤气组成和加和法则 [式 (2-30)] 计算出 20℃时煤气的平均比热容 c_f 值。

由例题 2-4 中可知: $V_a = 1.315 Nm^3/Nm^3$，$V = 2.11 Nm^3/Nm^3$。

燃料燃烧收入的总热量为:

$$Q = Q_{net} + c_f t_f + V_a c_a t_a = 5758.08 + 1.323 \times 20 + 1.315 \times 1.296 \times 20 = 5818.62 (kJ/Nm^3)$$

设理论燃烧温度 $t_1 = 1700℃$，查表 2-20，用内插法查得烟气平均比热容 $c_1 = 1.665 kJ/(Nm^3 \cdot ℃)$。也可根据烟气组成和加和法则 [式 (2-30)] 计算出 1700℃时烟气平均比热容 c 值。则有:

$$Q_1 = V c_1 t_1 = 2.11 \times 1.665 \times 1700 = 5972.35 > Q = 5818.62 (kJ/Nm^3)$$

设理论燃烧温度 $t_2 = 1600℃$，查表 2-20 得烟气平均比热容 $c_2 = 1.65 kJ/(Nm^3 \cdot ℃)$，则有:

$$Q_2 = V c_2 t_2 = 2.11 \times 1.65 \times 1600 = 5570.4 < Q = 5818.62 kJ/Nm^3$$

利用内插法可有:
$$\frac{t_1 - t_{th}}{t_1 - t_2} = \frac{Q_1 - Q}{Q_1 - Q_2}$$

$$t_{th} = t_1 - \frac{Q_1 - Q}{Q_1 - Q_2}(t_1 - t_2) = 1700 - \frac{5972.35 - 5818.62}{5972.35 - 5570.4} \times 100 = 1662(℃)$$

(2) 计算实际燃烧温度 t_p

由式 (2-59)，可有:

$$t_p = \eta t_{th} = 0.80 \times 1662 = 1330(℃)$$

实际燃烧温度为 1330℃。

(六) 提高实际燃烧温度的措施

燃料的实际燃烧温度不仅影响烧成制品的质量，而且还影响燃料消耗量。因此，提高实际燃烧温度是在保证产品质量的前提下降低燃料消耗量、利用低质量燃料的重要措施之一。由式 (2-57b)、式 (2-58) 和式 (2-59) 得:

$$t_p = \frac{Q_{net} + c_f t_f + V_a c_a t_a - (Q_l + Q_{ml} + Q_{ch} + Q_{di} + Q_{a,s})}{Vc} = \eta \frac{Q_{net} + c_f c_f + V_a c_a t_a}{Vc}$$

可知，提高实际燃烧温度 t_p 的措施如下:

① 选用低位发热量 Q_{net} 高的燃料　Q_{net} 越高，t_p 越高。但是，当 Q_{net} 的增大速率与烟气量 V 的增加速率相对应时，Q_{net} 的增大对提高 t_p 的效果并不显著。例如天然气的发热量较焦炉煤气的发热量高约一倍多，但由于天然气中含有 CH_4、C_mH_n 较多，产生的烟气量也比焦炉煤气产生的烟气量大约一倍多，故它们的理论燃烧温度比较接近。因此，为了提高

燃烧温度需要选用 Q_{net} 高而 V 小的燃料。

② 预热空气或燃料 提高空气温度 t_a 和燃料温度 t_f，空气和燃料带入的物理热增大，实际燃烧温度 t_p 增大。尤其对于低发热量的燃料，提高空气和燃料的预热温度，t_p 的提高效果更为显著。但是，固体燃料不便于预热；液体燃料预热受安全条件限制；天然气和液化石油气预热温度过高会造成烃分子热裂解，析出固体炭黑，影响燃料的性质和燃烧。因此，通常采用预热空气的措施来提高燃烧温度。如果能采用窑炉烟气余热来预热空气，不仅可以提高燃烧温度，而且可以节约能源，降低排烟温度，减小大气热污染。

③ 确保燃料完全燃烧 燃料不完全燃烧造成热损失增大，会导致 t_p 降低。因此，根据窑炉的种类、燃料的种类及特点，采用相适宜的燃烧方法，保证燃料完全燃烧。

④ 控制适当的空气系数 若 $\alpha<1$，空气量不足，产生化学不完全燃烧，将使 t_p 降低；若 α 过大，则由于产生的烟气量过大，也会使 t_p 降低。因此，为提高 t_p，应该在保证燃料完全燃烧的前提下，采用最小的 α 值。

⑤ 采用富氧空气或纯氧气燃烧 燃料采用富氧空气或纯氧气燃烧，大大减少 N_2 的引入量，使实际烟气量减小，从而提高 t_p，并且由于烟气中 N_2 含量减小，三原子分子气体 CO_2、H_2O 的含量相对增大，使得烟气的辐射能力增强，提高了烟气与被加热制品间的辐射换热，从而提高窑炉效率和生产能力。但是采用纯氧气燃烧成本较高，因此只有在特殊需要时才采用。

⑥ 减少散热损失 加强燃烧室或窑炉的保温，以减少散热损失，从而提高 t_p。

（七）空气预热温度的计算

当实际燃烧温度不能达到制品的烧成温度要求时，则需采取措施提高实际燃烧温度，一般常采用预热助燃空气的办法来满足要求，比较简单。空气预热温度的计算方法与理论燃烧温度 t_{th} 的计算方法相似，t_a 的具体计算步骤如下：

① 利用式（2-59），由所要求的实际燃烧温度 t_p 和窑炉高温系数 η 值计算出理论燃烧温度 t_{th} 值。

② 利用式（2-57b），得出计算式 $Ac_at_a=B$ 的形式。

③ 假设空气温度 t_{a1}，查出对应温度下空气的平均比热容 c_{a1}，计算出 $B_1=Ac_{a1}t_{a1}$，然后对 B_1 与 B 进行分析比较。

a. 若 $B_1=B$，则 $t_a=t_{a1}$；

b. 若 $B_1<B$，则假设 $t_{a2}=t_{a1}+50$，查出 c_{a2}，计算出 $B_2=Ac_{a2}t_{a2}$。

若 $B_2<B$，再假设 $t_{a3}=t_{a2}+50$，查出 c_{a3}，计算出 $B_3=Ac_{a3}t_{a3}$。直至计算到 $B_{n-1}<B<B_n$ 为止。此时 t_a 值必定在 $t_{a(n-1)}$ 与 t_{an} 之间，如图 2-4（a）所示，利用"内插法"即可求得 t_a 值。即

$$\frac{t_{an}-t_a}{t_{an}-t_{a(n-1)}}=\frac{B_n-B}{B_n-B_{n-1}}$$

则有：

$$t_a=t_{an}-\frac{50(B_n-B)}{B_n-B_{n-1}}$$

c. 若 $B_1>B$，则假设 $t_{a2}=t_{a1}-50$，查出 c_{a2}，计算出 $B_2=Ac_{a2}t_{a2}$。

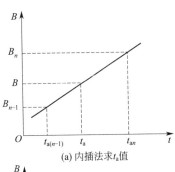
(a) 内插法求 t_a 值

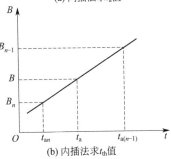
(b) 内插法求 t_{th} 值

图 2-4 内插法求 t_a 值及 t_{th} 值

若 $B_2 > B$，再假设 $t_{a3} = t_{a2} - 50$，查出 c_{a3}，计算出 $B_3 = Ac_{a3}t_{a3}$。直至计算到 $B_{n-1} > B > B_n$ 为止。此时 t_a 值必定在 t_{an} 与 $t_{a(n-1)}$ 之间，如图 2-4（b）所示，利用"内插法"即可求得 t_a 值。即

$$\frac{t_{a(n-1)} - t_a}{t_{a(n-1)} - t_{an}} = \frac{B_{n-1} - B}{B_{n-1} - B_n}$$

则有：

$$t_a = t_{a(n-1)} - \frac{50(B_{n-1} - B)}{B_{n-1} - B_n}$$

【例 2-9】 例题 2-8 中若工艺上要求实际燃烧温度为 1450℃，则空气需要预热至多少才能满足要求？

【解】 根据式（2-59），有：

$$t_{th} = \frac{t_p}{\eta} = \frac{1450}{0.8} = 1813(℃)$$

查表 2-20 得烟气平均比热容 $c = 1.68 \text{kJ/(Nm}^3 \cdot ℃)$。

根据式（2-57b），有：$Vct_{th} = Q_{net} + c_f c_f + V_a c_a t_a$

代入数据，得：$2.11 \times 1.68 \times 1813 = 5758.08 + 1.323 \times 20 + 1.315 c_a t_a$

即　　$1.315 c_a t_a = 642.2$

设 $t_{a1} = 350℃$，查表 2-14 得 $c_{a1} = 1.324 \text{kJ/(Nm}^3 \cdot ℃)$，则：

$$1.315 c_{a1} t_{a1} = 1.315 \times 1.324 \times 350 = 609.4 < 642.2$$

设 $t_{a1} = 400℃$，查表 2-14 得 $c_{a2} = 1.329 \text{kJ/(Nm}^3 \cdot ℃)$，则：

$$1.315 c_{a2} t_{a2} = 1.315 \times 1.329 \times 400 = 699.1 > 642.2$$

利用内插法，有：$\dfrac{400 - t_a}{400 - 350} = \dfrac{699.1 - 642.2}{699.1 - 609.4}$

解得：$t_a = 368℃$。

即空气需要预热到 368℃。

第四节　燃烧过程的基本理论

虽然固体、液体和气体燃料的化学组成不同，但是从燃烧的角度来看，各种不同燃料均可归纳为两种基本组成的燃烧：一种是可燃气体（如 H_2、CO 及 $C_m H_n$ 等）的燃烧，另一种是固态炭的燃烧。例如，固体燃料在受热时，逸出挥发分，余下的可燃物为固定炭，因此固体燃料的燃烧实质上是可燃气体和固定炭的燃烧。液体燃料受热后形成气态烃类化合物，同时在高温缺氧的情况下，会有部分烃类化合物裂解为较小分子量的烃类、氢气及固体炭黑，因此液体燃料的燃烧亦是可燃气体的燃烧和固态炭的燃烧。对于气体燃料，天然气和液化石油气在高温缺氧的情况下同样会有部分烃类化合物裂解为较小分子量的烃类、氢气及固体炭黑，未经除尘、冷却、洗涤等净化处理或净化处理不太干净的发生炉煤气和焦炉煤气中含有一定量的煤尘、焦油（焦油燃烧时会析出炭黑）等成分，因此绝大多数气体燃料的燃烧实质上亦是可燃气体和固态炭的燃烧。所以研究燃料的燃烧过程，可以从分别研究两种基本燃料组成的燃烧过程着手。

燃烧是指燃料中的可燃物与空气中的氧气产生剧烈的氧化反应，产生大量的热量并伴随着强烈的发光现象。

　　燃烧有两种类型，一种是普通的燃烧，亦即正常的燃烧现象，靠燃烧层的热气体传质传热给邻近的冷可燃气体混合物层而进行火焰的传播。正常燃烧的火焰传播速度较小，仅每秒几米，燃烧时压强变化较小，一般可视为等压过程。另一种是爆炸性燃烧，靠压力波将冷的可燃气体混合物加热至着火温度以上而燃烧，火焰传播速度大，约 $1000 \sim 4000 \mathrm{m/s}$，通常是在高压、高温下进行。一般窑炉中燃料的燃烧，属于普通的燃烧。

　　燃料燃烧时，除需具有燃料和与之相适应的空气，同时保证二者均匀混合外，还需达到燃烧所需的最低温度，即着火温度。

一、着火温度

　　任何燃料的燃烧过程，都包括着火和燃烧两个阶段。燃料中的可燃物与氧气由缓慢的氧化反应转变为剧烈的氧化反应（即燃烧）的瞬间称为着火，转变时的最低温度称为着火温度。

　　设某一容器中盛有气体燃料与空气的混合气体，氧化反应系放热反应，产生热量，使混合气体温度上升，当气体温度高于容器外围温度时，则有热量通过容器外壁向外围散热。单位时间内由于氧化反应放出热量（即放热速率 $Q_{放}$）与混合气体温度间的关系为：

$$Q_{放} = K \mathrm{e}^{-\frac{E}{RT}} \tag{2-60}$$

式中　E——活化能，$\mathrm{kJ/kmol}$；

　　　R——气体常数，$R = 8.3143 \mathrm{kJ/(kmol \cdot K)}$；

　　　T——混合气体的温度，K；

　　　K——系数。

　　单位时间内散失于外围的热量（即散热速率 $Q_{散}$）与混合气体温度及外围介质温度间的关系为：

$$Q_{散} = K'(T - T_0) \tag{2-61}$$

式中　T_0——周围介质温度，K；

　　　K'——系数。

　　式（2-60）和式（2-61）也可以用图 2-5 表示。

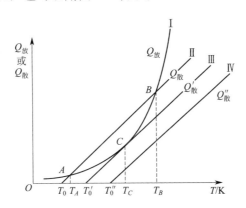

图 2-5　放热曲线与散热直线

Ⅰ—放热速率与温度的关系曲线；Ⅱ，Ⅲ，Ⅳ—不同周围介质温度时的散热直线

　　由图 2-5 可以看出，就放热曲线Ⅰ与散热直线Ⅱ而言，当混合气体温度在 T_A 与 T_B 之间时，由于散热速率大于放热速率，故温度不能稳定，必然不断下降，直至达到 T_A 时才停止。当混合气体温度低于 T_A 时，由于放热速率大于散热速率，故温度必然继续上升，直至

达到 T_A 点，因此 A 点是稳定点，此时混合气体的温度很低，氧化反应速率慢，属缓慢的氧化。而 B 点的情况则不然，当混合气体的温度略低于 T_B 时，散热速率大于放热速率，温度不断降低；而当混合气体的温度略大于 T_B 时，放热速率大于散热速率，温度不断上升，这样由于偶然的偏差会使它离开平衡状态，因此，B 点为不稳定点。

当周围介质温度为 T_0 逐渐升高时，放热线 Ⅱ 向右移动。当周围介质温度为 T'_0 时，散热线 Ⅲ 与放热线 Ⅰ 相切于点 C，C 点是稳定情况下存在的极限点，即着火点。此时的温度 T_C 叫作着火温度，即在一定条件下燃料稳定燃烧的最低温度。如果周围介质温度比 T'_0 略高时，稳定情况就不可能存在，即放热速率总是大于散热速率，温度升高，反应加速，发生自燃现象。"自燃"是一种特殊的情况。

从上述分析可以看出，着火温度并不是一个定值。当氧化反应速率增大（即放热速率提高）或散热速率降低时，均能使着火温度降低。着火温度不仅与可燃气体混合物的组成及参数有关，还与散热条件有关。提高混合气体的压强或提高周围介质的温度，均可使着火温度降低。

表 2-21 列出了在一个大气压下一些可燃气体及燃料在空气中的着火温度。

表 2-21   在一个大气压下一些可燃气体及燃料在空气中的着火温度

物质	着火温度/℃	物质	着火温度/℃	物质	着火温度/℃
H_2	530~590	天然气	530	石油	360~400
CO	610~658	高炉煤气	530	褐煤	250~450
CH_4	645~685	焦炉煤气	500	烟煤	400~500
C_2H_6	530~594	发生炉煤气	530	无烟煤	600~700
C_2H_2	335~500	重油	300~350	焦炭	600~700

二、着火浓度范围

气体燃料与空气的比例，必须在一定的范围内，才能进行燃烧，这一范围称为着火浓度范围，或称为着火浓度极限。可燃气体的成分不同，着火浓度范围也不同。

当气体燃料与空气的混合比在着火浓度范围内，并在容器中混合均匀，当有火花或明火存在时，由于瞬间产生了温度很高的燃烧产物，压强急剧增大，可产生爆炸现象，故着火浓度范围又称为爆炸极限。一些可燃气体及气体燃料在空气中的着火浓度范围列于表 2-22 中。

表 2-22   一些可燃气体及气体燃料在空气中的着火浓度范围

可燃气体及气体燃料的种类	着火浓度范围(体积分数)/%	
	下限	上限
H_2	4.0	74.2
CO	12.5	74.2
CH_4	5	15
C_2H_6	3.2	12.5
焦炉煤气	5.6	31
发生炉煤气	21	74
天然气	4	15

混合气体中可燃气体的含量低于下限或高于上限时均不能着火燃烧。当低于下限时，由于可燃气体量太少、空气量过多，局部处点火燃烧时氧化反应所产生的热量不足以使邻近层混合气体加热至着火温度以上而使燃烧继续进行；当高于上限时，则由于空气量太少、可燃气体量过多，同样局部处点火燃烧的氧化反应所产生的热量不足以使邻近层混合气体加热至着火温度以上而使燃烧继续进行。因此，当可燃气体浓度在上、下限以外时，虽然局部点火

燃烧，但不能使燃烧持续下去。同样，着火浓度范围也不是一个定值，它会随着混合气体温度的升高而逐渐扩大；气体燃料与富氧空气或纯氧气混合时，其着火浓度范围扩大。

掌握气体燃料的着火温度和着火浓度范围，是气体燃料安全储存、运输和使用的必要保证。为了避免气体燃料发生爆炸，在气体燃料储存和运输管道附近绝不允许存在明火或热源。从表2-22可知，天然气在空气中的浓度达到4%就有爆炸的危险，因此，输送天然气的管道、储存设施、燃烧装置等必须密封，不能漏气，而且严禁使用明火检查漏气。气体燃料采用短焰燃烧法或无焰燃烧法时，由于气体燃料和空气要预先在混合器中进行混合，其预热温度必须控制在着火温度以下。在停炉以后或开炉之前，都必须把燃气管道中残余的气体排净。点火时，如果第一次失败，则必须将烟道闸板打开，使炉内可燃气体排出后再进行第二次点火，以免发生爆炸。

三、固态炭的燃烧

炭的燃烧是固相炭和气相氧气进行反应的物理化学过程。氧气扩散至炭粒表面与之反应，生成的碳氧化物CO及CO_2气体，再从表面扩散出去。其燃烧过程如图2-6所示。

关于炭与氧气的反应机理说法不一，主要有如下几种观点：

① 有些学者认为，氧气扩散至炭表面后，首先氧化生成CO_2，当炭表面温度高时，CO_2又被炭还原为CO。其过程及反应式为：

$$C+O_2 \stackrel{}{=\!=\!=} CO_2 \quad （一次反应）$$
$$CO_2+C \stackrel{}{=\!=\!=} 2CO \quad （二次反应）$$

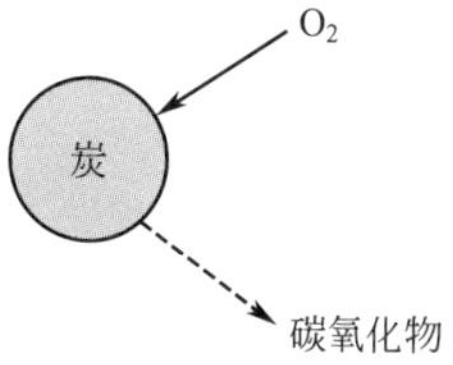

图2-6 炭的燃烧过程

② 有些学者认为，氧气扩散至炭表面后，首先氧化生成CO，CO在扩散过程中遇到O_2后再被氧化为CO_2。其过程及反应式为：

$$2C+O_2 \stackrel{}{=\!=\!=} 2CO \quad （一次反应）$$
$$2CO+O_2 \stackrel{}{=\!=\!=} 2CO_2 \quad （二次反应）$$

③ 有些学者认为，氧气扩散至炭表面时，并不立即发生氧化反应，而是被炭吸附生成结构不稳定的吸附络合物C_xO_y，当温度升高时或在新的氧分子冲击下，C_xO_y可分解放出CO及CO_2。其过程及反应式为：

$$xC+\frac{y}{2}O_2 \stackrel{}{=\!=\!=} C_xO_y$$

$$\left.\begin{array}{l} C_xO_y \\ C_xO_y+O_2 \end{array}\right\} \stackrel{}{=\!=\!=} mCO+nCO_2$$

生成的CO与CO_2的比例（即m与n的数值）与温度有关。从实验得知，在$900 \sim 1200℃$时，反应式为$4C+3O_2 \stackrel{}{=\!=\!=} 2CO+2CO_2$，即生成的$CO$与$CO_2$比例为$m:n=1:1$；在$1450℃$以上时，反应式为$3C+2O_2 \stackrel{}{=\!=\!=} 2CO+CO_2$，即生成的$CO$与$CO_2$比例为$m:n=2:1$。

上述三种机理虽然不一致，但有一点是共同的，就是要使炭迅速燃烧，氧气必须扩散至炭粒表面，在高温下与炭发生化学反应生成碳氧化物，然后这些碳氧化物必须迅速从炭粒表面扩散出来，以使新的氧气再扩散至炭粒表面。因此，炭的燃烧实际上是由三个过程组成：氧气向炭粒表面扩散的物理过程、炭与氧气反应的化学过程和反应产物CO及CO_2向外扩散的物理过程，是化学反应过程与扩散过程的结合，其燃烧速率与化学反应速率和扩散速率有关。

化学反应速率可近似地按下式计算：

$$u_c=kc_{O_2} \tag{2-62}$$

式中 u_c——化学反应速率，即单位时间内单位炭粒表面上氧化反应所消耗的氧气体积，$m^3/(m^2 \cdot h)$；

    k——化学反应速率常数，m/h；

    c_{O_2}——炭粒表面气体中 O_2 的体积分数，%。

    扩散速率可按下式计算：

$$u_d = \alpha_d (c'_{O_2} - c_{O_2}) \tag{2-63}$$

式中 u_d——扩散速率，即单位时间内扩散至单位炭粒表面上的氧气体积，$m^3/(m^2 \cdot h)$；

    c'_{O_2}——燃烧室气体中 O_2 的体积分数，%；

    α_d——扩散速率常数，m/h。

    当达到平衡条件时，有：$u_c = u_d = u$

    即 $kc_{O_2} = \alpha_d (c'_{O_2} - c_{O_2})$

    由式（2-62）可得：$c_{O_2} = \dfrac{u_c}{k}$，代入式（2-63），整理后得：

$$c'_{O_2} = \frac{u_c}{k} + \frac{u_d}{\alpha_d} = u\left(\frac{1}{k} + \frac{1}{\alpha_d}\right)$$

    即 $u = \dfrac{c'_{O_2}}{\dfrac{1}{k} + \dfrac{1}{\alpha_d}} = Kc'_{O_2} \tag{2-64}$

$$K = \frac{1}{\dfrac{1}{k} + \dfrac{1}{\alpha_d}} \tag{2-65}$$

    式中，K 为炭的燃烧速率系数。

    由式（2-64）可以看出，炭的燃烧速率与化学反应速率及扩散速率有关，并取决于最慢过程的速率。

    当温度较低（约800℃以下）时，化学反应速率比扩散速率低得多，即 $k \ll \alpha_d$，$\dfrac{1}{k} \gg \dfrac{1}{\alpha_d}$，$\dfrac{1}{\alpha_d}$ 项可忽略，则有 $K \approx k$。因此，炭的燃烧速率取决于化学反应速率，此阶段，燃烧处于化学动力控制区，燃烧速率随温度升高而迅速增大，这一阶段称为动力燃烧区。

    当温度升高至一定值（约1000℃以上）时，扩散速率比化学反应速率低得多，即 $\alpha_d \ll k$，$\dfrac{1}{\alpha_d} \gg \dfrac{1}{k}$，$\dfrac{1}{k}$ 项可忽略，则 $K \approx \alpha_d$。因此，炭的燃烧速率取决于扩散速率，此阶段，燃烧处于物理扩散控制区，加快气流速度可提高燃烧速率，这一阶段称为扩散燃烧区。

    在动力区和扩散区两个极限情况（约800~1000℃）之间，化学反应速率与扩散速率相差不大，炭的燃烧速率由化学反应速率和扩散速率共同控制，这一阶段称为过渡区。

    实际情况下炭的燃烧过程是很复杂的，它不仅是氧化反应，还可能有二次反应（$CO_2 + C \rightleftharpoons 2CO$）。不仅在表面燃烧，也可能在内部空隙中燃烧，而且炭粒的大小及形状、气流的性质均对燃烧速率有影响。

    燃料在无机非金属材料工业窑炉中燃烧时，炭的燃烧一般是在扩散燃烧区内进行的，因此，空气与燃料的良好混合、并具有较大的相对速度是强化炭燃烧的主要途径。

四、可燃气体的燃烧

    科学研究和实践证明，可燃气体的燃烧过程并非像燃烧计算时所用的化学反应式那样简单，而是一个复杂的链锁反应过程。

按照链锁反应理论，当系统中收到任何形式的激发（分子相互碰撞、高温热分解、电火花、光的照射等）时，形成了原子和自由基，它们起着活化核心的作用，即它们是发生链锁反应的刺激物。这些活化核心与稳定分子相作用，即发生链锁反应，由此活化了整个过程。

氢气的燃烧按分枝链锁反应进行。所谓分枝链锁反应是指反应中一个中间物质产生两个链锁刺激物分别进行链锁反应，这样就形成了很多分枝。H_2 燃烧的分枝链锁反应过程如下：

$$\begin{array}{c} \text{H} \\ \nearrow \\ \text{O}+\text{H}_2 \rightarrow \text{H}_2\text{O} \\ \text{H}+\text{O}_2 \nearrow \quad \searrow \quad \nearrow \\ \text{OH}+\text{H}_2 \\ \text{H}_2 \nearrow \quad \searrow \quad \searrow \quad \text{H}_2\text{O} \\ \text{OH}+\text{H}_2 \rightarrow \text{H}_2\text{O} \\ \text{H} \quad \searrow \\ \text{H} \end{array}$$

或写成：

$$H+O_2 = OH+O$$
$$OH+H_2 = H_2O+H$$
$$O+H_2 = OH+H$$
$$OH+H_2 = H_2O+H$$

H_2 燃烧的总反应式为：

$$H+3H_2+O_2 = 2H_2O+3H$$

即一个活性氢原子经反应可产生三个活性氢原子，因此燃烧速度增加极快。在上述链锁反应过程中，以 $H+O_2 = OH+O$ 的反应速率最慢，它控制着整个链锁反应的总速率。

CO 的燃烧与 H_2 的燃烧一样，也属于分枝链锁反应。许多实验证明干燥的 CO 难以燃烧，而水汽的存在对于 CO 的燃烧具有决定性的影响，这是水汽的存在使可燃混合气中具有活性核心 H、OH 的缘故。

在有 H、OH 存在的情况下，CO 燃烧的链锁反应过程为：

$$\begin{array}{c} \text{O}+\text{CO} \rightarrow \text{CO}_2 \\ \nearrow \\ \text{H}+\text{O}_2 \\ \searrow \\ \text{OH}+\text{CO} \rightarrow \text{CO}_2 \\ \searrow \\ \text{H} \end{array}$$

CO 燃烧的总反应式为：

$$H+2CO+O_2 = 2CO_2+H$$

气态烃的燃烧比 H_2 或 CO 的燃烧更复杂些，以 CH_4 为例说明其链锁反应的过程如下：

$$\begin{array}{c} \text{O} \\ \nearrow \\ \text{CH}_4+\text{O} \rightarrow \text{CH}_4\text{O}+\text{O}_2 \quad \text{H}_2\text{O} \quad \text{H}_2\text{O} \\ \searrow \quad \nearrow \quad \nearrow \\ \text{CH}_4\text{O}_2 \quad \text{HCOOH} \\ \searrow \quad \nearrow \quad \searrow \\ \text{HCHO}+\text{O}_2 \quad \text{CO}+\text{O} \rightarrow \text{CO}_2 \\ \searrow \quad \nearrow \\ \text{O} \end{array}$$

CH_4 燃烧的总反应式为：

$$O+CH_4+2O_2 = 2H_2O+CO_2+O$$

对于气态烃的燃烧，氧原子是发生链锁反应的活性核心，甲醛的存在能产生氧原子，对烃类的燃烧有利。

由上所述可知，可燃气体的燃烧是按链锁反应进行的。当可燃气体与空气的混合物加热至着火温度后，要经过一定的感应期才能迅速燃烧，这一现象称为延迟着火现象。在感应期内由于不断生成含有高能量的链锁刺激物，此时并不放出大量热，不能立即将邻近层混合气体温度升高而燃烧。延迟着火时间与可燃气体的种类、外界的温度及压强等有关。温度越高，压强越大，则延迟着火时间越短。

五、火焰传播速度

在静止的可燃气体与空气的混合物中，当某一局部着火燃烧，在燃烧处就形成了燃烧焰面。由于燃烧产生大量的热，使该处温度升高，以热传导的方式给邻近一层的气体，使其达到着火温度以上而燃烧，并形成新的燃烧焰面。这种焰面不断向未燃气体方向移动的现象称为火焰传播现象，传播的速度称为火焰传播速度（u_f）。其方向与焰面垂直，故又称法向火焰传播速度（$u_{n,f}$），单位为 m/s。

实验证明，在这种情况下，燃烧反应只在极薄的一层内进行，这一层燃烧焰面将未燃气体与燃烧产物分开，称为火焰。

火焰传播速度还可以用单位时间内在火焰单位面积上所燃烧掉的气体体积 $[m^3/(m^2 \cdot s)]$ 来表示，因此也称为燃烧速度。

可燃气体与空气的混合气体以一定的速度流动，当流动速度与火焰传播速度方向相反、数值相等时，则可以得到稳定的火焰，这时所进行的过程与静止的火焰传播完全相同。

影响火焰传播速度的因素很多，因为火焰传播过程是一个化学反应过程，同时又是传热和传质的过程，因此，凡能加速化学反应过程、燃烧区向未燃区传热以及传质的因素，都有助于提高火焰传播速度。

① 可燃气体的热值高，获得燃烧温度就高，从而加强了对未燃区混合气体的传热，提高了火焰传播速度；可燃气体的热导率越大，火焰传播速度就越大，如 H_2 的热导率比 CH_4 大，因此 H_2 燃烧的火焰传播速度比 CH_4 燃烧的火焰传播速度大。

② 增大可燃气体和空气的预热温度，可增大火焰传播速度。

③ 在可燃气体与空气的混合气体中，火焰传播速度会随着可燃气体含量的变化而变化，并且每一种可燃气体的火焰传播速度随可燃气体含量变化都有一个极大值，该极大值常在空气系数接近于 1 而略小于 1 时。

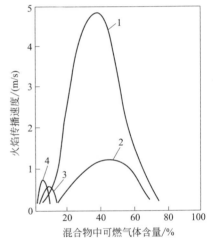

图 2-7　单一可燃气体与空气混合物的火焰传播速度（25.4mm 管内）
1—H_2；2—CO；3—CH_4；4—C_2H_6

几种单一可燃气体与空气的混合气体在直径为 25.4mm 管子中着火燃烧时火焰传播速度与气体含量的关系见图 2-7。单一可燃气体的最大法向火焰传播速度及最大速度下气体浓度列于表 2-23。

表 2-23　单一可燃气体的最大法向火焰传播速度及最大速度下的气体浓度

可燃气体种类	空气助燃下火焰传播速度及燃气浓度	
	最大法向火焰传播速度（静实验，$d=25.4mm$）$u_{n,f}/(m/s)$	最大速度下可燃气体在空气中的体积分数/%
H_2	4.83	38.5
CO	1.25	45.0
CH_4	0.67	9.8

可燃气体种类	空气助燃下火焰传播速度及燃气浓度	
	最大法向火焰传播速度(静实验,$d=25.4mm$) $u_{n,f}/(m/s)$	最大速度下可燃气体在空气中的体积分数/%
C_2H_6	0.85	6.5
C_3H_8	0.82	4.6
C_4H_{10}	0.82	3.6
C_2H_4	1.42	7.1

④ 在气流中火焰传播速度还与气流速度有关。气流的湍流化，将加速燃烧区的传热与传质过程，从而加速可燃混合物的预热，增大火焰传播速度。

此外，增大燃烧管的尺寸，使单位体积气体的散热量相对减少，也可以增大火焰传播速度。气体燃料中惰性气体 CO_2 和 N_2 的含量越高，火焰传播速度越小。

对于混合气体燃料，其最大法向火焰传播速度可由下式计算：

$$u_{n,f}=\frac{\sum \dfrac{X_i}{c_i}u_i}{\sum \dfrac{X_i}{c_i}} \qquad (2\text{-}66)$$

式中　$u_{n,f}$——混合气体燃料的最大法向火焰传播速度，m/s；

X_i——不含惰性气体的气体燃料中某可燃组分的体积分数，%；

u_i——某可燃组分最大法向火焰传播速度，见表 2-23，m/s；

c_i——某可燃组分在最大法向火焰传播速度 u_i 时的浓度（体积分数），见表 2-23，%。

a. 当气体燃料中含有惰性气体 CO_2 及 N_2 时，其最大法向火焰传播速度应做如下修正：

$$u'_{n,f}=u_{n,f}(1-0.01N_2-0.012CO_2) \qquad (2\text{-}67)$$

式中，CO_2、N_2 为气体燃料中 CO_2、N_2 的体积分数，%。

b. 可燃气体混合物的温度对最大法向火焰传播速度的影响，按下式计算：

$$u^t_{n,f}=u_{n,f}\left(\frac{273+t}{273}\right)^2 \qquad (2\text{-}68)$$

式中，$u^t_{n,f}$ 为温度为 t（℃）时的最大法向火焰传播速度，m/s。

c. 管径对最大法向火焰传播速度的影响，按下式计算：

$$u^d_{n,f}=mu_{n,f} \qquad (2\text{-}69)$$

式中　$u^d_{n,f}$——管径为 d（mm）时的最大法向火焰传播速度，m/s；

m——校正系数，根据图 2-8 查得。

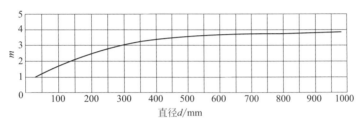

图 2-8　管径对最大火焰传播速度的校正系数 m

当可燃气体与空气的混合气体经烧嘴喷出点火燃烧时，若混合气体的喷出速度（u_g）与火焰传播速度（u_f）相等，即 $u_g=u_f$，火焰根部和焰面保持稳定。若混合气体的喷出速度（u_g）比火焰传播速度（u_f）大很多，火焰根部和焰面会不断向远离喷嘴方向移动，这种现象称为脱火现象，由于火焰根部远离烧嘴，使气体混合物喷出后不能预热至着火温度以上而燃烧，因此火焰有可能被熄灭，并且易发生中毒事故。开炉点火时，可燃混合物的流量不能太大就是为了防止发生脱火现象。若混合气体的喷出速度（u_g）比火焰传播速度（u_f）小很多，火焰根部和焰面会不断向喷嘴方向移动，这种现象称为回火现象，当火焰根部移至烧嘴中时，有发生爆炸的危险。总之，燃料燃烧时，脱火与回火现象都是不允许发生的，火焰只能在一定气流速度范围内保持自身稳定。

因此，研究火焰传播速度有很重要的意义，它不仅可为提高燃烧速度和改进燃烧技术指出方向，而且火焰传播速度的数据是设计燃烧器时不可缺少的依据。为了确保燃烧过程中火焰的稳定性，就必须控制可燃气体与空气的混合物的喷出速度与该条件下的火焰传播速度相适应，即两者之间要保持动平衡状态。

【例 2-10】 发生炉煤气的温度为 50℃，其体积分数（％）为：

CO	H_2	CH_4	CO_2	N_2	O_2
30.6	13.2	4.0	3.4	48.6	0.2

管径为 50mm，求该煤气燃烧时的最大法向火焰传播速度。

【解】 发生炉煤气中的可燃气体的总含量为：$CO+H_2+CH_4=30.6+13.2+4.0=47.8$（％）

不含惰性气体时煤气中可燃组分的体积分数为：

$$CO=\frac{30.6}{47.8}\times100\%=64.0\%$$

$$H_2=\frac{13.2}{47.8}\times100\%=27.6\%$$

$$CH_4=\frac{4.0}{47.8}\times100\%=8.4\%$$

由表 2-23 可查得 CO、H_2 和 CH_4 的最大法向火焰传播速度及最大速度下在空气中的浓度，利用式（2-66）可以计算出在不考虑惰性气体组分、煤气温度为 0℃、在 25.4mm 管中的最大法向火焰传播速度为：

$$u_{n,f}=\frac{\sum\frac{X_i}{c_i}u_i}{\sum\frac{X_i}{c_i}}=\frac{\frac{64.0}{45.0}\times1.25+\frac{27.6}{38.5}\times4.83+\frac{8.4}{9.8}\times0.67}{\frac{64.0}{45.0}+\frac{27.6}{38.5}+\frac{8.4}{9.8}}=1.94\text{（m/s）}$$

由式（2-67）计算考虑煤气中的惰性气体成分后的最大法向火焰传播速度为：

$$u'_{n,f}=u_{n,f}(1-0.01N_2-0.012CO_2)=1.94\times(1-0.01\times48.6-0.012\times3.4)=0.92\text{（m/s）}$$

由式（2-68）计算煤气温度为 50℃时的最大法向火焰传播速度为：

$$u^t_{n,f}=u'_{n,f}\left(\frac{273+t}{273}\right)^2=0.92\times\left(\frac{273+50}{273}\right)^2=1.29\text{（m/s）}$$

由图 2-7 可查得管径为 50mm 时的校正系数 $m=1.3$，由式（2-69）计算管径为 50mm 时的最大法向火焰传播速度为：

$$u^d_{n,f}=mu^t_{n,f}=1.3\times1.29=1.68\text{（m/s）}$$

即该煤气燃烧时的最大法向火焰传播速度为 1.68m/s。

六、火焰的特性

火焰是指燃烧着的燃料与空气的混合气流。通常用"五度"来描述火焰的特性，即温度、长度、刚度、宽度和发射率（旧称为黑度）。火焰的温度要满足制品的烧成温度制度的要求。火焰的长度根据窑炉的种类、结构及尺寸而定，例如：水泥回转窑中火焰的长度由窑长而定，要求火焰的长度长；隧道窑及横火焰玻璃池窑中火焰的长度由窑宽尺寸而定。火焰的长度与燃料的种类、燃料的燃烧方法、与空气的混合情况及空气系数、燃烧器的种类及结构等因素有关。火焰的刚度是指火焰的刚直程度，取决于烧嘴的喷出速度，喷出速度大，火焰平直，则火焰的刚度好。火焰的刚度越好，受几何压头或外力的影响就越小。火焰的宽度又称为火焰的铺展性，它取决于喷嘴的尺寸及喷出速度。火焰的黑度取决于火焰的组成，其详细内容见第三章的"火焰辐射"部分。

火焰的性质又称为火焰的气氛，根据燃烧产物的氧化还原性，火焰可分为氧化焰、中性焰和还原焰三种。此部分内容在本章第三节的"燃烧计算的基本概念"中做了详细的叙述。

通常调整火焰就是通过调整操作参数来达到调整火焰的"五度"、火焰的性质及火焰的稳定性的目的。

第五节　气体燃料的燃烧过程及燃烧设备

一、气体燃料的燃烧过程和燃烧方法

气体燃料的燃烧过程主要包括混合（气体燃料与空气的混合）、着火和燃烧三个阶段。其中，气体燃料与空气的混合是一个物理扩散过程，混合阶段的速度远较着火阶段和燃烧阶段的速度缓慢，因此气体燃料与空气的混合情况决定着气体燃料的燃烧速度和燃烧的完全程度。

根据气体燃料与空气的混合情况，可将气体燃料的燃烧方法分为三种类型：长焰燃烧、短焰燃烧和无焰燃烧。

（一）长焰燃烧

气体燃料在烧嘴内完全不与空气混合，喷出后靠扩散作用进行混合，并且边混合边着火燃烧，火焰长度较长，这种燃烧方法称为长焰燃烧，又称为扩散式燃烧。由于气体燃料与空气边混合边着火燃烧，因此，火焰的长度、宽度及温度分布主要取决于气体燃料与空气的混合条件，如气体燃料的喷出速度、气体燃料与空气的相对速度和交角、旋流强度等。

根据气体燃料与空气的流入方式，长焰燃烧的火焰可分为层流扩散火焰和湍流扩散火焰两种。

1. 层流扩散火焰

当气体燃料与空气分别以层流流动进入燃烧室时，就得到层流扩散火焰，其火焰形状如图 2-9 所示。在层流中，混合是以分子扩散的形式进行的。在射流的界面上，空气分子向气体燃料中扩散，燃料分子向空气中扩散，在某一面上，气体燃料与空气混合物的浓度达到化学当量比（即空气系数 $\alpha = 1$）时，点火后在该面上便形成燃烧焰面。因此，层流扩散火焰分为四个区域：冷核区、气体燃料和燃烧产物混合内区、空气和燃烧产物混合外区、纯空气区（$\alpha = \infty$）。

在冷核区，气体燃料从喷嘴喷出后还未与空气混合，因此该区域是由气体燃料组成，即

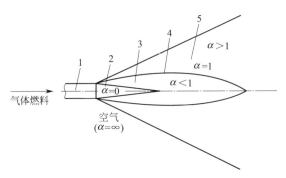

图 2-9　层流扩散火焰

1—单管喷嘴；2—冷核区（纯燃料区，$\alpha=0$）；3—气体燃料和燃烧产物混合内区（$\alpha<1$）；4—燃烧焰面（$\alpha=1$）；
5—空气和燃烧产物混合外区（$\alpha>1$）

空气系数 $\alpha=0$，冷核区的温度较低，因而呈暗黑色。

　　在气体燃料和燃烧产物混合内区，燃气分子向空气扩散，空气分子向燃气扩散，点火后进行燃烧，但因空气量不足，即空气系数 $\alpha<1$，燃气不能完全燃烧，因此，该区域的气体是由燃气和燃烧产物混合而成，其温度较冷核区高，颜色发红。

　　在燃烧焰面上，温度很高，燃烧的速度（氧化反应的速度）远比扩散速度大，只要空气、燃料达到化学当量比（即空气系数 $\alpha=1$）便立即燃尽，所以燃烧焰面层很薄。由于在燃烧焰面薄层内温度很高，发出大量可见光波，形成一个明显的圆锥形火焰轮廓。气体燃料和燃烧产物混合内区与空气和燃烧产物混合外区被燃烧焰面分隔开。

　　在空气和燃烧产物混合外区，由于燃气在燃烧焰面完全燃烧后，燃烧产物一部分向里扩散，另一部分向该区域扩散，并与大量的新鲜空气相混合，即空气系数 $\alpha>1$，因此，该区域的气体是由燃烧产物和空气混合而成。该区域处于火焰的最外层。

　　层流扩散火焰为圆锥形，这是因为沿火焰轴线方向流动的气体燃料要穿过较厚的混合区才能遇到氧气，这就需要一定的时间，在这时间内气体燃料将流过一段距离，使燃烧焰面拉长。气体燃料在向前流动的过程中不断燃烧，气体燃料的体积越来越小，燃烧焰面逐渐移向中心，最后达到中心线，形成圆锥形火焰，锥顶与喷出口间的距离称为层流扩散火焰的长度，其长度与喷嘴直径的平方和流速成正比，而与燃料的扩散速度成反比。在层流扩散火焰中，燃烧焰面是稳定不动的。

2. 湍流扩散火焰

　　当从喷嘴喷出的气体燃料流量逐渐增大时，由于燃气喷出速度的增加，扩散火焰的长度增加。当燃气的喷出速度达到某一临界值时，火焰顶端变得不稳定，并开始抖动，随着燃气喷出速度的继续增加，就形成带有噪声的湍流扩散火焰。图 2-10 表示气体燃料喷出速度与火焰长度及形状的关系，这是霍特尔和霍索恩用直径为 3.1mm 的管子，用城市煤气喷入静止的空气中进行试验时获得的。当煤气喷出速度从零开始逐渐增大时，起初火焰的长度几乎按比例增加，在层流区内的火焰轮廓清晰，形状稳定。当达到临界速度时，火焰上部变为湍流火焰，形成稍带毛刷状，而火焰下部仍为层流火焰，此火焰称为过渡火焰。在过渡火焰的高度上有一个层流破裂变为湍流火焰的"破裂点"，随着气体燃料喷出速度的进一步增加，火焰的破裂点向喷嘴口方向移动，火焰长度随气体燃料喷出速度的增加而缩短。当达到湍流火焰（破裂点已很接近喷嘴口）时，气体燃料的喷出速度对火焰长度不再产生明显影响，这是由于达到湍流火焰后，气流的混合速度（湍流扩散速度）是随着气流速度的增加而增加，在喷嘴直径不变的情况下，气流速度的增加意味着气体燃料流量增大，使火焰变长，混合速度的增加又使火焰变短，这样两方面作用的结果，使湍流火焰的长度与气体燃料喷出速度的关系不明显。在过渡区内，由于混合速度的增加比气体燃料喷出速度快，所以火焰长度随气体燃料喷出速度的增加反而缩短。

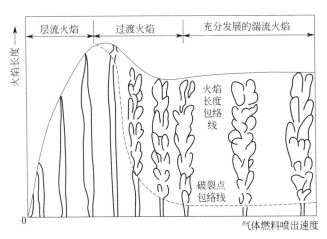

图 2-10　气体燃料喷出速度与火焰长度及形状的关系

根据流体动力学理论，层流气流转变为湍流气流是根据雷诺数 Re 的大小，当气流属于等温管内流动时，$Re \leqslant 2300$ 为层流流动，$2300 < Re < 4000$ 为过渡流，$Re \geqslant 4000$ 为湍流流动。对于火焰来说，变为湍流火焰的 Re 值一般要大些（见表 2-24），这是燃烧放热使火焰温度升高，燃烧气体的密度减小，黏度增大的缘故。

表 2-24　层流火焰转变为湍流火焰的 Re 值

燃料种类	Re	燃料种类	Re
H_2(无一次空气)	2×10^3	城市煤气(有一次空气)	$(5.5 \sim 8.5) \times 10^3$
H_2(有一次空气)	$(5.5 \sim 8.5) \times 10^3$	CH_4	3×10^3
CO(无一次空气)	5×10^3	C_2H_6(无一次空气)	$(8 \sim 10) \times 10^3$
城市煤气(无一次空气)	$(3 \sim 4) \times 10^3$	C_3H_8(无一次空气)	$(9 \sim 10) \times 10^3$

在湍流扩散火焰中无法区分燃烧焰面与混合区等部分，在整个燃烧火焰内都进行着混合、着火和燃烧，其形状和长度取决于煤气与空气的交角和流动特性。当空气沿平行于火焰轴线方向流动时，形成细小的圆锥形火焰；当空气强烈旋转时，形成短而宽的火焰。在工业窑炉中常采用各种方法来调整和强化湍流火焰，以达到生产工艺的要求。

3. 长焰燃烧的特点

因为气体燃料与空气是边混合边燃烧，因此长焰燃烧的特点具体表现为：

① 燃烧速度慢，火焰长度较长，沿火焰长度方向上的温度分布较均匀。强化长焰燃烧过程的主要手段是改善燃气与空气的混合条件。因此，烧嘴的结构对于混合速度起着决定性的作用，通过改变烧嘴的结构可以得到不同的燃烧速度和火焰长度。

② 气体燃料在边混合边燃烧时易裂解出微小的炭粒，因此，火焰的黑度大，辐射能力强。

③ 燃气由烧嘴中喷出不需要很高的压强，在一般情况下，只需要 $500 \sim 3000\text{Pa}$ 即可，因此长焰烧嘴通常属于低压烧嘴。

④ 由于燃气和空气不预先混合，因此燃气和空气的预热温度不受限制，有利于提高火焰温度和烟气余热回收。

⑤ 由于燃烧速度慢，空气系数 α 取值较大（$\alpha = 1.2 \sim 1.6$），燃烧温度较低，且易出现

不完全燃烧现象。

⑥ 燃烧稳定性较好，不会发生回火现象，但喷出速度过大，会发生脱火现象。

(二) 短焰燃烧

气体燃料在烧嘴内预先与部分空气（一次空气，$0 < \alpha_1 < 1$）混合，喷出后燃烧，并进一步与另一部分空气（二次空气）混合燃烧，火焰长度较短，这种燃烧方法称为短焰燃烧。混有部分空气（一次空气）的燃气自烧嘴喷出后，一部分燃气因迅速燃烧在烧嘴根部形成一定的锥形火焰，称为内焰；剩余的燃气与周围空气（二次空气）进一步混合燃烧，形成的锥形火焰称为外焰。因此，短焰燃烧火焰由内焰和外焰两个锥体组成，如图 2-11 所示。

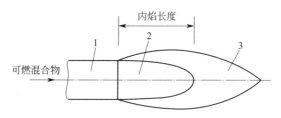

图 2-11　短焰燃烧火焰
1—喷嘴；2—内焰（$\alpha_1 < 1$）；3—外焰

可燃混合气自烧嘴喷出后，因烧嘴内压强大于大气压，使气流体积扩大，所以内焰底部略大于烧嘴的出口直径。内焰长度与气流喷出速度及一次空气系数 α_1（一次空气量与理论空气量的比值）有关。气流喷出速度越大，内焰长度越长；一次空气系数越大，燃烧速度越快，内焰长度越短。因此，当气流喷出速度与一次空气系数同时增加时，内焰长度的变化要视具体情况而定，若一次空气系数 α_1 的增大起主要作用，则内焰长度变短；若气流喷出速度的增加起主要作用，则内焰长度变长。

气体燃料燃烧时，保持内焰根部的稳定性极为重要。当一次空气系数 α_1 一定时，随着气流速度的增加，内焰根部不断向外移，易发生脱火现象；反之，气流速度降低至小于火焰传播速度，则又易发生火焰返入烧嘴而形成回火现象。

相应于回火时的气流速度称为回火速度；相应于脱火时的气流速度称为脱火速度。回火速度愈大愈易发生回火现象，脱火速度愈小愈易发生脱火现象。回火速度和脱火速度与燃气的性质、一次空气系数 α_1 及烧嘴出口直径等有关。开始时，回火速度随着一次空气系数 α_1 的增加而增大，当 α_1 接近 1 时达到最大值，再继续增大 α_1，则回火速度反而下降。因此，α_1 接近 1 时最易发生回火现象。烧嘴出口直径愈大，喷出气流速度愈小，则愈易发生回火而不易发生脱火。燃气的组成、压强、预热温度等亦均对回火和脱火速度有影响。

短焰燃烧与长焰燃烧相比，其特点是：燃烧速度较大，火焰较短，火焰温度较高，燃烧较易完全，空气系数 α 较小；但燃烧火焰稳定性较差，易发生回火或脱火现象，并且 α_1 越大，稳定性越差。

(三) 无焰燃烧

气体燃料与空气在烧嘴内完全混合，从烧嘴喷出后立即燃烧，火焰短而透明，无明显轮廓，这种燃烧方法称为无焰燃烧。在无焰火焰中无内锥，只有一个燃烧焰面，在燃烧焰面上大部分燃气被烧掉，剩余的小部分燃气在燃烧焰面后继续燃烧。

无焰燃烧的特点是：燃烧速度快，火焰温度高，空气系数 α 小（一般在 1.05 左右），燃烧更易完全；但空气和燃气预热受限制，火焰稳定性差，易发生回火现象，火焰黑度小。

二、气体燃料的燃烧设备

气体燃料的燃烧设备简称燃气烧嘴或燃气燃烧器。根据气体燃料的燃烧方法，传统的燃气烧嘴有长焰烧嘴、短焰烧嘴和无焰烧嘴三种类型。目前无机非金属材料工业窑炉上普遍采用更先进的烧嘴，包括：高速调温烧嘴、脉冲烧嘴、自身预热烧嘴、低 NO_x 烧嘴、高压烧嘴等，其中应用最广泛的是高速调温烧嘴和脉冲烧嘴。

（一）长焰烧嘴

长焰燃烧的燃烧设备称为长焰烧嘴，即燃气和空气在烧嘴内完全不混合，燃烧时产生长焰。因其靠气体分子的扩散作用进行混合燃烧，故又称为扩散式烧嘴。主要类型有单管式和双管式两种。

1. 单管式燃气烧嘴

气体燃料经烧嘴喷入窑炉，在窑内与空气边混合边燃烧。图 2-12 为三种不同形式的单管式燃气烧嘴的结构示意图。在结构（c）中，气体燃料以分散小流股从烧嘴喷出，使之与空气较易混合，可提高燃烧速度及燃烧的完全程度。

2. 双管式燃气烧嘴

气体燃料与空气分别从各自的管道中喷入窑炉，在窑内与空气边混合边燃烧。按烧嘴中燃气与空气的相对位置及烧嘴结构的不同，双管式燃气烧嘴一般分为四种形式，如图 2-13 所示。

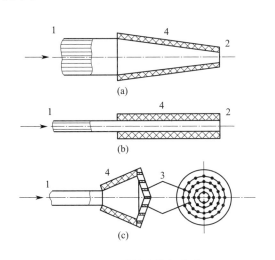

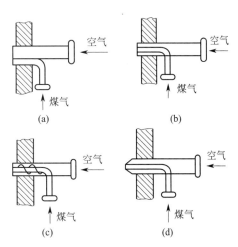

图 2-12　单管式燃气烧嘴
1—燃气入口；2—烧嘴喷出口；3—稳流网；4—隔热层

图 2-13　双管式燃气烧嘴

结构（a）：燃气与空气在圆管或扁管内分别平行喷入窑炉内。由于燃气的密度一般小于空气，为便于两者的混合，燃气管常设置在空气管的下方。

结构（b）：燃气管套在空气管内，喷出的燃气被空气所包围，两者的混合比结构（a）好些。

结构（c）：空气管道内装有旋流器，使喷出的空气呈旋流状，可加速与燃气的混合。同样，燃气管道中亦可装设旋流器，或者燃气和空气管道内均装设旋流器。

结构（d）：燃气和空气以一定的交角喷出，亦可加强混合。

改善扩散混合以提高燃烧速度，缩短火焰长度的途径如下：

① 提高燃气流与空气流的相对速度；

② 增大燃气流与空气流的交角；

③ 增大燃气流与空气流的接触面积，如设置旋流器、将燃气分散成小流股与空气接触等。

长焰烧嘴常用于要求火焰长度长、温度分布均匀的窑炉，如水泥回转窑或传统的倒焰窑中。

（二）短焰烧嘴

短焰燃烧的燃烧设备称为短焰烧嘴，即燃气和部分空气（一次空气）在烧嘴内预先混合后从烧嘴中喷出，燃烧产生的火焰较短。

短焰烧嘴主要有低压涡流式烧嘴（DW-Ⅰ型）、扁缝涡流式烧嘴（DW-Ⅱ型）和套管式烧嘴等，玻璃池窑的小炉结构亦属于短焰烧嘴的类型。

1. 低压涡流式烧嘴（DW-Ⅰ型）

低压涡流式烧嘴（DW-Ⅰ型）的结构如图 2-14 所示。这种烧嘴适用的燃气范围较广，烧嘴内燃气压强低，表压一般在 400～800Pa。当燃气为天然气时，将天然气先减压，并在煤气喷口前加一涡流片以改进天然气与空气的混合情况，即能应用。

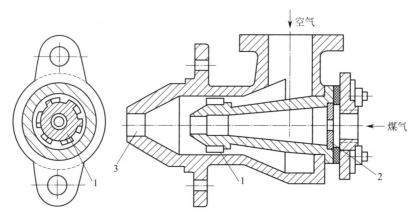

图 2-14　低压涡流式（DW-Ⅰ）烧嘴

1—导流叶片；2—节流圈；3—喷口

2. 扁缝涡流式烧嘴（DW-Ⅱ型）

扁缝涡流式烧嘴（DW-Ⅱ型）的结构如图 2-15 所示。这种烧嘴是短焰烧嘴中混合最好、火焰最短的一种。适合燃烧发热量在 5400～8400kJ/Nm^3 的燃气，燃气表压一般在 1500～2000Pa。当燃气的喷出速度为 10～12m/s 时，火焰长度为烧嘴出口直径的 6～8 倍。喷出速度过低时，将发生回火现象；喷出速度高于 15m/s 时，会发生脱火现象。

3. 套管式烧嘴

套管式烧嘴的结构如图 2-16 所示。这种烧嘴结构简单，不会发生回火现象，火焰较其他短焰烧嘴长，空气系数小，能产生还原性火焰；但燃气与空气的混合较差，燃烧空间必须很大才能使燃气燃烧完全。

（三）无焰烧嘴

无焰燃烧的燃烧设备称为无焰烧嘴，即燃气和全部空气在烧嘴内完全混合，喷出后立即燃烧，产生的火焰短而透明。为了使燃气、空气混合均匀，无焰烧嘴常采用喷射式烧嘴，利用燃气喷射时产生的抽力吸入空气。所用燃气压强较高，表压约为 10kPa。个别情况下也有采用空气的喷射作用带动燃气进入的。当吸入的空气为冷空气时，称为冷风吸入式喷射烧嘴；当吸入的空气为热空气时，称为热风吸入式喷射烧嘴。

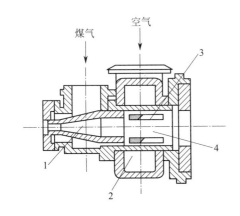

图 2-15　扁缝涡流式烧嘴（DW-Ⅱ）

1—锥形煤气分流短管；2—涡形空气室；

3—缝状空气入口；4—混合室

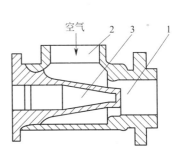

图 2-16　套管式烧嘴

1—混合室；2—空气入口；3—锥形燃气喷口

1. 冷风吸入式喷射烧嘴

这种烧嘴由于不需要空气管道，故又称为单管喷射式烧嘴。它有直头和弯头两种结构，弯头烧嘴结构如图 2-17 所示。

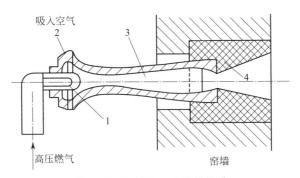

图 2-17　冷风吸入式喷射烧嘴

1—燃气喷嘴；2—空气吸入口；3—混合管；4—燃烧通道

冷风吸入式喷射烧嘴适合于冷风、冷燃气或单独预热煤气的情况。

2. 热风吸入式喷射烧嘴

这种烧嘴由于需要热空气管道，故又称为双管喷射式烧嘴。其结构如图 2-18 所示。热空气由热风管从空气预热器引到空气箱中，然后靠燃气的喷射作用将其吸进混合管。为了保证喷射式烧嘴按比例吸入空气的性能，即保证一定的喷射比，空气箱中的压强应保持恒定，通常保持表压为零压或某一与大气压强相近的恒定压强。为了加强保温，烧嘴和管道应包有隔热材料。

热风吸入式喷射烧嘴适合于热风-冷燃气或热风-热燃气的情况。

（四）高速调温烧嘴

高速调温烧嘴属于无焰或超短焰烧嘴。具有一定压强的燃气与一次空气（助燃风）在烧嘴内完全燃烧后，再与二次空气（调温风）混合以便调节为合适的烟气温度后高速

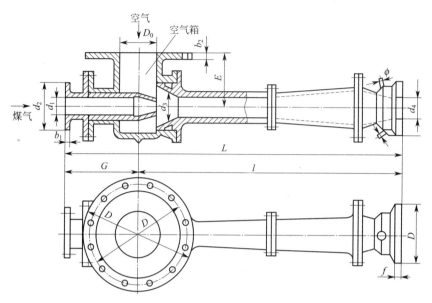

图 2-18　热风吸入式喷射烧嘴

喷出。无调温风的高速烧嘴又称为高速等温烧嘴。喷出速度通常大于 70m/s，有的高达 200～300m/s，而传统烧嘴只有 30～40m/s。喷出气流温度可以在 200～1800℃ 范围内调节。

按照燃气与助燃风是否在烧嘴内混合，高速调温烧嘴又分为非预混式和预混式两种。

1. 非预混式高速调温烧嘴

非预混式高速调温烧嘴结构如图 2-19 所示。它是将燃气和助燃风分别送入燃烧室，在燃烧室内混合并燃烧，然后再与二次空气混合后喷出。为了加速混合，可采用相应的强化混合措施，但是混合质量仍不如预混式好，而且混合要占据一定的空间，使燃烧室热强度降低，完全燃烧程度也较差。

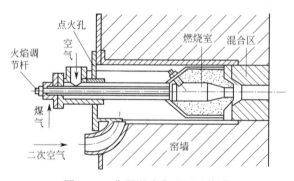

图 2-19　非预混式高速调温烧嘴

2. 预混式高速调温烧嘴

预混式高速调温烧嘴结构如图 2-20 所示。它是采用喷射器将燃气和助燃风在预混室内混合后再进入燃烧室燃烧，然后再与二次空气混合后喷出。由于混合质量好，燃烧室热强度高，并且可以用较小的空气系数达到完全燃烧，因此可以提高燃烧温度、降低燃料消耗量，适用于不同发热量的气体燃料。目前陶瓷和耐火材料工业窑炉上普遍采用预混式高速调温烧嘴。

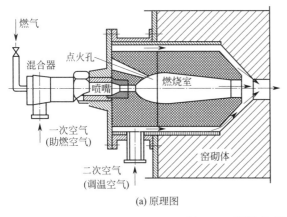

(a) 原理图　　　　　　　　　　　　　　　(b) 外观图

图 2-20　预混式高速调温烧嘴

目前预混式高速调温烧嘴的形式繁多。图 2-21 是意大利 Mori 公司在陶瓷辊道窑上所用的一种预混式燃气高速调温烧嘴的结构示意图。燃气从烧嘴中心管的小孔喷出，与助燃风垂直相遇，再通过一个收缩-扩张管（或称文氏管）来强化助燃风和燃气的混合。部分空气从收缩-扩张管外流过，即不与燃气混合而直接进入燃烧室，因此允许供给较多的过剩空气，稳焰板下游产生的涡流可保持火焰的稳定，烟气通过缩口高速（＞100m/s）喷出。每个烧嘴的助燃风都由双重闸板来调节，助燃风可预热到 180℃，并且该烧嘴还配置有火焰监测器和高压电点火装置。

图 2-22 是日本 TOTO 株式会社的一种预混式煤气高速调温烧嘴结构示意图。

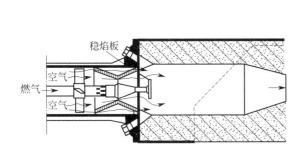
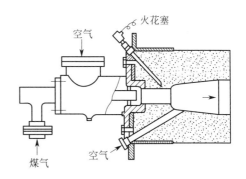

图 2-21　意大利 Mori 公司的一种预混式　　　图 2-22　日本 TOTO 株式会社的一种
燃气高速调温烧嘴　　　　　　　　　　预混式煤气高速调温烧嘴

高速调温烧嘴的特点：

① 喷出与窑炉内对应部位温度相近的高速气流，便于温度制度的合理调整和控制；

② 带动窑内气体产生强烈的循环流动，起到良好的搅拌作用，同时解决热烟气因几何压头 h_{ge} 的作用而上浮的问题，大大减小窑炉横断面上的温差，使窑炉横断面上温度分布均匀；

③ 便于窑炉内气氛的均匀、调整和控制；

④ 显著增强对流换热效果，大大提高了窑炉的热效率，降低了燃料消耗量；

⑤ 有效地提高了焙烧制品的质量和产量，缩短烧成周期。

（五）脉冲烧嘴

图 2-23 是一种脉冲烧嘴的工作原理和外观图。其原理是：燃气与助燃风脉冲地喷入燃

烧室内,在适当的高温气氛中会爆炸燃烧,从而形成脉冲的高速高温气流。火花塞只是在刚开始点火时使用,燃烧后再喷入燃气时因存在高温,就不需要火花塞点火了。

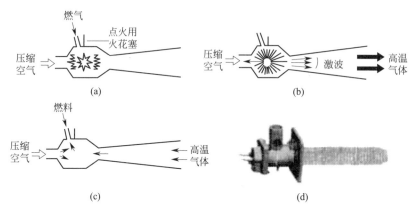

图 2-23　一种脉冲烧嘴的工作原理与外观图
(a) 点火;(b) 爆炸燃烧;(c) 脉冲地喷入燃料;(d) 外观图

在宽断面隧道窑中,虽然采用高速调温烧嘴能够大大降低预热带横断面上的温度差,但因为高速调温烧嘴喷出的高速热气流对窑内气体有抽吸作用,会使窑内气流中有涡流,而涡流中心相对静止,所以仍存在温度差。相比之下,脉冲烧嘴在控制窑内温度与气氛的均匀性、稳定性方面效果更好。但要注意:脉冲烧嘴要与脉冲控制系统配合使用。通过脉冲控制系统也可以调整烧嘴的火焰喷出功率,使其按一定的规律变化。例如,一对烧嘴,当一个喷出功率最大时,另一个喷出功率最小,这样可加剧气流流动,消除局部热点,改善窑内温度与气氛的均匀性和稳定性。

(六) 自身预热烧嘴

自身预热烧嘴又称为换热式烧嘴,是把烧嘴、换热器和排烟系统有机地组成一个整体。
图 2-24 是分离式自身预热烧嘴的示意图。窑内的高温烟气流入换热器内,并通过管壁

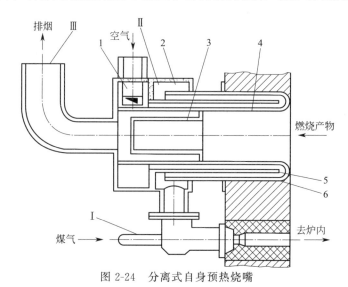

图 2-24　分离式自身预热烧嘴
Ⅰ—烧嘴;Ⅱ—换热器;Ⅲ—烟道;
1—旋流室;2—空气出口环室;3—带孔的管子;4—内管;5—中间隔管;6—外管

将热量传给环绕流过管外侧的冷空气，预热后的空气经外环缝、出口环室流入烧嘴与煤气混合燃烧，并以较高的速度喷入窑内。

图 2-25 是引射式自身预热烧嘴工作原理示意图。炉内的高温烟气在引射风所产生的负压吸引下进入环缝 1，此时低温的助燃空气正在环缝 2 内与烟气逆向流动，烟气与空气是靠圆筒壁隔离开的，这样热量就由高温的烟气通过圆筒壁传递给低温的空气，预热后的空气进入混合室，与煤气混合并燃烧。

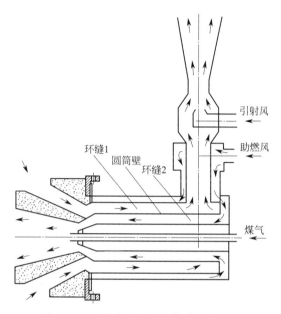

图 2-25　引射式自身预热烧嘴工作原理

（七）平焰烧嘴

平焰烧嘴喷出的火焰形状呈圆盘形，紧贴着窑墙的内表面向四周展开，从而形成一个平面火焰。该烧嘴能将窑墙内表面均匀加热到很高温度，具有很强的辐射能力，有利于物料均匀加热和强化炉内传热效率。因此，与一般的烧嘴相比，平焰烧嘴具有加热均匀、升温速率快、燃料消耗低和噪声小等优点。

平焰烧嘴有引射式、双旋式和螺旋叶片式等多种形式。各种形式的结构虽然不同，但其基本原理却大致相同。图 2-26 是螺旋叶片式平焰烧嘴的工作原理与外观图。燃气管外的空气经螺旋导向叶片从喇叭状的大张角烧嘴旋转喷出，贴附于窑墙内壁，形成平展气流；燃气从内管沿轴向喷出，在喷口处开有许多径向孔，使燃气喷出后较易与空气混合，形成平面火焰。

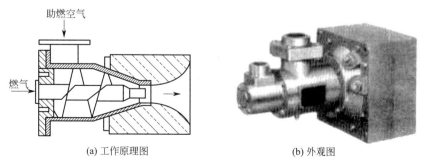

(a) 工作原理图　　　　　　　　　(b) 外观图

图 2-26　螺旋叶片式平焰烧嘴工作原理及外观图

（八）低氮氧化物（NO$_x$）烧嘴

低氮氧化物（NO$_x$）烧嘴是为了适应环境保护，减少环境污染而发展起来的新型燃气烧嘴。

氮氧化物（NO$_x$）一般包括 N$_2$O、NO、NO$_2$、N$_2$O$_4$ 等，其中 NO 和 NO$_2$ 对大气污染危害最大，对人体健康有严重的影响。

燃气燃烧时，空气中的少量 N$_2$ 与 O$_2$ 化合生成 NO，进一步氧化后生成 NO$_2$；燃气中的 N$_2$ 也会与 O$_2$ 化合生成 NO 和 NO$_2$。烟气中 NO 的生成与火焰温度有关，火焰温度越高，NO 的生成量越多。NO$_x$ 的生成量与空气系数有关，空气系数越小，NO$_x$ 的生成量越小。此外，氮的氧化反应为可逆反应，高温气体缓慢冷却，NO$_x$ 可重新分解为 N$_2$ 和 O$_2$。为此可以采取烟气的再循环，使部分烟气与新生成的燃烧产物混合，以降低火焰温度及氧气的浓度。采用含氮量低的燃气作燃料，可以减少 NO$_x$ 的生成量。

一种烟气再循环低 NO$_x$ 烧嘴如图 2-27 所示。它是利用空气从环形烧嘴喷出时的喷射作用使一部分烟气回流到燃气烧嘴附近，与空气、燃气掺混在一起，防止造成局部高温，并可降低氧气浓度。

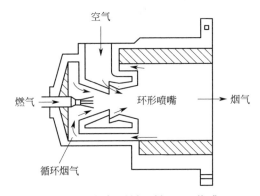

图 2-27　烟气再循环低 NO$_x$ 烧嘴

图 2-28 是一种采用空气分离技术降低烟气中 NO$_x$ 含量的烧嘴工作原理图。它也属于短焰烧嘴，空气分两级注入：第一级，在燃烧开始时缺氧燃烧，限制 NO 的产生；第二级，加入空气以便完全燃烧，同时降低火焰温度以限制 NO 的产生。在 1200℃ 的窑炉中，该烧嘴排放的 NO$_x$ 大约为 150mg/m^3，约为相同条件下的普通烧嘴的 1/5～1/4。

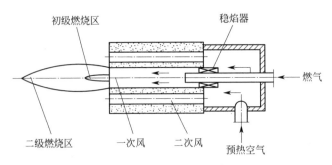

图 2-28　空气分离烧嘴

（九）浸没式烧嘴

浸没式烧嘴将烧嘴浸没在液体中，对液体物料直接加热。图 2-29 是一种用于玻璃池窑底上的浸没式烧嘴结构示意图。煤气和空气在烧嘴内混合燃烧后产生高达 1600℃的高温气体高速喷入玻璃液中，既可加强火焰向玻璃液的传热；又可搅动玻璃液，起到澄清和均化的作用。

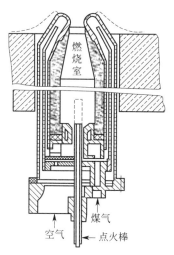

图 2-29　用于玻璃池窑底上的浸没式烧嘴

第六节　液体燃料的燃烧过程及燃烧设备

　　液体燃料热值高，燃烧时可以获得较高的燃烧温度，燃烧过程易于控制，便于实现自动化，因此液体燃料是高温窑炉用主要燃料之一。液体燃料包括汽油、煤油、轻柴油等轻质油和重油。在无机非金属材料工业窑炉中主要以重油作为燃料，因此本节以重油为例介绍液体燃料的燃烧过程及设备。

一、重油的燃烧方法与燃烧过程

　　重油的燃烧方法主要有三种，即雾化燃烧法、气化燃烧法和乳化燃烧法。

1. 雾化燃烧法

　　雾化燃烧法是将重油喷成雾滴，再与空气混合燃烧。喷成雾滴的目的就是为了极大地增加与空气的接触面积。

　　重油雾化燃烧法的过程较气体燃料的燃烧过程复杂，其正常的燃烧过程可分为四个阶段：雾化、油雾的蒸发、与空气混合和着火燃烧。前两个阶段是重油雾化燃烧法所特有的，后两个阶段与气体燃料的燃烧过程基本相同。其中，雾化阶段是整个燃烧过程的关键，将直接影响到重油的燃烧完全程度，轻则增加油耗，重则影响产品质量和产量。

　　重油的沸点在 200～300℃，而着火温度为 500～600℃以上。重油首先被雾化成微小的油滴，油滴受热后蒸发为油气，油气中的可燃气体［主要是各种烃类（C_mH_n）］与空气混合并达到着火温度后迅速燃烧。当油滴急剧受热到 500～600℃时，会裂解生成较轻的烃类化合物；当油滴急剧受热到 650℃以上时，除裂解生成较轻的烃类化合物以外，还生成微小的炭粒和难以燃烧的重烃类化合物。在高温缺氧的情况下，各种烃类也会发生热分解反应（即 $C_mH_n \Longrightarrow mC + \dfrac{n}{2}H_2$）和裂解反应。重油燃烧不充分时，往往会看到烟囱中冒出黑烟，就是因为在火焰和烟气中含有未燃尽的固体炭粒。固体炭粒的存在会增大火焰和烟气的黑度，也会对焙烧制品和大气产生污染。

由此可见，雾化燃烧法中包括了热传递、扩散、化学反应等过程，其可燃气体组分中，除气态烃类化合物外，还含有固态的炭粒和液态的重馏分。重油能否完全燃烧取决于雾滴与空气的接触面积以及与空气的混合程度。雾化的质量越好，重油燃烧速度就越快，燃烧就越完全，热效率越高。

2. 气化燃烧法

气化燃烧法是将重油蒸发裂化成油气，再按气体燃料的燃烧方法进行燃烧。气化燃烧法的燃烧过程分为六个阶段：加热、蒸发汽化、高温裂化、洗涤净化、与空气混合和着火燃烧。其中，前四个阶段是油气的制备，制取的油气还需贮存在气柜中备用；后两个阶段与气体燃料的燃烧过程基本相同。由于油气制取过程烦琐，中间环节多，并且还会造成一部分热量的损失，因此在无机非金属材料工业窑炉中很少采用。

3. 乳化燃烧法

乳化燃烧法是在重油中掺入少量水，并经乳化器制成均匀稳定的乳化油（这时均匀分布在油中的水珠很小，约 $1\sim5\mu m$），乳化油再按雾化燃烧法进行燃烧。乳化油由两相构成，一相是以液珠形式为主，称为分散相或内相；另一相称为连续相或外相。二相体积比例（即两种液体的体积比）影响着乳化油的类型。乳化油有三种类型：油包水型、水包油型和多重型。一般为油包水型乳化油。

在均匀稳定的油包水型乳化油中，油包裹在微小水颗粒的外表面，水的沸点比油低，喷入窑炉后水首先蒸发，体积膨胀，可以将油滴破碎成更细的油雾，起到二次雾化的作用。由于雾化的改善，用较小的空气系数就能达到完全燃烧。实践证明，采用乳化燃烧法，基本上消除了化学不完全燃烧现象，黑烟少，火焰变短发亮、刚性增强，火焰温度稍有提高，燃油量降低。

乳化油燃烧的关键是乳化质量，如果不能得到均匀稳定的乳化油，则不能达到改进燃烧过程的目的。乳化油中水的颗粒愈细，分布愈均匀，乳化液也愈稳定，对燃烧愈有利。因此，提高乳化质量，采用合适的乳化技术是十分必要的。超声波乳化器是利用发射超声波达到重油的乳化，其乳化质量较好，并且设备简单，经济可靠，是目前较常用的一种乳化技术。

另外，掺水量也不能过多，否则烟气量会随之增大，燃烧温度下降，因此油中掺水量应有一个最佳值。

目前，在无机非金属材料工业窑炉上，重油的燃烧普遍采用雾化燃烧法。

二、重油的雾化

（一）对雾化的要求

重油雾化的质量直接影响到重油与空气的混合及其燃烧质量。因此，无机非金属材料工业窑炉对重油的雾化要求如下：

① 雾滴要细。一般要求直径不大于 $50\mu m$，但也不要太细，否则会消耗更多的能量。

② 油流股中雾滴的大小要均匀。直径在 $10\sim100\mu m$ 范围内，其中直径 $\leqslant50\mu m$ 的油滴占 85% 以上。

③ 油流股断面上雾滴的分布要均匀，避免出现边缘密集、中间空心的现象。

以上三个要求可以概括为：喷得细，喷得均。要达到这个要求，就需要研究雾化的机理。

（二）雾化的机理

重油雾化就是把重油通过烧嘴喷成微小油滴的过程。重油雾化和一般物质的细碎过程一样，各种物质都有保持其表面状态不被破坏的内力，只有当施加的外力超过此内力时，才能破坏其表面状态，物质才被细碎。保持油流股表面状态的内力是油的黏度和表面张力。在外力大于内力时，油流股被分散；当剩余的外力仍大于分散后油流股的内力时，油流股被继续变细成雾；直至外力等于内力，达到相对平衡时，油流股才不再变细，形成大量具有一定直径的雾滴。所以施加外力是进行雾化的必要条件。

使油流股受到外力可以有直接和间接两种方法。直接法是由外界向油流股施加一个力。间接法是使油流股向外界施加一个力，油流股本身就会受到一个相应的反作用力。因此，雾化过程实际上是一个物理机械过程。

（三）雾化的方法

根据雾化机理，雾化的方法可以分为机械雾化（间接雾化）和介质雾化（直接雾化）两种。

1. 机械雾化

机械雾化是将重油加以高压（一般为 $1.01 \sim 3.04 MPa$），以较大的速度并以旋转运动的方式从小孔喷入气体空间使油雾化。由于是靠油本身的高压，故又称油压雾化。

机械雾化时，油流股受到的作用力如下：

① 油流股内部受高压作用产生波形振动。

② 高速旋转运动时，使油流股受到离心力的作用。

③ 油流股喷入气体空间时受到周围气体的摩擦力的作用。

④ 由气穴现象产生的局部汽化和沸腾。气穴现象即重油局部的自发沸腾和形成气泡和蒸气孔穴。该现象在重油压强骤降、温度升高时可能产生，或者在形成急剧涡流时由于局部地区的气流速度剧增而造成的负压也可能产生。此时，重油内含有的气体就膨胀为气泡或气穴，使重油加速分裂。

在上述这些力的作用下，喷出的油流股形成薄膜，薄膜增长到顶峰时破裂，很快收敛成为韧带状的液条，再破裂为液滴。

机械雾化的效果与油压、油黏度、油喷出速度、涡流程度以及喷嘴结构等因素有关。

机械雾化的雾滴较粗，直径约为 $100 \sim 200 \mu m$；喷出的火焰长度约 $2 \sim 3m$，瘦长且刚度较好；空气预热温度不受限制；喷油量大，设备简单紧凑，动力消耗低；在可调节范围内调节方便，运转时无噪声。但是燃烧不易完全，耗油量大。比较适合于烧油的水泥回转窑上。

2. 介质雾化

介质雾化是利用以一定角度高速喷出的雾化介质（即雾化剂），使油流股分散成细雾。常用的雾化介质有空气、压缩空气和水蒸气三种。

介质雾化的原理主要是靠雾化介质对油流股的机械作用，当摩擦力或冲击力大于油的表面张力时，油流股先分散成夹有空隙气泡的细流，继而破裂成细带或细线，后者又在油本身的表面张力作用下形成雾滴。

影响介质雾化效果的因素主要有：重油的黏度和表面张力，重油与雾化介质的相交角度、相对速度、接触时间和接触面积，雾化介质的用量和密度等。

在一定范围内，重油黏度与雾滴细度成反比。重油黏度愈大，破裂成的油带、油线愈粗，形成的油滴就愈大。雾化介质的速度愈小，重油黏度对雾滴细度的影响愈明显。由于重油的温度对其黏度影响较大，所以在操作时应合理控制油温，并保持油温稳定。

油流股在力和速度的作用下被破裂的程度与表面张力有关。若表面张力大，则细带在其尚未达到足够薄之前就很快折断，分离出的雾滴就粗；若表面张力小，则细带会充分伸展、变薄，断裂时产生的雾滴就细。

在一定程度上，重油与雾化介质的相交角度愈大，相对速度愈大，接触时间愈长，接触面积愈大，则雾滴愈细。其中，相对速度的影响最为明显。相对交角改变时，相对速度、接触时间和接触面积也会随之改变。

雾化介质用量愈大，动量愈大，雾滴愈细。但当雾化介质用量增加到一定限度后，雾化介质用量的增加对雾化效果的提高不明显，而动力消耗却明显增大。

雾化介质的密度与雾滴细度成正比。雾化介质的密度愈大，对油流股的冲击力愈大，雾滴就愈细。

一般来说，雾化的油滴愈细，雾滴直径的均一性和雾滴分布的均匀性也愈好。

根据雾化介质的压强大小，雾化介质可分为低压雾化、中压雾化和高压雾化三种。

低压雾化的雾化介质压强（表压）为 $3.03\sim10.13kPa$，用鼓风机鼓入的空气作为雾化介质，当其压强为 $3.03\sim7.09kPa$ 时，流速可达 $70\sim100m/s$。因其流速不是很大，需要增加雾化介质用量来保证雾化质量，所以 $65\%\sim100\%$ 的助燃空气用作雾化介质。与机械雾化相比，喷出的雾滴直径是机械雾化的 $1/10$。低压雾化喷出的火焰长度中等（最长约 3m），扩散角范围很大（$20°\sim90°$），具有一定的刚性，喷油量小；因雾化介质的预热受到限制（$<350℃$，温度太高会爆炸），所以低压雾化的燃烧效率不高，适合于助燃空气不能预热的中、小型窑炉。

中压雾化的雾化介质表压强为 $10.13\sim101.33kPa$，雾化介质用压缩空气或水蒸气，其用量约为 15% 的助燃空气量。喷出的火焰长度极短，扩散角较大，且较稳定。

高压雾化的雾化介质表压强为 $101.33\sim709.28kPa$，雾化介质用压缩空气或过热水蒸气，雾化介质的用量比中压雾化略少，雾化介质的喷出速度为 $300\sim400m/s$。高压雾化属于高压、高速气体的喷出，因此在喷口处会因绝热膨胀而使温度急剧下降，这会导致燃油黏度增大而影响雾化质量。为此，高压雾化时，雾化介质如果用压缩空气必须预热，如果用水蒸气必须是过热水蒸气。高压雾化喷出的雾滴直径 $<10\mu m$，火焰较长（$2\sim6m$），呈圆锥形，扩散角小。

（四）磁化油技术

重油的雾化质量直接影响油与空气的混合及重油的燃烧。将重油进行磁化处理是强化重油雾化的一种较好的方法。将重油进行磁化处理，使油流在可控磁石 N 极和 S 极之间流过时，在磁力线的作用下，油分子间凝聚力减弱，碳链断开，分子的尺寸变小，从而降低了油的黏度和表面张力，为提高重油的雾化质量创造了条件。试验表明，重油磁化处理 10min 后，油的黏度和表面张力降低了 1.5%。由此可见，采用磁化处理后，由于雾化质量的提高，空气系数可适当减小，重油的燃烧完全程度和燃烧效率得到提高，烧嘴不易结焦，并且对减轻大气污染（NO_x 量有所降低）也有一定作用。

三、重油烧嘴

无机非金属材料工业窑炉用重油烧嘴主要有以下几方面的要求：

① 喷出的雾滴要细而均匀，黑火头区（指燃烧前喷油流过的区域）要尽量短，不能有火花，不能污染制品或物料，油流股断面上不能有空心，雾化介质用量要少。

② 燃烧稳定，燃烧火焰要符合工艺要求，要可调节、可控制。

③ 结构要简单，便于制造、拆装、清洗和检修，要坚固耐用，不漏油、不堵塞、不结

焦，加工精度要高以保证同心角和扩散角。

④ 操作中要方便调节，且调节幅度大、精度高、噪声小。

与雾化方式相对应，重油烧嘴分为四类：机械雾化烧嘴、高压雾化烧嘴、中压雾化烧嘴和低压雾化烧嘴。其中，低压和高压雾化烧嘴按不同的特征又可进行更为详细的分类。第一，按油流与雾化介质的相对流向来分，有直流式（接近于平行相遇）、涡流式（切线方向相遇）和交流式（以一定的角度相遇）；第二，按雾化的级数来分，有一级雾化型、二级雾化型和多级雾化型；第三，按油流与雾化介质混合的位置来分，有外混式（在烧嘴外部混合）和内混式（在烧嘴内部混合）。

1. 机械雾化烧嘴

机械雾化烧嘴不需要雾化剂，重油在本身压力作用下由烧嘴喷出而雾化。燃烧所需全部空气另行供给。为了保证雾化质量，要求重油具有高的喷出速度，故要求油压高。

图 2-30 是 S_2 型机械雾化烧嘴的结构图，由旋流室和喷油嘴两部分构成。在旋流室周围设有 3～5 条可调节开度的切向进油槽。具有压力的油从进油管通过切向进油槽切向进入圆柱形旋流室，油在旋流室内呈回旋运动，按旋转和轴向两个方向迅速前进，然后经喷油嘴喷出。调节切向槽的开度可以调节喷油量和扩散角，改变火焰的形状。喷出火焰长 2～3m，扩散角为 $45°～60°$。S_2 型机械雾化烧嘴结构简单，操作可靠，只要配以合适的一次风，即可得到符合要求的火焰。其缺点是调节范围不够理想。

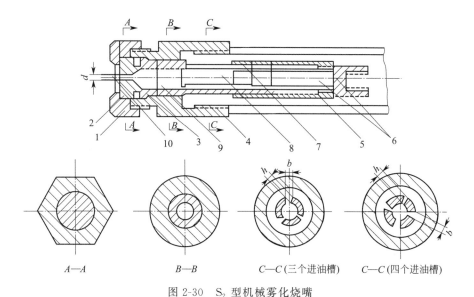

图 2-30　S_2 型机械雾化烧嘴

1—固定套；2—喷嘴；3—切向进油管；4—接头；5—调节套；6—塞杆；7—切向槽；8,9—旋流室；10—喷出管

图 2-31 是另一种机械雾化烧嘴结构图。重油经过分油道进入环形油槽，然后通过切向方向雾化槽由小孔旋转喷出。高速旋转的离心力，使重油产生很大的切向速度，与周围空气冲击和摩擦，从而得到很好的雾化，并使油流股旋转，造成与空气混合的有利条件。

2. 低压雾化烧嘴

常见的低压雾化烧嘴有 R 型、C 型、K 型、RC 型、RK 型等。图 2-32 是 R 型比例调节式多级雾化低压烧嘴的示意图。这种烧嘴中的空气三次与油流相遇，属于多级雾化，能有效改善雾化质量和调节火焰长度。空气量可通过改变第二次和第三次空气的出口断面来调节。当油量变化时，空气出口断面也会同时成比例变化，从而实现比例调节。

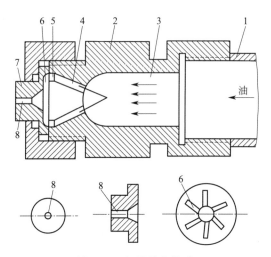

图 2-31　机械雾化烧嘴

1—油管；2—分油器；3—分油室；4—分油道（4个或6个）；5—环形油槽；6—雾化槽；7—雾化片；8—喷出口

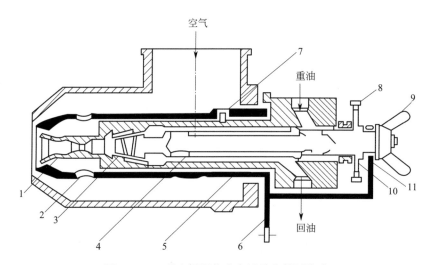

图 2-32　R 型比例调节式多级雾化低压烧嘴

1——次空气入口；2—二次空气入口；3—调节油量的通油槽；4—回油通路；5—离合器连接；
6—调节空气量的转动杆；7—导向销；8—调节油量的手柄；9—实现比例调节的拧紧旋帽；
10—油量调节盘；11—空气调节盘

　　由于 65%～100% 的助燃空气用作雾化介质，所以低压烧嘴混合条件好，燃烧所需空气系数小，一般 $\alpha=1.10～1.15$；由于混合好，低压烧嘴火焰短而清亮，扩散角大，火焰温度可达 1600℃ 以上，且温度分布均匀，燃烧稳定，调节倍数大，噪声较小。但烧嘴结构复杂，对油质要求高，需配置油压调节器和油过滤器，以保证正常操作。

　　低压烧嘴油压不宜过高，表压一般为 300～1500Pa。油压过高使油流股的喷出速度太大而不利于雾化。

　　低压烧嘴的燃烧能力不大，一般不超过 150～200kg/h。这是因为在雾化剂及油压均较低的情况下，如果再加大燃烧能力，就要增大喷出口断面，使雾化质量不易保证，且烧嘴尺寸将较大。

3. 高压雾化烧嘴

高压雾化烧嘴是用高压气体（压缩空气或过热水蒸气）作雾化剂，燃烧所需空气的绝大部分或全部由风机另行供给，所以和低压烧嘴相比，空气和重油的混合条件差，火焰较长。为保证完全燃烧，所需空气系数较大，一般 $\alpha=1.20\sim1.25$。高压雾化烧嘴的优点是只有少量气体（雾化剂）通过烧嘴，因此在烧嘴体积较小的情况下可以获得较大的燃烧能力；此外，空气预热温度不受重油受热分解的限制，可以提高助燃空气预热温度。常用的高压雾化烧嘴有外混交流式高压雾化烧嘴、外混旋流式高压雾化烧嘴及内混式高压雾化烧嘴。

外混交流式高压雾化烧嘴是高压雾化烧嘴中最简单的一种，其结构如图 2-33 所示。当进行高压操作时，压缩空气压强在 300kPa 以上，一般在 300～700kPa 范围内；低压操作时，蒸汽压强仅为 0.5～100kPa。无论采用高压或低压操作，雾化油滴平均直径均在 $100\mu m$ 以上，雾化质量较差。

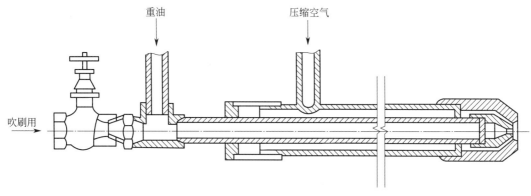

图 2-33 外混交流式高压雾化烧嘴

外混旋流式高压雾化烧嘴（GW 系列）由于在外混交流式高压雾化烧嘴喷头内部装有旋流叶片，使雾化剂在喷头内按一定角度（30°）旋转后喷出，从而改善了雾化质量。其雾化油滴平均直径小于 $100\mu m$，且火焰形状及调节性能好，结构简单，操作可靠。

内混式高压雾化烧嘴油管喷口在雾化剂喷管里面，雾化剂可以在较长一段距离内与高速油流混合，同时当油气相混时，气被油所包围，当此高压气体喷出后，由于体积膨胀而将油滴进一步破碎，即起到二次雾化的作用，因此，雾化质量好，雾化粒度一般小于 $40\mu m$，甚至可达 $10\mu m$ 左右。采用内混式高压雾化烧嘴，不但可以得到较细的油滴，而且油滴在油流股中分布均匀，有利于与空气混合，所获得的燃烧温度高、火焰短。同时，内混式高压雾化烧嘴雾化剂包围着油烧嘴，防止了由于炉膛高温辐射使重油分解析出炭粒堵塞烧嘴的现象。但是，此种烧嘴由于雾化剂在油喷口处的反压强较大，所以油压必须较高才能使油流喷出。

图 2-34 为采用拉伐尔管的内混式高压雾化烧嘴结构示意图。该烧嘴一级雾化采用拉伐尔管，雾化剂经拉伐尔管进行绝热膨胀，获得更高速度后与重油流股相遇，两者再进行二级雾化。该烧嘴雾化质量好，燃烧能力高。

GNB 系列内混式高压雾化烧嘴为我国自行设计的高压内混式烧嘴，其火焰为扁平状，主要用在燃油的玻璃池窑上。图 2-35 为 GNB-Ⅲ型内混式高压雾化烧嘴的结构示意图，其雾化原理为：向具有一定压强的油流股喷入压强相近的雾化剂，使油流变成泡沫状，再将这种泡沫状的油流从烧嘴的喷孔喷入窑内或燃烧室内，油气流中雾化剂急剧爆胀所产生的膨胀力将气膜鼓碎从而实现雾化，所以这种雾化方法又称为发泡雾化或气泡雾化。该烧嘴的喷射方向可任意选定（与烧嘴中心的取向无关），喷出的油雾滴极细，形成的火焰较软，雾化剂用

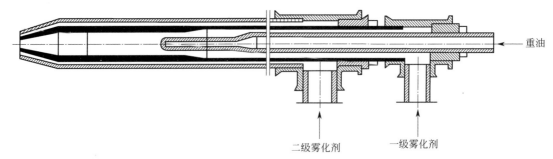

二级雾化剂　一级雾化剂

图 2-34　采用拉伐尔管的内混式高压雾化烧嘴

量较少，工作噪声较小。GNB-Ⅲ型内混式高压雾化烧嘴的结构包括油嘴、风套管、内混室、外套管、油管等，雾化剂是通过若干个小孔高速冲入喷出的油流股中。因有内混室，所以在烧嘴帽上开设喷孔不受油嘴的约束，灵活性较大。喷孔可为单孔也可为多孔，喷孔形状有圆口也有扁平口，喷孔可在中心也可在四周，还可呈几排或辐射状，具体视对火焰的要求而定，扁平火焰比圆锥火焰的传热量要大 6.3%～8.9%。该烧嘴的优点是：火焰覆盖面积大，雾化质量较好，油耗较低，烟气中 NO_x 含量较小，且操作简单，工作噪声较小，还能延长窑龄。其缺点是气压和油压要求较高、内混室易结焦、火焰不易转弯等。GNB-Ⅳ型内混式高压雾化烧嘴克服了上述部分缺点，适用于大型玻璃池窑。图 2-36 为 GNB-Ⅳ型内混式高压雾化烧嘴的结构示意图。

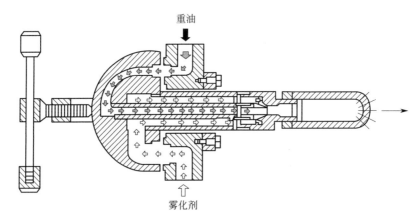

重油

雾化剂

图 2-35　GNB-Ⅲ型内混式高压雾化烧嘴

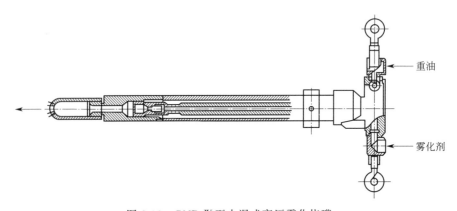

重油

雾化剂

图 2-36　GNB-Ⅳ型内混式高压雾化烧嘴

第七节　固体燃料的燃烧过程及燃烧设备

一、固体燃料的燃烧过程

无机非金属材料工业所用固体燃料主要是各种煤，煤的燃烧过程是一个复杂的物理、化学过程，它是化学动力学、气体力学、传热和传质过程的综合。固体燃料（煤）的燃烧过程一般分为准备、燃烧和燃烬三个阶段。

1. 准备阶段

准备阶段包括煤的干燥、预热和干馏。

刚被送入炉膛的煤，强烈受热升温。当温度达到 100℃ 以上时，水分迅速汽化，逸出物理水分，直至完全烘干。干燥过程所消耗的热量及需要的时间与煤中的含水量有关，水分愈多，热耗愈多，时间愈长。

干燥过程结束后，煤继续吸收热量，温度升高，这一过程称为预热。当温度上升到一定值后，便开始分解，放出挥发分，最后剩下固体焦炭，这一过程称为干馏。煤中挥发分愈多，开始放出挥发分的温度就愈低；反之，煤中挥发分愈少，开始放出挥发分的温度就愈高。如褐煤开始放出挥发分的温度最低，为 130℃ 左右；无烟煤开始放出挥发分的温度最高，约为 400℃；烟煤介于褐煤和无烟煤之间。

在这一阶段，煤的干燥、预热和干馏都是吸热过程，其热量来源于燃烧室内的高温烟气、灼热火焰、炉墙及邻近已燃着的煤。一般希望这个阶段所需要的时间愈短愈好，而影响它的主要因素除煤的性质和水分含量外，还有燃烧室的温度及燃烧室的结构等。

2. 燃烧阶段

燃烧阶段包括挥发分和固定炭的燃烧。

挥发分是由烃类化合物、H_2 和 CO 等组成的气态物质，比焦炭容易着火，因此逸出的挥发分达到一定温度和浓度时，它就先于固定炭着火燃烧。通常把挥发分着火燃烧的温度粗略地看作是煤的着火温度。挥发分多的煤，着火温度低；反之，挥发分少的煤，着火温度高。各种煤的着火温度见表 2-21。由于着火温度是燃料着火燃烧的最低温度条件，达到着火温度虽然能着火，但燃烧速度较慢，生产中为保证燃烧过程稳定，加快燃烧速度，往往要求把煤加热到较高温度，例如褐煤加热到 550～600℃，烟煤加热到 750～800℃，无烟煤加热到 900～950℃。

固定炭是煤中的主要可燃组分，是煤燃烧放出热量的主要来源，由于炭的燃烧属于多相燃烧反应，燃烧所需的时间长，且完全燃烧也较挥发分困难，因此，如何保证固定炭的完全燃烧，是组织燃烧过程的关键。

在这一阶段，要保证较高的温度条件，供给充足的空气，并要使空气与燃料混合良好。

3. 燃烬阶段

燃烬阶段也称为灰渣形成阶段。焦炭即将烧完时，煤中的矿物杂质及低熔点物质所形成的灰渣包裹其表面，阻碍了空气向里面扩散，因而使燃烧速度变得缓慢，煤中的灰分含量愈高就愈难燃烬。这一阶段的放热量不大，所需空气量也很少，但仍需保持较高的温度，给予一定的时间，并配以拨火操作措施，使灰渣中剩余的固定炭充分燃烧完全。

燃烬阶段是固体燃料所特有的阶段。液体和气体燃料没有此阶段。

二、固体燃料的燃烧方法及设备

固体燃料（煤）的燃烧方法按其在炉内或燃烧室内的状态可以分为三种：层燃燃烧法、喷燃燃烧法和沸腾燃烧法。由于层燃燃烧法的燃烧效率低、难于自动化控制以及对环境污染大等原因，在无机非金属材料工业窑炉中已经被淘汰。目前应用最多的是燃烧效率很高的喷燃燃烧法。

（一）层燃燃烧法

层燃燃烧法就是将块煤放在炉栅（也称炉篦）上铺成一定厚度的煤层进行燃烧。在层燃燃烧室中，绝大部分燃料在炉栅上燃烧，而挥发分中的可燃气体及一小部分细煤屑则在燃烧室上部空间内悬浮燃烧。层燃燃烧室一般要进行三项主要操作：加煤、拨火和除渣。所谓拨火就是拨动炉栅上的燃烧层，以平整和松碎煤层，消除"风眼"，使通风均衡顺畅，振落包在焦炭粒外面的灰渣层，促使焦炭燃烧迅速而完全。层燃燃烧加煤、拨火和除渣过程可以由人工操作，也可以由机械进行操作。

煤在层燃燃烧室的燃烧过程依次为：新加入的煤受热蒸发水分、逸出挥发分、可燃气体及焦炭的燃烧、形成灰渣。因此，燃烧室自上而下分为新煤层（即干燥、预热和干馏层）、灼热焦炭层（还原层和氧化层）及灰渣层。图 2-37 是煤的层燃燃烧室的燃烧层结构以及对应的烟气成分和温度随燃烧层高度的变化情况。

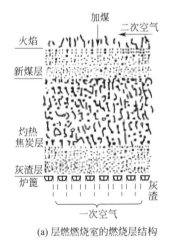

(a) 层燃燃烧室的燃烧层结构

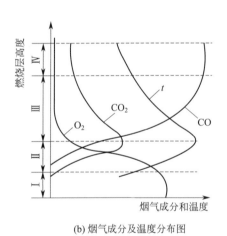

(b) 烟气成分及温度分布图

图 2-37　层燃燃烧室的燃烧层结构以及对应的烟气成分和温度变化情况

Ⅰ—灰渣层；Ⅱ—氧化层；Ⅲ—还原层；Ⅳ—新煤层

由图 2-37 (a) 可知，煤加入燃烧室后，下面受到灼热焦炭和向上流动的热气体的加热，上面受到炉腔的高温火焰和炉墙的辐射，即受到强烈的双面加热，新煤层的温度升高较快，准备阶段充分，对煤着火燃烧极为有利。灼热的焦炭层是主要的燃烧放热区域，这一区域的温度最高。炉栅上的灰渣层与自下而上进入的一次空气进行热量传递，逐渐被冷却，然后从炉栅缝隙落下而被排出。

由图 2-37 (b) 可知，当由炉栅下面进入的一次空气通过炉栅和灰渣层时被预热而升温。空气继续上升与灼热焦炭接触，空气中的 O_2 与炭进行剧烈氧化反应，生成大量 CO_2 和少量 CO，并放出大量的热；随着气流不断上升，O_2 含量不断减少，CO_2 含量不断增加，达到一定高度后，气流中 O_2 含量接近零，而 CO_2 含量达到最大值，这一区域主要进行氧化反应，因此称之为氧化层，在氧化层的末端气流温度也达到最高。

当煤层厚度大于氧化层厚度时，O_2 几乎耗尽的气流在继续上升过程中，气流中的 CO_2 与灼热焦炭接触就会发生还原反应，即 $CO_2 + C \Longrightarrow 2CO$，因此这一区域称为还原层。在还原层中，$CO_2$ 含量不断减少，而 CO 含量不断增多；还原反应是吸热反应，故气体温度逐渐降低，并且随着温度的降低，还原反应也逐渐减慢，以至于最后停止，燃烧层中的气流成分也趋于不变。

气体再继续向上流动，进入新煤层，一方面将煤加热使之干燥、预热和干馏；另一方面将煤中放出的水蒸气、挥发分等带离煤层进入燃烧室上部空间，挥发分及 CO 与煤层上方的二次空气相遇，混合着火燃烧。

氧化层和还原层的厚度主要与煤的粒度大小、挥发分和灰分的含量以及燃烧层温度等因素有关。煤的颗粒愈大，则氧化层的厚度就愈大。原因是煤的颗粒愈大，与 O_2 接触的比表面积就愈小，氧化反应速率愈慢，O_2 的消耗速度就愈慢，则氧化层的厚度就愈大。煤中的挥发分含量高时，焦炭呈疏松多孔状，与 O_2 接触的比表面积大，氧化反应速率快，则氧化层薄。煤中的灰分含量多时，使 O_2 扩散到焦炭表面的阻力增大，氧化反应速率减慢，氧化层变厚。

还应当指出的是，只要保持燃烧层稳定，即使增大鼓风量，氧化层的厚度也几乎不变。因为氧化层中温度很高，燃烧反应处于扩散区，燃烧速率取决于 O_2 的扩散速率，随着送风量的增大，C 与 O_2 的反应速率几乎不变。

煤层愈厚，从煤层逸出的可燃气体就愈多，这些可燃气体虽然可以在燃烧室或窑炉内继续燃烧，但因为混合条件的限制，总是难以完全燃烧，所以煤层应适当薄一些，但也不宜太薄，否则易引起煤层通风不均，甚至出现"风眼"，空气未参与燃烧就穿过"风眼"进入燃烧室空间；同时，煤层过薄时，由于蓄热量小，不易保持燃烧层内的高温，因此也不利于着火和燃烧。实际操作时，煤层厚度均大于氧化层厚度。

从上述层燃燃烧的燃烧过程可知，一次空气主要是供给焦炭的燃烧，二次空气则是供给挥发分、CO 以及部分被气流扬起的细小煤粒等的燃烧。显然，煤层愈厚，所需要的二次空气量也愈大。为保证人工操作层燃燃烧室的完全燃烧，常采用较大的空气系数，一般地，$\alpha = 1.3 \sim 1.7$。而二次空气量一般为全部空气量的 $10\% \sim 15\%$。

另外，煤层厚度的改变，也将会引起煤的燃烧方式的改变及燃烧产物成分的变化。当煤层较薄、空气量较充分时，通过燃烧反应获得大量的 CO_2，而 CO 含量很少，同时由于二次空气从燃烧室空间送入，使逸出的挥发分、CO 以及部分被气流扬起的细小煤粒等可燃物进一步燃烧，获得完全燃烧的烟气送入窑炉内，此种燃烧方法称为煤的完全燃烧。

当煤层厚度增加、空气量不太充分，并且燃烧室的上部空间没有二次空气的供给时，气流中 CO_2 被还原生成的 CO 以及挥发分等可燃气体进入窑炉内，并在窑炉内进一步燃烧，此种燃烧方法称为半气化式燃烧。

当煤层继续增厚、空气量不足，并且燃烧室的上部空间没有二次空气的供给时，则 CO_2 与 C 的还原反应加剧，CO 量逐渐增大，从而获得发生炉煤气，此种燃烧方法称为气化式燃烧。

（二）喷燃燃烧法

1. 煤粉喷燃燃烧过程

煤的喷燃燃烧法是先将煤磨成一定细度的煤粉，然后随空气喷入燃烧室或窑炉内进行悬浮燃烧。目前，我国水泥厂的回转窑主要以煤为燃料，并且全部采用煤粉的喷燃燃烧法。

为了减少煤粉燃烧过程中因煤中多余水分的蒸发吸热所造成的热损失及其对煤粉燃烧过

程中的其他不利影响，在制备煤粉过程中，要对其进行烘干，以便尽可能地去掉煤中的水分。所以煤磨要具备烘干和粉磨的双重功能，常用的煤磨是风扫式球磨或立磨。球磨的结构简单，操作可靠，对煤种的适应性好；立磨设备体型小，系统简单，噪声低，单位电耗低，但不宜磨硬质煤。

　　煤粉随空气喷入燃烧室或窑炉后呈悬浮状态，一边随气流向前流动，一边依次进行干燥、预热、挥发物分馏和燃烧、固定炭燃烧及燃烬等过程。煤粉受热着火时，首先是挥发分逸出并燃烧，其次是焦炭粒子燃烧，焦炭粒子的燃烧速度相对来说要缓慢一些。煤粉燃烧所需要的空气一部分随煤粉一起喷入燃烧室或窑炉，这部分空气称为一次空气或一次风；另一部分则需单独供给，单独供给的空气称为二次空气或二次风。煤粉在水泥回转窑内的燃烧过程如图 2-38 所示。

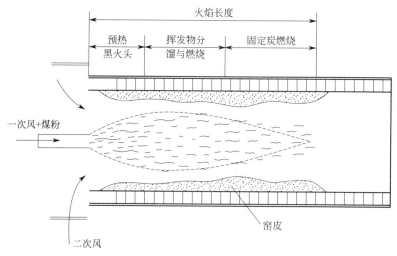

图 2-38　煤粉在水泥回转窑内的燃烧过程示意图

　　为改善喷燃的燃烧条件，合理控制燃烧过程，煤粉喷燃时应注意以下几点：

　　（1）一、二次空气的比例要合适　　一次空气的作用是形成风煤流股，携带煤粉进入燃烧室或窑炉内，并供分馏出的挥发物燃烧之用；二次空气则主要供焦炭燃烧之用。因此一次风量主要取决于煤粉中挥发分的含量。挥发分多的煤粉，若一次风量少，燃烧速度就减慢，会使火焰拉长。但是，一次空气量大，将煤粉与一次空气的混合物加热到着火温度所需的热量就大，含煤粉气流较难着火；为防止煤粉在烧嘴内发生爆炸，一次空气一般不进行预热。所以在保证能完成其作用的前提下，一次空气的比例愈小愈好。对于水泥工业的悬浮预热器窑和窑外分解窑，一次空气的比例一般小于 15%。

　　（2）恰当的一、二次空气的温度　　适当提高一次空气的温度，对煤粉着火和燃烧有利，但一次空气的温度应控制在 150℃ 以下，以防止煤粉在烧嘴内发生爆炸。二次空气的温度愈高对燃烧愈有利，其预热温度不受限制。

　　（3）控制适当的空气系数　　空气系数的大小将影响燃料的完全燃烧程度、燃烧温度、热量利用率以及烟气量等，因此，在保证煤粉完全燃烧的前提下，空气系数 α 取最小值。对于水泥回转窑，α 一般为 $1.05\sim1.10$。

　　（4）控制合适的一次空气喷出速度　　煤粉和一次空气的混合物从烧嘴喷出到着火燃烧所流动的轨迹，形成黑火头；着火以后，炽热的炭粒所走过的轨迹，形成明亮的火焰。煤粉喷燃的火焰示意图如图 2-39 所示。对于水泥回转窑，黑火头长则使回转窑的传热面积减小，对水泥熟料的产量和质量不利；黑火头过短则冷却带短，熟料离窑的温度提高，增加冷却机的负荷。

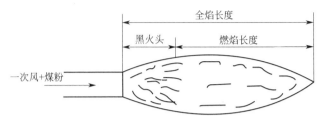

图 2-39　煤粉喷燃的火焰示意图

若其他条件不变，一次空气喷出速度（简称一次风速）愈大，黑火头愈长；当一次风速过大时，会产生脱火现象，甚至会造成熄火。但一次风速也不可过小，否则会产生回火现象，因此一次风速应大于煤粉的火焰传播速度。

对于挥发分含量低、不易着火的煤，一次风速应小一些，以免黑火头拉得过长；对于挥发分含量高、容易着火的煤，一次风速应大一些，以加速燃烧，提高火焰温度。

一次风速增加，一方面能增加煤粉单位时间的有效射程，可使火焰伸长；另一方面又强化了焦炭粒子与二次风的混合，有利于加速炭粒的燃烧，可使火焰缩短。因此在实际操作中，一次风速变化时，火焰长度的变化应视两者因素的影响程度而定。

对于水泥回转窑，一次风速一般控制在 $40\sim80\text{m/s}$。

（5）制备细度合格、粒度均匀的煤粉　煤粉细，燃烧迅速完全；粒度均匀即含粗粒煤粉少，有利于完全燃烧。但是，煤粉过细，会降低煤磨产量，增加煤磨电耗。对于水泥回转窑而言，若煤粉过细，会使燃烧速度加快，窑头高温带火焰较短，产生短焰急烧，使水泥熟料煅烧时间不足，影响熟料质量。所以为满足工艺要求、保证水泥熟料质量，煤粉的粒度应控制在 $50\sim70\mu m$ 范围内。一般地，水泥回转窑的煤粉细度控制在 0.08mm 方孔筛筛余 $8\%\sim15\%$ 左右。

对于挥发分高的煤或质地疏松的煤，其粒度可以稍大些；无烟煤或硬质煤，粒度应小些。

（6）使用合适的煤粉烧嘴　合适的煤粉烧嘴能加强风煤混合，加速燃烧，提高传热，使火焰保持一定的形状。

（7）燃烧室空间的大小和形状要适当　要有适当大小和形状的燃烧室空间，使煤粉在其中有足够的停留时间以保证其能充分燃尽。

2. 煤粉喷燃燃烧设备

煤粉喷燃燃烧设备主要是喷射式烧嘴（亦称为煤粉喷嘴）。喷射式烧嘴的作用，一方面是使一次空气和煤粉得到很好的混合，并通过它喷到炉膛或窑炉内燃烧；另一方面是使煤、风混合物具有一定的喷射速度，以保持一定的火焰长度和火焰形状，这对水泥回转窑中煤粉燃烧尤为重要。

根据一、二次风的流动特点，煤粉烧嘴可分为旋流式和直流式两大类。

（1）旋流式煤粉烧嘴　在旋流式煤粉烧嘴内，装有使气体产生旋转运动的导流叶片。当空气通过烧嘴时，由于烧嘴内叶片的导向作用，产生强烈的旋转。其中有一次风或二次风单独旋转，也有一、二次风同时旋转。导流叶片有固定和可调节两种。

图 2-40（a）所示是一种可调的轴向叶片旋流式煤粉烧嘴。由于它的一次风壳装有蘑菇状扩散锥，当一次风携带煤粉流经一次风壳进入炉膛时，便向四周扩散。二次风壳的锥体内

装有二次风叶轮，它使二次风流过时产生强烈的旋转。叶轮的位置可以通过拉杆进行调整，当叶轮拉出时，叶轮和二次风壳的圆锥形壳壁之间出现了间隙，一部分二次风就从间隙里直流而过，因而它不旋转。这股直流二次风和流出的旋流二次风混合在一起，使其旋流强度有所减弱。因此，通过调节叶轮的位置，可以调节二次风的旋转强度。喷油嘴供燃烧室点火用。

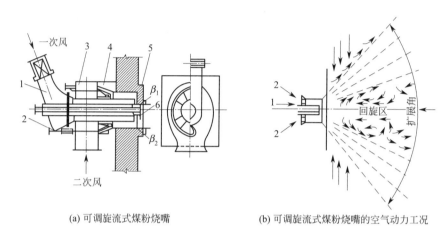

(a) 可调旋流式煤粉烧嘴　　　　　　　　　　(b) 可调旋流式煤粉烧嘴的空气动力工况

图 2-40　可调旋流式煤粉烧嘴及其空气动力工况

1——次风壳；2—调整叶轮位置的拉杆；3—二次风壳；4—二次风叶轮；5—喷油嘴；6—扩散锥

二次风旋转流出烧嘴后，带动一次风一起旋转，由于旋转气流的离心作用，流股便迅速向外扩张成圆锥面，如图 2-40（b）所示。旋转流股的扩展，使火焰在炉膛内充满程度好，而且因烧嘴中心附近形成负压区，可将离烧嘴较远的高温烟气吸到煤粉气流根部，促使煤粉着火燃烧，这种现象称为卷吸现象。旋流流股因卷吸了烟气，其轴向速度迅速减弱，所以它的射程较短。这种烧嘴喷出气流的旋转强度易于调节，有利于燃烧情况的调整。

旋流式煤粉烧嘴适用于煤粉在燃烧室中燃烧。

（2）直流式煤粉烧嘴　根据风道的个数，直流式煤粉烧嘴可分为单管直流式（又称单风道式）和多风道式。

单管直流式煤粉烧嘴结构非常简单，只有一个风煤通道，如图 2-41 所示。

(a) 拔哨型　　　　　　　　　(b) 拔哨导管型　　　　　　　　　(c) 风翅型

图 2-41　单管直流式煤粉烧嘴的形式

图 2-41（a）为拔哨型（又称缩口型）单管直流式煤粉烧嘴。因其出口有一节 1°～6° 的缩口（也称拔哨），气流喷出速度较大。由于喷射流的作用，一、二次风与煤粉的混合程度较好，燃烧速度较快。火焰形状短粗，不大规则，有时会损伤水泥回转窑的窑皮或燃烧室衬料。

图 2-41（b）为拔哨导管型，在拔哨型烧嘴前再加一节平流管，使喷出的风煤气流有一定的平整度，因而火焰长且较规则。

图 2-41（c）为风翅型，为加速风、煤的混合，在喷煤管内加装一段风翅，翅片与管壁

中心线呈 $7°\sim30°$ 角，使喷出的风、煤气流旋转。它吸取了旋流式烧嘴的优点，可增强煤流股与二次风的混合，有利于燃烧。但火焰短粗、角度大而刷窑衬，易使水泥回转窑窑皮温度过高而受损伤。

采用单管直流式煤粉烧嘴时，水泥回转窑的火焰形状一般是固定的，无法调整；火焰纵向位置的调整只有依靠烧嘴沿纵向的前后移动来完成；一次风量较大，一般为助燃空气量的 $20\%\sim30\%$，一次风速只有 $40\sim70\mathrm{m/s}$（个别可达 $90\mathrm{m/s}$）。

随着水泥窑外分解技术的发展，水泥回转窑的单机产量增大以及为了适应煤质的变化，近年来在水泥回转窑上，单管直流式煤粉烧嘴已全部被多风道煤粉烧嘴所取代。

（3）多风道煤粉烧嘴（或称多通道煤粉烧嘴）

多风道煤粉烧嘴是将一次空气分成多股喷出，各有不同的风速和方向，从而形成多个通道。目前多风道煤粉烧嘴主要有三风道煤粉烧嘴和四风道煤粉烧嘴两种，应用最广泛的是三风道煤粉烧嘴。

图 2-42 是一种三风道煤粉烧嘴的结构示意图。这种喷煤管的内、外两个通道为净风道，分别称为内风通道和外风通道。内风通道出口端装有旋转叶片，所以内净风又称为内旋转风，内风旋转流动有助于风、煤混合。外风通道为直流的环状通道以保持直流风与高风速，从而保证火焰有一定的长度、形状和刚度，因此外净风又称为外轴流风。这是因为水泥回转窑生产工艺对窑内火焰的长度、形状和刚度有一定的具体要求：火焰太短，局部温度过高，会在冷却带造成前结圈（或称熟料圈）；反之，火焰太长，会使大量未燃煤粉达到窑内过渡带尾端而造成后结圈（或称煤粉圈），而且还有熄火的危险。若火焰的外焰面不直、不畅通，旋转起来还有刮掉窑皮的危险（窑皮是回转窑内烧成带窑衬表面的烧结熟料层，它对于耐火衬料有保护作用）。内风和外风之间的通道为输送煤粉的通道，称为煤风通道。煤风处于内净风和外净风之间，有利于煤、风之间的混合，避免火焰中心缺氧的现象，从而有利于煤粉的完全燃烧。各个通道出口处一般设有钝体，钝体起到火焰稳定器的作用，能加强高温烟气

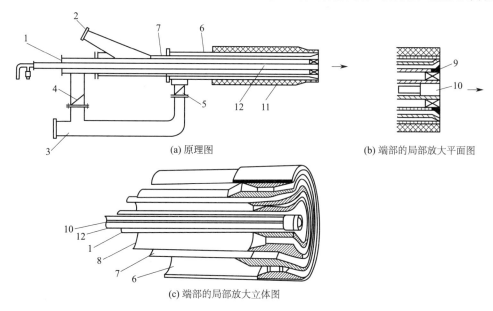

(a) 原理图　　(b) 端部的局部放大平面图

(c) 端部的局部放大立体图

图 2-42　三风道煤粉烧嘴的结构示意图

1—调节器；2—煤风入口；3—净风管道；4—内风调节阀门；5—外风调节阀门；6—外风通道；
7—煤风通道；8—内风通道；9—钝体；10—燃油点火器；11—耐火保护层；12—供油管

的回流，保持煤粉着火燃烧所需的高温。此外，还设有一个调节器和一个燃油点火器。通过旋转调节器的手柄，改变内风与外风的风速比和风量比，从而能灵活调节火焰形状与燃烧强度以满足不同的温度分布要求，例如，内旋流风大，火焰就短而粗，反之火焰就被拉长。燃油点火器通常设置在三通道煤粉烧嘴的中间，因为煤粉不易点火燃烧，而油易点火，燃油点火器的作用就是先点燃油，喷油燃烧一段时间后温度足够高时再喷入煤粉就可点燃煤粉，随后实现煤粉的正常燃烧。

图 2-43　三风道煤粉烧嘴的喷口端面

水泥回转窑上使用的三风道煤粉烧嘴的喷口端面多采用如图2-43 所示的结构。内、外风的出口为多个沿圆周分布的小喷口，喷出的外风为喷射风，其作用是减小喷出口面积来提高净风喷出速度，或者在保持一定喷出速度的情况下能减少净风量，从而减少不能被预热的一次风量。这种烧嘴的一次风比例为 $6\%\sim8\%$（其中，外直流风占 $1.6\%\sim2\%$、煤风占 $2\%\sim3\%$、内旋流风占 $2.4\%\sim3\%$）。外直流风速可高达 $130\sim350\mathrm{m/s}$；中间煤风速约为 $28\mathrm{m/s}$；内旋流风速为 $140\sim160\mathrm{m/s}$。

四风道煤粉烧嘴是在三风道煤粉烧嘴结构的基础上，在烧嘴中心增加了中心风通道。图 2-44 为德国洪堡公司的 PYRO-JET 窑用四风道煤粉烧嘴原理及结构图，其中心风量约为 $100\mathrm{m^3/h}$。

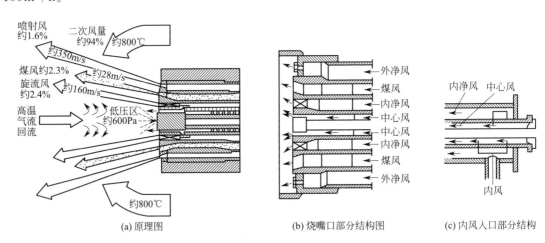

图 2-44　PYRO-JET 窑用四风道煤粉烧嘴原理及结构图

四风道煤粉烧嘴与三风道煤粉烧嘴相比较，主要特点如下：

① 从烧嘴中心风通道喷出的小量中心风，能防止回流气体中的粉尘堵塞喷口，并使窑内火焰更稳定，延长烧嘴的使用寿命，降低 NO_x 生成量，保护窑皮和延长耐火衬料的寿命，改善水泥熟料质量；

② 在保证各项优良性能的同时，一次风量可以降到 $4\%\sim7\%$，一次风速可以提高到 $300\mathrm{m/s}$ 以上，以增大燃烧器端部的推力；

③ 各风道之间采用很大的风速差，以充分发挥高温气流的卷吸效应和回流效应，确保煤粉着火所需的高温条件。

因此，四风道煤粉烧嘴更加有利于对低质、低活性燃料的利用，包括贫煤、无烟煤、多灰分劣质煤以及石油焦等可燃废弃物，也有利于降低 NO_x 的生成量。

（三）沸腾燃烧法

沸腾燃烧是基于固体颗粒流态化技术，将其应用于碎煤燃烧的一种燃烧方法，它是利用空气动力作用使煤在沸腾状态下完成传热、传质和燃烧过程。由于它具有强化燃烧、传热效率高、能燃烧石煤及煤矸石等劣质燃料的优点，在烘干机沸腾燃烧室作为一种节能技术，已在建材工业得到广泛的应用。

1. 沸腾燃烧的过程

燃煤在沸腾燃烧室中的燃烧过程与层燃或喷燃有着明显的区别。块煤先要经锤链式破碎机破碎为粒度在 0.5～10mm 之间的碎煤。沸腾燃烧室底部安装有布风板炉栅，碎煤经喂料口投放到布风板炉栅上，布风板下部空间为风室，空气由此向上吹送。

当空气以较低速度通过燃烧层时，由于碎煤重力大于气流推力，碎煤颗粒就静止在布风板上。当送风速度增大到一定值（称为临界速度）后，碎煤层的稳定性受到破坏，煤颗粒被风吹起，颗粒之间的空隙加大，碎煤层在一定高度范围内上下翻腾，形成松散的沸腾状态。当新煤加入时，其中小颗粒的煤很快被风吹起，在炉膛内进行热交换并着火燃烧；颗粒较大的煤能较长时间在炉膛内上下翻滚沸腾，与其他煤颗粒及空气混合、碰撞后，形成细小的煤粒燃烬或随烟气流带走。所以，煤颗粒能悬浮在空气中，受热完成干燥、预热、干馏、挥发分燃烧、焦炭的燃烧及燃烬等过程。燃烧产生的烟气及细小的灰渣随烟气一起从燃烧室的喷火口流出，直接进入烘干机，而大部分灰渣则由排渣口排出燃烧室外。

若通过燃烧层的空气流速过快（或布风板炉栅下风压过大）时，细小的煤粒可能来不及燃烧就被气流带走，造成不完全燃烧损失。因此，合理的送风速度应该是在保证良好沸腾和强烈扰动的条件下，既可以避免细小的煤粒被风吹走，又能使粗煤粒在沸腾燃烧室内停留较长的时间。

2. 沸腾燃烧室的组成及构造

沸腾燃烧室主要由供煤系统、鼓风系统和燃烧室等几部分组成。图 2-45 是一种沸腾燃烧室的结构示意图。

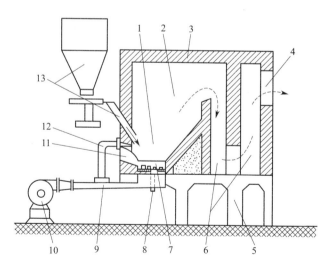

图 2-45　沸腾燃烧室结构示意图

1—沸腾层；2—悬浮层；3—炉体；4—烟气出口；5—支架；6—U 形燃烬室；7—布风装置；8—冷渣管；
9——次风管；10—风机；11—前炉门；12—二次风管；13—喂煤系统

供煤系统由锤链式破碎机、斗式提升机、喂煤仓、喂煤机和喂煤管等组成。原煤经锤链式破碎机细碎后，由斗式提升机输送到碎煤仓中贮存，煤仓下有控制下料的闸门，并由喂煤机调节喂煤量，经喂煤管直接投入沸腾燃烧室中。

鼓风系统由离心式风机、一次和二次风管、风室、布风板及风帽等组成。由风机鼓入的空气，一部分经一次风管进入燃烧室底部的风室后，由布风板经风帽进入炉膛；另一部分直接通过二次风管进入燃烧室。布风板上开有许多密集的小孔，小孔上装有风帽，风帽在侧面开孔，空气送入方向与炉内上升气流相垂直或交叉。布风板底板上设有一或二个排渣口，最后合并成一个排渣管，将灰渣排出燃烧室。排渣管为防止漏风，需设置锁风装置。

3. 沸腾燃烧的特点

煤在沸腾燃烧室中燃烧时，煤粒之间的相对运动十分激烈，它们不断地更新燃烧表面，因此煤粒与空气之间能充分混合。空气系数为 1.1 时就能得到充分的燃烧，并且燃烧非常迅速。新加入的煤粒能很快被燃烧着的大量炽热粒子所包围，迅速升温、着火和燃烧。所以，沸腾燃烧室是一种强化燃烧设备。

在正常情况下，沸腾燃烧热效率可达 95% 以上；燃烧温度稳定，可保持在 960～1050℃范围内；对燃料的适应性强，可充分利用各种劣质煤；沸腾燃烧室结构简单，操作灵活，易于调节，自动化程度高，并且操作环境好。

但是，沸腾燃烧室空气动力消耗大，烟气中飞灰较多；操作不当时，烟气中含有较多的可燃物，不完全燃烧造成的热损失大；当煤的结焦性强时，会给排渣带来一定的困难。

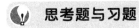 **思考题与习题**

思考题

2-1　固体燃料的组成为何要用四种基准表示？它们各适用于哪些场合？

2-2　工业用燃料有哪几种？各具有什么特性？各种燃料分别适用于什么样的窑炉？

2-3　什么是空气系数？空气系数的大小对窑炉的热工制度有什么影响？

2-4　什么是燃料的发热量？高、低发热量有什么区别？

2-5　"燃料的发热量越高，其理论燃烧温度和实际燃烧温度也越高。"试分析该说法是否正确并说明原因。

2-6　试提出工业窑炉中强化燃烧过程的主要途径。

2-7　影响实际燃烧温度的因素有哪些？如何提高实际燃烧温度？

2-8　煤粉喷燃燃烧时，应注意哪些事项？

2-9　燃料燃烧的节能措施有哪些？

习题

2-1　已知烟煤的干燥无灰基组成（质量分数/%）为：

C_{daf}	H_{daf}	O_{daf}	N_{daf}	S_{daf}
82.4	6.0	9.2	1.7	0.7

测得空气干燥基水分 $M_{ad}=3\%$，灰分 $A_{ad}=15\%$，收到基水分 $M_{ar}=5\%$，计算：

（1）1kg 干燥无灰基煤折合为空气干燥基煤、收到基煤时，各为多少千克？

（2）收到基的组成（质量分数）。

2-2　已知重油的组成（质量分数/%）为：

C	H	O	N	S	M	A
87.0	11.5	0.1	0.8	0.5	0.07	0.03

设某窑炉在燃烧时空气系数为 1.2，用油量为 200kg/h，计算：

（1）每小时实际空气用量（Nm³/h）；

（2）每小时实际烟气生成量（Nm³/h）；

（3）实际烟气组成体积分数。

2-3　某窑炉使用发生炉煤气为燃料，其实际组成（体积分数/%）为：

CO_2	CO	H_2	CH_4	C_2H_4	O_2	N_2	H_2S	H_2O
5.6	25.9	12.7	2.5	0.4	0.2	46.9	1.4	4.4

燃烧时空气系数 $\alpha = 1.1$，计算：

（1）燃烧所需实际空气量（Nm³/Nm³ 煤气）；

（2）实际烟气生成量（Nm³/Nm³ 煤气）；

（3）实际烟气组成体积分数；

（4）实际烟气在标准状态下的密度。

2-4　上题当高温系数 $\eta = 85\%$，空气、煤气均为 20℃时，计算实际燃烧温度。若空气预热至 1000℃时，实际燃烧温度较不预热时提高了多少？

2-5　已知煤中含 $C_{ar} = 70.1\%$，$M_{ar} = 6.9\%$，$A_{ar} = 8\%$，忽略煤中 N 及 S，燃烧后测得干烟气成分（体积分数/%）为：

CO_2	O_2	CO	N_2
10.5	8.6	0.5	80.4

计算煤中 H_{ar} 和 O_{ar} 的质量分数。

2-6　某窑炉用煤为燃料，其收到基组成（质量分数/%）为：

C_{ar}	H_{ar}	O_{ar}	N_{ar}	S_{ar}	M_{ar}	A_{ar}
78.0	4.0	3.6	1.4	1.0	5.0	7.0

实际测定燃烧后的干烟气组成（体积分数/%）为：

CO_2	O_2	N_2
13.4	6.1	80.5

煤灰中含碳 30%，灰分 70%，计算：

（1）燃烧所需实际空气量（Nm³/kg）；

（2）实际烟气生成量（Nm³/kg）；

（3）空气系数 α 值。

第三章
传热原理

传热学是研究不同温度的物体或同一物体具有不同温度部分之间热量传递规律的学科。热量传递是自然界和工程技术中极为普遍的一种能量转移过程。生活中的穿衣御寒、烧水煮饭等无不涉及传热现象。在技术领域中，动力、建材、机械、化工、冶金、建筑、环保、宇航及能源工程等也都离不开传热过程。因此，研究热量传递原理，来解决所遇到的传热问题，是非常必要的。

无机非金属材料工业热工过程所涉及的传热问题，归纳起来，有下列三种情况：第一类是尽量增强传热，如换热器的设计，需要提高换热效率以达到强化传热、减少换热面积的目的；第二类是尽量减弱传热，如窑体散热，需要削弱传热以减少散热损失；第三类是控制传热过程，如窑内制品烧成温度制度的控制，需要使制品按预定的烧成温度制度进行，以获得高质量产品。因此，掌握传热的基本原理，熟悉热工设备内的传热特点，运用各种有效措施强化有益传热、削弱有害传热，实现优质、高产、低消耗和低成本的目的。

根据传热机理的不同，传热有三种基本方式：传导传热（简称导热）、对流和热辐射。

导热是指由于物体各部分的直接接触、弹性波的作用、原子或分子的扩散以及自由电子的扩散等所引起的能量转移。其特点是物体各部分之间不发生宏观的相对位移，也没有能量形式的转换。

对流是指由于各部分发生相对位移而引起的能量转移。它只能发生在流体中，并且在对流的同时流体各部分之间还存在着导热。当流体流过固体壁面时，与壁面之间的热量传递称为对流换热。对流换热是对流和导热两种方式联合作用的结果。实际上不可能有单纯的对流现象，因此，本章只研究对流换热的规律，而不讨论单纯的对流。

热辐射是指通过电磁波来传递能量的过程。自然界中所有的物体，温度在 0K 以上时，都不停地向四周发射辐射能，同时又不断地吸收其他物体射来的辐射能。发射和吸收过程的综合结果造成了物体间的辐射传热。热辐射不需要任何媒介物，在真空中也能进行。辐射换热不仅产生能量的转移，而且还伴随着能量形式的转化，即从热能转化为辐射能，再从辐射能转化为热能。因此，热辐射与导热和对流有着本质上的区别。

不同的传热方式有不同的传热规律，因此，必须分别研究每一种传热规律。在实际生产和生活中，三种基本传热方式往往不是单独进行的，多数情况是两种或三种基本传热方式同时存在，即综合传热。

第一节　导热

一、导热的基本概念

热量的传递和温度的分布有着密切的关系，因此在研究传热问题时，首先必须建立与温度分布有关的基本概念。

1. 温度场

温度场是指在某一时刻物体或系统内各点温度分布的总称。温度场中各点的温度是空间坐标和时间的函数，其数学表达式为：

$$t = f(x, y, z, \tau) \tag{3-1}$$

式中 t——温度，℃；

x、y、z——直角坐标系中的空间坐标；

τ——时间。

由式（3-1）可知，温度场可按与时间和空间坐标的关系进行分类。按与时间的关系，可分为稳定温度场和不稳定温度场两种。稳定温度场是指与时间无关的温度场，即温度场中各点的温度不随时间变化而变化，$\frac{\partial t}{\partial \tau} = 0$，它只是空间坐标的函数，其数学表达式为：$t = f(x, y, z)$。不稳定温度场是指各点的温度随时间变化而变化的温度场，即 $\frac{\partial t}{\partial \tau} \neq 0$，式（3-1）即为其数学表达式。实际上，绝对稳定的温度场是不存在的，但如果在所研究的时间内温度相对保持稳定，则可近似视为稳定温度场。对于连续稳定生产的窑炉如玻璃池窑、隧道窑、水泥回转窑等的窑体可以视为稳定温度场，而刚点火升温或停火冷却时的窑炉以及间歇生产的窑炉（如坩埚窑、梭式窑等）的窑体可视为不稳定温度场。

温度场按与空间坐标的关系，又可分为一维温度场、二维温度场和三维温度场三种。一维温度场的数学表达式为 $t = f(x, \tau)$；二维温度场的数学表达式为 $t = f(x, y, \tau)$；三维温度场的数学表达式为 $t = f(x, y, z, \tau)$。因此，一维稳定温度场可以表示为 $t = f(x)$。

2. 等温面和等温线

在温度场中，把同一时刻具有相同温度的各点相连接，得到的一个面称为等温面。等温面与任一平面相交的交线称为等温线。不同的等温面与同一平面相交，则在这个平面上得到一组相应的等温线。

温度场中同一点上不可能同时存在两个不同的温度，所以不同温度的等温面或等温线彼此是不可能相交的。在同一等温面上由于没有温度变化，因此也就没有热量的传递，热量传递只发生在不同的等温面之间。

3. 温度梯度

在温度场中，只有穿过等温面的方向才能观察到温度的变化，显然在单位长度上温度变化最显著的方向是沿着等温面的法线方向。如图 3-1 所示，$t - \Delta t$、t 和 $t + \Delta t$ 分别为某温度场内相邻的三个温度依次升高的等温面（线），其温差为 Δt，n 方向为等温面的法线方向，沿法线方向两等温面间的距离为 Δn。两等温面间的温度差 Δt 与其法线方向的距离 Δn 之比值的极限称为温度梯度，记为 $\mathrm{grad}\,t$，单位为℃/m，即

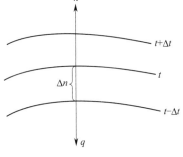

图 3-1 温度梯度示意图

$$\mathrm{grad}\,t = \lim_{\Delta n \to 0} \frac{\Delta t}{\Delta n} = \frac{\partial t}{\partial n} \tag{3-2}$$

温度梯度是一沿等温面法线方向的矢量，其正方向为温度升高的方向。所以，温度梯度表示温度场中某一点在等温面法线方向的温度变化率。

温度梯度的负值"$-\mathrm{grad}\,t$"称为温度降度，它的数值与温度梯度相等而方向相反。

对于一维稳定温度场，温度梯度的数学表达式为：

$$\mathrm{grad}t = \frac{\mathrm{d}t}{\mathrm{d}x}(\text{℃}/\mathrm{m}) \tag{3-2a}$$

4. 热流密度和热流量

温度场内有温度差存在时，热量将从高温向低温传递。单位时间内通过单位面积传递的热量称为热流密度，又称为热流通量，用符号"q"表示，单位为 $\mathrm{W/m^2}$。热流密度也是矢量，正方向为温度降低的方向，即与温度梯度的方向相反，如图 3-1 所示。

单位时间内通过某一给定面积传递的热量称为热流量，又称为传热量，用符号"Q"表示，单位为 W。热流量也是矢量，正方向为温度降低的方向，即与热流密度的方向相同。

显然，热流密度与热流量的关系可用下式表示：

$$Q = qF \tag{3-3}$$

式中，F 为与热流密度方向相垂直的传热面积。

5. 稳定传热和不稳定传热

发生在稳定温度场中的传热过程称为稳定传热。其特点是热流密度和热流量不随时间变化而变化，即 $\frac{\partial q}{\partial \tau}=0$，$\frac{\partial Q}{\partial \tau}=0$。稳定传热时，传入的热量必定等于传出的热量。

发生在不稳定温度场中的传热过程称为不稳定传热。其特点是热流密度和热流量随时间变化而变化，即 $\frac{\partial q}{\partial \tau}\neq 0$，$\frac{\partial Q}{\partial \tau}\neq 0$。物体的加热和冷却过程即为不稳定传热。

二、导热的基本定律——傅里叶定律

1822 年，法国数学物理学家傅里叶（Fourier）通过大量的实验研究得出了导热的基本定律，即傅里叶定律：导热的热流密度与温度梯度成正比。其数学表达式为：

$$q = \frac{Q}{F} = -\lambda\frac{\partial t}{\partial n} \tag{3-4}$$

式中，λ 为正比例系数，旧称导热系数，现称热导率，$\mathrm{W/(m \cdot ℃)}$。

由于热流密度与温度梯度均为矢量，并且方向相反，因此式（3-4）中出现负号。

由傅里叶定律可知，解决导热问题的关键是了解物体内部的温度场，确定温度梯度。

三、热导率

热导率是衡量物质导热能力的一个物理量，是物质的一个重要热物性参数。由式（3-4）可得：

$$\lambda = \frac{q}{-\dfrac{\partial t}{\partial n}} \tag{3-5}$$

可见，热导率的数值就是物体内温度梯度为 $-1℃/\mathrm{m}$ 时的热流密度值。

各种物质的热导率都是用实验方法测得的。测定热导率的方法分为稳定态法和非稳定态法两大类，傅里叶定律是稳定态法测定的基础。常用金属材料、耐火材料、隔热材料和建筑材料的热导率列于附录三中，烟气的热导率列于附录四中，干空气的热导率列于附录五中。但必须指出，这些数据往往与实际使用情况有出入，应参照具体条件（如温度、压力、湿度等）加以修正，对于精度要求较高的热工计算，热导率的值应通过实验测定。

（一）影响热导率的因素

热导率的大小主要取决于物质的种类和温度，此外还与物质的湿度、密度及压强等因素有关。

1. 物质的种类

不同物质的热导率相差很大，一般来说，纯金属的热导率最大，合金次之，再次为非金属材料和液体，而气体的热导率最小。

2. 温度的影响

实验证明，大多数固体材料的热导率与温度大致呈线性关系，即

$$\lambda_t = \lambda_0 + bt \tag{3-6}$$

式中　λ_t——$t\,℃$时的热导率，$W/(m \cdot ℃)$；

　　　λ_0——$0\,℃$时的热导率，$W/(m \cdot ℃)$；

　　　b——温度系数。

b 值有正有负。当 $b < 0$ 时，材料的热导率随温度升高而减小；当 $b > 0$ 时，材料的热导率随温度升高而增大。

在实际计算中，对于稳定导热，热导率的数值可取平均热导率。取物体两端面温度 t_1、t_2 的算术平均值，并把它当作常数处理，即

$$\lambda_{av} = \lambda_0 + b \frac{t_1 + t_2}{2} \tag{3-7}$$

3. 湿度的影响

材料的空隙越多，越容易吸收水分，水分的热导率比空气的热导率约大 24 倍，而且水分从高温区向低温区迁移也携带热量，所以湿材料的热导率比相同干材料的热导率大。尤其对于多孔材料，其热导率受湿度的影响很大。

4. 密度的影响

材料内部的孔隙率越高，密度就越小。由于空气的热导率很小，故对于同种材料，密度越小，其热导率也越小。

一般地，绝热性能良好的材料，多是孔隙率高、密度小的轻质材料。但要注意，若材料的空隙多且连成较大的孔洞或缝隙，则可能使其中介质对流作用增强，反而使热导率增大。

5. 压强的影响

物体的种类、状态和性质不同，压强对热导率的影响也有所不同。

在分析固体物质的导热性能时，除了上述各项影响因素外，还应区分各向同性体与各向异性体。在各个方向热导率都相同的物体，称为各向同性体；反之，在不同方向热导率都不相同的物质，称为各向异性体。木材、石墨、用纤维增强的材料、黏合的复合材料以及多层抽真空结构的超级隔热材料等，它们的各向结构不同，因此不同方向上的热导率差别很大，这些材料是各向异性体。在以后的分析讨论中，若不特别指出，导热固体都是指各向同性体。

（二）气体的热导率

气体的导热是分子热运动和相互碰撞而传递能量的过程，所以随温度升高，其热导率增大。当气体的压强增大时，其密度增大，但平均自由程减小，从而使乘积 pl 保持不变，所以在相当大的压强范围内，压强对气体热导率无明显影响。只有当压强很低（$< 2.7\text{kPa}$）或很高（$> 200\text{MPa}$）时，热导率才随压强增大而增大。

在大气压强下，气体的热导率值在 $0.0058 \sim 0.58\text{W/(m} \cdot ℃)$ 的范围内。气体中，氢气的热导率最大。几种气体的热导率见表 3-1。

表 3-1　几种气体的热导率　　　　　　　单位：W/(m·℃)

温度/℃	空气	O_2	水蒸气	烟气[①]
0	0.0243	0.0246	—	0.0228
100	0.0314	0.0328	0.0230	0.0313
200	0.0383	0.0406	0.0334	0.0401
300	0.0454	0.0480	0.0441	0.0484
400	0.0516	0.0549	0.0558	0.0570
500	0.0570	0.0615	0.0683	0.0656
600	0.0621	0.0673	0.0816	0.0742
700	0.0668	0.0727	0.0954	0.0827
800	0.0706	0.0777	0.110	0.0915
900	0.0741	0.0818	0.124	0.1000
1000	0.0770	0.0857	0.1405	0.1090
1100	0.0802	0.0936	—	0.1175
1200	0.0843	0.0982	—	0.1262

① 烟气成分：CO_2 13%，H_2O 11%，N_2 76%。

但要注意，混合气体的热导率不遵循加和法则，必须用实验方法测定。

（三）液体的热导率

液体（不包含汞）的热导率一般在 0.093~0.7W/(m·℃) 的范围内，其中水的热导率最大。液体的导热主要是由分子振动产生的一些不规则的弹性波来传递能量的过程。实验表明，除水和甘油外，大多数液体的热导率随温度升高而略有减小。由于液体可以认为是不可压缩的，故压强对其热导率的影响很小，可以忽略。

（四）固体的热导率

金属的热导率一般在 2.3~429W/(m·℃) 的范围内。银的热导率最大，常温下为 429W/(m·℃)，铜的热导率为 401W/(m·℃)，金的热导率为 317W/(m·℃)，铝的热导率为 237W/(m·℃)，铁的热导率为 80W/(m·℃)。金属的导热是依靠自由电子的迁移和晶格的振动来实现，而且主要是依靠前者。金属的导热机理和导电机理是一致的，因而良好的导电体也是良好的导热体。当温度升高时，晶格的振动加强了，这就干扰了自由电子的运动，使热导率减小。当金属内含有杂质时，将破坏晶格的完整性而干扰自由电子的运动，使热导率减小，因此，合金的热导率比纯金属的热导率低。并且大部分合金的热导率是随温度的升高而增大的。

建筑材料的热导率一般在 0.16~2.2W/(m·℃) 的范围内。这类材料的热导率大多数随温度升高而增大，并且与材料的结构、孔隙率、湿度和密度等有关。

通常把热导率较低的材料称为保温材料或隔热材料。我国国家标准规定，凡平均温度不高于 350℃时热导率不大于 0.12W/(m·℃) 的材料称为保温材料，而把热导率在 0.05W/(m·℃) 以下的材料称为高效保温材料。这类材料具有多孔结构，因此，它的传热机理很复杂，是固体和孔隙的复杂传热过程，但在工程计算中为了简化计算，把整个过程当作单纯的导热过程来处理。保温材料与建筑材料相似，其热导率一般随温度的升高而增大，并且与材料的结构、孔隙率、湿度和密度等因素有很大关系。

耐火材料的热导率一般在 1.1~16W/(m·℃) 之间。绝大多数耐火材料的热导率都是随温度升高而增大，但是镁砖和铬镁砖例外。因为镁砖和铬镁砖主要由晶体组成，而晶体的热导率与温度成反比，因此，镁砖和铬镁砖的热导率随温度升高而减小。

四、导热微分方程

傅里叶定律揭示了热流密度与温度梯度的关系，但是要确定热流密度的大小，还要进一步知道物体内的温度场，必须建立起温度场的通用微分方程，即导热微分方程。

由能量守恒定律，在同一时间内，导入与导出物体的净热量加上物体内热源的发热量应该等于物体本身热焓的增加，即热平衡关系式为：

热焓的增加＝（导入物体的热量－导出物体的热量）＋内热源的发热量　　（3-8）

如图 3-2 所示，在导热的固体内部取一微元平行六面体，其各边长分别为 dx、dy、dz，则微元六面体的容积为 $dV = dx\,dy\,dz$。

假定所研究的物体是各向同性的连续介质，其热导率 λ、比热容 c_p、密度 ρ 等热物性参数为常数，单位时间单位体积物体内热源的发热量为 q_v。

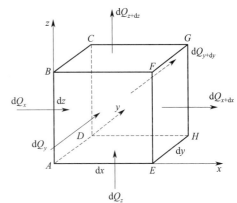

图 3-2　导热温度场中的微元六面体

根据傅里叶定律，在 $d\tau$ 时间内，沿 x 轴方向通过 $ABCD$ 面导入 dV 的热量为：

$$dQ_x = q\,dF\,d\tau = -\lambda \frac{\partial t}{\partial x} dy\,dz\,d\tau \qquad (a)$$

同理，在 $d\tau$ 时间内，沿 y 轴方向通过 $ABFE$ 面导入 dV 的热量为：

$$dQ_y = -\lambda \frac{\partial t}{\partial y} dx\,dz\,d\tau \qquad (b)$$

在 $d\tau$ 时间内，沿 z 轴方向通过 $ADHE$ 面导入 dV 的热量为：

$$dQ_z = -\lambda \frac{\partial t}{\partial z} dx\,dy\,d\tau \qquad (c)$$

在同一时间内，沿 x 轴方向通过 $EFGH$ 面导出 dV 的热量，可以借展开泰勒级数而舍去二阶以上的高阶项求得，即

$$f(x) = f(x_0) + f'(x_0)(x - x_0) + \frac{f''(x_0)}{2!}(x - x_0)^2 + \cdots + \frac{f^{(n)}(x_0)}{n!}(x - x_0)^n + \cdots$$

则

$$f(x) \approx f(x_0) + f'(x_0)(x - x_0)$$

由此可得：$dQ_{x+dx} = dQ_x + \dfrac{\partial}{\partial x}(dQ_x)dx = -\lambda \dfrac{\partial t}{\partial x}dy\,dz\,d\tau + \dfrac{\partial}{\partial x}(-\lambda \dfrac{\partial t}{\partial x}dy\,dz\,d\tau)dx$　　(d)

式（a）～式（d），可得沿 x 轴方向导入与导出微元体 dV 的净热量为：

$$dQ_x - dQ_{x+dx} = -\frac{\partial}{\partial x}(-\lambda \frac{\partial t}{\partial x}dy\,dz\,d\tau)dx = \lambda \frac{\partial^2 t}{\partial x^2}dV\,d\tau \qquad (e)$$

同理，沿 y 轴方向导入与导出微元体 dV 的净热量为：

$$dQ_y - dQ_{y+dy} = \lambda \frac{\partial^2 t}{\partial y^2}dV\,d\tau \qquad (f)$$

沿 z 轴方向导入与导出微元体 dV 的净热量为：

$$dQ_z - dQ_{z+dz} = \lambda \frac{\partial^2 t}{\partial z^2}dV\,d\tau \qquad (g)$$

式（e）＋式（f）＋式（g），可得导入与导出微元体 dV 的总净热量为：

$$\lambda \left(\frac{\partial^2 t}{\partial x^2} + \frac{\partial^2 t}{\partial y^2} + \frac{\partial^2 t}{\partial z^2} \right) dV d\tau \qquad (h)$$

在 $d\tau$ 时间内，微元六面体内热源的发热量为：

$$q_v dV d\tau \qquad (i)$$

在 $d\tau$ 时间内，由于热量流入，微元六面体的温度变化为：

$$\frac{\partial t}{\partial \tau} d\tau \qquad (j)$$

在 $d\tau$ 时间内，微元六面体内热焓的增加为：

$$c_p \rho dV \frac{\partial t}{\partial \tau} d\tau \qquad (k)$$

将式（h）、式（i）和式（k）代入热平衡关系式（3-8），得：

$$c_p \rho \frac{\partial t}{\partial \tau} d\tau dV = \lambda \left(\frac{\partial^2 t}{\partial x^2} + \frac{\partial^2 t}{\partial y^2} + \frac{\partial^2 t}{\partial z^2} \right) dV d\tau + q_v dV d\tau$$

经化简整理后得：

$$\frac{\partial t}{\partial \tau} = \frac{\lambda}{c_p \rho} \left(\frac{\partial^2 t}{\partial x^2} + \frac{\partial^2 t}{\partial y^2} + \frac{\partial^2 t}{\partial z^2} \right) + \frac{q_v}{c_p \rho} \qquad (3\text{-}9a)$$

或写成：

$$\frac{\partial t}{\partial \tau} = a \nabla^2 t + \frac{q_v}{c_p \rho} \qquad (3\text{-}9b)$$

式中 $\nabla^2 t$——对 t 的拉普拉斯算子；

a——导温系数，$a = \dfrac{\lambda}{c_p \rho}$，又称热扩散系数或热扩散率，$m^2/s$；

q_v——单位时间单位体积物体内热源的发热量，W/m^3。

式（3-9）即为适用于固体的傅里叶导热微分方程。它表达了固体物质内部的温度随空间和时间的变化规律。

导温系数 a 是物质的热物性参数，它反映了导热过程中物体的热导率（λ）与沿途储热能力（$c_p \rho$）之间的关系，表示物体内部温度均化的能力。在同样的加热条件下，a 值越大，热导率（λ）越大或沿途储热能力（$c_p \rho$）越小，即物体内部各处的温度差越小；反之，则温度差越大。因此，导温系数表征物体被加热或冷却时，物体内各部分温度趋向于均匀一致的能力。导温系数 a 反映导热过程动态特性，是研究不稳定导热的重要物理量。

当物体的热物性参数为常数且无内热源时，$q_v = 0$，式（3-9b）可简化为：

$$\frac{\partial t}{\partial \tau} = a \nabla^2 t \qquad (3\text{-}10)$$

在这种情况下，当 $\nabla^2 t > 0$ 时，则 $\dfrac{\partial t}{\partial \tau} > 0$，表示物体被加热；当 $\nabla^2 t < 0$ 时，则 $\dfrac{\partial t}{\partial \tau} < 0$，表示物体被冷却；当 $\nabla^2 t = 0$ 时，则 $\dfrac{\partial t}{\partial \tau} = 0$，表示稳定温度场。

对于稳定温度场，$\dfrac{\partial t}{\partial \tau} = 0$，式（3-9b）可简化为：

$$a \nabla^2 t + \frac{q_v}{c_p \rho} = 0 \qquad (3\text{-}11)$$

对于无内热源的稳定温度场，$q_v = 0$，$\dfrac{\partial t}{\partial \tau} = 0$，则有：

$$\nabla^2 t = \frac{\partial^2 t}{\partial x^2} + \frac{\partial^2 t}{\partial y^2} + \frac{\partial^2 t}{\partial z^2} = 0 \tag{3-12}$$

在这种情况下，热焓的增加为零，内热源的发热量为零，由热平衡关系式（3-8）可知，导入物体的热量等于导出物体的热量。

在导热问题分析计算时，当所分析的对象为轴对称物体，如圆柱、圆筒或圆球时，采用圆柱坐标系(r, φ, z)或球坐标系(r, φ, θ)更为方便。

采用圆柱坐标系(r, φ, z)时，如图 3-3 所示，通过坐标变换，$x = r\cos\varphi$，$y = r\sin\varphi$，$z = z$，可将式（3-9a）转变为圆柱坐标系中的导热微分方程式，即

$$\frac{\partial t}{\partial \tau} = a\left(\frac{\partial^2 t}{\partial r^2} + \frac{1}{r} \times \frac{\partial t}{\partial r} + \frac{1}{r^2} \times \frac{\partial^2 t}{\partial \varphi^2} + \frac{\partial^2 t}{\partial z^2}\right) + \frac{q_v}{c_p \rho} \tag{3-13}$$

采用球坐标系(r, φ, θ)时，如图 3-4 所示，通过坐标变换，$x = r\sin\theta\cos\varphi$，$y = r\sin\theta\sin\varphi$，$z = r\cos\theta$，将式（3-9a）转变为球坐标系中的导热微分方程式为：

$$\frac{\partial t}{\partial \tau} = a\left[\frac{1}{r^2} \times \frac{\partial}{\partial r}\left(r^2 \frac{\partial t}{\partial r}\right) + \frac{1}{r^2\sin\theta} \times \frac{\partial}{\partial \theta}\left(\sin\theta \frac{\partial t}{\partial \theta}\right) + \frac{1}{r^2\sin^2\theta} \times \frac{\partial^2 t}{\partial \varphi^2}\right] + \frac{q_v}{c_p \rho} \tag{3-14}$$

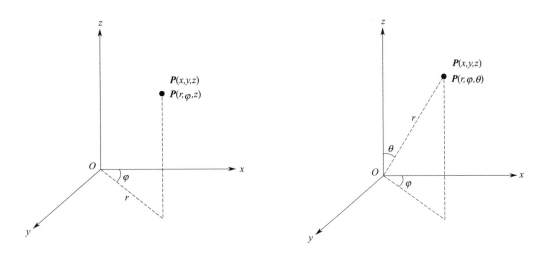

图 3-3　圆柱坐标系与直角坐标系的关系　　　图 3-4　球坐标系与直角坐标系的关系

五、导热过程的单值性条件

导热微分方程是描述导热过程共性的通用表达式，适用于任何导热过程。然而，每一个具体的导热过程总是在特定条件下进行的，具有区别于其他导热过程的特点。因此，对于某一特定的导热过程，除了用表征导热过程共性的导热微分方程来描述外，还需要有表达该过程特点的补充说明条件，这些补充说明条件总称为单值性条件。

求解过程中的实际导热问题，实质上就是对导热微分方程或傅里叶定律数学表达式在规定的单值条件下积分求解。

一般地，单值条件包括几何条件、物理条件、时间条件和边界条件。

1. 几何条件

说明参与导热过程的物体的几何形状和尺寸。如形状是平壁或圆筒以及它们的厚度或直径等几何尺寸。

2. 物理条件

说明参与导热过程的物质的物理特征。例如，物体的物理性质参数 ρ、λ、c_p 等数值及与温度的关系，物体内有无内热源等。

3. 时间条件

说明在时间上过程进行的特点。稳定导热时，因过程进行不随时间变化，$\dfrac{\partial t}{\partial \tau}=0$，故无时间条件。不稳定导热时，应说明过程开始时物体的温度分布，即 $t\mid_{\tau=0}=f(x,y,z)$，故时间条件又称为初始条件。初始条件可以是各种各样的，最简单的初始条件是物体内初始温度均匀分布，即 $t\mid_{\tau=0}=t_0=$常数。

4. 边界条件

说明物体边界上过程进行的特点，反映边界与周围环境相互作用的条件。常见的边界条件可归纳为三类。

（1）第一类边界条件　已知任何时刻物体边界上的温度分布。如边界面 s 处的温度为 t_w，可写为：

$$t\mid_s=t_w \tag{3-15}$$

对于稳态导热过程，t_w 不随时间变化，即 $t_w=$常数。对于不稳定导热过程，还应给出 t_w 随时间变化的情况，即 $t_w=f(\tau)$。

（2）第二类边界条件　已知任何时刻物体边界面 s 上的热流密度 q 值。

由傅里叶定律可知热流密度与温度梯度的关系，所以第二类边界条件等于已知任何时刻边界面上的温度梯度。因此，第二类边界条件可表达为：

$$q\mid_s=q_w$$

或

$$-\frac{\partial t}{\partial n}\bigg|_s=\frac{q_w}{\lambda} \tag{3-16}$$

（3）第三类边界条件　已知与边界面直接接触的流体温度 t_f 和边界面与流体间的对流换热系数 α（关于"对流换热"理论将在本章第二节中详细讨论）。

对导热微分方程在规定的单值条件下积分求解的方法称为理论解或分析解。分析解的具体求解步骤为：

① 根据具体情况，写出导热微分方程；
② 将导热微分方程进行积分，然后将已知的边界条件代入，求出积分常数；
③ 求出物体内部的温度分布方程；
④ 求出热流密度 q 或热流量 Q 的计算式。

下面主要探讨无内热源稳定导热的计算，关于不稳定导热的计算将在本章第五节进行探讨。

六、无内热源的稳定导热的计算

（一）平壁导热的计算

1. 单层平壁导热的计算

如图 3-5 所示，设有一同质单层无限大平壁（其长度和高度远大于厚度，即可忽略上、下边缘的散热），无内热源，其厚度为 δ，热导率为 λ，平壁的两个外表面各维持均匀而一定的温度 t_1 和 t_2（$t_1>t_2$）。平壁温度只沿垂直于壁面的 x 轴方向变化，故此导热温度场为一维稳定温度场，等温面为平行于壁面（即垂直于 x 轴）的平面，并且通过各等温面的导热热流密度 q 为一定值。

（1）热导率 λ 为常数时，单层平壁导热的计算　由傅里叶导热微分方程 [式(3-12)]，此无内热源的一维稳定导热微分方程为：

$$\frac{\mathrm{d}^2 t}{\mathrm{d}x^2} = 0 \tag{3-17}$$

对式(3-17)进行积分，得：

$$\frac{\mathrm{d}t}{\mathrm{d}x} = c_1 \tag{a}$$

对式(a)再进行积分，得：

$$t = c_1 x + c_2 \tag{b}$$

两个边界面上给出的边界条件均为第一类边界条件，即

$$\left.\begin{array}{l} x = 0, t = t_1 \\ x = \delta, t = t_2 \end{array}\right\} \tag{c}$$

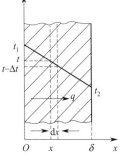

图 3-5　单层平壁的
稳定导热

将式(c)代入式(b)，得积分常数为：

$$c_2 = t_1 \tag{d}$$

$$c_1 = \frac{t_2 - t_1}{\delta} \tag{e}$$

将上面积分常数代入式(b)，就得到单层平壁内的温度分布方程，即

$$t = t_1 - \frac{t_1 - t_2}{\delta} x \tag{3-18}$$

可见，当热导率 λ 为常数时，同质单层平壁中的温度呈线性分布，如图 3-5 所示。若在 x 处取一垂直于 x 轴的微元薄层，其厚度为 $\mathrm{d}x$，薄层的两个界面为两个等温面（温度分别为 t 和 $t-\Delta t$），其温度差为 $\mathrm{d}t$。

根据傅里叶定律，热流密度 q 的数学表达式为：

$$q = -\lambda \frac{\mathrm{d}t}{\mathrm{d}x} \tag{3-19}$$

将式(a)和式(e)代入式(3-19)，可得热流密度 q 的计算式为：

$$q = \frac{\lambda(t_1 - t_2)}{\delta} = \frac{\Delta t}{\delta/\lambda} \tag{3-20}$$

将上式代入式(3-3)，可得热流量 Q 的计算式：

$$Q = qF = \frac{\lambda(t_1 - t_2)F}{\delta} = \frac{\Delta t}{\delta/(\lambda F)} \tag{3-21}$$

应当指出，上述采用积分法求解导热微分方程是求解导热问题的一般方法。实际上，对于无内热源的一维稳定导热问题，通常采用对傅里叶定律数学表达式直接积分求解的方法。例如，对于上述单层无限大平壁的一维稳态导热，也可以采用对傅里叶定律数学式 [式(3-19)]直接积分的方法推导热流密度 q 和温度分布的计算式，其过程如下。

将式(3-19)分离变量，并两边定积分：

$$q\int_0^\delta \mathrm{d}x = \int_{t_1}^{t_2} -\lambda \,\mathrm{d}t$$

整理后可得热流密度 q 的计算式：

$$q = \frac{\lambda(t_1 - t_2)}{\delta} = \frac{\Delta t}{\delta/\lambda}$$

上式与式(3-20)完全相同。

平壁内温度分布表达式的推导，是将上式中的 t_2 用平壁内任一等温面上的温度 t 代替，即

$$q = \frac{\lambda(t_1 - t_2)}{\delta} = \frac{\lambda(t_1 - t)}{x}$$

得

$$t = t_1 - \frac{(t_1 - t_2)}{\delta} x$$

上式与式(3-18)完全一样。由此可见，采用傅里叶定律数学式直接积分求解的方法比采用导热微分方程式积分求解的方法更为简便。但必须注意，采用傅里叶定律数学式积分求解的方法仅适用于无内热源的一维稳定导热。

(2) 热导率 λ 随温度变化时，单层平壁导热的计算 前面已经叙述，大多数固体材料的热导率与温度大致呈线性关系，如式(3-6)所示。

$$\lambda_t = \lambda_0 + bt$$

根据傅里叶定律，热流密度 q 的数学表达式仍为式(3-19)所示。

将式(3-6)代入傅里叶定律表达式，有：

$$q = -\lambda \frac{\mathrm{d}t}{\mathrm{d}x} = -(\lambda_0 + bt) \frac{\mathrm{d}t}{\mathrm{d}x}$$

分离变量，得：

$$q\,\mathrm{d}x = -(\lambda_0 + bt)\mathrm{d}t \tag{f}$$

积分后得：

$$qx = -\left(\lambda_0 t + \frac{1}{2} bt^2\right) + c \tag{g}$$

将边界条件式(c)中 $(x=0, t=t_1)$ 代入上式，得：

$$c = \lambda_0 t_1 + \frac{1}{2} bt_1^2 \tag{h}$$

将上式代入式(g)，经整理后可得：

$$\left(t + \frac{\lambda_0}{b}\right)^2 = \left(t_1 + \frac{\lambda_0}{b}\right)^2 - \frac{2q}{b} x \tag{3-22}$$

式(3-22)即为当 λ 随温度变化时单层平壁内的温度分布方程，它是温度 t 的二次方程。

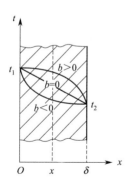

图 3-6 λ 随温度变化时单层平壁的稳定导热

由此式可知，平壁内的温度分布是一条曲线，曲线的性质由温度系数 b 的正负及其数值决定。当 $b > 0$ 时，λ 随温度升高而增大，平壁内的温度分布曲线为一条凸曲线；当 $b < 0$ 时，λ 随温度升高而减小，平壁内的温度分布曲线为一条凹曲线；当 $b = 0$ 时，λ 为一常数，平壁内的温度分布为一条直线，即上面（1）中的情况。λ 随温度变化时单层平壁的稳定导热如图 3-6 所示。

将式(f)两边定积分：

$$q\int_0^\delta \mathrm{d}x = \int_{t_1}^{t_2} -(\lambda_0 + bt)\mathrm{d}t$$

积分并整理后得：

$$q\delta = (t_1 - t_2)\left[\lambda_0 + \frac{b(t_1 + t_2)}{2}\right] = \lambda_{av}(t_1 - t_2)$$

则有热流密度 q 的计算式：

$$q = \frac{\lambda_{av}}{\delta}(t_1 - t_2) \tag{3-23}$$

式中，λ_{av} 为平均温度 $t_{av} = \dfrac{t_1 + t_2}{2}$ 时的热导率，$\lambda_{av} = \lambda_0 + \dfrac{b(t_1 + t_2)}{2}$。

将式（3-23）与式（3-20）相比较，就证明了式（3-7）是正确的。即对于稳定导热，当材料的热导率随温度变化而变化时，热流密度的计算仍可用热导率为常数时的计算公式，只要把式（3-20）中的热导率 λ 改为平均温度下的热导率 λ_{av} 即可。

由式（3-20）和式（3-23）可知，单层平壁导热的热流密度与两壁面的温度差和平壁的热导率（或平均热导率）成正比，与平壁的厚度成反比。

将式（3-20）和式（3-21）与电学中直流电路的欧姆定律 $I = \dfrac{U}{R}$ 相比较，其形式是完全类似的。即热流密度 q 或热流量 Q 相当于电流强度 I；温度差 Δt 对应于电位差（即电压）U，有温度差就有热量的传递，就像导线中有电位差就有电流一样，温度差是传热过程的推动力，所以在传热学中也将温度差称为温压；$\dfrac{\delta}{\lambda}$ 或 $\dfrac{\delta}{\lambda F}$ 对应于电阻 R，它表示导热过程中热流沿途所遇到的阻力，故称为导热热阻。$\dfrac{\delta}{\lambda}$ 表示单位导热面积上的导热热阻，用符号 r_t 表示，单位为 $m^2 \cdot \text{℃}/W$；而 $\dfrac{\delta}{\lambda F}$ 表示总导热面积 F 上的导热热阻，用符号 R_t 表示，单位为 $\text{℃}/W$。当在传热路径上传热面积沿途不变时，可以采用单位面积的热阻 r_t，计算热流密度 q 较为简单；但当传热面积沿途变化时，则要采用总面积的热阻 R_t，计算热流量 Q 较为方便。

因此，式（3-20）和式（3-21）可以表示为：

$$q = \frac{\Delta t}{r_t} \tag{3-24}$$

$$Q = \frac{\Delta t}{R_t} \tag{3-25}$$

因此，第一类边界条件下通过单层平壁的一维稳态导热，可以用热路图直观地表示出来，如图 3-7 所示。

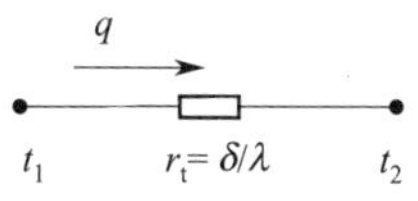

图 3-7　单层平壁导热的热路图

2. 多层平壁导热的计算

由几层不同材料组成的平壁称为多层平壁。在实际工程中考虑到使用性能、保温和成本的多重因素，经常会遇到多层平壁的导热问题，例如隧道窑的预热带和烧成带的窑墙、玻璃池窑的胸墙及池底等均是由两层或两层以上不同材料构成的多层平壁。

假设多层平壁为无限大平壁（其长度和高度远大于厚度，即可忽略上、下边缘的散热），各层平壁之间接触紧密，即无接触热阻，且无内热源。

下面以三层平壁为例，推导多层平壁导热热流密度 q 的计算公式。图 3-8（a）所示为一个由三层不同材料组成的无限大平壁，各层的厚度分别为 δ_1、δ_2 和 δ_3；热导率分别为 λ_1、λ_2 和 λ_3；三层壁内外表面分别维持均匀稳定的温度 t_1 和 t_4，且 $t_1 > t_4$；由于层与层之间无接触热阻，因此各层相接触的界面上没有温度差，

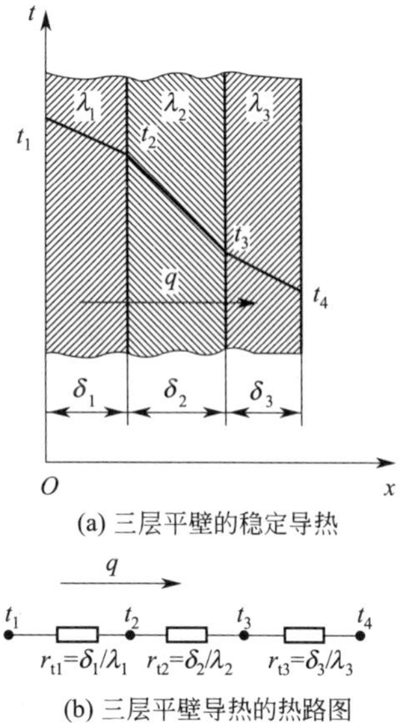

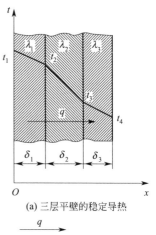

(a) 三层平壁的稳定导热

(b) 三层平壁导热的热路图

图 3-8　三层平壁的稳定导热及热路图

即第一层与第二层间的界面上温度为 t_2，第二层与第三层间的界面上温度为 t_3。

因为稳定导热，各层温度都不随时间变化，因此通过各层平壁的热流密度 q 都相等，即

$$q = \frac{t_1 - t_2}{\delta_1/\lambda_1} = \frac{t_2 - t_3}{\delta_2/\lambda_2} = \frac{t_3 - t_4}{\delta_3/\lambda_3}$$

根据和比定律：$\dfrac{a}{b} = \dfrac{c}{d} = \dfrac{a+c}{b+d}$，将上式整理后得：

$$q = \frac{t_1 - t_4}{\dfrac{\delta_1}{\lambda_1} + \dfrac{\delta_2}{\lambda_2} + \dfrac{\delta_3}{\lambda_3}} = \frac{t_1 - t_4}{\sum\limits_{i=1}^{3} \delta_i/\lambda_i} = \frac{\Delta t}{r_t}$$

以此类推，对于 n 层无限大平壁的稳定导热，其热流密度计算式可以直接写出：

$$q = \frac{t_1 - t_{n+1}}{\sum\limits_{i=1}^{n} \delta_i/\lambda_i} = \frac{\Delta t}{\sum\limits_{i=1}^{n} r_{ti}} = \frac{\Delta t}{r_t} \tag{3-26}$$

式中　Δt——n 层平壁的总温差，$\Delta t = t_1 - t_{n+1}$，℃；

r_t——n 层平壁的单位导热面积上的总热阻，$r_t = \sum\limits_{i=1}^{n} \dfrac{\delta_i}{\lambda_i} = \sum\limits_{i=1}^{n} r_{ti}$，$m^2 \cdot ℃/W$。

从式(3-26)可以看出，多层平壁的总热阻等于各层热阻的加和，它与电学中的串联电阻相加原理是完全相同的，亦即总热阻等于各层平壁热阻的串联。三层平壁导热的热路图如图 3-8（b）所示。

必须指出，运用式(3-26)计算多层平壁的热流密度，当各层材料的热导率随温度变化时，必须先求出各层间的界面温度 t_2、t_3、$\cdots$、t_n，才能计算出各层平壁的平均热导率 λ_1、λ_2、$\cdots$、λ_n，从而方能计算热流密度 q。各层间界面温度的计算一般采用试算法，其具体计算步骤如下：

① 假设各层间的界面温度 t_2、t_3、$\cdots$、t_n。

② 计算各层的平均热导率 λ_i。

③ 计算热流密度 q 值。

④ 再计算出各层间的界面温度，其计算式为：

$$t_2 = t_1 - q\frac{\delta_1}{\lambda_1}$$

$$t_3 = t_1 - q\left(\frac{\delta_1}{\lambda_1} + \frac{\delta_2}{\lambda_2}\right) \quad \text{或} \quad t_3 = t_2 - q\frac{\delta_2}{\lambda_2}$$

其他界面温度计算类似。

⑤ 校验计算的界面温度，计算出同一交界面的计算温度与假设温度的相对误差，其计算式为：

$$\text{相对误差} = \frac{t_{大} - t_{小}}{t_{小}} \times 100\%$$

若 $\dfrac{t_{大} - t_{小}}{t_{小}} \times 100\% < 5\%$ 时，计算温度即为该界面温度；若 $\dfrac{t_{大} - t_{小}}{t_{小}} \times 100\% \geqslant 5\%$ 时，则计算温度不合格，需重新假设计算，此时，用这一步的计算温度作为下一步的假设温度，然后重复②、③、④、⑤，直至计算合格。

【例 3-1】　设有一窑墙，用黏土砖和红砖两种材料砌成，厚度均为 230mm，窑墙内表

面温度为 1200℃，外表面温度为 100℃。试求每平方米窑墙的散热损失。已知黏土砖的热导率为 $\lambda_1 = 0.835 + 0.58 \times 10^{-3}t$ W/(m·℃)，红砖的热导率为 $\lambda_2 = 0.467 + 0.51 \times 10^{-3}t$ W/(m·℃)。红砖的允许使用最高温度为 700℃，那么在此条件下红砖能否使用？

【解】 由已知条件可知，$t_1 = 1200℃$，$t_3 = 100℃$。

假设界面温度为 600℃，则红砖和黏土砖的平均热导率为：

$$\lambda_1 = 0.835 + 0.58 \times 10^{-3} \times \frac{t_1 + t_2}{2} = 0.835 + 0.58 \times 10^{-3} \times \frac{1200 + 600}{2} = 1.357[\text{W/(m·℃)}]$$

$$\lambda_2 = 0.467 + 0.51 \times 10^{-3} \times \frac{t_2 + t_3}{2} = 0.467 + 0.51 \times 10^{-3} \times \frac{600 + 100}{2} = 0.646[\text{W/(m·℃)}]$$

$$q = \frac{t_1 - t_3}{\dfrac{\delta_1}{\lambda_1} + \dfrac{\delta_2}{\lambda_2}} = \frac{1200 - 100}{\dfrac{0.23}{1.375} + \dfrac{0.23}{0.646}} = 2102(\text{W/m}^2)$$

界面温度 t_2 的计算值为：

$$t_2 = t_1 - q\frac{\delta_1}{\lambda_1} = 1200 - 2102 \times \frac{0.23}{1.357} = 848(℃)$$

校验界面温度 t_2 的计算值与假设值，即

相对误差 $= \dfrac{848 - 600}{600} \times 100\% = 41.3\% > 5\%$，故此计算界面温度不合格。

重新假设界面温度为 848℃，则红砖和黏土砖的平均热导率为：

$$\lambda_1 = 0.835 + 0.58 \times 10^{-3} \times \frac{1200 + 848}{2} = 1.429[\text{W/(m·℃)}]$$

$$\lambda_2 = 0.467 + 0.51 \times 10^{-3} \times \frac{848 + 100}{2} = 0.709[\text{W/(m·℃)}]$$

$$q = \frac{t_1 - t_3}{\dfrac{\delta_1}{\lambda_1} + \dfrac{\delta_2}{\lambda_2}} = \frac{1200 - 100}{\dfrac{0.23}{1.429} + \dfrac{0.23}{0.709}} = 2266.4(\text{W/m}^2)$$

$$t_2 = t_1 - q\frac{\delta_1}{\lambda_1} = 1200 - 2266.4 \times \frac{0.23}{1.429} = 835(℃)$$

再校验界面温度 t_2 的计算值与假设值，即

相对误差 $= \dfrac{848 - 835}{835} \times 100\% = 1.6\% < 5\%$，故此计算界面温度合格。

因此，每平方米窑墙的散热损失为 2266.4 W/m²；交界面温度为 835℃，超出了红砖允许使用的最高温度（700℃），红砖在此条件下不能使用。

3. 复合平壁导热的计算

前面所讨论的多层平壁，每一层都是由同种材料构成。但是在工程上也会遇到同一层在高度方向上由几种不同材料构成的多层平壁，这种平壁称为复合平壁。如图 3-9（a）所示，第一层平壁由材料 1 和材料 2 构成，第二层平壁由材料 3、材料 4 和材料 5 构成，第三层由材料 6 构成。

显然，由于不同材料的热阻不同，热流密度沿垂直于壁面方向上的分布是不均匀的，在热阻较小的部位传导的热流密度 q 比热阻较大的部位传导的热流密度 q 要大，在高度方向上将产生温度差而导致纵向热流，因此，严格说属于二维导热。但是，如果同一层平壁的各种

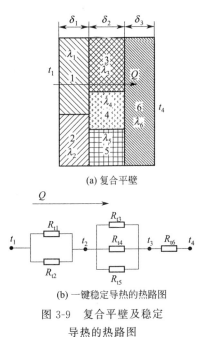

(a) 复合平壁

(b) 一键稳定导热的热路图

图 3-9　复合平壁及稳定
导热的热路图

材料的热导率相差不大，在高度方向上产生的温度差较小，仍可近似看作沿垂直于壁面方向的一维稳定导热，此时，可按照并联与串联电路的原理计算总热阻 R_t 和热流量 Q。图 3-9（a）所示复合平壁导热的热路图如图 3-9（b）所示，其总热阻 R_t 和热流量 Q 的计算式为：

$$R_t = \cfrac{1}{\cfrac{1}{R_{t1}} + \cfrac{1}{R_{t2}}} + \cfrac{1}{\cfrac{1}{R_{t3}} + \cfrac{1}{R_{t4}} + \cfrac{1}{R_{t5}}} + R_{t6}$$

$$= \cfrac{1}{\cfrac{\lambda_1 F_1}{\delta_1} + \cfrac{\lambda_2 F_2}{\delta_1}} + \cfrac{1}{\cfrac{\lambda_3 F_3}{\delta_2} + \cfrac{\lambda_4 F_4}{\delta_2} + \cfrac{\lambda_5 F_5}{\delta_2}} + \cfrac{\delta_3}{\lambda_6 F_6}$$

$$= \cfrac{\delta_1}{\lambda_1 F_1 + \lambda_2 F_2} + \cfrac{\delta_2}{\lambda_3 F_3 + \lambda_4 F_4 + \lambda_5 F_5} + \cfrac{\delta_3}{\lambda_6 F_6}$$

$$Q = \cfrac{\Delta t}{R_t} = \cfrac{t_1 - t_4}{\cfrac{\delta_1}{\lambda_1 F_1 + \lambda_2 F_2} + \cfrac{\delta_2}{\lambda_3 F_3 + \lambda_4 F_4 + \lambda_5 F_5} + \cfrac{\delta_3}{\lambda_6 F_6}}$$

式中，F_1、F_2、F_3、F_4、F_5、F_6 为材料1、材料2、材料3、材料4、材料5、材料6的导热（即壁面）面积。

若 λ_1 与 λ_2 相差较大和 λ_3、λ_4 与 λ_5 相差较大时，就不能用上式进行计算，此时，必须用二维导热的方法计算热流量。

（二）圆筒壁导热的计算

在无机非金属材料工厂中常遇到圆筒壁导热的问题，如水泥回转窑的窑体、各种热力管道等。它们与平壁导热不同之处在于圆筒壁的传热面积不是常数，而是随半径的增大而增大。

1. 单层圆筒壁导热的计算

图 3-10（a）为一单层圆筒壁示意图，无内热源，其长度 l 远大于外壁面直径；内壁面半径为 r_1，外壁面半径为 r_2；内、外壁表面分别维持均匀稳定的温度 t_1 和 t_2，且 $t_1 > t_2$；圆筒壁材料的热导率为 λ。

因圆筒壁的长度远大于直径，可忽略上下边缘的轴向散热，温度只沿径向变化，即只沿径向导热，等温面是与圆筒壁同轴心的圆柱面。当采用圆柱坐标时，就属于一维稳定导热。

由于圆筒壁的传热面积从内到外不断增大，热流密度 q 因传热面积不同而发生变化，但是热流量 Q 是一不变的量，所以对圆筒壁的导热只计算热流量 Q。

在圆筒壁内半径为 r 处取一环形微元薄壁，厚度为 dr，温差为 dt。根据傅里叶定律，通过该微元薄壁的热流量 Q 为：

$$Q = -\lambda \frac{dt}{dr} F = -2\pi \lambda l r \frac{dt}{dr}$$

分离变量，得：

$$dt = -\frac{Q}{2\pi \lambda l} \times \frac{dr}{r}$$

两边定积分得：

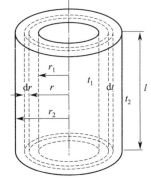

(a) 单层圆筒壁的稳态导热

(b) 单层圆筒壁稳态导热的热路图

图 3-10　单层圆筒壁的稳态
导热及热路图

$$\int_{t_1}^{t_2} \mathrm{d}t = \int_{r_1}^{r_2} - \frac{Q}{2\pi\lambda l} \times \frac{\mathrm{d}r}{r}$$

由此求得热流量 Q 的计算公式为：

$$Q = \frac{2\pi\lambda l(t_1 - t_2)}{\ln\dfrac{r_2}{r_1}} = \frac{t_1 - t_2}{\dfrac{1}{2\pi\lambda l}\ln\dfrac{r_2}{r_1}} = \frac{\Delta t}{R_\mathrm{t}} \tag{3-27}$$

式(3-27) 中，$R_\mathrm{t} = \dfrac{1}{2\pi\lambda l}\ln\dfrac{r_2}{r_1}$，称为单层圆筒壁导热的总热阻，单位为℃/W。图 3-10 (b) 为单层圆筒壁稳态导热的热路图。

为了工程计算方便，一般计算单位长度圆筒壁的热流量 q_1，即

$$q_1 = \frac{Q}{l} = \frac{t_1 - t_2}{\dfrac{1}{2\pi\lambda}\ln\dfrac{r_2}{r_1}} = \frac{\Delta t}{R_{\mathrm{t},1}} (\mathrm{W/m}) \tag{3-28}$$

式(3-28) 中，$R_{\mathrm{t},1} = \dfrac{1}{2\pi\lambda}\ln\dfrac{r_2}{r_1}$，称为单位长度的单层圆筒壁的导热热阻，单位为 m·℃/W。

为了简化圆筒壁导热的计算，当 $\dfrac{r_2}{r_1} \leqslant 2$ 时，可近似把圆筒壁当作平壁来处理。此时，厚度 $\delta = r_2 - r_1$，导热面积按平均半径 $r_\mathrm{av} = \dfrac{r_1 + r_2}{2}$ 计算。其计算误差一般不超过 4%。则有简化计算式为：

$$Q = \frac{2\pi r_\mathrm{av} l\lambda(t_1 - t_2)}{r_2 - r_1} \tag{3-29}$$

$$q_1 = \frac{2\pi r_\mathrm{av}\lambda(t_1 - t_2)}{r_2 - r_1} \tag{3-30}$$

2. 多层圆筒壁导热的计算

图 3-11 (a) 为一个由三种不同材料构成的三层圆筒壁示意图。无内热源，其长度远大于外壁面直径，各层材料之间接触紧密，即无接触热阻；从内到外各层对应的半径分别为 r_1、r_2、r_3 和 r_4，热导率分别为 λ_1、λ_2 和 λ_3；三层圆筒壁内、外表面分别维持均匀稳定的温度 t_1 和 t_4，且 $t_1 > t_4$；第一层与第二层间的界面温度为 t_2，第二层与第三层间的界面温度为 t_3。显然，这也是一个在圆柱坐标中属于一维稳态导热的问题。

因此与三层平壁稳态导热一样，可以运用电学中的串联电阻相加原理及欧姆定律计算三层圆筒壁导热的总热阻和热流量 Q。三层圆筒壁稳态导热的热路图如图 3-11 (b) 所示。则通过三层圆筒壁导热的热流量 Q 及单位长度的热流量 q_1 的计算公式为：

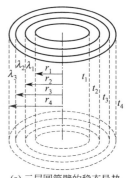

(a) 三层圆筒壁的稳态导热

(b) 三层圆筒壁稳态导热的热路图

图 3-11　三层圆筒壁的稳态导热及热路图

$$Q = \frac{t_1 - t_4}{R_\mathrm{t1} + R_\mathrm{t2} + R_\mathrm{t3}} = \frac{2\pi l(t_1 - t_4)}{\dfrac{1}{\lambda_1}\ln\dfrac{r_2}{r_1} + \dfrac{1}{\lambda_2}\ln\dfrac{r_3}{r_2} + \dfrac{1}{\lambda_3}\ln\dfrac{r_4}{r_3}}$$

$$q_1 = \frac{t_1 - t_4}{R_{\mathrm{t},11} + R_{\mathrm{t},12} + R_{\mathrm{t},13}} = \frac{2\pi(t_1 - t_4)}{\dfrac{1}{\lambda_1}\ln\dfrac{r_2}{r_1} + \dfrac{1}{\lambda_2}\ln\dfrac{r_3}{r_2} + \dfrac{1}{\lambda_3}\ln\dfrac{r_4}{r_3}}$$

对于 n 层圆筒壁，则有：

$$Q = \frac{t_1 - t_{n+1}}{\sum\limits_{i=1}^{n} R_{ti}} = \frac{2\pi l(t_1 - t_{n+1})}{\sum\limits_{i=1}^{n} \frac{1}{\lambda_i} \ln \frac{r_{i+1}}{r_i}} \text{(W)} \tag{3-31}$$

$$q_1 = \frac{t_1 - t_{n+1}}{\sum\limits_{i=1}^{n} R_{t,li}} = \frac{2\pi(t_1 - t_{n+1})}{\sum\limits_{i=1}^{n} \frac{1}{\lambda_i} \ln \frac{r_{i+1}}{r_i}} \text{(W/m)} \tag{3-32}$$

显然，用式(3-31) 和式(3-32) 计算多层圆筒壁的热流量运算十分烦琐，下面介绍简易的计算公式，即

$$Q = \frac{\pi l(t_1 - t_{n+1})}{\sum\limits_{i=1}^{n} \frac{\varphi_i}{\lambda_i} \times \frac{d_{i+1} - d_i}{d_{i+1} + d_i}} \tag{3-33}$$

$$q_1 = \frac{\pi(t_1 - t_{n+1})}{\sum\limits_{i=1}^{n} \frac{\varphi_i}{\lambda_i} \times \frac{d_{i+1} - d_i}{d_{i+1} + d_i}} \tag{3-34}$$

式中，φ 为弯曲修正系数，其值取决于内外直径之比 $\left(\frac{d_{n+1}}{d_n}\right)$，可由表 3-2 查得。

表 3-2　弯曲修正系数 φ 值

$\dfrac{d_{n+1}}{d_n}$	φ	$\dfrac{d_{n+1}}{d_n}$	φ	$\dfrac{d_{n+1}}{d_n}$	φ	$\dfrac{d_{n+1}}{d_n}$	φ
1.0	1.000	1.5	1.014	2.0	1.040	3.0	1.099
1.1	1.001	1.6	1.018	2.2	1.050	3.5	1.129
1.2	1.0025	1.7	1.024	2.4	1.061	4.0	1.152
1.3	1.005	1.8	1.030	2.6	1.074	5.0	1.208
1.4	1.009	1.9	1.035	2.8	1.087	6.0	1.255

【例 3-2】　一蒸汽金属管道的内径为 90mm，外径为 100mm，管壁的热导率 $\lambda_1 = 58$ W/(m·℃)。在管道外壁面上包裹两层隔热保温材料，内层隔热保温材料厚度 $\delta_2 = 30\text{mm}$，热导率 $\lambda_2 = 0.058$ W/(m·℃)；外层隔热保温材料厚度 $\delta_3 = 50\text{mm}$，热导率 $\lambda_3 = 0.17$ W/(m·℃)。蒸汽管道的内表面温度 $t_1 = 300℃$，外表面温度 $t_4 = 50℃$。试求：（1）各层单位管长的热阻；（2）每米蒸汽管道的热损失；（3）各层接触界面上的温度 t_2 和 t_3。

【解】　由题意，蒸汽管道的长度远大于其外径；内外表面维持均匀稳定不变的温度 t_1 和 t_4。因此，这是一个无内热源的一维稳态导热。

$$r_1 = \frac{d_1}{2} = \frac{90}{2} = 45 \text{(mm)}$$

$$r_2 = \frac{d_2}{2} = \frac{100}{2} = 50 \text{(mm)}$$

$$r_3 = r_2 + \delta_2 = 50 + 30 = 80 \text{(mm)}$$

$$r_4 = r_3 + \delta_3 = 80 + 50 = 130 \text{(mm)}$$

（1）各层单位管长的热阻

管道壁：$R_{t,l1} = \dfrac{1}{2\pi\lambda_1} \ln \dfrac{r_2}{r_1} = \dfrac{1}{2\pi \times 58} \ln \dfrac{50}{45} = 2.891 \times 10^{-4} \text{(m·℃/W)}$

内保温层：$R_{t,l2}=\dfrac{1}{2\pi\lambda_2}\ln\dfrac{r_3}{r_2}=\dfrac{1}{2\pi\times0.058}\ln\dfrac{80}{50}=1.2897(\mathrm{m\cdot{}^\circ\!C/W})$

外保温层：$R_{t,l3}=\dfrac{1}{2\pi\lambda_3}\ln\dfrac{r_4}{r_3}=\dfrac{1}{2\pi\times0.17}\ln\dfrac{130}{80}=0.4545(\mathrm{m\cdot{}^\circ\!C/W})$

（2）每米蒸汽管道的热损失

由式(3-32)可得：

$$q_1=\frac{t_1-t_4}{R_{t,l1}+R_{t,l2}+R_{t,l3}}=\frac{300-50}{2.891\times10^{-4}+1.2897+0.4545}=143.3(\mathrm{W/m})$$

（3）各层接触界面上的温度t_2和t_3

由式(3-28)有：

$$t_2=t_1-q_1R_{t,l1}=300-143.3\times2.891\times10^{-4}=299.96(^\circ\!C)$$

$$t_3=t_1-q_1(R_{t,l1}+R_{t,l2})=300-143.3\times(2.891\times10^{-4}+1.2897)=115.14(^\circ\!C)$$

从上面的计算可知，金属管壁的热阻$R_{t,l1}$很小。如果忽略金属管壁的热阻，则计算q_1为143.33 W/m，与不忽略管壁热阻时几乎相等。所以，在工程计算中常常忽略金属管壁的热阻。

（三）球壁导热的计算

图 3-12 为一单层空心球壁，无内热源，其内表面半径为r_1，外表面半径为r_2；内表面保持温度t_1，外表面保持温度t_2，且$t_1>t_2$；球壁的热导率为λ；温度仅沿径向变化。因而，在球坐标系中属于一维稳定温度场，等温面是与球壁同心的球面，通过每一个等温面的热流量Q是一不变的量。

在球壁内半径为r处取一微元球壁，其厚度为$\mathrm{d}r$，温度差为$\mathrm{d}t$。根据傅里叶定律，通过该微元球壁的热流量Q为：

$$Q=-\lambda\frac{\mathrm{d}t}{\mathrm{d}r}F=-4\pi r^2\lambda\frac{\mathrm{d}t}{\mathrm{d}r}$$

分离变量，得：

$$\mathrm{d}t=-\frac{Q}{4\pi\lambda}\times\frac{\mathrm{d}r}{r^2}$$

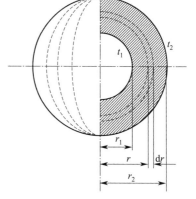

图 3-12　单层空心球壁的导热

两边定积分得：

$$\int_{t_1}^{t_2}\mathrm{d}t=\int_{r_1}^{r_2}-\frac{Q}{4\pi\lambda}\times\frac{\mathrm{d}r}{r^2}$$

由此求得热流量Q的计算公式为：

$$Q=\frac{4\pi\lambda(t_1-t_2)r_1r_2}{r_2-r_1}=\frac{\pi\lambda(t_1-t_2)d_1d_2}{\delta} \tag{3-35}$$

式中　δ——球壁的厚度，$\delta=r_2-r_1$，m；

d_1、d_2——球壁的内、外直径，m。

（四）形状不规则物体导热的计算

前面讨论的都是一些形状简单且规则的物体导热计算公式。在实际工程中常常会遇到许多形状比较复杂的不规则物体的导热问题，计算这类物体导热热流量的方法，一部分可以采用对导热微分方程式积分求解；大部分则不便于用微分求解，而是通过统计大量实验数据得到结果。

对于几何形状接近于平壁、圆筒壁的物体，热流量 Q 的计算公式可归纳为如下形式：

$$Q = \frac{\lambda}{\delta} F_x (t_1 - t_2) \tag{3-36}$$

式中　δ——物体的厚度，m；

　　　λ——物体的热导率，W/(m·℃)；

　t_1、t_2——物体两壁面的温度，℃；

　F_x——物体的核算面积，m^2。

核算面积 F_x 的数值取决于物体的形状，一般按下列规定进行计算。

① 对于两壁面面积不等的平壁，F_x 为两壁面面积的算术平均值，即

$$F_x = \frac{F_1 + F_2}{2} \tag{3-37}$$

式中，F_1、F_2 为物体两个壁面的面积，m^2。

② 对于形状接近于圆筒壁的物体（如方形管道），F_x 为内、外壁面面积的对数平均值，即

$$F_x = \frac{F_2 - F_1}{\ln \dfrac{F_2}{F_1}} \tag{3-38}$$

③ 对于长、宽、高三个方向上尺寸相差不大的空心物体，即形状接近于空心球壁的物体，F_x 为内、外壁面面积的几何平均值，即

$$F_x = \sqrt{F_1 F_2} \tag{3-39}$$

（五）表面温度不均匀时平均温度的计算

在前面稳态导热的分析中，都是假定物体表面温度是均匀的，但实际上物体表面的温度往往是不均匀的，此时就必须先计算整个表面的平均温度 t_{av}，然后再按前述公式进行计算。平均温度的计算方法：根据导热物体表面的温度分布情况，将物体表面划分成若干个温度均匀的小块面积 F_1、F_2、F_3、$\cdots$、F_n，对应的温度分别 t_1、t_2、t_3、$\cdots$、t_n。则平均温度 t_{av} 的计算式为：

$$t_{av} = \frac{t_1 F_1 + t_2 F_2 + \cdots + t_n F_n}{F_1 + F_2 + \cdots + F_n} \tag{3-40}$$

（六）接触热阻

前面讨论多层平壁、复合平壁和多层圆筒壁导热计算时，都是假设层与层交界面之间接触良好，两接触面具有相同的温度，没有接触热阻。但实际上，接触面并不是理想的平整光滑面，因此，层与层交界面之间会形成空隙，空隙中充满气体，而气体的热导率远小于固体的热导率，从而使空隙两侧的界面处产生温度降，即在界面处产生一个附加热阻，这种热阻称为接触热阻。

接触热阻的大小主要取决于交界表面的粗糙度，表面粗糙度越大，则交界面上的接触热阻越大。此外，接触热阻还与交界面的温度、交界面上的挤压压力、空隙中介质的性质、材料的硬度等因素有关。对于粗糙度一定的表面，增大交界面上的挤压压力，可使弹性材料表面的点接触变形，接触面积增大，接触热阻减小。在同样的挤压压力下，两接合面的接触情况又会因材料的硬度而异。因此，在相同条件下，材料的硬度越大，接触热阻越大。层与层

交界面上的空隙中介质的种类不同，其热导率不同，因而接触热阻也不同。

由于接触热阻的存在，按前面所述理论公式计算的多层平壁、复合平壁和多层圆筒壁导热的热流量要比实际值高。

在工程上，有时为了增强接触部位的导热，必须尽量减小接触热阻。例如，在接触界面上加一薄铜片或其他硬度小、延展性好、热导率高的材料，也可以在接合面上涂一层硅油。

第二节　对流换热

一、对流换热的基本概念

对流换热是指流体与固体壁面直接接触时彼此之间的换热过程。它既包括流体位移时所产生的对流，又包括流体分子间的导热，因此，对流换热是导热和对流总作用的结果。流体分子的导热取决于温度梯度和流体的热导率，而对流则和流体的流动有关。所以，对流换热是一个非常复杂的过程，其影响因素很多，可以概括为以下几个方面：

1. 流体流动的动力

根据流动的动力可以把流体的流动分为自由流动和强制流动两类。自由流动是由于流体内部存在温度差而引起的流动，即不均匀的温度场造成不均匀的密度场从而引起的流体流动，又称为自然对流。强制流动是指流体在外力（如风机或泵）作用下发生的流动。流体做强制流动时，也会发生自由流动。但当强制流动强烈时，自由流动的影响很小，常可忽略不计。

流体流动的动力不同，其与固体壁面间的对流换热也不同。流体自由流动时的对流换热称为自然对流换热；流体强制流动时的对流换热称为强制对流换热。强制对流换热时，流速对对流换热的影响很大。

2. 流体流动的状态

流体的流动状态有层流和湍流两种。由于两种流动状态的物理机构不同，因而热量传递的规律也不同。流体层流流动时，对流换热以导热为主；而湍流流动时，对流换热既有导热又有对流。因此，湍流时的换热要比层流时的换热强烈。

3. 流体的物理性质

流体的种类不同，其物理性质不同。影响对流换热的流体物理性质主要有密度、黏度、比热容、热导率等。比热容和密度大的流体，单位体积能携带更多能量，故以对流作用传递能量的能力也大；热导率大，则流体内部、流体与壁面之间的导热热阻就小，故传递热量的能力亦大；流体黏度越大，对流换热能力越小。

由于物理性质随温度而变化，在换热条件下，流场内各处温度不同，物理性质也不同。因此，在对流换热计算中，选取决定物理性质的温度（即定性温度）非常重要。

4. 换热面的几何尺寸、形状和位置

固体壁面的几何因素对流体在壁面上流动状态、速度分布及温度分布都有很大影响，从而影响对流换热。因此，在解决对流换热问题时，必须对换热壁面的几何条件做具体分析。在实际计算中，应采用对换热有决定影响的特征尺寸（即定性尺寸 l）作为计算依据。

二、对流换热的基本定律——牛顿冷却定律

牛顿（Newton）研究了流体被固体壁面冷却的现象，于 1701 年提出了对流换热的基本

定律，即牛顿冷却定律：对流换热的热流密度与流体和固体壁面间的温度差成正比。其数学表达式为：

$$q = \alpha(t_f - t_w) \tag{3-41}$$

或

$$Q = \alpha(t_f - t_w)F \tag{3-42}$$

式中　t_f——流体的温度，℃；

　　　t_w——固体壁面的温度，℃；

　　　F——换热面积，m^2；

　　　α——正比例系数，称为对流换热系数，$W/(m^2 \cdot ℃)$。

对流换热系数 α 是一个反映对流换热强弱的参数，它的数值等于流体与壁面间温度差为 1℃时单位时间单位面积上传递的热量。$\dfrac{1}{\alpha}$ 即为单位换热面积上的对流换热阻力，单位为 $m^2 \cdot ℃/W$；$\dfrac{1}{\alpha F}$ 即为总换热面积 F 上的对流换热阻力，单位为 ℃/W。

但是，对流换热系数 α 并不是流体的一个物理性质参数，它集中了所有的影响因素，是所有影响对流换热因素的复杂函数，即

$$\alpha = f(u, t_w, t_f, c_p, \lambda, \rho, \mu, \beta, l, \cdots)$$

因此，解决对流换热问题的关键就是要结合具体条件，找出确定 α 值的具体函数式。求解对流换热系数 α 的方法有数学分析法、相似理论法、量纲分析法和比拟法等。下面主要用相似理论法进行讨论。

三、边界层概念

边界层理论是德国物理学家普朗特于 1904 年提出的，它为黏性不可压缩流体动力学的发展创造了条件。当流体在大雷诺数条件下运动时，可把流体的黏性和导热看成集中作用在流体表面的薄层即边界层内。

（一）速度边界层

黏滞性流体流过壁面时，由于流体的黏滞性与固体壁面间存在着摩擦力，从而在贴近壁面的一个小薄流层内，沿壁面法线方向会产生速度梯度，此薄层就称为速度边界层。在边界层外，黏性力比惯性力小得多，可以忽略，可认为速度梯度为零。因此，任何流动着的流体可划分为两个区，即有速度梯度存在的边界层和边界层以外的主流，在主流中可认为是无摩擦力的。图 3-13 为流体在平壁上流动的速度分布曲线，δ 为边界层厚度，边界层内，在 $y=0$ 处，流体在 x 方向（即沿壁面法线方向）的速度 $u_x=0$，u_x 随 y 值的增加而迅速增加，直至接近主流速度。流体从边界层内的流动过渡到主流流动是渐变的，没有明显的界限。因此，边界层的厚度 δ 通常定义为从壁面到流体速度为主流速度的 99% 处的垂直距离。

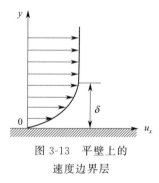

图 3-13　平壁上的
速度边界层

流体在边界层内的流动状态，可以是层流的，也可以是湍流的。当边界层厚度较小时，总是属于层流的；当其厚度超过一定数值时，则形成湍流边界层。但即使在湍流边界层里，紧贴壁面的一个小薄层还是层流的状态，此小薄层称为层流底层。

边界层的厚度与流体的流态、壁面的形状和粗糙度等因素有关。

（1）当流体在平壁上做层流流动时　边界层厚度 δ 的计算式为：

$$\delta = \frac{4.64x}{\sqrt{Re_x}} \tag{3-43}$$

式中　x——距平壁前缘的距离，m；

　　Re_x——x 处的雷诺数。

（2）当流体在平壁上做湍流流动时　边界层厚度 δ_{tu} 的计算式为：

$$\delta_{tu} = \frac{0.376x}{\sqrt[5]{Re_x}} \tag{3-44}$$

其中，湍流边界层中的层流底层的厚度 δ_b 可用下式计算：

$$\delta_b = \frac{194\delta_{tu}}{Re_x^{0.7}} \tag{3-45}$$

（3）流体在管道中流动时　层流底层厚度 δ_b 的计算式为：

$$\delta_b = \frac{63.5d}{Re_d^{7/8}} \tag{3-46}$$

式中　d——管道的内直径，m；

　　Re_d——用内直径 d 计算的雷诺数。

从上面边界层厚度的计算式中可知，流体的雷诺数越大，边界层越薄。

（二）热边界层

当流体流过与其温度不同的固体壁面时，在贴近壁面的一个小薄流层内就会产生法向温度梯度，此薄层称为热边界层或温度边界层。自壁面到热边界层的外边缘，流体温度从壁面温度 t_w 变化到接近主流温度 t_f。通常把从壁面到流体温度为 $0.99t_f$ 处的厚度称为热边界层厚度，用符号 δ_t 表示。

速度边界层与热边界层既有联系又有区别。流动中流体的温度分布受速度分布的影响，但两者的分布曲线不同。热边界层厚度 δ_t 与速度边界层厚度 δ 并不相等。速度边界层厚度 δ 反映流体动量传递的渗透程度，热边界层厚度 δ_t 则反映流体热量传递的渗透程度。对于同样的流动状态，δ/δ_t 与流体的运动黏度 ν 及导温系数 a 之比（即 ν/a）有关。

在热边界层以外的主流区，法向温度梯度几乎为零，可视为等温流动区，所以壁面法向上的导热量可以忽略不计。在热边界层内，传热方式与流体的流动状态有关。在层流热边界层内，壁面法线方向热量传递靠导热方式。在湍流热边界层内，层流底层的热量传递靠导热方式；而在底层以外的湍流区，除导热方式以外，主要靠对流传递热量。

对于热导率不高的流体，由于对流方式传递热量比导热方式强，即导热热阻起主要作用，故湍流热边界层的换热热阻主要取决于层流底层的导热过程，因此，在层流底层区温度梯度最大，而在湍流区温度梯度变化平缓，并且流体的层流底层会减弱对流换热。

四、对流换热微分方程组

对流换热不仅取决于热现象，而且还取决于流体的动力学现象，这两方面的总和就不能只用一个微分方程式，而是要用一组微分方程式来描述。对流换热微分方程组包括描述流体流动现象的质量微分方程（即连续性方程）和运动微分方程（即纳维-斯托克斯方程）、描述换热过程的换热微分方程和流体导热微分方程。

流体的质量微分方程在第一章中已经推导出，对于等温、稳定流动的不可压缩流体，质量微分方程见式（1-28）。

流体的运动微分方程在流体力学中已经推导出，对于等温、稳定流动的不可压缩流体，运动微分方程为：

$$\rho \frac{\mathrm{D}\boldsymbol{u}}{\mathrm{d}\tau} = \rho g - \mathrm{grad}\, p + \mu \nabla^2 \boldsymbol{u} \tag{3-47}$$

下面推导描述换热过程的换热微分方程和流体导热微分方程。

（一）换热微分方程

在流体与固体壁面进行对流换热时，根据牛顿冷却定律，微元换热面 dF 上的对流换热量为：

$$\mathrm{d}Q = \alpha(t_\mathrm{f} - t_\mathrm{w})\mathrm{d}F = \alpha \Delta t\, \mathrm{d}F$$

另外，无论是层流边界层还是湍流边界层，贴近壁面的小薄层内总是层流底层，在该层中热量的传递完全依靠导热，因此，根据傅里叶定律，微元换热面 dF 上的导热量为：

$$\mathrm{d}Q = -\lambda \left(\frac{\partial t}{\partial n}\right)_{n=0} \mathrm{d}F$$

显然，上面两式应该相等，则有：

$$\alpha = -\frac{\lambda}{\Delta t}\left(\frac{\partial t}{\partial n}\right)_{n=0} \tag{3-48}$$

式（3-48）即为描述流体与壁面在边界上换热过程的换热微分方程式。从此式可以看出，要确定对流换热系数 α，必须知道边界层内的温度梯度，换言之，必须知道流体内部的温度分布。在上节中导出的导热微分方程式是描述固体内部的温度分布方程，在此，还需建立流体导热微分方程。

（二）流体导热微分方程

与固体有所不同，流体在不停流动，流体微元体会发生位移。因此，流体微元体的温度变化有两种原因，其一是时间变化，其二是位置变化。

假设，在 $\mathrm{d}\tau$ 时间内，流体的各个质点沿三个坐标轴向分别移动了 $\mathrm{d}x$、$\mathrm{d}y$、$\mathrm{d}z$。根据全微分的概念，有：

$$\mathrm{D}t = \frac{\partial t}{\partial \tau}\mathrm{d}\tau + \frac{\partial t}{\partial x}\mathrm{d}x + \frac{\partial t}{\partial y}\mathrm{d}y + \frac{\partial t}{\partial z}\mathrm{d}z$$

或

$$\frac{\mathrm{D}t}{\mathrm{d}\tau} = \frac{\partial t}{\partial \tau} + \frac{\partial t}{\partial x}\times\frac{\mathrm{d}x}{\mathrm{d}\tau} + \frac{\partial t}{\partial y}\times\frac{\mathrm{d}y}{\mathrm{d}\tau} + \frac{\partial t}{\partial z}\times\frac{\mathrm{d}z}{\mathrm{d}\tau}$$

上式中，$\frac{\mathrm{d}x}{\mathrm{d}\tau}$、$\frac{\mathrm{d}y}{\mathrm{d}\tau}$、$\frac{\mathrm{d}z}{\mathrm{d}\tau}$ 分别为流体质点在 x、y、z 方向上的分速度 u_x、u_y、u_z。则有：

$$\frac{\mathrm{D}t}{\mathrm{d}\tau} = \frac{\partial t}{\partial \tau} + u_x\frac{\partial t}{\partial x} + u_y\frac{\partial t}{\partial y} + u_z\frac{\partial t}{\partial z} \tag{3-49}$$

由于在固体中微元体不发生位移，故有 $\frac{\mathrm{D}t}{\mathrm{d}\tau} = \frac{\partial t}{\partial \tau}$。但对于流动的流体，微元体发生位移，则 $\frac{\mathrm{D}t}{\mathrm{d}\tau} \neq \frac{\partial t}{\partial \tau}$，将 $\frac{\mathrm{D}t}{\mathrm{d}\tau}$ 代入无内热源的傅里叶导热微分方程式，可有：

$$\frac{\partial t}{\partial \tau} + u_x\frac{\partial t}{\partial x} + u_y\frac{\partial t}{\partial y} + u_z\frac{\partial t}{\partial z} = a\left(\frac{\partial^2 t}{\partial x^2} + \frac{\partial^2 t}{\partial y^2} + \frac{\partial^2 t}{\partial z^2}\right) \tag{3-50a}$$

或简写为：

$$\frac{\mathrm{D}t}{\mathrm{d}\tau} = a\nabla^2 t \tag{3-50b}$$

上式即为适用于流体的导热微分方程，又称为傅里叶-克希霍夫导热微分方程。

所以，描写对流换热过程的完整微分方程组为：

$$
\begin{cases}
\operatorname{div}\boldsymbol{u} = \dfrac{\partial u_x}{\partial x} + \dfrac{\partial u_y}{\partial y} + \dfrac{\partial u_z}{\partial z} = 0 \\[2mm]
\rho\,\dfrac{\mathrm{D}\boldsymbol{u}}{\mathrm{d}\tau} = \rho g - \operatorname{grad}p + \mu\,\nabla^2\boldsymbol{u} \\[2mm]
\alpha = -\dfrac{\lambda}{\Delta t}\left(\dfrac{\partial t}{\partial n}\right)_{n=0} \\[2mm]
\dfrac{\mathrm{D}t}{\mathrm{d}\tau} = a\,\nabla^2 t
\end{cases}
$$

（三）单值性条件

上述对流换热微分方程组是对流换热过程的一般描述，这个微分方程组有无穷多个解。在研究某一具体的对流换热过程时，需要求出微分方程组的唯一解，因此就必须规定一些能说明该过程特点的条件。这些使对流换热微分方程组有唯一解的条件就称为单值性条件。对流换热的单值性条件包括几何条件、物理条件、边界条件和时间条件。

（1）几何条件　说明参与换热过程的壁面的几何形状和尺寸，如管道是圆形的，管道的直径为 d，管道的长度为 l 等。

（2）物理条件　说明流体的类别及物理性质，如参数 λ、c_p、ρ、μ 等。

（3）边界条件　说明在边界上过程进行的特点，如进口处流体的温度、流速、壁面温度、通过壁面的热流量等。

（4）时间条件　说明在时间上预先已知的特点，即不稳定过程的初始条件，稳定过程没有时间条件。

单值性条件可以用数字的形式、函数的形式或微分方程的形式表达。

五、对流换热过程的相似理论

（一）相似理论

由于影响对流换热的因素很多，通过建立微分方程组，应用数学解析法求对流换热系数是非常困难的，因此必须借助于实验的方法来研究。由于自变量太多，就必须进行上千次甚至上万次实验，工作量很大，甚至实验难以实现。

相似理论把数学解析法和实验法结合在一起，是一种指导实验的理论，它不仅能大大地减少实验次数，又能使实验结果具有一定的代表性。

相似的概念首先出现在几何学里，几何学中把各对应角彼此相等、各对应边互成比例的图形称为相似图形。几何相似的概念也可以推广到许多物理现象中，人们用小模型来研究大实物的现象称为模型法。

为使模型实验的结果能推广应用到实物上，就必须要求在模型实验中进行的过程和在实物中进行的过程相似。在研究对流换热的模拟实验时，要遵循以下几点相似条件：

（1）几何相似　即模型与实物的几何形状相似，各对应边互成比例。

（2）时间相似　指同一瞬间开始算起，一切相对应的变化所经过的时间都成比例。

（3）物理相似　指相对应的点和部位的一切物理量都成比例，如温度、密度、黏度、速度等物理量。

另外，还包括流体流动相似（Re 相等）和热相似（温度场和热流相似）。

满足上述条件，实现对流换热过程相似。然后，根据相似理论来分析对流换热过程，把微分方程通过相似转换，得到相应的相似特征数（旧称相似准数），建立特征数方程，以达到解决对流换热问题的目的。

（二）相似特征数的导出

相似特征数是由多个物理量所组成的无量纲数群，它具有一定的物理意义。

1. 流体动力相似特征数

在流体力学中，根据动量守恒方程，通过相似转化已经推导出的相似特征数有：均时性数（Ho）、弗劳德数（Fr）、欧拉数（Eu）和雷诺数（Re）等，其数学表达式为：

均时性数：$Ho = \dfrac{u\tau}{l}$

弗劳德数：$Fr = \dfrac{gl}{u^2}$

欧拉数：$Eu = \dfrac{\Delta p}{\rho u^2}$

雷诺数：$Re = \dfrac{\rho u l}{\mu} = \dfrac{ul}{\nu}$

2. 对流换热过程的相似特征数

通过相似转换，可从流体导热微分方程式和换热微分方程式得出用以表达热相似过程的特征数。

假设有两个彼此相似的对流换热体系，由导热微分方程和换热微分方程可得：

对于第一个体系，有：

$$\begin{cases} \dfrac{\partial t'}{\partial \tau'} + u'_x \dfrac{\partial t'}{\partial x'} + u'_y \dfrac{\partial t'}{\partial y'} + u'_z \dfrac{\partial t'}{\partial z'} = a'\left(\dfrac{\partial^2 t'}{\partial x'^2} + \dfrac{\partial^2 t'}{\partial y'^2} + \dfrac{\partial^2 t'}{\partial z'^2} \right) & \text{(a)} \\[3mm] \alpha' \Delta t' = -\lambda' \dfrac{\partial t'}{\partial y'} & \text{(b)} \end{cases}$$

对于第二个体系，有：

$$\begin{cases} \dfrac{\partial t''}{\partial \tau''} + u''_x \dfrac{\partial t''}{\partial x''} + u''_y \dfrac{\partial t''}{\partial y''} + u''_z \dfrac{\partial t''}{\partial z''} = a''\left(\dfrac{\partial^2 t''}{\partial x''^2} + \dfrac{\partial^2 t''}{\partial y''^2} + \dfrac{\partial^2 t''}{\partial z''^2} \right) & \text{(c)} \\[3mm] \alpha'' \Delta t'' = -\lambda'' \dfrac{\partial t''}{\partial y''} & \text{(d)} \end{cases}$$

根据相似理论可知，两个系统的所有物理量都彼此成比例，则有：

$$\frac{x''}{x'} = \frac{y''}{y'} = \frac{z''}{z'} = C_l \tag{e}$$

$$\frac{\tau''}{\tau'} = C_\tau \tag{f}$$

$$\frac{t''}{t'} = C_t \tag{g}$$

$$\frac{\lambda''}{\lambda'} = C_\lambda \tag{h}$$

$$\frac{a''}{a'} = C_a \tag{i}$$

$$\frac{\alpha''}{\alpha'} = C_\alpha \tag{j}$$

$$\frac{u''_x}{u'_x} = \frac{u''_y}{u'_y} = \frac{u''_z}{u'_z} = C_u \tag{k}$$

用第一个体系的各物理量代替第二个体系的相应物理量，即将式（e）～式（k）整理后代入式（c）和式（d），整理后得：

$$\begin{cases} \dfrac{C_t}{C_\tau} \times \dfrac{\partial t'}{\partial \tau'} + \dfrac{C_u C_t}{C_l} \left(u'_x \dfrac{\partial t'}{\partial x'} + u'_y \dfrac{\partial t'}{\partial y'} + u'_z \dfrac{\partial t'}{\partial z'} \right) = \dfrac{C_a C_t}{C_l^2} a' \left(\dfrac{\partial^2 t'}{\partial x'^2} + \dfrac{\partial^2 t'}{\partial y'^2} + \dfrac{\partial^2 t'}{\partial z'^2} \right) & \text{(l)} \\ C_a C_t a' \Delta t' = -\dfrac{C_\lambda C_t}{C_l} \lambda' \dfrac{\partial t'}{\partial y'} & \text{(m)} \end{cases}$$

两个系统的方程均用第一个体系的物理量表示，将式（l）与式（a）比较、式（m）与式（b）比较，很明显，要想使两组方程相同，只有在满足下列条件下才能成立，即

$$\frac{C_t}{C_\tau} = \frac{C_a C_t}{C_l^2} \quad \text{或} \quad \frac{C_a C_\tau}{C_l^2} = 1 \tag{n}$$

$$\frac{C_u C_t}{C_l} = \frac{C_a C_t}{C_l^2} \quad \text{或} \quad \frac{C_u C_l}{C_a} = 1 \tag{o}$$

$$C_a C_t = \frac{C_\lambda C_t}{C_l} \quad \text{或} \quad \frac{C_a C_l}{C_\lambda} = 1 \tag{p}$$

将式（e）、式（f）和式（i）代入式（n）中，再按两个体系来分离物理量，可得：

$$\frac{a' \tau'}{l'^2} = \frac{a'' \tau''}{l''^2} \tag{q}$$

同理，由式（o）和式（p）可得：

$$\frac{u' l'}{a'} = \frac{u'' l''}{a''} \tag{r}$$

$$\frac{\alpha' l'}{\lambda'} = \frac{\alpha'' l''}{\lambda''} \tag{s}$$

因此，可得出热相似特征数为：

傅里叶数：
$$Fo = \frac{a\tau}{l^2} \tag{3-51}$$

贝克来数：
$$Pe = \frac{ul}{a} \tag{3-52}$$

努塞尔数：
$$Nu = \frac{\alpha l}{\lambda} \tag{3-53}$$

根据相似理论，两个或两个以上的体系在彼此热相似的情况下，对于任何相对应的各点，相似特征数 Fo、Pe 和 Nu 的数值均应相等。

用贝克来数 Pe 除以雷诺数 Re，可以得到另一个相似特征数，即普朗特数：

$$Pr = \frac{Pe}{Re} = \frac{\nu}{a} = \frac{\mu c_p}{\lambda} \tag{3-54}$$

另外，当流体做自由流动时，对适用于自然对流的运动微分方程进行相似分析，可以得到格拉晓夫数：

$$Gr = \frac{g l^3 \beta \Delta t}{\nu^2} \tag{3-55}$$

式中　β——流体的体积膨胀系数，$\beta = \dfrac{1}{T} = \dfrac{1}{273+t}$，$K^{-1}$；

Δt —— 流体与壁面间的温度差，℃；

ν —— 流体的运动黏度，m^2/s。

（三）相似特征数的物理意义

1. 欧拉数（Eu）

欧拉数表示流体静压头（Δp）与动压头（ρu^2）之比。

2. 雷诺数（Re）

雷诺数是流体惯性力与黏性力之比。它是表征流体流动特性的一个十分重要的特征数。流体强制流动时的流动状态是惯性力与黏性力相互矛盾和作用的结果。Re 增大，说明惯性力作用加强。因此，Re 用于标志强制流动流体的流动状态。在特征数方程式中，Re 反映流动状态对对流换热的影响。

3. 弗劳德数（Fr）

弗劳德数是重力和惯性力之比，是用来说明流体因各部分密度不同而引起的流动（即自由流动）的一个相似特征数。

4. 格拉晓夫数（Gr）

格拉晓夫数反映了浮升力与黏性力之比。它是描述自然对流的一个特征数，在自然对流中的作用与雷诺数（Re）在强制流动现象中的作用相当。流体自由流动状态是浮升力与黏性力相互矛盾和作用的结果。Gr 增大，表明浮升力的作用相对增大。在特征数方程式中，Gr 表示自由流动强度对对流换热强度的影响。Gr 值越大，自然对流换热就越强烈。

5. 努塞尔数（Nu）

努塞尔数是流体的导热热阻（l/λ）与对流换热热阻（$1/\alpha$）之比。它反映了边界层内的对流换热能力与其导热能力的对比关系。Nu 越大，表明对流换热过程越强烈。

各特征数表达式中，只有 Nu 与对流换热系数 α 有关，因此在研究对流换热过程中，Nu 是一个非常重要的特征数。

6. 普朗特数（Pr）

普朗特数是流体运动黏度（ν）与导温系数（a）之比，它反映了流体的动量扩散能力与能量扩散能力的相对大小。Pr 越大，流体的热扩散能力越弱。Pr 全部由流体的物理性质参数所组成，因此它表示流体的物理性质对换热的影响。对于原子数目相同的气体，Pr 可以当作常数。一些常见流体的 Pr 值可在本书附录中查得。

7. 贝克来数（Pe）

贝克来数表示对流换热与分子导热的相互关系。

另外，均时性数（Ho）表明流体不稳定流动的不稳定程度，它是用于描述不稳定速度场的一个特征数。傅里叶数（Fo）表明物体在瞬时性不稳定导热过程中所经历时间的长短，即反映瞬时性不稳定导热的不稳定程度，它是用于描述不稳定温度场的一个特征数。因此，在稳定导热过程中，Ho 和 Fo 均为常数。

（四）描述对流换热的特征数方程

相似特征数之间可以组合成特征数方程式的形式。它解决了实验结果如何整理、表达的问题。根据相似特征数的物理意义，可以列出各类对流换热问题的特征数方程式。

由于几何相似和流体流动相似是热相似的前提，所以在描述对流换热特征数方程中还应包含 l/l_0、Ho、Fo 和 Re 等。描述对流换热的特征数方程的完整形式为：

$$Nu = f\left(\frac{l}{l_0}, Ho, Fo, Re, Pr, Gr\right) \tag{3-56}$$

式中，$\dfrac{l}{l_0}$ 为几何相似特征数；l_0 为体系的定性尺寸；l 为长度等其他尺寸。

对于不同的对流换热情况，可以做不同的简化处理。

① 当稳定流动和稳定温度场时，可以不考虑 Ho、Fo，则有：

$$Nu = f\left(\dfrac{l}{l_0}, Re, Pr, Gr\right) \qquad (3\text{-}57)$$

② 当稳定强制对流换热时，Gr 可以不考虑，则：

$$Nu = f\left(\dfrac{l}{l_0}, Re, Pr\right) \qquad (3\text{-}58)$$

③ 对于气体，当 Pr 可以作为常数处理并稳定强制对流换热时，有：

$$Nu = f\left(\dfrac{l}{l_0} Re\right) \qquad (3\text{-}59)$$

④ 对于自然对流换热，Re 可以不考虑，则：

$$Nu = f\left(\dfrac{l}{l_0} Pr, Gr\right) \qquad (3\text{-}60)$$

在各特征数表达式中，只有 Nu 与对流换热系数 α 有关，故常把 Nu 称为待定特征数，而把上述方程中其他特征数称为已定特征数。当已定特征数的数值确定后，则 Nu 就可确定，由式(3-53) 即可求出对流换热系数 α 值。

（五）定性温度与定性尺寸

1. 定性温度

定性温度是指决定特征数中物理参数数值的温度。定性温度一般有：

① 流体平均温度 t_f。

② 固体壁面温度 t_w。

③ 边界层的平均温度 t_b，即流体与固体壁面的平均温度，$t_b = \dfrac{t_f + t_w}{2}$。

2. 定性尺寸

定性尺寸是指对换热过程有决定性影响的尺寸，又称为特征尺寸。常见的定性尺寸有：

① 流体在管道中流动时，对于圆管，采用管道内直径；对于非圆管，采用当量内直径。

② 流体流过单管或管簇时，采用管道外径。

③ 流体纵向流过平壁、单管或管簇时，采用沿流动方向的壁面或管道长度。

六、流体自然对流换热

1. 无限空间中的自然对流换热

所谓无限空间，是指空间的尺寸远大于物体换热表面的尺寸，因而其换热结果不致引起空间流体温度的变化。各种热工设备和管道向周围大气的散热就属于无限空间中的自然对流换热。

流体自然对流时，其动力是浮升力，阻力是黏性力，因此这两种力的相对大小就决定了自由流动流体的流动状态。

图 3-14 为一置于空气中的竖直壁面所引起的自然对流示意图。流动边界层是沿竖直壁面逐渐形成和发展的，在壁面的下部，自然对流刚开始形成，流动是有规则的层流，形成层流边界层；再往上，达到一定距离后，流体流动就由层流过渡为湍流，形成湍流边界层。这种流动状态的转变，取决于流体与壁面的温度差 Δt、流体的物理性质参数和离竖壁起始点

的距离等。实验证明，判断自然对流的流态通常用格拉晓夫数与普朗特数的乘积，即瑞利数 $Ra=Gr \cdot Pr$。例如，对于流体沿竖直壁面和水平圆管外表面的自然对流，当 $Ra<10^8$ 时，流态为层流；当 $10^8<Ra<10^{10}$ 时，流态为过渡流；当 $Ra>10^{10}$ 时，流态为湍流。但一般以 $Ra=10^9$ 为层流与湍流的分界点。

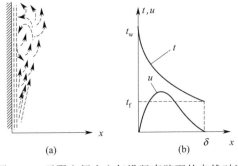

图 3-14　无限空间中空气沿竖直壁面的自然对流
(a) 边界层的形成与发展；(b) 边界层内速度与温度分布

无限空间中自然对流换热的特征数方程为：

$$Nu_b=C(Gr \cdot Pr)_b^n \qquad (3-61)$$

式中　b——以边界层平均温度 t_b 为定性温度；

　　C、n——与换热面形状、位置及流体流态等有关的常数，其值由实验确定，不同情况下的 C、n 值列于表 3-3。

对于湍流流动，由表 3-3 可知，$n=\dfrac{1}{3}$，代入式(3-61)，可以使 Nu 和 Gr 中的定性尺寸 l 消去，这表明自然湍流对流换热过程与换热面尺寸无关。

在工程计算中，也常用下列经验公式计算在无限空间中平壁的自然对流换热系数。

$$\alpha=A_w\sqrt[4]{|t_w-t_f|} \qquad (3-62)$$

式中，A_w 为取决于换热面位置的系数，其取值见表 3-4。

表 3-3　无限空间中自然对流换热的 C 和 n 值

换热面形状及位置	流态	C 值	n 值	$Ra=Gr \cdot Pr$ 适用范围	定性尺寸
竖直平壁及竖直圆筒	层流	0.59	$\frac{1}{4}$	$10^4 \sim 10^9$	高度 h
	湍流	0.10	$\frac{1}{3}$	$10^9 \sim 10^{13}$	
水平圆筒	层流	0.53	$\frac{1}{4}$	$10^4 \sim 10^9$	外径 d
	湍流	0.13	$\frac{1}{3}$	$10^9 \sim 10^{12}$	
热面朝上或冷面朝下的水平壁	层流	0.54	$\frac{1}{4}$	$(2\times10^4) \sim (8\times10^6)$	矩形平壁取两个边长的平均值，圆形平壁取 $0.9d$
	湍流	0.15	$\frac{1}{3}$	$(8\times10^6) \sim 10^{11}$	
热面朝下或冷面朝上的水平壁	层流	0.58	$\frac{1}{5}$	$10^5 \sim 10^{11}$	矩形平壁取两个边长的平均值，圆形平壁取 $0.9d$

表 3-4　A_w 值

换热面位置	向上的平壁	垂直的平壁	向下的平壁
A_w	3.26	2.56	2.1

【例 3-3】　竖直平壁外表面温度 $t_w=60℃$，外界空气温度 $t_f=20℃$，平壁高 $h=3m$，试计算该平壁每平方米外表面通过自然对流换热的散热量。

【解】　先计算 $Ra=Gr \cdot Pr$ 以判断流态。

定性温度　　　　　　　　　$$t_b=\frac{t_w+t_f}{2}=\frac{60+20}{2}=40(℃)$$

由附录五查得 40℃ 时空气的物理性质参数为：$\lambda=0.0276W/(m \cdot ℃)$，$\nu=16.96\times$

$10^{-6}\,\mathrm{m}^2/\mathrm{s}$，$Pr=0.699$。

由式(3-55)有：

$$Gr=\frac{gh^3\beta(t_w-t_f)}{\nu^2}=\frac{9.81\times3^3\times(60-20)}{(16.96\times10^{-6})^2}\times\frac{1}{273+40}=11.77\times10^{10}$$

$$Ra=Gr\cdot Pr=11.77\times10^{10}\times0.699=8.23\times10^{10}$$

查表3-3得$C=0.10$，$n=\frac{1}{3}$，代入式(3-61)，有

$$Nu_b=C(Gr\cdot Pr)^n_b=0.10\times\sqrt[3]{8.23\times10^{10}}=435$$

由式(3-53)有：

$$\alpha=\frac{Nu\cdot\lambda}{h}=\frac{435\times0.0276}{3}=4\left[\mathrm{W}/(\mathrm{m}^2\cdot\text{℃})\right]$$

由牛顿冷却定律数学式(3-41)，自然对流换热热流密度为：

$$q=\alpha(t_w-t_f)=4\times(60-20)=160(\mathrm{W}/\mathrm{m}^2)$$

因此，该平壁外表面通过自然对流换热的散热量为$160\mathrm{W}/\mathrm{m}^2$。

2. 有限空间中的自然对流换热

在有限空间中自然对流换热，流体受热和冷却是在彼此靠得很近的地方发生的，靠近热面的流体受热要上升，靠近冷面的流体被冷却而下降。由于壁面靠得很近，冷热两股流体相互干扰，与无限空间中的自然对流换热不同。热流量通过此空间是热面放热和冷面受热两者综合的结果。

为计算方便，通常把这两种对流换热过程按平壁导热方式处理，热导率采用当量热导率λ_e。此时，对流换热的热流密度计算式为：

$$q=\frac{\lambda_e}{\delta}(t_{w1}-t_{w2}) \tag{3-63}$$

式中　λ_e——当量热导率，W/(m·℃)；

　　　δ——冷热两壁面间的距离，m；

　　　t_{w1}——热壁面的温度，℃；

　　　t_{w2}——冷壁面的温度，℃。

当量热导率λ_e的大小反映了夹层内换热过程的强弱，通常把λ_e与流体的热导率λ的比值整理成特征数方程式，即

$$\frac{\lambda_e}{\lambda}=f(Gr\cdot Re) \tag{3-64}$$

由牛顿冷却定律，$q=\alpha\Delta t=\frac{\alpha\delta}{\lambda}\times\frac{\lambda}{\delta}\Delta t=Nu\frac{\lambda}{\delta}\Delta t$，与式(3-63)进行比较，可得：

$$Nu=\frac{\lambda_e}{\lambda} \tag{3-65}$$

由此可知，$\frac{\lambda_e}{\lambda}$相当于以冷热两壁面的间距$\delta$作定性尺寸时冷热壁面间夹层的对流换热的努塞尔数$Nu_\delta$。

$\frac{\lambda_e}{\lambda}$的值可按表3-5中所列计算式进行计算。式中的定性尺寸取夹层厚度δ；定性温度取

夹层中流体的平均温度，即 $t_f = \dfrac{t_{w1}+t_{w2}}{2}$；计算 Gr 时的 Δt 为 t_{w1} 和 t_{w2} 之差。

从表 3-5 中所列计算式可知，当空气的 $Gr < 2000$ 时，$\lambda_e/\lambda = 1$，说明夹层中空气几乎是静止的，没有对流换热，从热表面到冷表面的传热完全取决于流体的导热性。

表 3-5　有限空间中自然对流换热计算式

夹层形状	图示	换热量	$\dfrac{\lambda_e}{\lambda}$ 计算式	使用范围	流态
竖夹层（当 $\dfrac{\delta}{h} > 0.33$ 时可按无限大空间计算）		$q = \dfrac{\lambda_e}{\delta}(t_{w1}-t_{w2})$ t_{w1}—热面温度； t_{w2}—冷面温度	$\dfrac{\lambda_e}{\lambda} = 1$	$Gr < 2000$，空气	几乎不流动
			$\dfrac{\lambda_e}{\lambda} = 0.18 Gr^{\frac{1}{4}}\left(\dfrac{\delta}{h}\right)^{\frac{1}{9}}$	$Gr = (2\times10^3) \sim (2\times10^5)$ 空气	层流
			$\dfrac{\lambda_e}{\lambda} = 0.065 Gr^{\frac{1}{3}}\left(\dfrac{\delta}{h}\right)^{\frac{1}{9}}$	$Gr = (2\times10^5) \sim (1.1\times10^7)$ 空气	湍流
横夹层（热面在下）		$q = \dfrac{\lambda_e}{\delta}(t_{w1}-t_{w2})$ t_{w1}—热面温度； t_{w2}—冷面温度	$\dfrac{\lambda_e}{\lambda} = 0.195 Gr^{\frac{1}{4}}$	$Gr = 10^4 \sim (4\times10^5)$ 空气	层流
			$\dfrac{\lambda_e}{\lambda} = 0.068 Gr^{\frac{1}{3}}$	$Gr > 4\times10^5$，空气	湍流
			$\dfrac{\lambda_e}{\lambda} = 0.073(Gr \cdot Pr^{1.15})^{\frac{1}{3}}$	$Gr \cdot Pr^{1.65} > 1.6\times10^5$	湍流
环状夹层（热面在里） $\delta = \dfrac{1}{2}(d_2-d_1)$		单位长度的热流密度： $q_l = \dfrac{2\pi\lambda_e}{\ln\dfrac{d_2}{d_1}}(t_{w1}-t_{w2})$ d_1—内筒直径； d_2—外筒直径	$\dfrac{\lambda_e}{\lambda} = 0.18(Gr \cdot Pr)^{\frac{1}{4}}$	$Gr \cdot Pr = 10^3 \sim 10^8$	

【例 3-4】　试求竖直平板间空气夹层的当量热导率和对流换热量。设夹层厚度为 25.0mm，高为 200mm，热表面温度为 150℃，冷表面温度为 50℃。

【解】平板夹层中空气的平均温度：$t_f = \dfrac{t_{w1}+t_{w2}}{2} = \dfrac{150+50}{2} = 100$（℃）

由附录五查得 100℃ 时空气的物理性质参数为：$\lambda = 0.0321\text{W}/(\text{m} \cdot \text{℃})$，$\nu = 23.13 \times 10^{-6}\text{m}^2/\text{s}$

由式（3-55）有：

$$Gr = \frac{g\delta^3\beta(t_{w1}-t_{w2})}{\nu^2} = \frac{9.81 \times 0.025^3 \times (150-50)}{(23.13 \times 10^{-6})^2} \times \frac{1}{273+100} = 7.68 \times 10^4$$

根据表 3-5 中的计算式，有：

$$\frac{\lambda_e}{\lambda} = 0.18 Gr^{\frac{1}{4}}\left(\frac{\delta}{h}\right)^{\frac{1}{9}} = 0.18 \times (7.68 \times 10^4)^{\frac{1}{4}} \times \left(\frac{0.025}{0.2}\right)^{\frac{1}{9}} = 2.38$$

$$\lambda_e = 2.38\lambda = 2.38 \times 0.0321 = 0.0764[\text{W}/(\text{m} \cdot \text{℃})]$$

对流换热量：$q = \dfrac{\lambda_e}{\delta}(t_{w1}-t_{w2}) = \dfrac{0.0764}{0.025} \times (150-50) = 305.6(\text{W}/\text{m}^2)$

所以，此竖直平板间空气夹层的当量热导率为 0.0764 W/(m・℃)，对流换热量为 305.6 W/m²。

七、流体强制流动时的对流换热

流体强制流动时的对流换热规律，一般都采用特征数关系式表示，全部计算公式都是实验求解的结果。

（一）流体在管道内强制流动时的对流换热

1. 管道内湍流时的强制对流换热

（1）对于光滑管道　由于对流换热系数 α 与管长 l 和管径 d 之比值有关，当 $l/d \geqslant 50$ 时，α 大致不再随管长 l 而变。因此，根据 l/d 的大小，通常把管道分为长管和短管两种情况来讨论其换热，即 $l/d \geqslant 50$ 时属于长管，$l/d < 50$ 时属于短管。

$Re_f = (1 \times 10^4) \sim (1.2 \times 10^5)$、$Pr_f = 0.7 \sim 120$、$l/d \geqslant 50$，流体与管壁具有中等以下温度差，即对于气体，温差 $\leqslant 50℃$；对于水，温差 $\leqslant 30℃$；对于各种油类，温差 $\leqslant 10℃$。采用迪图斯-贝尔特（Dittus-Boelter）公式：

$$Nu_f = 0.023 Re_f^{0.8} Pr_f^n \tag{3-66}$$

式（3-66）中，当流体被加热（即 $t_w > t_f$）时，$n = 0.4$；当流体被冷却（即 $t_w < t_f$）时，$n = 0.3$。以流体进、出口温度的算术平均值为定性温度，以管道当量内径 d_e 为定性尺寸。

当 $Re_f = (1 \times 10^4) \sim (5 \times 10^6)$、$Pr_f = 0.6 \sim 2500$、$l/d \geqslant 50$，流体与管壁的温度差超过中等以上时，可采用米海耶夫公式：

$$Nu_f = 0.021 Re_f^{0.8} Pr_f^{0.43} \left(\frac{Pr_f}{Pr_w} \right)^{0.25} \tag{3-67}$$

式（3-67）中，除 Pr_w 用管壁温度为定性温度外，均采用流体平均温度（即流体进、出口温度的算术平均值）为定性温度，以管道当量内径 d_e 为定性尺寸。

对于短管（$l/d < 50$），管长 l 将成为换热过程的一个影响因素，因此，由式（3-66）和式（3-67）求得的对流换热系数 α 需乘以修正系数 ε_l，其值可从表 3-6 查得。

表 3-6　光滑短管管道内强制湍流流动时的校正系数 ε_l 值

Re	l/d								
	1	2	5	10	15	20	30	40	50
1×10^4	1.65	1.50	1.34	1.23	1.17	1.13	1.07	1.03	1
2×10^4	1.51	1.40	1.27	1.18	1.13	1.10	1.05	1.02	1
5×10^4	1.34	1.27	1.18	1.13	1.10	1.08	1.04	1.02	1
1×10^5	1.28	1.22	1.15	1.10	1.08	1.06	1.03	1.02	1
1×10^6	1.14	1.11	1.08	1.05	1.04	1.03	1.02	1.01	1

对于光滑管道内强制湍流流动时的对流换热，实际计算时应用最广的关系式是迪图斯-贝尔特公式，即式（3-66）。将式（3-66）代入式（3-53）中，可简化为：

$$\alpha = A_n \frac{u_0^{0.8}}{d_e^{0.2}} \tag{3-68}$$

式中　A_n——因流体种类而异的系数，取值见表 3-7；

u_0——流体在管道内的流速，Nm/s；

d_e——管道的当量内径，m。

表 3-7　在常用温度下某些流体的 A_n 值

水	$t/℃$	0	20	40	60	80	100
	A_n	1425	1850	2330	2760	3080	3370
重油	$t/℃$	40	60	80	100	120	140
	A_n	31.4	52.4	88.5	119	146.5	179.0
空气	$t/℃$	0	200	400	600	800	1000
	A_n	3.97	4.32	4.68	4.96	5.16	5.35
烟气	$t/℃$	2	200	400	600	800	1000
	A_n	3.96	4.63	5.35	5.76	6.42	6.65
水蒸气	$t/℃$	100	150	200	250	300	350
	A_n	4.07	4.13	4.30	4.53	4.72	4.99

（2）对于粗糙管道　目前，关于粗糙管道的对流换热计算公式还比较缺乏，科尔伯恩通过管流中流体摩擦和换热之间的比拟关系，提出了如下关系式，用斯坦顿（Stanton）数表示：

$$St = Pr^{-\frac{2}{3}}\frac{\lambda}{8} \tag{3-69}$$

式中　St——斯坦顿数，$St = \dfrac{Nu}{Re \cdot Pr} = \dfrac{\alpha}{\rho c_p u_{av}}$；

　　　λ——管内摩擦阻力系数，可从《流体力学》书中的莫迪图查得；

　　　u_{av}——管内平均流速，m/s。

但必须指出，根据式（3-69）计算出的对流换热系数比实际值高。

2. 管道内层流时的强制对流换热

当 $Re_f < 2300$、$Pr_f > 0.6$ 且 $Re_f \cdot Pr_f \dfrac{d}{l} > 10$ 时，管道内的强制对流换热用西德尔（Sieder）和泰特（Tate）提出的经验公式：

$$Nu_f = 1.86\left(Re_f \cdot Pr_f \frac{d}{l}\right)^{\frac{1}{3}}\left(\frac{\mu_f}{\mu_w}\right)^{0.14} \tag{3-70}$$

式中，除 μ_w（管壁温度下流体的黏度）用管壁温度外，定性温度均为流体的平均温度（即流体进、出口温度的算术平均值），定性尺寸为管道当量内径。

3. 管道内过渡流时的强制对流换热

当 $Re_f = 2300 \sim 10000$ 时，管道内的强制对流换热用豪森（Hausen）提出的计算公式：

$$Ne_f = 0.116(Re_f^{\frac{2}{3}} - 125)Pr_f^{\frac{1}{3}}\left[1 + \left(\frac{d}{l}\right)^{\frac{2}{3}}\right]\left(\frac{\mu_f}{\mu_w}\right)^{0.14} \tag{3-71}$$

【例 3-5】　压强为 1 个大气压、温度为 200℃ 的空气流过一直径为 50mm、长度为 3m 的管道，流速为 10m/s，管壁的温度为 150℃，试求每米管道与空气的对流换热量。

【解】　$\rho_a = \rho_{a,0}\dfrac{273}{273+t} = 1.293 \times \dfrac{273}{273+200} = 0.746$（kg/m³）

由附录五查得 200℃ 时空气的物理性质参数：$\lambda = 0.0393$W/(m·℃)，$\mu = 2.6 \times 10^{-5}$Pa·s，$Pr_f = 0.68$。150℃ 时 $Pr_w = 0.683$。

$$Re_f = \frac{\rho u d}{\mu} = \frac{0.746 \times 10 \times 0.05}{2.6 \times 10^{-5}} = 14346$$

因为 $Re_f = 14346$ 在 $(1 \times 10^4) \sim (5 \times 10^6)$ 范围内，$Pr_f = 0.68$ 在 0.6~2500 范围内，$l/d = 60 > 50$，空气与管壁的温度差为 50℃，所以可采用米海耶夫公式：

$$Nu_f=0.021Re_f^{0.8}Pr_f^{0.43}\left(\frac{Pr_f}{Pr_w}\right)^{0.25}=0.021\times14346^{0.8}\times0.68^{0.43}\times\left(\frac{0.68}{0.683}\right)^{0.25}=37.59$$

由式(3-53) 有：

$$\alpha=\frac{Nu_f\lambda_f}{d}=\frac{37.59\times0.0393}{0.05}=29.54[W/(m^2\cdot℃)]$$

每米管道与空气的对流换热量：

$$q_1=\alpha(t_f-t_w)\pi d=29.54\times(200-150)\times\pi\times0.05=232(W/m)$$

（二）流体强制横向外掠光滑圆管时的对流换热

1. 流体横向外掠光滑单圆管时的对流换热

由流体力学知识可知，流体横向绕流单圆管时有两个特点：一是流动边界层有层流和湍流之分；二是流动会出现分离现象，在分离点之后可能会有回流，其流动状态同雷诺数 Re 的大小密切相关。因此，对流换热系数沿着圆管外壁面将发生周向变化，在边界层从层流转变为湍流处，对流换热系数急剧增大。但在工程计算中，一般只关注管壁与流体间的总换热效果，只需计算沿周向的平均换热系数的大小。

茹考思卡斯（Zhukauskas）等提出了适应性很强的计算公式：

当$Re_f=1\sim10^3$ 时，计算式为：

$$Nu_f=(0.43+0.5Re_f^{0.5})Pr_f^{0.38}\left(\frac{Pr_f}{Pr_w}\right)^{0.25} \tag{3-72}$$

当$Re_f=10^3\sim(2\times10^5)$ 时，计算式为：

$$Nu_f=0.25Re_f^{0.6}Pr_f^{0.38}\left(\frac{Pr_f}{Pr_w}\right)^{0.25} \tag{3-73}$$

式(3-72) 和式(3-73)中，定性尺寸为管道外径；对于气体，修正项$\left(\frac{Pr_f}{Pr_w}\right)^{0.25}$ 可以略去。

2. 流体横向外掠光滑管簇时的对流换热

流体横向外掠光滑管簇时，流体流速将受各排管子的连续干扰。因此，横向外掠光滑管簇的对流换热系数与管簇的排列方式、管子间的横向间距与纵向间距、管子的直径、管子的排数等有关。换热设备中管簇的排列方式一般有顺排和叉排两种，如图 3-15 所示。

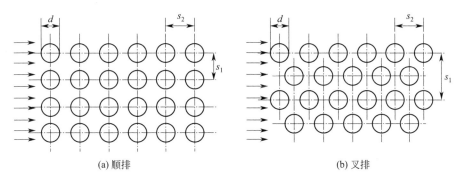

(a) 顺排　　　　(b) 叉排

图 3-15　管簇的排列方式

叉排时，流体在管间交替收缩和扩张的弯曲通道中流动；而顺排时则流道相对比较平直，并且当流速和横向间距 s_2 较小时，易在管的尾部形成滞留区。因此，一般地说，叉排时流体扰动较好，对流换热比顺排强。

流体在管簇中流动时，除第一排管子保持了外掠单管的特征外，从第二排管子起流动将被前面几排管子引起的旋涡所干扰，因此管簇中流动状态较复杂。在低 Re 的情况下，前排管子的尾部只能出现一些不强的大个旋涡，由于黏滞力的作用及克服尾部压强的增长，旋涡会很快消失，对下一排管前部边界层的影响很小，故管表面边界层层流占优势，可视为层流状态；随着 Re 增大，在管子间的湍流旋涡加强，当 $Re=(5 \times 10^2) \sim (2 \times 10^5)$ 时，大约管的前半周处于湍流旋涡影响下的层流边界层，后半周则为旋涡流，流动状态可视为混合状态；只有当 $Re > 2 \times 10^5$ 时，管子表面湍流边界层才占优势。

对于管子排数，由于前排的扰动加剧了后排的换热，第一排的 α 值最小，以后随着排数增加而提高。原则上只有管簇的排数和每排的管数都大于 10 时，才可以消除进口和边缘条件对平均换热系数的影响。

计算管簇对流换热系数的特征数方程很多，一般常整理成下式：

$$Nu_f = CRe_f^n Pr_f^m \left(\frac{Pr_f}{Pr_w}\right)^{0.25} \left(\frac{s_1}{s_2}\right)^p \varepsilon_z \tag{3-74}$$

式中　　s_1/s_2——管簇的相对间距；

C、n、m、p——与管簇的排列方式、Re、管簇的相对间距等有关的常数；

ε_z——管簇排数影响的校正系数。

当管簇排数 ≥ 10 时，顺排及叉排的平均对流换热系数可按表 3-8 中的公式计算，表中各公式的流体定性温度用流体在管簇中的平均温度，定性尺寸用管子外径，Re 计算式中的速度 u 用流通截面最窄处的流速。

表 3-8　管簇平均对流换热系数的特征数方程

排列方式	适应范围		特征数方程式	对空气或烟气的简化式($Pr=0.7$)
顺排	$Re = 10^3 \sim (2 \times 10^5)$		$Nu_f = 0.27Re_f^{0.63} Pr_f^{0.36} \left(\frac{Pr_f}{Pr_w}\right)^{0.25}$	$Nu_f = 0.24Re_f^{0.63}$
	$Re > 2 \times 10^5$		$Nu_f = 0.021Re_f^{0.84} Pr_f^{0.36} \left(\frac{Pr_f}{Pr_w}\right)^{0.25}$	$Nu_f = 0.018Re_f^{0.84}$
叉排	$Re = 10^3 \sim (2 \times 10^5)$	$s_1/s_2 \leqslant 2$	$Nu_f = 0.35Re_f^{0.6} Pr_f^{0.36} \left(\frac{Pr_f}{Pr_w}\right)^{0.25} \left(\frac{s_1}{s_2}\right)^{0.2}$	$Nu_f = 0.31Re_f^{0.6} \left(\frac{s_1}{s_2}\right)^{0.2}$
		$s_1/s_2 > 2$	$Nu_f = 0.40Re_f^{0.6} Pr_f^{0.36} \left(\frac{Pr_f}{Pr_w}\right)^{0.25}$	$Nu_f = 0.35Re_f^{0.6}$
	$Re > 2 \times 10^5$		$Nu_f = 0.022Re_f^{0.84} Pr_f^{0.36} \left(\frac{Pr_f}{Pr_w}\right)^{0.25}$	$Nu_f = 0.019Re_f^{0.84}$

当管簇排数 < 10 时，表 3-8 中对应的计算公式需乘以管簇排数影响的校正系数 ε_z，其取值见表 3-9。

表 3-9　管簇排数影响的校正系数 ε_z

排数	1	2	3	4	5	6	7	8	9	10
顺排	0.64	0.80	0.87	0.90	0.92	0.94	0.96	0.98	0.99	1.0
叉排	0.68	0.75	0.83	0.89	0.92	0.95	0.97	0.98	0.99	1.0

当流体横向掠过管面的冲击角小于 90° 时，换热系数会减小，因而需要在上面对应的计算式中再乘以一个校正系数 ε_φ，其取值见表 3-10。

表 3-10　流体横向掠过管面的冲击角小于 90° 时的校正系数 ε_φ

冲击角 $\varphi/(°)$	90	80	70	60	50	40	30	20	10
ε_φ	1.0	1.0	0.98	0.94	0.88	0.78	0.67	0.52	0.42

【例 3-6】 烟气流经换热器管簇的平均温度为 900℃，换热器壁面温度为 600℃，换热器部分烟气流速为 4.5m/s，换热器中管子外径为 57mm，管簇排列方式为叉排，$s_1=s_2=2d$，共 6 排，冲击角为 90°。求烟气流经换热器管簇的平均对流换热系数 α。

【解】 当烟气温度 $t_f=900℃$ 时，由附录四查得烟气物理性质参数：

$\lambda=0.1\ W/(m\cdot℃)$，$\nu=152.5\times10^{-6}\ m^2/s$，$Pr_f=0.59$。600℃ 时 $Pr_w=0.62$。

$$Re_f=\frac{ud}{\nu}=\frac{4.5\times0.057}{152.5\times10^{-6}}=1682$$

因为管簇排数为 6 排，叉排方式，由表 3-9 可查得管簇排数影响的校正系数 $\varepsilon_z=0.95$。$s_1/s_2=1$，$Re_f=1682$ 在 $10^3\sim(2\times10^5)$ 范围内，由表 3-8 可有：

$$Nu_f=0.35Re_f^{0.6}Pr_f^{0.36}\left(\frac{Pr_f}{Pr_w}\right)^{0.25}\left(\frac{s_1}{s_2}\right)^{0.2}\varepsilon_z$$

$$=0.35\times1682^{0.6}\times0.59^{0.36}\left(\frac{0.59}{0.62}\right)^{0.25}\times0.95=23.41$$

由式（3-53）有：

$$\alpha=\frac{Nu_f\lambda_f}{d}=\frac{23.41\times0.1}{0.057}=41.07[W/(m^2\cdot℃)]$$

（三） 流体沿平壁表面强制流动时的对流换热

流体沿平壁表面强制流动时的对流换热特征数方程可以表达为：

$$Nu=f(Re,Pr)$$

根据实验数据整理的计算式为：

当 $Re_f>10^5$ 时： $\qquad Nu_f=0.037\,Re_f^{0.8}\,Pr_f^{0.43}\left(\frac{Pr_f}{Pr_w}\right)^{0.25}$ （3-75）

当 $Re_f<10^5$ 时： $\qquad Nu_f=0.68\,Re_f^{0.50}\,Pr_f^{0.43}\left(\frac{Pr_f}{Pr_w}\right)^{0.25}$ （3-76）

如果流体是空气或与空气有相近 Pr 数值的其他气体，则式（3-75）可简化为式（3-77），式（3-76）可简化为式（3-78）。

$$Nu_f=0.032Re_f^{0.8} \qquad\qquad (3-77)$$

$$Nu_f=0.59Re_f^{0.5} \qquad\qquad (3-78)$$

上面这四个计算式中，并没有考虑到自然对流换热的影响，即公式中没有包括描述自然对流的格拉晓夫数 Gr。当流体沿平壁表面流动速度很小时，自然对流将起很大的作用，计算结果将与实际情况有较大的误差，此时，应该同时按照自然对流换热公式计算，并选取其中对流换热系数 α 较大的一个为准。

第三节 辐射换热

一、热辐射的基本概念

（一） 热辐射的本质和特点

当物质内部的电子受激或振动时，产生交替变化的电场和磁场，发出电磁波向空间传播。物体向外发射电磁波的过程称为辐射。根据波长的大小和波源的不同，电磁波可分为不同的类型，如表 3-11 所示。

表 3-11　电磁波的类型与波长

类型	γ 射线	X 射线	紫外线	可见光	红外线	微波
波长/μm	$< 10^{-5}$	$10^{-5} \sim 10^{-2}$	$10^{-2} \sim 0.38$	$0.38 \sim 0.76$	$0.76 \sim 1000$	$10^3 \sim 10^6$

注：各文献划分的波长并不完全一致。

由于起因不同，物质不同，激发的程度不同，因此辐射出的电磁波波长也不相同。不同波长的电磁波具有不同的性质，投射到物体上产生的效应也是不同的，其中具有热效应的电磁波称为热射线，热射线的传播过程称为热辐射。从理论上讲，热射线的波长可以包括整个电磁波的波谱，但具备明显热效应的热射线是波长从 $0.38 \sim 1000 \mu m$ 范围内的可见光和红外线。热射线的传播速度和可见光的传播速度一样，在真空中为 $3 \times 10^8 \mathrm{m/s}$。

热辐射的本质决定了热辐射具有如下的特点：

① 辐射换热既不需要两物体相接触，也不需要任何传热介质，在真空中也能进行。例如太阳与地球的距离约为 1.5 亿千米，它们之间近乎真空状态，太阳能就是以辐射方式穿过真空，将热量传到地球上。

② 温度在 0K 以上的任何物体均能发射热射线。物体温度愈高，辐射出的总能量就愈大，短波成分也愈多。当两物体有温差时，则高温物体辐射给低温物体的热量大于低温物体辐射给高温物体的热量，因此总的结果是高温物体辐射传热给低温物体；当两个物体温度相等时，辐射换热仍在相互进行，只是物体发射出去的热量等于其吸收的热量，处于动平衡状态。

③ 辐射换热过程既有能量的转移，又有能量形式的转化，即从一个物体的热能转化为热射线发射出去，投射到另一物体表面而被吸收并转化为热能。

（二）物体对热辐射的吸收、反射和透过

热射线和可见光一样，具有反射、吸收和透过的特性，因此同样遵循光学中的投射、折射和反射定律。

如图 3-16 所示，投射在某物体表面上的总辐射能为 Q，其中有一部分能量 Q_A 被吸收，一部分能量 Q_R 被反射，其余能量 Q_D 透过物体。根据能量守恒定律，可得：

$$Q_A + Q_R + Q_D = Q$$

即

$$\frac{Q_A}{Q} + \frac{Q_R}{Q} + \frac{Q_D}{Q} = 1$$

或

$$A + R + D = 1 \tag{3-79}$$

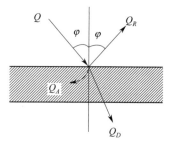

图 3-16　物体对辐射能的
吸收、反射和透过

式中　A——物体的吸收率，表示被物体吸收的辐射能与其投射辐射能之比，$A = \dfrac{Q_A}{Q}$；

R——物体的反射率，表示被物体反射的辐射能与其投射辐射能之比，$R = \dfrac{Q_R}{Q}$；

D——物体的透过率，表示透过物体的辐射能与其投射辐射能之比，$D = \dfrac{Q_D}{Q}$。

当 $A = 1$、$R = D = 0$ 时，即投射到物体上的辐射能全部被物体吸收，该物体称为绝对黑体，简称黑体。

当 $R=1$、$A=D=0$ 时，即投射到物体上的辐射能全部被物体表面反射，该物体称为绝对白体或绝对镜体。漫反射时称为绝对白体，简称白体；镜面反射时称为绝对镜体，简称镜体。

当 $D=1$、$A=R=0$ 时，即投射到物体上的辐射能全部透过物体，该物体称为绝对透热体，简称透热体。

实际上，实际物体的 A、R、D 均介于 $0\sim1$ 之间，自然界中并不存在真正的黑体、白体、镜体和透热体。物体的 A、R 和 D 的数值大小与物体的物理性质、表面状况、温度以及热射线的波长等因素有关，而与物体的颜色无关。例如，雪对可见光几乎全反射，因此呈白色；但它几乎吸收全部的红外线，其对热射线的吸收率 $A=0.985$，近似于黑体。

实际物体对热射线都具有一定的吸收能力、反射能力和透过能力。但是，对于绝大多数的工程材料，由于对热射线的透过能力很小，可忽略不计，因此可认为 $D=0$，而 $A+R=1$，一般地，物体表面越粗糙，A 值越大；对于气体，由于对热射线的反射能力很小，可忽略不计，因此可认为 $R=0$，而 $A+D=1$。

（三）黑体模型

自然界中虽然不存在黑体，但由于它对于研究热辐射具有重要意义，用人工方法可以制得黑体模型。

如图 3-17 所示，在空心球体的壁面上开一个小孔，使壁面保持均匀的温度，此小孔就具有黑体的性质。因为射入小孔的热射线经过空心球体内壁面的多次反复吸收和反射后，几乎全部被吸收，此小孔就像一个表面，小孔的尺寸越小就越接近于黑体。在研究热辐射时，黑体的一切物理量均以右下角标 "b" 表示（在有些资料中，黑体的一切物理量均以右下角标 "0" 表示）。

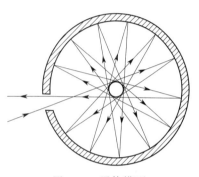

图 3-17　黑体模型

（四）辐射力与辐射能量

物体单位表面积在单位时间内向半球面空间辐射出去的全波长（$\lambda=0\sim\infty$）的总能量称为物体的全辐射力，简称辐射力，用符号 E 表示，单位为 W/m^2。

物体辐射的能量按波长分布规律是不均匀的。单位时间、单位物体表面上向半球面空间辐射出去的波长在 λ 附近的 $d\lambda$ 波段内的能量，称为物体的单色辐射力，用符号 E_λ 表示，单位为 W/m^3 或 $W/(m^2\cdot\mu m)$。数学表达式为：

$$E_\lambda=\frac{dE}{d\lambda} \quad 或 \quad E=\int_0^\infty E_\lambda d\lambda \tag{3-80}$$

单位时间内，从物体表面面积 F 上辐射出去的全波长（$\lambda=0\sim\infty$）的总能量，称为辐射能量，用符号 Q 表示，单位为 W。辐射能量与辐射力的关系式为：

$$Q=EF \tag{3-81}$$

（五）定向辐射力与辐射强度

实际上，在半球面空间的不同方向上物体的辐射能的分布也是不均匀的。如图 3-18 所示，在以物体微元辐射面 dF 为中心的半球面上，以表面法线方向（n 方向）的辐射能量最大，而随着离开法线方向 θ 角的增大，辐射能量将逐渐减弱，直至 $\theta=\frac{\pi}{2}$ 时减小到零。

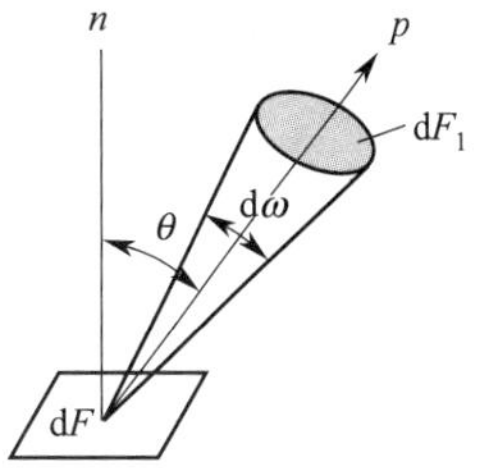

物体表面在半球面空间某指定方向上，单位时间、单位物体表面积、单位立体角所发射全波长的辐射能量，称为物体的定向辐射力，又称为

图 3-18　辐射的方向特性

方向辐射力，用符号 E_θ 表示，单位为 $W/(m^2 \cdot sr)$。它描述物体表面辐射能量在半球面空间中的分布特征。当指定方向 p 与表面法线方向 n 成 θ 角时，定向辐射力的数学表达式为：

$$E_\theta = \frac{dQ_\theta}{dF\, d\omega} \tag{3-82}$$

式中，$d\omega$ 为 dF_1 所对应的立体角，$d\omega = dF_1/r^2$，sr。

立体角是以球面中心为顶点的圆锥体所张的球面角，可以用球面上所截面积 F 除以半径的平方（r^2）来计算。即

$$\omega = \frac{F}{r^2} \tag{3-83}$$

面积为 r^2 的球面所对应的立体角叫一个球面度，单位符号为 sr，半球面的立体角为 2π 球面度。

物体表面在半球面空间某指定方向上，单位时间、单位可见辐射面积（即垂直于该指定方向的面积）、单位立体角所发射全波长的能量，称为物体在该方向的辐射强度，用符号 I 表示，单位为 $W/(m^2 \cdot sr)$。当指定方向 p 与表面法线方向 n 成 θ 角时，辐射强度的数学表达式为：

$$I_p = I_\theta = \frac{dQ_\theta}{dF\cos\theta\, d\omega} \tag{3-84}$$

式中，$dF\cos\theta$ 为 dF 在垂直于 p 方向上的投影面积，即 dF 在 p 方向的可见面积，m^2。

定向辐射力与该方向上的辐射强度之间的关系为：

$$E_\theta = I_\theta \cos\theta \tag{3-85}$$

在法线方向 n 上，因为 $\theta = 0$，所以 $E_n = I_n$。

辐射力与定向辐射力及辐射强度之间的关系可用下式表示：

$$E = \int_0^{2\pi} E_\theta\, d\omega = \int_0^{2\pi} I_\theta \cos\theta\, d\omega \tag{3-86}$$

（六）发射率（辐射率）

在同一温度下，物体的辐射力与黑体的辐射力之比，称为该物体的发射率，亦称辐射率，旧称黑度[1]，用符号 ε 表示。其数学表达式：

$$\varepsilon = \frac{E}{E_b} \tag{3-87}$$

物体的发射率表示物体的辐射能力接近于黑体的程度。黑体的发射率 $\varepsilon_b = 1$，实际物体的发射率 $\varepsilon = 0 \sim 1$。工程材料的发射率与材料的种类、表面光滑度以及温度有关。材料的种类不同，其发射率不同；固体物质表面越粗糙，其发射率越大；大多数工程材料的发射率随温度的升高而增大。固体和液体物质的发射率可由实验测得，一些常用材料的发射率值见附录八。

二、热辐射定律

（一）普朗克辐射定律

1900 年，普朗克（Plank）在量子理论的基础上，揭示了各种不同温度下的黑体单色辐射力 $E_{\lambda b}$ 按波长分布的规律，确定了黑体单色辐射力 $E_{\lambda b}$ 与波长和热力学温度之间的函数关系式，即普朗克辐射定律。其数学表达式为：

$$E_{\lambda b} = \frac{c_1 \lambda^{-5}}{e^{\frac{c_2}{\lambda T}} - 1} \tag{3-88}$$

---

[1] "黑度"是从俄语中直译过来的名称，其英语称为"Emissivity"，译为发射率或辐射率。

式中 λ——波长，m；

T——热力学温度，K；

c_1,c_2——常数，$c_1=3.743\times10^{-16}$ W·m^2，$c_2=1.4387\times10^{-2}$ m·K。

普朗克辐射定律可以用图 3-19 来表示。图 3-19 可以直接地显示出不同温度下黑体的单色辐射力按波长的分布规律。

① 在同一温度下，黑体的单色辐射力 $E_{\lambda b}$ 随着波长的增大先增大到最大值，然后再减小。

② 对于同一波长，黑体的单色辐射力 $E_{\lambda b}$ 随着温度升高而增大，并且温度越高，$E_{\lambda b}$ 增量越大。

③ 随着温度升高，黑体最大单色辐射力对应的波长变小。

④ 温度在 1000K 以下时，黑体辐射能中可见光部分几乎没有；随温度升高，辐射能中可见光所占份额相应增多。

虽然普朗克辐射定律仅适用于黑体，但是实际物体随着温度升高，辐射能中可见光所占份额同样相应增多，加热物体的颜色和亮度随着温度的升高，依次会出现暗红色、红色、橙色、黄色和白色。因此，实际上常根据物体加热后呈现出的颜色和亮度来近似判断其加热的温度，工业窑炉中也常依据火焰的颜色和亮度来近似判断其温度的高低。

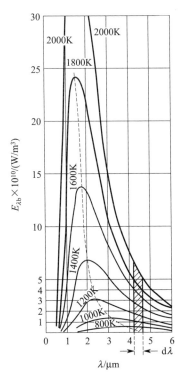

图 3-19 普朗克辐射定律图

(二) 维恩偏移定律

1893 年，维恩（Wien）在热力学的基础上，推导出黑体最大单色辐射力对应的波长与热力学温度之间的关系式，称为维恩偏移定律。其数学表达式为：

$$T\lambda_m=2896 \tag{3-89}$$

式中 λ_m——黑体最大单色辐射力对应的波长，μm；

T——热力学温度，K。

维恩偏移定律也可以从普朗克辐射定律中推导出，将式(3-88) 两边对 λ 求一阶导数，并令 $\dfrac{\mathrm{d}E_{\lambda b}}{\mathrm{d}\lambda}=0$，便可推得式(3-89)。但维恩偏移定律比普朗克辐射定律早七年推出。

如果通过光谱分析仪测得物体的最大单色辐射力对应的波长 λ_m 值，便可以根据维恩偏移定律近似计算该物体的表面温度。例如，通过光谱分析仪测得太阳光的 $\lambda_m=0.5\mu$m，则可近似计算出太阳表面的温度 $T=5792$K。

严格地说，维恩偏移定律仅适用于黑体，对于实际物体会有差异。

(三) 斯蒂芬-玻尔兹曼定律

1879 年斯蒂芬（Stefan）首先根据实验得出：黑体的辐射力与其热力学温度的四次方成正比；1884 年玻尔兹曼（Boltzmann）又根据热力学理论推导出相同的结论。斯蒂芬-玻尔兹曼定律数学表达式为：

$$E_b=C_b\left(\dfrac{T}{100}\right)^4 \tag{3-90}$$

式中 C_b——黑体的辐射系数，$C_b=5.669$ W/(m^2·K^4)；

T——黑体的热力学温度，K。

斯蒂芬-玻尔兹曼定律又称为四次方定律，它是热辐射工程计算的基础，因此它也是辐射换热的基本定律。

斯蒂芬-玻尔兹曼定律说明黑体的辐射力仅仅与其热力学温度有关，而与其他因素无关。并且随着温度升高，黑体辐射力迅速增大。

（四）灰体及其特性

假设某一物体的辐射光谱是连续的，而且在任何温度下各波长射线的单色辐射力恰恰都是同温度下相应黑体单色辐射力的 ε_λ 分数，即：

$$\frac{E_{\lambda 1}}{E_{\lambda b1}}=\frac{E_{\lambda 2}}{E_{\lambda b2}}=\frac{E_{\lambda 3}}{E_{\lambda b3}}=\cdots\varepsilon_\lambda \tag{3-91}$$

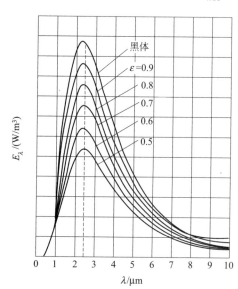

图 3-20   1200K 时黑体与灰体的辐射光谱

那么，这种物体称为理想灰体，简称灰体。其辐射称为灰辐射，ε_λ 称为物体的单色发射率，又称为单色辐射率，其值在 0～1 之间。

灰体的特点如下：

① 灰体单色辐射力的分布曲线与同一温度下黑体的单色辐射力分布图形相似，其大小取决于 ε_λ 分数，如图 3-20 所示；

② 不同温度下的最大单色辐射力对应的波长都相同；

③ 灰体的单色发射率 ε_λ 不随波长和温度而改变，并且等于总辐射的发射率 ε，即

$$\varepsilon_\lambda=\frac{E_\lambda}{E_{\lambda b}}=\frac{E}{E_b}=\varepsilon \tag{3-92}$$

因此，灰体辐射力的计算式为：

$$E=\varepsilon E_b=\varepsilon C_b\left(\frac{T}{100}\right)^4=C\left(\frac{T}{100}\right)^4 \tag{3-93}$$

式中 C——灰体的辐射系数，$C=\varepsilon C_b$，$W/(m^2 \cdot K^4)$；

T——灰体的热力学温度，K。

由此可知，灰体的辐射力也与其热力学温度的四次方成正比，符合四次方定律。

自然界中并不存在灰体，一般工程材料的辐射与灰体辐射是有差别的。工程材料的发射率 ε 随温度变化而变化，其辐射力也不与热力学温度的四次方成正比。但为了便于工程计算，把一般工程材料近似看作灰体。

（五）兰贝特定律

斯蒂芬-玻尔兹曼定律只指出了黑体表面在半球面空间中辐射的总能量，而没有说明在半球面空间各个方向上定向辐射力的分布情况。

兰贝特（Lambert）指出，黑体表面辐射时，在半球面空间各个方向上的辐射强度为定值，与方向无关，称为兰贝特定律。其数学表达式为：

$$I_{\theta_1 b}=I_{\theta_2 b}=I_{\theta_3 b}=\cdots=I_{nb}=I_b \tag{3-94}$$

由式（3-85）有 $E_{\theta b}=I_{\theta b}\cos\theta$，而且在法线方向上，$E_{nb}=I_{nb}$；

所以有： $E_{\theta b}=E_{nb}\cos\theta$ （a）

图 3-21 为物体表面微元面 dF 上某点对 dF_1 所张立体角的示意图，由立体角定义式（3-83），有：

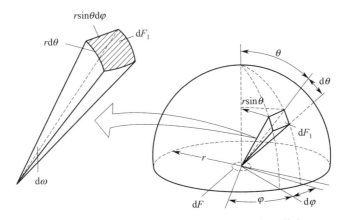

图 3-21　物体表面 dF 上某点对 dF_1 所张的立体角

$$d\omega = \frac{dF_1}{r^2} = \frac{r\,d\theta\, r\sin\theta\,d\varphi}{r^2} = \sin\theta\,d\theta\,d\varphi \tag{b}$$

由式(3-86)有：

$$E_b = \int_0^{2\pi} E_{\theta b}\,d\omega \tag{c}$$

将式(a)和式(b)代入式(c)，然后进行积分，得：

$$E_b = E_{nb}\int_0^{\frac{\pi}{2}}\cos\theta\sin\theta\,d\theta\int_0^{2\pi}d\varphi = E_{nb}\left[\frac{1}{2}\sin^2\theta\right]_0^{\frac{\pi}{2}}2\pi = \pi E_{nb}$$

所以有：

$$E_{nb} = \frac{E_b}{\pi} = I_b \tag{3-95}$$

式(3-95)表明，黑体表面的辐射力 E_b 是其辐射强度 I_b 的 π 倍。

将式(3-95)代入式(a)，得：

$$E_{\theta b} = \frac{E_b}{\pi}\cos\theta \tag{3-96}$$

式(3-96)称为兰贝特余弦定律，它说明黑体表面在与法线成 θ 角方向上的定向辐射力按余弦规律变化，法线方向的定向辐射力最大。兰贝特余弦定律表明了黑体表面的定向辐射力的分布规律。

对于灰体，兰贝特定律也适用，其法线方向上的辐射力计算式为：

$$E_n = \varepsilon E_{nb} = \frac{\varepsilon E_b}{\pi} = \frac{E}{\pi} \tag{3-97}$$

灰体表面的定向辐射力分布规律同样遵从兰贝特余弦定律，其数学表达式为：

$$E_\theta = E_n\cos\theta = \frac{E}{\pi}\cos\theta \tag{3-98}$$

对于实际物体表面，各个方向的辐射强度并不相等，严格地讲，实际物体并不遵从兰贝特定律。

实际物体表面的定向辐射力与同温度下黑体在同方向上的定向辐射力之比，称为该物体的定向发射率，用符号 ε_θ 表示。其数学表达式：

$$\varepsilon_\theta = \frac{E_\theta}{E_{\theta b}} \tag{3-99}$$

如果物体遵从兰贝特定律，定向发射率 ε_θ 应是一个定值，而与方向无关。实际上，物体

的定向发射率 ε_θ 不是定值，而是与物体内部结构及表面状态有关。对于黑体，$\varepsilon_{\theta b}=1$。对于灰体，ε_θ 为小于 1 的常数。对于非金属材料，ε_θ 值在 $\theta<60°$ 时等于常数；但在 $\theta>60°$ 时，ε_θ 值随着角度 θ 的增大而急剧减小。对于金属材料，ε_θ 值在 $\theta<40°$ 时等于常数；在 $40°<\theta<80°$ 时，ε_θ 值随着角度 θ 的增大而增大；当 $\theta>80°$ 时，ε_θ 值又随着角度 θ 的增大而急剧减小。

但是对于大多数工程材料，往往不考虑方向辐射特性的变化，近似地认为遵从兰贝特定律。

（六）克希霍夫定律

克希霍夫（Kirchhoff）定律确定了物体的辐射力 E 与吸收率 A 之间的关系。

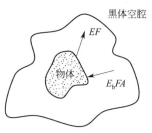

图 3-22　黑体空腔包裹一物体

如图 3-22 所示，设有一个黑体空腔，包裹一个表面积为 F 的物体，物体的吸收率为 A，辐射力为 E。当黑体空腔与物体的温度相等时，二者处于热平衡状态，则物体辐射出去的热能与其吸收的热能相等，其热平衡方程式为：

$$EF=E_b FA$$

或写为：

$$\frac{E}{A}=E_b$$

上式对于任何物体都成立，则有：

$$\frac{E_1}{A_1}=\frac{E_2}{A_2}=\frac{E_3}{A_3}=\cdots=E_b \qquad (3\text{-}100)$$

式（3-100）即为克希霍夫定律的第一种表达式。它说明任何物体的辐射力与其吸收率之比都等于同温度下黑体的辐射力，并且只与温度有关，而与物体的性质无关。由此可以看出，物体的辐射力越大，其吸收率也越大；反之亦然。

把发射率的定义式（3-87）代入式（3-100），可得：

$$\frac{\varepsilon_1}{A_1}=\frac{\varepsilon_2}{A_2}=\frac{\varepsilon_3}{A_3}=\cdots=1$$

即

$$A=\varepsilon \qquad (3\text{-}101)$$

式（3-101）即为克希霍夫定律的第二种表达式。它说明任何物体的吸收率都等于同温度下的发射率。

由克希霍夫定律的推导过程可知其适用条件：只有当投射物为黑体，并且黑体与物体的温度相等。

若物体与黑体的温度不相等，则 $A\neq\varepsilon$。当 $T>T_b$ 时，物体辐射出去的热能大于其吸收的热能，即有 $EF>E_b FA$，则 $A<\dfrac{E}{E_b}=\varepsilon$；当 $T<T_b$ 时，物体辐射出去的热能小于其吸收的热能，即有 $EF<E_b FA$，则 $A>\varepsilon$。

对于黑体，其吸收率恒等于同温度下的发射率，即 $A_b=\varepsilon_b=1$。

对于灰体，其吸收率恒等于同温度下的发射率，即 $A=\varepsilon$。

对于实际工程材料，为了简化计算，在工程计算中近似认为 $A=\varepsilon$。

三、固体间的辐射换热

（一）角系数

两物体间的辐射换热除与物体的温度和发射率有关外，还与物体的表面形状、尺寸以及相对位置等几何因素有关。

1. 角系数的定义

当两物体之间进行辐射换热时，由一个物体表面辐射出去的热量不一定全部投射到另一物体表面上，如图 2-23 所示。

由一个物体表面投射到另一个表面上的热量与从该物体表面辐射出去的总热量之比，称为该物体表面对另一表面的角系数，用符号 φ 表示。

表面 F_1 对表面 F_2 的角系数的数学表达式为：

$$\varphi_{12} = \frac{\text{从 } F_1 \text{ 面投射到 } F_2 \text{ 面上的热量}}{\text{从 } F_1 \text{ 面辐射出去的总热量}} = \frac{Q_{12}}{Q_1} \qquad (3\text{-}102)$$

表面 F_2 对表面 F_1 的角系数的数学表达式为：

$$\varphi_{21} = \frac{\text{从 } F_2 \text{ 面投射到 } F_1 \text{ 面上的热量}}{\text{从 } F_2 \text{ 面辐射出去的总热量}} = \frac{Q_{21}}{Q_2} \qquad (3\text{-}103)$$

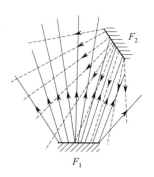

图 3-23 两物体间的辐射

由此可知，角系数 φ 是一个几何量，与物体的表面形状、尺寸及两物体间的相互位置有关，而与物体的发射率和温度无关。

2. 角系数的性质

（1）自见性　自见性是指一个物体表面所辐射出去的热量，投向自身表面上的分数。对于平面和凸面，其自见性等于 0，即 $\varphi_{11} = 0$；对于凹面，其自见性不等于 0，即 $\varphi_{11} \neq 0$。

（2）相对性（互变性）　相对性是指进行辐射换热的两物体表面的相互有效辐射面积相等，又称为互变性。其数学表达式为：

$$\varphi_{12} F_1 = \varphi_{21} F_2 \qquad (3\text{-}104)$$

式中　$\varphi_{12} F_1$——表面 F_1 对表面 F_2 的有效辐射面积；

$\varphi_{21} F_2$——表面 F_2 对表面 F_1 的有效辐射面积。

（3）完整性　对于由几个物体表面组成的封闭体系，任何一个表面辐射出的能量将完全分配到体系的各个表面上。如图 3-24 所示，以表面 1 为例，有：

$$Q_{11} + Q_{12} + Q_{13} + \cdots + Q_{17} = Q_1$$

$$\frac{Q_{11}}{Q_1} + \frac{Q_{12}}{Q_1} + \frac{Q_{13}}{Q_1} + \cdots + \frac{Q_{17}}{Q_1} = 1$$

即

$$\varphi_{11} + \varphi_{12} + \varphi_{13} + \cdots + \varphi_{17} = 1$$

同理，对于由 n 个表面构成的封闭体系，其完整性的数学表达式为：

$$\varphi_{11} + \varphi_{12} + \varphi_{13} + \cdots + \varphi_{1n} = 1 \qquad (3\text{-}105)$$

（4）兼顾性　如图 3-25 所示，在任何两物体表面 1 和 3 之间，设置一透热体 2，当不考虑路程对辐射能量的影响时，表面 1 对表面 2 的角系数等于表面 1 对表面 3 的角系数。

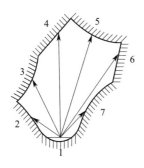

图 3-24　角系数的完整性

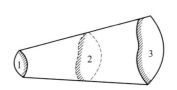

图 3-25　角系数的兼顾性

从表面 F_1 辐射到表面 F_2 的热量为：$Q_{12} = \varphi_{12} Q_1$。

从表面 F_1 辐射到表面 F_3 的热量为：$Q_{13} = \varphi_{13} Q_1$。

由于表面 2 为透热体，并且不考虑路程对辐射能量的影响，因此，$Q_{12} = Q_{13}$。

所以，可得角系数兼顾性的数学表达式为：

$$\varphi_{12} = \varphi_{13} \tag{3-106}$$

（5）分解性　如图 3-26（a）所示，当两个表面 F_1、F_2 之间进行辐射换热时，若把 F_1 分解成 F_3 和 F_4，则有：

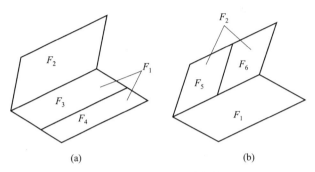

图 3-26　角系数的分解性

$$Q_{12} = Q_{32} + Q_{42}$$

或

$$E_1 F_1 \varphi_{12} = E_1 F_3 \varphi_{32} + E_1 F_4 \varphi_{42}$$

则可得：

$$F_1 \varphi_{12} = F_3 \varphi_{32} + F_4 \varphi_{42} \tag{3-107}$$

如图 3-26（b）所示，若把 F_2 分解成 F_5 和 F_6，同理可得：

$$F_1 \varphi_{12} = F_1 \varphi_{15} + F_1 \varphi_{16} \tag{3-108a}$$

或

$$\varphi_{12} = \varphi_{15} + \varphi_{16} \tag{3-108b}$$

3. 角系数的计算

利用角系数的性质，可用简单的代数法计算一些物体间的辐射角系数。

（1）两无限大平行平面　如图 3-27 所示，F_1、F_2 为两无限大平行平面（两平面间距远小于平面尺寸）。

根据自见性，$\varphi_{11} = 0$，$\varphi_{22} = 0$。

根据完整性，$\varphi_{11} + \varphi_{12} = 1$，$\varphi_{22} + \varphi_{21} = 1$。

所以，$\varphi_{12} = 1$，$\varphi_{21} = 1$。

（2）一个物体被另一个物体包围　如图 3-28 所示，F_1 为凸面，F_2 为凹面，F_1 被 F_2 包围。

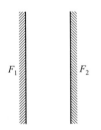

图 3-27　两无限大平行平面

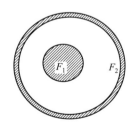

图 3-28　一个物体被另一个物体包围体系

对于 F_1 面：

根据自见性，$\varphi_{11}=0$。

根据完整性，$\varphi_{11}+\varphi_{12}=1$。所以，$\varphi_{12}=1$。

对于 F_2 面：

根据互变性，$\varphi_{12}F_1=\varphi_{21}F_2$。所以，$\varphi_{21}=\dfrac{F_1}{F_2}$。

根据完整性，$\varphi_{22}+\varphi_{21}=1$。所以，$\varphi_{22}=\dfrac{F_2-F_1}{F_2}$。

（3）一个平面和一个凹面组成的封闭体系　如图 3-29 所示，F_1 为平面，F_2 为凹面。

对于 F_1 面：

根据自见性，$\varphi_{11}=0$。

根据完整性，$\varphi_{11}+\varphi_{12}=1$。所以，$\varphi_{12}=1$。

对于 F_2 面：

根据互变性，$\varphi_{12}F_1=\varphi_{21}F_2$。所以，$\varphi_{21}=\dfrac{F_1}{F_2}$。

根据完整性，$\varphi_{22}+\varphi_{21}=1$。所以，$\varphi_{22}=\dfrac{F_2-F_1}{F_2}$。

（4）由两个凹面组成的封闭体系　如图 3-30 所示，F_1 与 F_2 均为凹面。

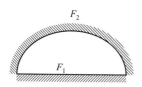

图 3-29　一个平面和一个凹面组成的封闭体系

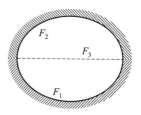

图 3-30　由两个凹面组成的封闭体系

对于 F_1 面：

根据兼顾性，$\varphi_{12}=\varphi_{13}=\dfrac{F_3}{F_1}$。

根据完整性，$\varphi_{11}+\varphi_{12}=1$。所以，$\varphi_{11}=\dfrac{F_1-F_3}{F_1}$。

对于 F_2 面：

同理，$\varphi_{21}=\varphi_{23}=\dfrac{F_3}{F_2}$，$\varphi_{22}=\dfrac{F_2-F_3}{F_2}$。

其他体系角系数的计算，见附录九。

（二）灰体之间的辐射换热

1. 基本概念

（1）本身辐射　本身辐射是指由于物体本身的温度辐射出去的热量，即物体的辐射力。

物体 1 的本身辐射：$E_1=\varepsilon_1 C_{\mathrm{b}}\left(\dfrac{T_1}{100}\right)^4$。

物体 2 的本身辐射：$E_2=\varepsilon_2 C_{\mathrm{b}}\left(\dfrac{T_2}{100}\right)^4$。

（2）投射辐射　投射辐射是指单位时间内投射到物体单位表面积上的总辐射热量，用符

号 G 表示。

（3）有效辐射　有效辐射是指物体单位表面积在单位时间内辐射出去的总热量，即本身辐射与反射辐射之和，用符号 J 表示。

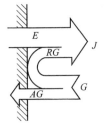

图 3-31 表示了本身辐射、投射辐射、反射辐射、吸收辐射和有效辐射之间的关系。因此可有：

$$J = E + RG = \varepsilon E_{b} + (1-A)G \tag{3-109}$$

（4）净辐射热量　净辐射热量是指物体在辐射换热过程中的热量支出与收入的差额，用右下角标"net"表示。

从物体的内部分析，物体单位表面积上的净辐射热量等于该物体的本身辐射与其吸收辐射之差。即

图 3-31　有效辐射
示意图

$$q_{net} = E - AG = \varepsilon E_{b} - AG \tag{3-110}$$

从物体的外表面分析，物体单位表面积上的净辐射热量等于该物体的有效辐射与投射辐射之差。即

$$q_{net} = J - G \tag{3-111}$$

从参与辐射的两物体的外表面分析，物体 1 的净辐射热量等于物体 1 投射到物体 2 上的能量与物体 2 投射到物体 1 上的能量之差。即

$$q_{net12} = J_{1}\varphi_{12} - J_{2}\varphi_{21} \tag{3-112}$$

或

$$Q_{net12} = J_{1}F_{1}\varphi_{12} - J_{2}F_{2}\varphi_{21} \tag{3-113}$$

2. 辐射换热的电网络求解方法

根据热量传递与电量传递现象的类似性，把辐射换热模拟为相应的电路系统，借助于辐射换热的电网络模拟，利用电路理论求解辐射换热。不仅等效电路可使物理过程直观明了，而且对多个物体表面间的辐射换热计算也较便捷。

（1）表面辐射热阻的电网络单元　对于温度均匀的灰体，由于 $A = \varepsilon$，代入式（3-109）可以写为：

$$J = E + RG = \varepsilon E_{b} + (1-\varepsilon)G$$

上式可以整理为：

$$G = \frac{J - \varepsilon E_{b}}{1 - \varepsilon} \tag{3-114}$$

将式（3-114）代入式（3-111），并整理后得：

$$q_{net} = \frac{E_{b} - J}{\dfrac{1-\varepsilon}{\varepsilon}} \tag{3-115}$$

或写为：

$$Q_{net} = q_{net}F = \frac{E_{b} - J}{\dfrac{1-\varepsilon}{\varepsilon F}} \tag{3-116}$$

式（3-116）中，净辐射热量 Q_{net} 可以比作电流；分子 $E_{b} - J$ 可比作电位差，称为物体表面的辐射能差；分母 $\dfrac{1-\varepsilon}{\varepsilon F}$ 则可比作电阻，称为物体辐射的表面热阻。可以看出，当灰体表面的发射率越大，即表面越接近黑体时，表面热阻就越小。对于黑体，其表面热阻为零，即 $J_{b} = E_{b}$。

将式（3-116）绘成等效电路，该等效电路仅为辐射网络系统中的一个组成部分，称为表

面辐射热阻的电网络单元，如图 3-32 所示。

（2）空间辐射热阻的电网络单元 将式（3-104）代入式（3-113），并整理后得：

$$Q_{\mathrm{net}12}=\frac{J_1-J_2}{\dfrac{1}{F_1\varphi_{12}}}=\frac{J_1-J_2}{\dfrac{1}{F_2\varphi_{21}}} \tag{3-117}$$

在式（3-117）中，分子 J_1-J_2 可比作电位差，称为两物体之间的有效辐射能差；分母 $\dfrac{1}{F_1\varphi_{12}}$ 则可比作电阻，称为两物体辐射换热的空间热阻。

将式（3-117）绘成等效电路，该等效电路也是辐射网络系统中的一个组成部分，称为空间辐射热阻的电网络单元，如图 3-33 所示。

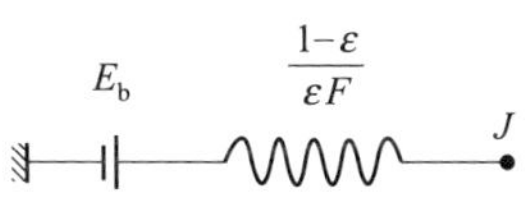

图 3-32 表面辐射热阻的电网络单元 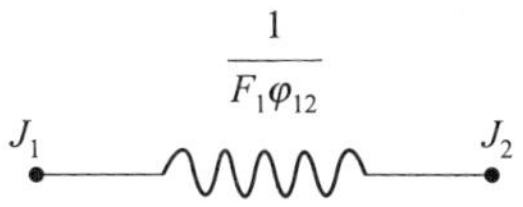　　　图 3-33 空间辐射热阻的电网络单元

表面辐射热阻的电网络单元和空间辐射热阻的电网络单元是辐射换热电网络的两个基本组成部分，可以根据不同情况，将它们用不同方式连接起来，组成各种不同情况下的辐射电网络。

（3）两个灰体间的辐射换热电网络 考虑两灰体间的空间热阻和每个灰体表面的表面热阻，可按串联方式连接起来，组成两个灰体间的辐射换热的电网络，如图 3-34 所示。因此，可直接按串联电路的计算方法，写出两个灰体表面间的辐射换热的计算式：

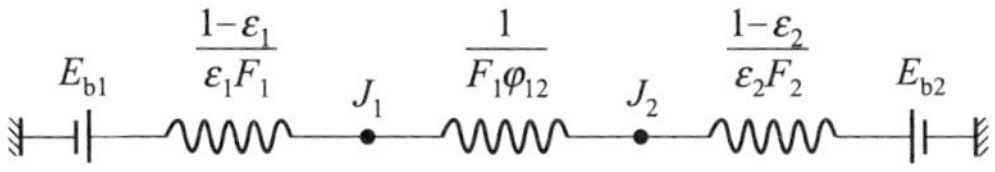

图 3-34 两个灰体表面间的辐射换热电网络

$$Q_{\mathrm{net}12}=\frac{(E_{\mathrm{b}1}-E_{\mathrm{b}2})}{\dfrac{1-\varepsilon_1}{\varepsilon_1 F_1}+\dfrac{1}{F_1\varphi_{12}}+\dfrac{1-\varepsilon_2}{\varepsilon_2 F_2}}=\frac{(E_{\mathrm{b}1}-E_{\mathrm{b}2})F_1}{\left(\dfrac{1}{\varepsilon_1}-1\right)+\dfrac{1}{\varphi_{12}}+\dfrac{F_1}{F_2}\left(\dfrac{1}{\varepsilon_2}-1\right)}$$

根据互变性 $\varphi_{12}F_1=\varphi_{21}F_2$，将上式整理后得：

$$Q_{\mathrm{net}12}=\frac{(E_{\mathrm{b}1}-E_{\mathrm{b}2})F_1\varphi_{12}}{1+\varphi_{12}\left(\dfrac{1}{\varepsilon_1}-1\right)+\varphi_{21}\left(\dfrac{1}{\varepsilon_2}-1\right)}$$

或写为：

$$Q_{\mathrm{net}12}=\varepsilon_{12}C_{\mathrm{b}}\left[\left(\frac{T_1}{100}\right)^4-\left(\frac{T_2}{100}\right)^4\right]F_1\varphi_{12} \tag{3-118}$$

其中：

$$\varepsilon_{12}=\frac{1}{1+\varphi_{12}\left(\dfrac{1}{\varepsilon_1}-1\right)+\varphi_{21}\left(\dfrac{1}{\varepsilon_2}-1\right)} \tag{3-119}$$

式中，ε_{12} 为两灰体表面之间的导来发射率，亦即系统的导来发射率。

由此可以看出，影响两灰体表面辐射换热的三大基本因素：两灰体间的温度差、角系数和系统的导来发射率。若要增强辐射换热，必须提高高温物体的温度，增大低温物体的面积，采用较大发射率的材料；反之，若要削弱辐射换热或减小辐射热损失，则必须降低高温物体的温度、缩小辐射物的表面积和减小系统的导来发射率。

式(3-118) 既适用于两个灰体处于任意位置时的辐射换热计算，也适用于两个灰体组成的封闭体系的辐射换热计算。对于一些特殊情况，式(3-118) 和式(3-119) 可以进行简化。

① 两个灰体均为无限大平行平板时，因为 $\varphi_{12}=\varphi_{21}=1$，$F_1=F_2$，则式(3-118) 可以简化为：

$$q_{\mathrm{net12}}=\frac{Q_{\mathrm{net12}}}{F}=\varepsilon_{12}C_{\mathrm{b}}\left[\left(\frac{T_1}{100}\right)^4-\left(\frac{T_2}{100}\right)^4\right] \tag{3-120}$$

式(3-119) 可以简化为：

$$\varepsilon_{12}=\frac{1}{\dfrac{1}{\varepsilon_1}+\dfrac{1}{\varepsilon_2}-1} \tag{3-121}$$

② 当两个灰体中，F_1 为凸面或平面、F_2 为凹面时，如图 3-35 所示，因为 $\varphi_{12}=1$，$\varphi_{21}=\dfrac{F_1}{F_2}$，则式(3-118) 可以简化为：

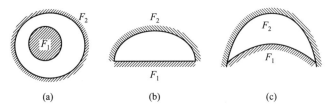

(a)　　　　　　(b)　　　　　　(c)

图 3-35　一个平面或凸面与一个凹面构成的封闭体系

$$Q_{\mathrm{net12}}=\varepsilon_{12}C_{\mathrm{b}}\left[\left(\frac{T_1}{100}\right)^4-\left(\frac{T_2}{100}\right)^4\right]F_1 \tag{3-122}$$

式(3-119) 可以简化为：

$$\varepsilon_{12}=\frac{1}{\dfrac{1}{\varepsilon_1}+\dfrac{F_1}{F_2}\left(\dfrac{1}{\varepsilon_2}-1\right)} \tag{3-123}$$

当 $F_1 \ll F_2$ 时，则 $\varepsilon_{12} \approx \varepsilon_1$，即大表面（凹面）的发射率对系统的导来发射率影响很小，可忽略不计，式(3-122) 可简化为：

$$Q_{\mathrm{net12}}=\varepsilon_1 C_{\mathrm{b}}\left[\left(\frac{T_1}{100}\right)^4-\left(\frac{T_2}{100}\right)^4\right]F_1 \tag{3-124}$$

【例 3-7】　已知玻璃池窖的大碹和胸墙内表面的平均温度为 $t_1=1450℃$，物料表面平均温度为 $t_2=700℃$，且 $F_1/F_2=2$，$\varepsilon_1=0.8$，$\varepsilon_2=0.6$。求由大碹和胸墙内表面辐射给单位物料表面面积的热量。

【解】 根据式(3-123) 有：

$$\varepsilon_{12}=\frac{1}{\dfrac{1}{\varepsilon_2}+\dfrac{F_2}{F_1}\left(\dfrac{1}{\varepsilon_1}-1\right)}=\frac{1}{\dfrac{1}{0.6}+\dfrac{1}{2}\times\left(\dfrac{1}{0.8}-1\right)}=0.558$$

根据式(3-122) 有：

$$q_{\mathrm{net12}}=\frac{Q_{\mathrm{net12}}}{F_2}=\varepsilon_{12}C_{\mathrm{b}}\left[\left(\frac{T_1}{100}\right)^4-\left(\frac{T_2}{100}\right)^4\right]$$

$$=0.558 \times 5.669 \times \left[\left(\frac{1450+273}{100}\right)^4 - \left(\frac{700+273}{100}\right)^4\right]$$

$$=2.5 \times 10^5 (\text{W/m}^2)$$

因此，大碹和胸墙内表面辐射给单位物料表面面积的热量为 2.5×10^5 W/m²。

【例 3-8】　用裸露热电偶测量管道内的气体温度，热电偶读数温度 $t_1 = 427℃$，气体与热电偶接点处的对流换热系数 $\alpha_c = 100$ W/(m² · ℃)，热电偶接点外表面发射率 $\varepsilon_1 = 0.8$，管道内壁温度 $t_2 = 327℃$。试计算管内气体的真实温度 t_g 及热电偶的测量误差。

【解】　由于热电偶接点外表面为凸表面，其表面积与管道内壁面相比很小，即 $F_1 \ll F_2$。因此，它们之间的辐射换热可按式(3-124)计算：

$$q_{\text{net12}} = \frac{Q_{\text{net12}}}{F_1} = \varepsilon_1 C_b \left[\left(\frac{T_1}{100}\right)^4 - \left(\frac{T_2}{100}\right)^4\right]$$

管道内的热气体通过对流换热传给热电偶接点的热量可用式(3-41)计算：

$$q_{\text{g1}} = \alpha_c (t_g - t_1)$$

热电偶接点达到稳定状态时的热平衡式为：

$$q_{\text{g1}} = q_{\text{net12}}$$

$$\alpha_c (t_g - t_1) = \varepsilon_1 C_b \left[\left(\frac{T_1}{100}\right)^4 - \left(\frac{T_2}{100}\right)^4\right]$$

$$t_g = t_1 + \frac{\varepsilon_1 C_b}{\alpha_c} \left[\left(\frac{T_1}{100}\right)^4 - \left(\frac{T_2}{100}\right)^4\right]$$

$$= 427 + \frac{0.8 \times 5.669}{100} \times \left[\left(\frac{273+427}{100}\right)^4 - \left(\frac{273+327}{100}\right)^4\right]$$

$$= 477.1(℃)$$

热电偶的测量误差为：

$$\delta_t = t_g - t_1 = 477.1 - 427 = 50.1(℃)$$

因此，管内气体的真实温度为 477.1℃，热电偶的测量误差为 50.1℃。

从例 3-8 中可以看出，热电偶的测量误差较大，并且由热电偶的测量误差计算式 $\delta_t = t_g - t_1 = \frac{\varepsilon_1 C_b}{\alpha_c} \left[\left(\frac{T_1}{100}\right)^4 - \left(\frac{T_2}{100}\right)^4\right]$ 可知，其影响因素如下：

① 测量误差与热电偶材料的发射率 ε_1 成正比，因此应采用表面光滑、发射率小的热电偶材料。

② 测量误差与对流换热系数 α_c 成反比，因此热电偶必须装置在气流速度最大处，即中心点处；并且在热电偶安装处可造成人为的缩颈，或采用抽气式热电偶。

③ 测量误差随 $(T_1^4 - T_2^4)$ 值的减小而减小，为提高 T_2，可以在管道上装置热电偶的部分包上绝热层进行保温，或在管道内对热电偶加遮热罩。

（4）三个灰体间的辐射换热电网络　由三个灰体组成的辐射换热体系中，由于每个灰体都和其他两个灰体相互辐射换热。根据式(3-117)，灰体 1 与灰体 2 的辐射换热量为：

$$Q_{\text{net12}} = \frac{J_1 - J_2}{\dfrac{1}{F_1 \varphi_{12}}}$$

同理，灰体 1 与灰体 3 的辐射换热量为：

$$Q_{net13} = \frac{J_1 - J_3}{\dfrac{1}{F_1 \varphi_{13}}}$$

灰体 2 与灰体 3 的辐射换热量为：

$$Q_{net23} = \frac{J_2 - J_3}{\dfrac{1}{F_2 \varphi_{23}}}$$

上面三个式中的分母均为空间热阻，再考虑到每个灰体表面的表面热阻，三个灰体表面间的辐射换热电网络图如图 3-36 所示。

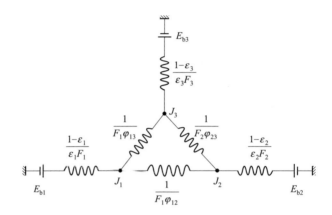

图 3-36   三个灰体表面间的辐射换热电网络

为了计算灰体间的辐射换热量，就需要确定各个节点 J_i 的电位（即各灰体的有效辐射），可以应用电学中的克希霍夫定律，即流入每个节点的电流之代数和等于 0（即 $\sum I = 0$）。从而可以写出各节点的热平衡方程式。

节点 J_1 的热平衡方程式为：

$$\frac{E_{b1} - J_1}{\dfrac{1 - \varepsilon_1}{\varepsilon_1 F_1}} + \frac{J_2 - J_1}{\dfrac{1}{F_1 \varphi_{12}}} + \frac{J_3 - J_1}{\dfrac{1}{F_1 \varphi_{13}}} = 0 \tag{3-125}$$

节点 J_2 的热平衡方程式为：

$$\frac{E_{b2} - J_2}{\dfrac{1 - \varepsilon_2}{\varepsilon_2 F_2}} + \frac{J_1 - J_2}{\dfrac{1}{F_1 \varphi_{12}}} + \frac{J_3 - J_2}{\dfrac{1}{F_2 \varphi_{23}}} = 0 \tag{3-126}$$

节点 J_3 的热平衡方程式为：

$$\frac{E_{b3} - J_3}{\dfrac{1 - \varepsilon_3}{\varepsilon_3 F_3}} + \frac{J_1 - J_3}{\dfrac{1}{F_1 \varphi_{13}}} + \frac{J_2 - J_3}{\dfrac{1}{F_2 \varphi_{23}}} = 0 \tag{3-127}$$

将式（3-125）～式（3-127）联立方程组求解，可求得 J_1、J_2、J_3 值，进一步可求出 Q_{net12}、Q_{net13} 和 Q_{net23} 值。

在三个灰体辐射换热体系中，如果灰体 3 为绝热体，它在辐射换热过程中处于热平衡状态，即净辐射换热为零，投射到该表面的能量将全部反射出去。因此，代表灰体 3 的节点 J_3 不必和外部热源 E_{b3} 相连接，即节点 J_3 是"浮动"的，此时即使在节点外插入表面热

阻 $\dfrac{1-\varepsilon_3}{\varepsilon_3 F_3}$，也不会影响该点电位，这说明绝热物体的温度与其表面的发射率无关。因此，该辐射体系的电网络如图 3-37 所示。

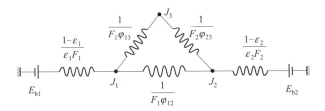

图 3-37 具有一个绝热体的三个灰体表面间的辐射换热电网络

在各种窑炉上往往会设置看火孔、测温孔、取样孔或其他各种小孔，通过这些小孔会向外界环境辐射热量，造成窑炉的辐射热损失。并且辐射热损失与小孔的形状、尺寸及窑墙的厚度等因素有关。窑墙小孔的辐射热损失可以利用辐射换热电网络图和附录九查得对应的角系数计算式进行计算。

【例 3-9】 某窑炉墙厚 400mm，墙上有一直径为 80mm 的观察孔，炉内的温度为 1400℃，车间温度为 30℃。试计算通过观察孔向外界辐射的热损失。

【解】 此题可看作是观察孔内孔面 F_1、外孔面 F_2 和孔内壁面 F_3 三个表面组成的辐射换热体系，如图 3-38 所示。其中 F_3 处在辐射热平衡中，因此在网络结构中，代表它的节点 J_3 是浮动节点。由于观察孔很小，所以表面 F_1 和 F_2 均可以看作黑体表面。此体系的辐射电网络图如图 3-39 所示。

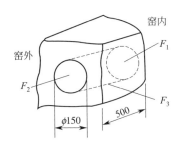

图 3-38 例 3-9 图

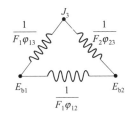

图 3-39 例 3-9 的辐射换热电网络

根据附录九，圆心在同一法线上的两平行平面角系数的计算式为：

$$\varphi_{12}=\varphi_{21}=\frac{2+D^2-2\sqrt{1+D^2}}{D^2}$$

其中，$D=\dfrac{d}{h}=\dfrac{80}{400}=0.2$。

所以，$\varphi_{12}=\varphi_{21}=\dfrac{2+0.2^2-2\sqrt{1+0.2^2}}{0.2^2}=0.0098$。

根据角系数完整性，$\varphi_{11}+\varphi_{12}+\varphi_{13}=1$。

根据自见性，$\varphi_{11}=0$。

因此，$\varphi_{13}=1-\varphi_{12}=1-0.0098=0.9902$。

同理，$\varphi_{23}=0.9902$。

$$F_1 = F_2 = \frac{1}{4}\pi d^2 = \frac{1}{4}\pi \times 0.08^2 = 0.005$$

由电网络图可知，F_1 与 F_2 之间总热阻 R_t 的计算式为：

$$\frac{1}{R_t} = \frac{1}{\dfrac{1}{F_1\varphi_{13}} + \dfrac{1}{F_2\varphi_{23}}} + \frac{1}{\dfrac{1}{F_1\varphi_{12}}}$$

$$= \frac{1}{\dfrac{1}{0.005 \times 0.9902} + \dfrac{1}{0.005 \times 0.9902}} + 0.005 \times 0.0098$$

$$R_t = 396.1$$

$$Q_{net12} = \frac{E_{b1} - E_{b2}}{R_t} = \frac{C_b}{R_t}\left[\left(\frac{T_1}{100}\right)^4 - \left(\frac{T_2}{100}\right)^4\right]$$

$$= \frac{5.669}{396.1} \times \left[\left(\frac{1400+273}{100}\right)^4 - \left(\frac{30+273}{100}\right)^4\right] = 1120(\text{W})$$

因此，窑炉通过观察孔向外界辐射的热损失为 1120W。

四、遮热板和遮热罩的作用

从辐射换热的计算式(3-118)可知，要削弱辐射换热或减少辐射热损失，必须降低辐射物的温度或减小系统的导来发射率。如果辐射物的温度不能改变，可以采用遮热板或遮热罩削弱辐射换热，这种措施称为辐射隔热。

1. 遮热板的作用

设有两块无限大平行平板 1、2，它们的温度、发射率分别为 T_1、ε_1 和 T_2、ε_2，且 $T_1 > T_2$。在两平行板之间放一块热导率很大且很薄的遮热板 3，因此可认为遮热板两面的温度都为 T_3，两面的发射率均为 ε_3，如图 3-40 所示。

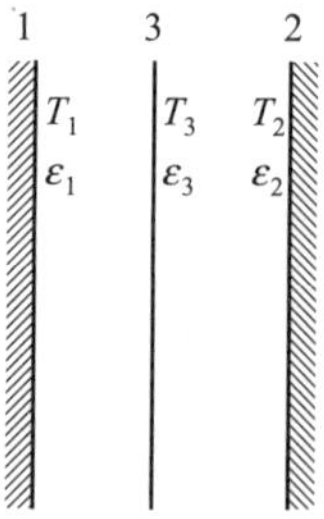

当中间无遮热板 3 时，两块无限大平行平板 1、2 间的净辐射热量由式(3-120) 和式(3-121) 可有：

$$q_{net12} = \frac{C_b}{\dfrac{1}{\varepsilon_1} + \dfrac{1}{\varepsilon_2} - 1}\left[\left(\frac{T_1}{100}\right)^4 - \left(\frac{T_2}{100}\right)^4\right] \tag{a}$$

当在两平行板 1、2 之间加遮热板 3 后，由于遮热板既不发热，也不带走热量，它只是在辐射传热中增加了热阻。此时，热量不再是由板 1 直接辐射传给板 2，而是先由板 1 辐射给遮热板 3，再由遮热板 3 辐射给板 2。

图 3-40 遮热板原理

根据式(3-120) 和式(3-121) 可得板 1 辐射给板 3 和板 3 辐射给板 2 的净辐射热量分别为：

$$q_{net13} = \frac{C_b}{\dfrac{1}{\varepsilon_1} + \dfrac{1}{\varepsilon_3} - 1}\left[\left(\frac{T_1}{100}\right)^4 - \left(\frac{T_3}{100}\right)^4\right] = \varepsilon_{13}C_b\left[\left(\frac{T_1}{100}\right)^4 - \left(\frac{T_3}{100}\right)^4\right] \tag{b}$$

$$q_{net32} = \frac{C_b}{\dfrac{1}{\varepsilon_3} + \dfrac{1}{\varepsilon_2} - 1}\left[\left(\frac{T_3}{100}\right)^4 - \left(\frac{T_2}{100}\right)^4\right] = \varepsilon_{32}C_b\left[\left(\frac{T_3}{100}\right)^4 - \left(\frac{T_2}{100}\right)^4\right] \tag{c}$$

当达到稳定辐射换热时，$q_{net13} = q_{net32}$，即有：

$$\varepsilon_{13}C_b\left[\left(\frac{T_1}{100}\right)^4 - \left(\frac{T_3}{100}\right)^4\right] = \varepsilon_{32}C_b\left[\left(\frac{T_3}{100}\right)^4 - \left(\frac{T_2}{100}\right)^4\right]$$

整理得：

$$\left(\frac{T_3}{100}\right)^4=\frac{\varepsilon_{13}\left(\frac{T_1}{100}\right)^4+\varepsilon_{32}\left(\frac{T_2}{100}\right)^4}{\varepsilon_{32}+\varepsilon_{13}}\tag{d}$$

将式（d）代入式（b）或式（c），并整理后得：

$$q_{\text{net}13}=q_{\text{net}32}=\frac{C_b}{\dfrac{1}{\varepsilon_1}+\dfrac{1}{\varepsilon_2}+2\left(\dfrac{1}{\varepsilon_3}-1\right)}\left[\left(\frac{T_1}{100}\right)^4-\left(\frac{T_2}{100}\right)^4\right]$$

因此，加遮热板 3 后，板 1 间接辐射传给板 2 的净辐射热量 $q'_{\text{net}12}$ 为：

$$
\begin{aligned}
q'_{\text{net}12}&=\frac{C_b}{\dfrac{1}{\varepsilon_1}+\dfrac{1}{\varepsilon_2}+2\left(\dfrac{1}{\varepsilon_3}-1\right)}\left[\left(\frac{T_1}{100}\right)^4-\left(\frac{T_2}{100}\right)^4\right]\\
&=\varepsilon'_{12}C_b\left[\left(\frac{T_1}{100}\right)^4-\left(\frac{T_2}{100}\right)^4\right]
\end{aligned}\tag{3-128}
$$

式中，ε'_{12} 为加遮热板后的系统导来发射率，$\varepsilon'_{12}=\dfrac{1}{\dfrac{1}{\varepsilon_1}+\dfrac{1}{\varepsilon_2}+2\left(\dfrac{1}{\varepsilon_3}-1\right)}$。

用电网络法来分析加遮热板的作用是非常简便的。当达到稳定辐射换热时，遮热板 3 处在辐射热平衡中，与其对应的热源 E_{b3} 就成为一个不固定的浮动节点，失去其热源的作用，因此，其辐射换热电网络图如图 3-41 所示，它由四个表面热阻和两个空间热阻串联而成。

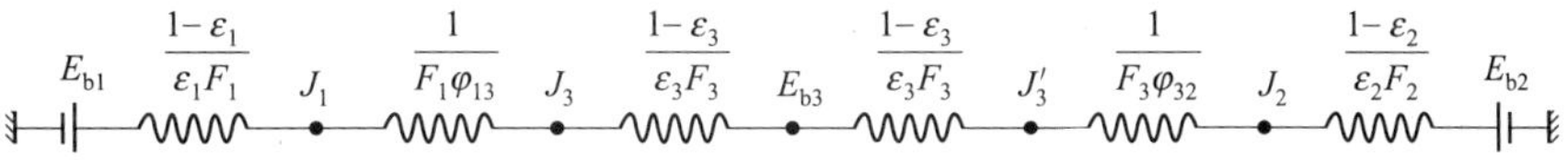

图 3-41　两无限大平行平板间加入一块遮热板（即图 3-40）的辐射换热电网络

因此，可直接按串联电路的计算方法，写出其辐射换热的计算式：

$$Q'_{\text{net}12}=\frac{E_{b1}-E_{b2}}{\dfrac{1-\varepsilon_1}{\varepsilon_1 F_1}+\dfrac{1}{F_1\varphi_{13}}+\dfrac{2\times(1-\varepsilon_3)}{\varepsilon_3 F_3}+\dfrac{1}{F_3\varphi_{32}}+\dfrac{1-\varepsilon_2}{\varepsilon_2 F_2}}\tag{e}$$

因为三块板均为无限大平行平面，因此 $\varphi_{13}=\varphi_{32}=1$。

又因为 $F_1=F_2=F_3=F$，所以式（e）可以整理为：

$$q'_{\text{net}12}=\frac{Q'_{\text{net}12}}{F}=\frac{C_b}{\dfrac{1}{\varepsilon_1}+\dfrac{1}{\varepsilon_2}+2\times\left(\dfrac{1}{\varepsilon_3}-1\right)}\left[\left(\frac{T_1}{100}\right)^4-\left(\frac{T_2}{100}\right)^4\right]$$

由此可知，上式与式（3-128）完全相同。

将式（3-128）除以式（a），得：

$$\frac{q'_{\text{net}12}}{q_{\text{net}12}}=\frac{\dfrac{1}{\varepsilon_1}+\dfrac{1}{\varepsilon_2}-1}{\dfrac{1}{\varepsilon_1}+\dfrac{1}{\varepsilon_2}+2\left(\dfrac{1}{\varepsilon_3}-1\right)}<1$$

由此可见 $q'_{\text{net}12}<q_{\text{net}12}$，即加入遮热板后，可减小板 1 的净辐射热量，并且遮热板的发射率 ε_3 越小，$q'_{\text{net}12}$ 就越小。当 $\varepsilon_1=\varepsilon_2=\varepsilon_3$ 时，$\dfrac{q'_{12}}{q_{12}}=\dfrac{1}{2}$。

因此，一般选用发射率较小的表面光滑的金属板作为遮热板，遮热效果更佳；加遮热板层数越多，增加的辐射热阻越多，遮热效果越好。并且遮热效果与遮热板的位置无关，只与其发射率有关。

2. 遮热罩的作用

设有两圆柱形物体 1 和 2，它们的表面积、温度、黑度分别为 F_1、T_1、ε_1 和 F_2、T_2、

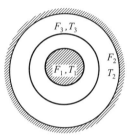

ε_2，且 $T_1 > T_2$。F_1、F_2 之间增加一热导率很大很薄的圆筒（即遮热罩）3，可认为遮热罩两面的表面积、温度和黑度均为 F_3、T_3 和 ε_3，如图 3-42 所示。

当不加遮热罩 3 时，F_1 与 F_2 之间的净辐射热量由式（3-122）和式（3-123）可有：

$$Q_{\text{net}12} = \frac{C_b}{\dfrac{1}{\varepsilon_1} + \dfrac{F_1}{F_2}\left(\dfrac{1}{\varepsilon_2} - 1\right)} \left[\left(\frac{T_1}{100}\right)^4 - \left(\frac{T_2}{100}\right)^4\right] F_1$$

图 3-42　在圆柱形物
体间加遮热罩

$$= \varepsilon_{12} C_b \left[\left(\frac{T_1}{100}\right)^4 - \left(\frac{T_2}{100}\right)^4\right] F_1 \tag{f}$$

同理，加遮热罩 3 后，当达到稳定辐射换热时，遮热罩 3 处在辐射热平衡中，与其对应的热源 E_{b3} 就成为一个不固定的浮动节点，失去其热源的作用，因此，其辐射电网络图与遮热板的电网络图相同，如图 3-43 所示。

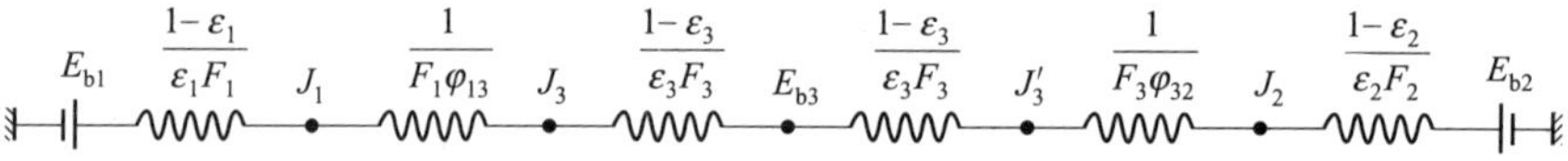

$$E_{b1} \quad \frac{1-\varepsilon_1}{\varepsilon_1 F_1} \quad J_1 \quad \frac{1}{F_1\varphi_{13}} \quad J_3 \quad \frac{1-\varepsilon_3}{\varepsilon_3 F_3} \quad E_{b3} \quad \frac{1-\varepsilon_3}{\varepsilon_3 F_3} \quad J_3' \quad \frac{1}{F_3\varphi_{32}} \quad J_2 \quad \frac{1-\varepsilon_2}{\varepsilon_2 F_2} \quad E_{b2}$$

图 3-43　圆柱形物体间加遮热罩（即图 3-42）的辐射换热电网络

因此，加遮热罩后的净辐射换热的计算式为：

$$Q'_{\text{net}12} = \frac{E_{b1} - E_{b2}}{\dfrac{1-\varepsilon_1}{\varepsilon_1 F_1} + \dfrac{1}{F_1\varphi_{13}} + \dfrac{2\times(1-\varepsilon_3)}{\varepsilon_3 F_3} + \dfrac{1}{F_3\varphi_{32}} + \dfrac{1-\varepsilon_2}{\varepsilon_2 F_2}}$$

根据角系数的性质可知，$\varphi_{13} = 1$，$\varphi_{32} = 1$。

所以，上式可以整理为：

$$Q'_{\text{net}12} = \frac{C_b}{\dfrac{1}{\varepsilon_1} + \dfrac{F_1}{F_2}\left(\dfrac{1}{\varepsilon_2} - 1\right) + \dfrac{F_1}{F_3}\left(\dfrac{2}{\varepsilon_3} - 1\right)} \left[\left(\frac{T_1}{100}\right)^4 - \left(\frac{T_2}{100}\right)^4\right] F_1$$

$$= \varepsilon'_{12} C_b \left[\left(\frac{T_1}{100}\right)^4 - \left(\frac{T_2}{100}\right)^4\right] F_1 \tag{3-129}$$

式中，ε'_{12} 为加遮热罩后的系统导来发射率，$\varepsilon'_{12} = \dfrac{1}{\dfrac{1}{\varepsilon_1} + \dfrac{F_1}{F_2}\left(\dfrac{1}{\varepsilon_2} - 1\right) + \dfrac{F_1}{F_3}\left(\dfrac{2}{\varepsilon_3} - 1\right)}$。

将式（3-129）除以式（f），得：

$$\frac{Q'_{\text{net}12}}{Q_{\text{net}12}} = \frac{\dfrac{1}{\varepsilon_1} + \dfrac{F_1}{F_2}\left(\dfrac{1}{\varepsilon_2} - 1\right)}{\dfrac{1}{\varepsilon_1} + \dfrac{F_1}{F_2}\left(\dfrac{1}{\varepsilon_2} - 1\right) + \dfrac{F_1}{F_3}\left(\dfrac{2}{\varepsilon_3} - 1\right)} < 1$$

由上式可以看出，对于两个位置已固定的圆柱形物体来说，当遮热罩的发射率 ε_3 为常数时，遮热罩 3 越接近物体 1，即 F_1/F_3 越大，$Q'_{\text{net}12}$ 就越小，其遮热效果就越好；当遮热罩的位置固定时，即 F_1/F_3 为常数，遮热罩的发射率 ε_3 越小，其遮热效果越好。

五、气体辐射

(一) 气体辐射的特点

气体辐射与固体和液体辐射不同，它具有如下特点：

(1) 气体辐射与其分子结构和成分有关　在工业窑炉温度范围内，单原子气体和对称的双原子气体（如稀有气体、O_2、N_2、H_2 等）发射和吸收辐射能的能力很小，可忽略不计，因此，这类气体（包括空气，O_2：$N_2 = 21 : 79$）可以认为是透热体；而多原子气体（如 H_2O、CO_2、SO_2、CH_4 等）具有一定的发射和吸收辐射能的能力。

(2) 气体辐射无反射性　一般认为气体对辐射能没有反射能力，即 $R = 0$，$A + D = 1$。

(3) 气体辐射具有选择性　固体的辐射光谱是连续的，而气体的辐射光谱是不连续的，它只能发射和吸收某些波长范围的能量，这些波长范围称为该气体的辐射光带。气体种类不同，其辐射光带不同。CO_2 和 H_2O (g) 的主要辐射光带见表 3-12。

表 3-12　CO_2 和 H_2O (g) 的主要辐射光带　　　　　单位：μm

项目	CO_2	$H_2O(g)$
第一光带	2.36~3.02	2.24~3.27
第二光带	4.01~4.8	4.8~8.5
第三光带	12.5~16.5	12.0~25.0

由表 3-12 可以看出，H_2O (g) 的辐射光带比 CO_2 的辐射光带宽；CO_2 和 H_2O (g) 的辐射光带均在红外线波长范围内，并且第一光带和第三光带有部分重叠。因此，相同条件下，水蒸气的吸收率和发射率比 CO_2 的高些；当 CO_2 和 H_2O (g) 同时存在时，会相互吸收一部分辐射能，从而减小了混合气体对外的辐射能力。

(4) 气体辐射具有整体性　固体和液体的辐射与吸收是在很薄的表面层中进行的。而气体的辐射和吸收在整个容积中进行，并与其形状和容积大小有关。当热射线穿过具有吸收性的气体层时，因沿途被气体吸收而削弱，其减弱程度取决于气体的种类和沿途所遇到的分子数目。遇到的分子数目越多，被吸收的辐射能量也越多，热射线减弱程度就越大。遇到的分子数目与气体的密度和热射线行程的长度有关，而气体密度又取决于气体的状态（温度和压力）。可见，气体辐射比固体辐射要复杂得多。

(5) 气体辐射符合克希霍夫定律　气体的吸收率等于同温度下气体的发射率，即 $A_g \approx \varepsilon_g$。

(二) 气体的发射率

实验指出，所有三原子气体的辐射力与气体的温度、分压（或浓度）、气层厚度有关，但不遵循四次方定律。1939 年，沙克（A. Schack）利用哈杰利和埃克尔特的实验数据，提出 CO_2 和 H_2O (g) 的辐射力计算式为：

$$E_{CO_2} = 4.07 (p_{CO_2} l_g)^{\frac{1}{3}} \left(\frac{T_g}{100}\right)^{3.5} \tag{3-130}$$

$$E_{H_2O} = 4.07 (p_{H_2O}^{0.8} l_g^{0.6}) \left(\frac{T_g}{100}\right)^{3} \tag{3-131}$$

式中　p_{CO_2}、p_{H_2O}——气体中 CO_2 和 H_2O (g) 的分压，atm；

T_g——气体的温度，K；

l_g——气层有效厚度，亦称为气体的平均射线行程，m。

l_g 一般用下式计算：

$$l_g = m \frac{4V}{F}$$ (3-132)

式中 m——气体辐射的有效系数，当 $l_g > 1m$ 时，$m = 0.9$，当 $l_g < 1m$ 时，$m = 0.85$；

V——气体的体积，m^3；

F——包裹气体的表面积，m^2。

常见气层形状的 l_g 值，见表 3-13。

表 3-13   常见气层形状的 l_g 值

气层形状		l_g 值
直径为 d 的球体内部		$0.6d$
边长为 a 的正方体内部		$0.6a$
直径为 d 的无限长圆管内部		$0.9d$
厚度为 h 的两无限大平行平板之间		$1.8h$
直径为 d、管与管之间中心距为 x 的管簇	顺排式 $(x=2d)$	$3.5d$
	错排式 $(x=2d)$	$2.8d$
	错排式 $(x=4d)$	$3.8d$
半径为 r 的无限长的半圆柱对平侧面的辐射		$1.26r$

实际上，为了便于计算，仍以四次方定律的形式表达气体辐射力，因此，式（3-130）和式（3-131）可以写为：

$$E_g = \varepsilon_g C_b \left(\frac{T_g}{100} \right)^4$$ (3-133)

式中，ε_g 为气体的发射率，$\varepsilon_g = f(p, l_g, T_g)$。

显然，气体的发射率 ε_g 不同于固体的发射率，ε_g 是关于 T_g、p 和 l_g 的函数，而不是气体物质的一个物理性质参数。

所以，由式（3-130）和式（3-133）可得 CO_2 的发射率计算式为：

$$\varepsilon_{CO_2} = \frac{4.07}{C_b} (p_{CO_2} l_g)^{\frac{1}{3}} \left(\frac{T_g}{100} \right)^{-0.5}$$ (3-134)

由式（3-131）和式（3-133）可得 H_2O（g）的发射率计算式为：

$$\varepsilon_{H_2O} = \frac{4.07}{C_b} (p_{H_2O}^{0.8} l_g^{0.6}) \left(\frac{T_g}{100} \right)^{-1}$$ (3-135)

另外，霍特尔（Hottel）根据实验数据，制成了 CO_2 和 H_2O（g）的发射率计算图，见图 3-44～图 3-47，其中，图 3-44 和图 3-45 是 CO_2 气体的发射率计算图，图 3-46 和图 3-47 是 H_2O（g）的发射率计算图。

图 3-44 是当混合气体总压强 $p_g = 1atm$ 时 CO_2 的发射率 ε'_{CO_2}，即当 $p_g = 1atm$ 时，$\varepsilon_{CO_2} = \varepsilon'_{CO_2}$。图 3-45 是当混合气体总压强 $p_g \neq 1atm$ 时 CO_2 发射率的修正系数 β_{CO_2}。当 $p_g \neq 1atm$ 时，从图 3-44 中查得对应的发射率 ε'_{CO_2}，需要乘以修正系数 β_{CO_2}（图 3-45 查得），此时，CO_2 的发射率为：

$$\varepsilon_{CO_2} = \beta_{CO_2} \varepsilon'_{CO_2}$$ (3-136)

图 3-46 是根据 p_{H_2O} 与 l_g 同次方得到的水蒸气发射率 ε'_{H_2O}。由式（3-135）可知，p_{H_2O} 与 l_g 不是同次方关系，因此，从图 3-46 查得的水蒸气发射率 ε'_{H_2O} 必须乘以修正系数 β_{H_2O}（图 3-47 查得），才是水蒸气的发射率 ε_{H_2O}，即

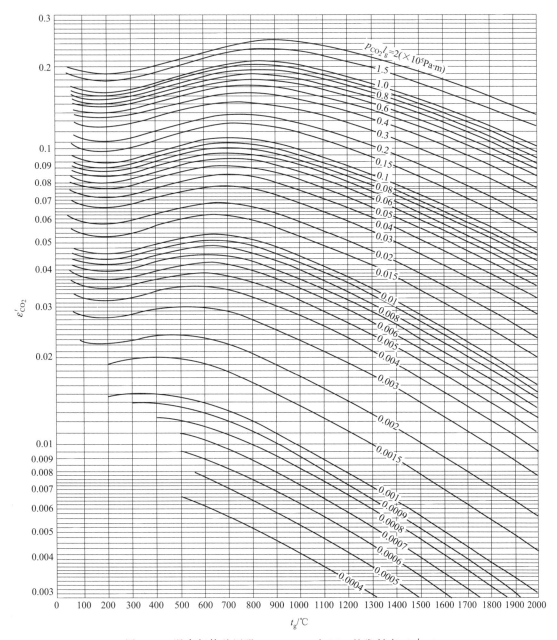

图 3-44 混合气体总压强 $p_g=1atm$ 时 CO_2 的发射率（ε'_{CO_2}）

$$\varepsilon_{H_2O} = \beta_{H_2O}\varepsilon'_{H_2O} \tag{3-137}$$

当混合气体中 SO_2、CO 的含量很少时，可以忽略 SO_2 和 CO 对混合气体发射率的影响，只需考虑 CO_2 和 H_2O（g），所以混合气体的发射率就等于 ε_{CO_2} 和 ε_{H_2O} 之和。由于在 CO_2 和 H_2O（g）的光谱中有一部分光带是相互重合的，当二者同时存在时，CO_2 所辐射的能量将有一部分被 H_2O（g）所吸收；反之，H_2O（g）所辐射的能量将有一部分被 CO_2 所吸收。因此，混合气体的发射率为：

$$\varepsilon_g = \varepsilon_{CO_2} + \varepsilon_{H_2O} - \Delta\varepsilon \tag{3-138}$$

式中，$\Delta\varepsilon$ 为校正发射率，由图 3-48 中查得。

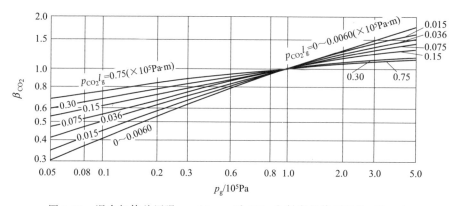

图 3-45　混合气体总压强 $p_g \neq 1\mathrm{atm}$ 时 CO_2 发射率的修正系数（β_{CO_2}）

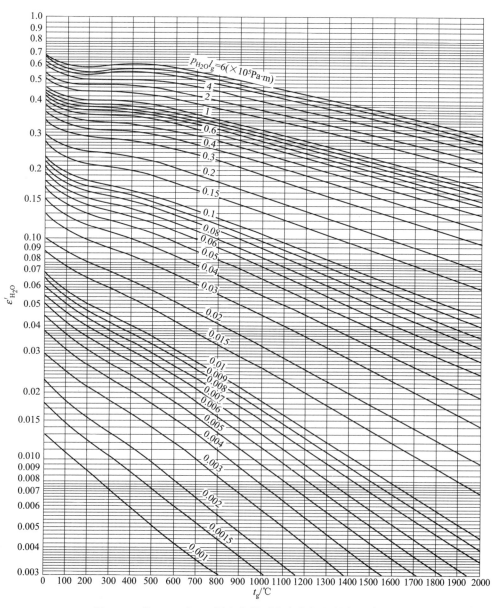

图 3-46　按 p_{H_2O} 与 l_g 同次方得到的水蒸气发射率（ε'_{H_2O}）

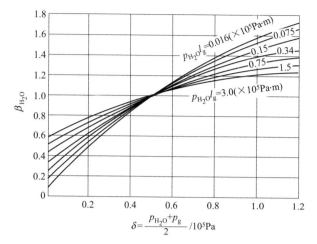

图 3-47　水蒸气发射率的修正系数（β_{H_2O}）

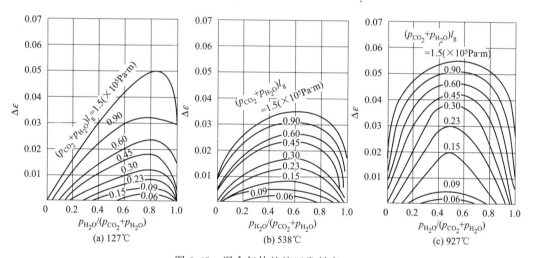

图 3-48　混合气体的校正发射率 $\Delta\varepsilon$

图 3-48 中只有 127℃、538℃ 和 927℃ 三个温度时的校正发射率 $\Delta\varepsilon$ 曲线图，实际计算时采用相近温度的 $\Delta\varepsilon$ 值。当气体的温度大于 927℃ 时，仍可采用 927℃ 时的校正发射率，或者用 ε_{CO_2} 和 ε_{H_2O} 的乘积来计算，即

$$\Delta\varepsilon = \varepsilon_{CO_2}\varepsilon_{H_2O} \tag{3-139}$$

一般情况下，校正发射率的数值较小，不超过混合气体发射率的 $2\% \sim 4\%$，在工程近似计算中可以忽略 $\Delta\varepsilon$ 值，因此混合气体的发射率可用近似公式计算，即

$$\varepsilon_g = \varepsilon_{CO_2} + \varepsilon_{H_2O} \tag{3-140}$$

（三）气体的吸收率

气体的吸收率与其发射率不同，气体的吸收率 A_g 不仅与其温度 t_g 有关，而且还与投射在气体上的辐射能的光谱组成有关，而投射在气体上的辐射光谱又与固体壁面的温度 t_w 有关。因此，气体吸收率 A_g 与 t_g 和 t_w 均有关。霍特尔提出了 CO_2 和 H_2O（g）的吸收率计算式为：

$$A_{CO_2} = \varepsilon_{CO_2}\left(T_w, p_{CO_2}l_g\frac{T_w}{T_g}\right)\left(\frac{T_g}{T_w}\right)^{0.65} \tag{3-141}$$

$$A_{H_2O} = \varepsilon_{H_2O}\left(T_w, p_{H_2O} l_g \frac{T_w}{T_g}\right)\left(\frac{T_g}{T_w}\right)^{0.45} \tag{3-142}$$

式中 $\varepsilon_{CO_2}\left(T_w, p_{CO_2} l_g \frac{T_w}{T_g}\right)$——$CO_2$ 的条件发射率，根据图 3-44 和图 3-45 来查得计算，

但查图时，要用 t_w 代替图中的 t_g，用 $p_{CO_2} l_g \frac{T_w}{T_g}$ 代替图

中的 $p_{CO_2} l_g$；

$\varepsilon_{H_2O}\left(T_w, p_{H_2O} l_g \frac{T_g}{T_w}\right)$——$H_2O$ (g) 的条件发射率，根据图 3-46 和图 3-47 来查得计

算，但查图时，要用 t_w 代替图中的 t_g，用 $p_{H_2O} l_g \frac{T_w}{T_g}$ 代替

图中的 $p_{H_2O} l_g$。

由式(3-141) 和式(3-142) 可知，当 $T_g = T_w$ 时，$\varepsilon_g = A_g$，即气体的吸收率等于同温度下的发射率，因此，气体辐射也符合克希霍夫定律。

当混合气体中 SO_2、CO 的含量很少时，可以忽略 SO_2 和 CO 对混合气体吸收率的影响，只需考虑 CO_2 和 H_2O (g)，所以混合气体的吸收率可用下式表示：

$$A_g = A_{CO_2} + A_{H_2O} - \Delta A \tag{3-143}$$

式中，ΔA 为混合气体的校正吸收率。

ΔA 可用 t_w 代替图中的 t_g 由图 3-48 查得，或者用 A_{CO_2} 和 A_{H_2O} 的乘积来计算，即

$$\Delta A = A_{CO_2} A_{H_2O} \tag{3-144}$$

在工程近似计算中，ΔA 也可忽略不计。

(四) 气体与固体壁面间的辐射换热

高温气体在管道中流动时，气体与固体壁面间会进行辐射换热，图 3-49 所示。对于固体管壁，$D=0$、$A+R=1$；对于气体，$R=0$、$A+D=1$。因此，气体辐射到管壁上的辐射能部分被吸收，另一部分被反射；被管壁反射的辐射能穿过气体层时，又被气体吸收一部分、透过一部分；而被气体透过的辐射能再次投射到管壁上。如此进行反复的管壁吸收和反射、气体吸收和透过，无限往返，并逐次减弱，直至无穷。

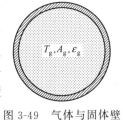

由于气体被管壁所包围，因此气体与管壁的辐射面积相等，即 $F_g = F_w = F$。

图 3-49 气体与固体壁面间的辐射换热

根据式(3-111)，可有气体的净辐射热量为：

$$q_g = \frac{Q_g}{F} = J_g - G \tag{a}$$

根据式(3-110) 可有：

$$q_g = \frac{Q_g}{F} = E_g - A_g G \tag{b}$$

式(a) 乘以 A_g 减去式(b)，经整理后可得气体的有效辐射热量为：

$$J_g = \frac{E_g}{A_g} - \left(\frac{1}{A_g} - 1\right) q_g \tag{c}$$

同理，可得管壁的有效辐射热量为：

$$J_w = \frac{E_w}{A_w} - \left(\frac{1}{A_w} - 1\right) q_w \tag{d}$$

由于系统中只有气体和管壁，所以气体传出的热量必定等于管壁得到的热量，亦等于气体对管壁的净辐射热量，即

$$q_g = -q_w = q_{net,gw} \tag{e}$$

根据式（3-112）可有：

$$q_{net,gw} = J_g \varphi_{gw} - J_w \varphi_{wg} \tag{f}$$

由于气体的有效辐射 J_g 全部投到管壁上，而管壁的有效辐射 J_w 全部投给气体，因此，$\varphi_{gw} = \varphi_{wg} = 1$。所以，式（f）可以写为：

$$q_{net,gw} = J_g - J_w \tag{g}$$

将式（c）～式（e）代入式（g），并整理后得：

$$q_{net,gw} = \frac{1}{\frac{1}{A_g} + \frac{1}{A_w} - 1} \left(\frac{E_g}{A_g} - \frac{E_w}{A_w} \right) \tag{h}$$

对于固体壁面，根据克希霍夫定律有 $A_w = \varepsilon_w$，代入式（h）后得：

$$q_{net,gw} = \frac{C_b}{\frac{1}{A_g} + \frac{1}{\varepsilon_w} - 1} \left[\frac{\varepsilon_g}{A_g} \left(\frac{T_g}{100} \right)^4 - \left(\frac{T_w}{100} \right)^4 \right] \tag{3-145}$$

令 $\varepsilon_{gw} = \dfrac{1}{\dfrac{1}{A_g} + \dfrac{1}{\varepsilon_w} - 1}$，则上式可以写为：

$$q_{net,gw} = \varepsilon_{gw} C_b \left[\frac{\varepsilon_g}{A_g} \left(\frac{T_g}{100} \right)^4 - \left(\frac{T_w}{100} \right)^4 \right] \tag{3-146}$$

ε_{gw} 称为气体与固体壁面间的导来发射率，它代表着气体与固体壁面之间的辐射换热能力。在工程近似计算中，可认为 $A_g = \varepsilon_g$，因此式（3-146）可简写为：

$$q_{net,gw} = \varepsilon_{gw} C_b \left[\left(\frac{T_g}{100} \right)^4 - \left(\frac{T_w}{100} \right)^4 \right] \tag{3-147}$$

由于气体与固体壁面间在进行辐射换热的同时，还进行对流换热。为计算方便，式（3-146）可写成与对流换热相类似的公式形式，即

$$q_{net,gw} = \alpha_R (t_g - t_w) \tag{3-148}$$

$$\alpha_R = \frac{\varepsilon_{gw} C_b \left[\frac{\varepsilon_g}{A_g} \left(\frac{T_g}{100} \right)^4 - \left(\frac{T_w}{100} \right)^4 \right]}{t_g - t_w} \tag{3-149}$$

式中，α_R 为辐射换热系数，$W/(m^2 \cdot ℃)$。

在工程近似计算中，可认为 $A_g = \varepsilon_g$，辐射换热系数可由式（3-149）写为：

$$\alpha_R = \frac{\varepsilon_{gw} C_b \left[\left(\frac{T_g}{100} \right)^4 - \left(\frac{T_w}{100} \right)^4 \right]}{t_g - t_w} \tag{3-150}$$

【例 3-10】 在内径为 0.8m 的圆形烟道内衬有耐火黏土砖；通过的烟气中含有 CO_2 8%、H_2O（g）10%；烟气进口温度 $t_g' = 800℃$，出口温度 $t_g'' = 600℃$；烟道进口处的内壁温度 $t_w' = 475℃$，出口处的内壁温度 $t_w'' = 425℃$；烟气在烟道中的流速 $u_0 = 2Nm/s$。计算烟气对烟道内壁的净辐射热量，并计算烟道中烟气与内壁的辐射换热系数和对流换热系数。

【解】 由表 3-13 查得圆形管道中烟气的有效厚度：

$$l_g = 0.9d = 0.9 \times 0.8 = 0.72 (\text{m})$$

由于烟道内的烟气压强近似为 1atm，则 $p_{CO_2} \approx 0.08\text{atm}$，$p_{H_2O} \approx 0.10\text{atm}$。

因此，有：

$$p_{CO_2} l_g = 0.08 \times 0.72 = 0.0576 (\text{atm} \cdot \text{m}) = 5836 (\text{Pa} \cdot \text{m})$$

$$p_{H_2O} l_g = 0.10 \times 0.72 = 0.072 (\text{atm} \cdot \text{m}) = 72954 (\text{Pa} \cdot \text{m})$$

烟气在烟道内的平均温度：

$$t_g = \frac{t_g' + t_g''}{2} = \frac{800 + 600}{2} = 700 (\text{℃})$$

烟道内壁的平均温度：

$$t_w = \frac{t_w' + t_w''}{2} = \frac{475 + 425}{2} = 450 (\text{℃})$$

$$\delta = \frac{p_g + p_{H_2O}}{2} = \frac{1 + 0.1}{2} = 0.55 (\text{atm}) = 55729 (\text{Pa})$$

根据上述数据查图 3-44、图 3-46 和图 3-47 得：$\varepsilon_{CO_2} = 0.095$，$\varepsilon'_{H_2O} = 0.12$，$\beta_{H_2O} = 1.08$。

根据式（3-138）和式（3-139），可算得烟气的发射率为：

$$\varepsilon_g = \varepsilon_{CO_2} + \varepsilon_{H_2O} - \varepsilon_{CO_2}\varepsilon_{H_2O} = 0.095 + 1.08 \times 0.12 - 0.095 \times 1.08 \times 0.12 = 0.212$$

$$p_{CO_2} l_g \frac{T_w}{T_g} = 0.08 \times 0.72 \times \frac{273 + 450}{273 + 700} = 0.0428 (\text{atm} \cdot \text{m}) = 4336 (\text{Pa} \cdot \text{m})$$

$$p_{H_2O} l_g \frac{T_w}{T_g} = 0.10 \times 0.72 \times \frac{273 + 450}{273 + 700} = 0.0535 (\text{atm} \cdot \text{m}) = 5421 (\text{Pa} \cdot \text{m})$$

查图 3-44 得：$\varepsilon_{CO_2}\left(T_w, p_{CO_2} l_g \dfrac{T_w}{T_g}\right) = 0.08$。

查图 3-46 和图 3-47 得：

$$\varepsilon_{H_2O}\left(T_w, p_{H_2O} l_g \frac{T_g}{T_w}\right) = \beta_{H_2O}\left(p_{H_2O} l_g \frac{T_g}{T_w}\right)\varepsilon'_{H_2O}\left(T_w, p_{H_2O} l_g \frac{T_g}{T_w}\right) = 1.08 \times 0.123 = 0.133$$

根据式（3-141）有：

$$A_{CO_2} = \varepsilon_{CO_2}\left(T_w, p_{CO_2} l_g \frac{T_w}{T_g}\right)\left(\frac{T_g}{T_w}\right)^{0.65} = 0.08 \times \left(\frac{273 + 700}{273 + 450}\right)^{0.65} = 0.097$$

根据式（3-142）有：

$$A_{H_2O} = \varepsilon_{H_2O}\left(T_w, p_{H_2O} l_g \frac{T_w}{T_g}\right)\left(\frac{T_g}{T_w}\right)^{0.45} = 0.133 \times \left(\frac{273 + 700}{273 + 450}\right)^{0.45} = 0.152$$

根据式（3-143）和式（3-144）有：

$$A_g = A_{CO_2} + A_{H_2O} - A_{CO_2} A_{H_2O} = 0.097 + 0.152 - 0.097 \times 0.152 = 0.234$$

根据附录八，取烟道内壁耐火黏土砖的发射率 $\varepsilon_w = 0.8$，则：

根据式（3-145），烟气对烟道内壁的净辐射热量为：

$$q_{net,gw} = \frac{C_b}{\dfrac{1}{A_g} + \dfrac{1}{\varepsilon_w} - 1}\left[\frac{\varepsilon_g}{A_g}\left(\frac{T_g}{100}\right)^4 - \left(\frac{T_w}{100}\right)^4\right]$$

$$= \frac{5.669}{\dfrac{1}{0.234} + \dfrac{1}{0.8} - 1}\left[\frac{0.212}{0.234} \times \left(\frac{973}{100}\right)^4 - \left(\frac{723}{100}\right)^4\right] = 6752 (\text{W/m}^2)$$

根据式（3-149），烟道中烟气与内壁的辐射换热系数为：

$$\alpha_{\mathrm{R}} = \frac{q_{\mathrm{net,gw}}}{t_{\mathrm{g}} - t_{\mathrm{w}}} = \frac{6752}{700 - 450} = 27.01 [\mathrm{W/(m^2 \cdot ℃)}]$$

查附录四得 700℃时烟气的运动黏度 $\nu = 112.1 \times 10^{-6}$ m^2/s

$$u = u_0 \frac{273 + t_{\mathrm{g}}}{273} = 2 \times \frac{273 + 700}{273} = 7.13 (\mathrm{m/s})$$

$$Re_{\mathrm{f}} = \frac{ud}{\nu} = \frac{7.13 \times 0.8}{112.1 \times 10^{-6}} = 50883 > 4000$$

因此，烟气在烟道中的流动为湍流流动。

又由于 Re_{f} 在 $(1 \times 10^4) \sim (5 \times 10^6)$ 范围内，流体与管壁的温度差为 250℃，超过中等以上，因此对流换热系数可根据米海耶夫公式(3-67)计算，即

$$Nu_{\mathrm{f}} = 0.021 Re_{\mathrm{f}}^{0.8} Pr_{\mathrm{f}}^{0.43} \left(\frac{Pr_{\mathrm{f}}}{Pr_{\mathrm{w}}} \right)^{0.25}$$

查附录四得 700℃时烟气的物理参数：$\lambda = 8.27 \times 10^{-2}$ W/m · ℃，$a = 183.8 \times 10^{-6}$ m^2/s；450℃时烟气的物理参数：$\nu_1 = 68.34 \times 10^{-6}$ m^2/s，$a_1 = 107.7 \times 10^{-6}$ m^2/s。

$$Pr_{\mathrm{f}} = \frac{\nu}{a} = \frac{112.1 \times 10^{-6}}{183.8 \times 10^{-6}} = 0.61$$

$$Pr_{\mathrm{w}} = \frac{\nu_1}{a_1} = \frac{68.34 \times 10^{-6}}{107.7 \times 10^{-6}} = 0.635$$

$$Nu_{\mathrm{f}} = 0.021 \times 50883^{0.8} \times 0.61^{0.43} \times \left(\frac{0.61}{0.635} \right)^{0.25} = 97.9$$

根据努塞尔数数学表达式(3-53)，有：

$$\alpha_{\mathrm{c}} = \frac{Nu \cdot \lambda}{d} = \frac{97.9 \times 8.27 \times 10^{-2}}{0.8} = 10.12 [\mathrm{W/(m^2 \cdot ℃)}]$$

所以，烟气对烟道内壁的净辐射热量为 6752 W/m^2，烟气与内壁的辐射换热系数为 27.01W/(m^2 · ℃)，对流换热系数为 10.12W/(m^2 · ℃)。

六、火焰辐射

1. 火焰的种类

火焰是燃料燃烧时产生的发光发热的气流。当火焰中只有 CO_2、H_2O（g）和 N_2 等气体成分时，由于 CO_2 和 H_2O（g）的辐射光谱不包括可见光部分，故火焰颜色略带蓝色而近于无色，亮度很小，其发射率也很小，这类火焰称为暗焰或不发光火焰。完全净化的煤气完全燃烧时的火焰就属于暗焰。

当火焰中除了含有 CO_2、H_2O（g）和 N_2 等气体成分外，还含有炭黑、焦炭和灰分等固体微粒时，由于固体的辐射光谱是连续的，它包括可见光谱，因此，火焰有一定的颜色，其亮度较大，发射率也较大，这类火焰称为辉焰或发光火焰。燃油、煤、未经净化处理或净化处理不太干净的煤气等燃料的燃烧火焰就属于辉焰，天然气和液化石油气燃烧在高温缺氧的情况下裂解产生炭黑时的火焰也属于辉焰。

2. 火焰辐射的特点

暗焰辐射属于气体辐射范围，具有气体辐射的特点。

辉焰辐射既有气体辐射，又有固体的辐射，辉焰辐射光谱中既有固体辐射的连续光谱，

又有气体辐射的不连续光谱,因此辉焰辐射的特点是固体辐射特点和气体辐射特点的综合。并且辉焰辐射因燃料不同而有所区别。

① 对于含有 C_mH_n 的气体燃料或液体燃料的火焰辐射,其固体辐射中起主要作用的是炭黑,它可以在可见光与红外线光谱范围内连续发射辐射能,并且其辐射能比 CO_2 和 H_2O (g) 的辐射能大 2~3 倍。

② 在煤粉燃烧的火焰辐射中,其固体辐射部分起主要作用的是炭黑、焦炭和灰粒等成分。

表 3-14　常见燃料燃烧的火焰发射率 ε_f 值

火焰的种类	火焰发射率 ε_f 值
烟煤、褐煤和泥煤层燃时的火焰	0.70
无烟煤层燃时的火焰	0.4
烟煤、褐煤和泥煤喷燃时的火焰	0.70
无烟煤喷燃时的火焰	0.45
重油的火焰	0.65~0.85
未净化的发生炉煤气的火焰	0.25~0.30
净化的发生炉煤气的火焰	0.20~0.25
天然气有焰燃烧的火焰	0.60
天然气无焰燃烧的火焰	0.20
石油气燃烧的火焰	0.25~0.32
高炉煤气燃烧的火焰	0.30~0.35
高炉煤气与焦炉煤气混合燃烧的火焰	0.35~0.45

3. 火焰的发射率

暗焰的发射率主要取决于火焰中 CO_2 和 H_2O (g) 的浓度,一般在 0.15~0.3 左右。

由于固体的发射率远大于气体的发射率,因此辉焰的发射率主要取决于固体辐射。固体微粒的种类、大小、在火焰中的浓度等均与燃料的种类、燃烧方法、燃烧设备及窑炉结构等因素有关,并且随时间的变化而变化。所以很难用理论方法精确计算辉焰的发射率,通常由实验来获得。

表 3-14 列出了常见几种燃料燃烧的火焰发射率的近似参考值。

实际生产中,在确保烧制的制品不被火焰污染的前提下,可以采用人工增炭的方法来增大火焰发射率,以提高火焰的辐射能力。例如,燃烧不含 C_mH_n 的燃料(如高炉煤气)时,加入一些含 C_mH_n 的燃料,使其在燃烧时产生炭黑。

4. 火焰与固体壁面间的辐射换热

火焰与相接触的固体壁面之间的净辐射热量可用如下经验公式计算:

$$Q_{net,fw} = \varepsilon_{fw} C_b \left[\left(\frac{T_f}{100} \right)^4 - \left(\frac{T_w}{100} \right)^4 \right] F_w \tag{3-151}$$

$$\varepsilon_{fw} = \frac{1}{\dfrac{1}{\varepsilon_f} + \dfrac{1}{\varepsilon_w} - 1} \tag{3-152}$$

式中　ε_{fw}——火焰与固体壁面之间的导来发射率;

T_f——火焰的平均温度,K;

T_w——固体壁面的平均温度,K;

F_w——与火焰相接触的固体壁面面积,m^2。

在火焰窑炉中,存在着火焰、物料和窑墙内壁,情况就更复杂了。若窑墙内壁温度与物料温度相接近，二者发射率也相差不多，则可将窑墙内壁与物料近似看作同一种物体，可应用式（3-151）进行计算。

第四节 综合传热

前面分别讨论了导热、对流换热和辐射换热的规律，而实际的传热现象往往是几种传热方式同时存在。由两种或三种传热方式同时起作用的传热过程称为综合传热。综合传热是一个非常复杂的传热过程，在生产实践中存在着许多综合传热现象。下面讨论几种典型的综合传热。

一、高温流体通过器壁将热量传给低温流体

高温流体通过器壁将热量传给低温流体包括以下三个传热过程：

① 高温流体与器壁内表面之间的对流换热和辐射换热；

② 器壁内表面与外表面之间的导热；

③ 器壁外表面与低温流体之间的对流换热和辐射换热。

显然，在这个传热过程中，存在着对流换热、导热和辐射换热三种传热方式，这是一个典型的综合传热过程。

（一）高温流体通过平壁将热量传给低温流体

1. 器壁为单层平壁

如图 3-50 所示，高温流体的温度为 t_2，低温流体的温度为 t_1；单层平壁的厚度为 δ，热导率为 λ，平壁的两个外表面各维持均匀而一定的温度 t_{w2} 和 t_{w1}（$t_{w2} > t_{w1}$），并且平壁的长度和高度远大于厚度。

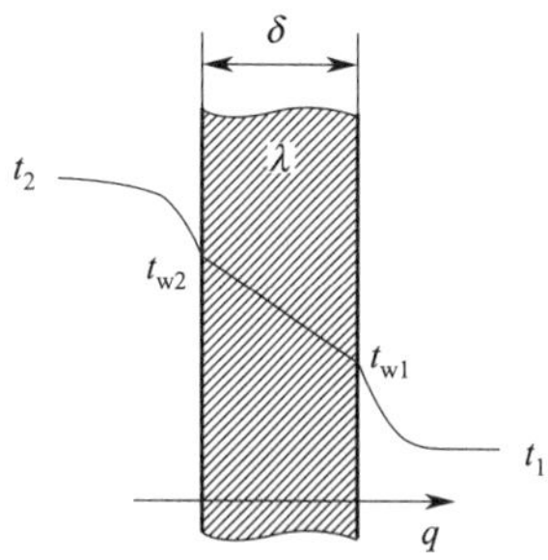

当传热处于稳定态时，三个传热过程的热流密度相等，均为 q。因此，三个传热过程的热流密度计算式如下。

① 高温流体（t_2）与平壁内表面（t_{w2}）之间传热的计算式为：

$$q = \alpha_2(t_2 - t_{w2}) \tag{3-153}$$

其中
$$\alpha_2 = \alpha_{C2} + \alpha_{R2} \tag{3-154}$$

式中 α_{C2}——高温流体（t_2）与平壁内表面（t_{w2}）之间的对流换热系数，$W/(m^2 \cdot ℃)$；

图 3-50 单层平壁的综合传热

α_{R2}——高温流体（t_2）与平壁内表面（t_{w2}）之间的辐射换热系数，$W/(m^2 \cdot ℃)$；

α_2——高温流体（t_2）与平壁内表面（t_{w2}）之间的对流辐射换热系数，$W/(m^2 \cdot ℃)$。

② 平壁内部导热的计算式为：

$$q = \frac{\lambda}{\delta}(t_{w2} - t_{w1}) \tag{3-155}$$

③ 平壁外表面（t_{w1}）与低温流体（t_1）之间传热的计算式为：

$$q = \alpha_1(t_{w1} - t_1) \tag{3-156}$$

其中
$$\alpha_1 = \alpha_{C1} + \alpha_{R1} \tag{3-157}$$

式中 α_{C1}——平壁外表面（t_{w1}）与低温流体（t_1）之间的对流换热系数，$W/(m^2 \cdot ℃)$；

α_{R1}——平壁外表面（t_{w1}）与低温流体（t_1）之间的辐射换热系数，$W/(m^2 \cdot ℃)$；

α_1——平壁外表面（t_{w1}）与低温流体（t_1）之间的对流辐射换热系数，$W/(m^2 \cdot ℃)$。

联立求解式(3-153)、式(3-155) 和式(3-156)，整理后得：

$$q = \frac{1}{\frac{1}{\alpha_2} + \frac{\delta}{\lambda} + \frac{1}{\alpha_1}}(t_2 - t_1) = K(t_2 - t_1) \qquad (3\text{-}158)$$

式中，K 为综合传热系数，$K = \dfrac{1}{\dfrac{1}{\alpha_2} + \dfrac{\delta}{\lambda} + \dfrac{1}{\alpha_1}}$，$\text{W}/(\text{m}^2 \cdot {}^\circ\!C)$。它代表高温流体对低温

流体传热能力的大小。K 值越大，传热过程越强烈；反之，则越弱。

综合传热系数的倒数称为综合传热热阻，计算式为：

$$\sum R_t = \frac{1}{K} = \frac{1}{\alpha_2} + \frac{\delta}{\lambda} + \frac{1}{\alpha_1} \qquad (3\text{-}159)$$

从式(3-159) 可以看出，高温流体通过单层平壁将热量传给低温流体的综合传热热阻相当于三部分热阻的串联。其中，$\dfrac{1}{\alpha_2}$ 为高温流体与平壁内表面之间的对流辐射换热热阻，$\dfrac{\delta}{\lambda}$ 为单层平壁的导热热阻，$\dfrac{1}{\alpha_1}$ 为平壁外表面与低温流体之间的对流辐射换热热阻。$\dfrac{1}{\alpha_2}$ 和 $\dfrac{1}{\alpha_1}$ 又称为外热阻，$\dfrac{\delta}{\lambda}$ 称为内热阻。若要提高综合传热能力，就必须减小热阻。

所以，式(3-158) 可以写为：

$$q = \frac{t_2 - t_1}{\sum R_t} = \frac{\Delta t}{\sum R_t} \qquad (3\text{-}160)$$

2. 器壁为多层平壁

当器壁为 n 层平壁时，只是比单层平壁增加了内热阻。根据多层平壁导热的计算式(3-26)，同理可以推导出高温流体 (t_2) 通过 n 层平壁传给低温流体 (t_1) 的热流密度的计算公式为：

$$q = \frac{t_2 - t_1}{\frac{1}{\alpha_2} + \sum_{i=1}^{n} \frac{\delta_i}{\lambda_i} + \frac{1}{\alpha_1}} = K(t_2 - t_1) = \frac{\Delta t}{\sum R_t} \qquad (3\text{-}161)$$

则

$$K = \frac{1}{\frac{1}{\alpha_2} + \sum_{i=1}^{n} \frac{\delta_i}{\lambda_i} + \frac{1}{\alpha_1}} \qquad (3\text{-}162)$$

$$\sum R_t = \frac{1}{\alpha_2} + \sum_{i=1}^{n} \frac{\delta_i}{\lambda_i} + \frac{1}{\alpha_1} \qquad (3\text{-}163)$$

对于高温窑炉的窑墙热损失的计算，一般情况下，很难确定 t_2 和 α_2，因此通常不用式(3-158) 和式(3-161) 计算，而是用窑墙外表面温度 (t_{w1}) 与低温流体 (t_1) 之间的传热计算式 [式(3-156)] 来计算窑墙的散热损失，即

$$q = \alpha_1(t_{w1} - t_1)$$

当低温流体为自由运动的空气时，平壁外表面与外界空气之间的对流辐射换热系数 α_1 的近似计算公式为：

$$\alpha_1 = A_w \sqrt[4]{t_{w1} - t_1} + \frac{4.54\left[\left(\frac{T_{w1}}{100}\right)^4 - \left(\frac{T_1}{100}\right)^4\right]}{t_{w1} - t_1} \qquad (3\text{-}164)$$

式中，A_w 为取决于换热面位置的系数，其取值见表 3-4。

【例 3-11】 某工厂一连续式窑炉，其窑墙为垂直平壁，窑墙外表面平均温度为 75℃，周围环境温度为 25℃，计算每平方米窑墙的散热损失。

【解】 由题意可知，$t_{w1} = 75℃$，$t_1 = 25℃$。

查表 3-4 可知 $A_w = 2.56$。

由式(3-164) 有：

$$\alpha_1 = A_w \sqrt[4]{t_{w1} - t_1} + \frac{4.54 \times \left[\left(\dfrac{T_{w1}}{100} \right)^4 - \left(\dfrac{T_1}{100} \right)^4 \right]}{t_{w1} - t_1}$$

$$= 2.56 \times \sqrt[4]{75 - 25} + \frac{4.54 \times \left[\left(\dfrac{273 + 75}{100} \right)^4 - \left(\dfrac{273 + 25}{100} \right)^4 \right]}{75 - 25} = 12.96 [W/(m^2 \cdot ℃)]$$

由式(3-156) 有：

$$q = \alpha_1 (t_{w1} - t_1) = 12.96 \times (75 - 25) = 648 (W/m^2)$$

所以，窑墙的散热损失为 $648 W/m^2$。

【例 3-12】 某隧道窑窑墙厚度为 490mm，已知内壁温度为 900℃，外壁温度为 60℃，空气温度为 25℃，外壁与空气的对流辐射换热系数为 $16 W/(m^2 \cdot ℃)$，求窑墙的平均热导率。

【解】 由题意可知，$t_{w2} = 900℃$，$t_{w1} = 60℃$，$t_1 = 25℃$，$\delta = 0.49$ m，$\alpha_1 = 16$ W/$(m^2 \cdot ℃)$。

根据式(3-156) 有：

$$q = \alpha_1 (t_{w1} - t_1) = 16 \times (60 - 25) = 560 (W/m^2)$$

根据式(3-155) 有：

$$\lambda = \frac{q\delta}{t_{w2} - t_{w1}} = \frac{560 \times 0.49}{900 - 60} = 0.327 [W/(m \cdot ℃)]$$

所以，窑墙的平均热导率为 0.327 W/$(m \cdot ℃)$。

（二）高温流体通过圆筒壁将热量传给低温流体

1. 器壁为单层圆筒壁

如图 3-51 所示，圆筒内高温流体的温度为 t_2，圆筒外低温流体的温度为 t_1；单层圆筒壁的内壁面直径为 d_2，外壁面直径为 d_1，圆筒壁的热导率为 λ，内、外壁表面分别维持均匀而稳定的温度 t_{w2} 和 t_{w1}（$t_{w2} > t_{w1}$），并且圆筒壁长度 l 远大于外壁面直径。

当传热处于稳定态时，三个传热过程的热流量相等，均为 Q。因此，筒内热流体通过单位长度圆筒壁传给低温流体的热流量 q_l 的计算式如下。

① 高温流体（t_2）与圆筒壁内表面（t_{w2}）之间传热的计算式为：

$$q_l = \frac{Q}{l} = \alpha_2 \pi d_2 (t_2 - t_{w2}) \qquad (3\text{-}165)$$

其中
$$\alpha_2 = \alpha_{C2} + \alpha_{R2} \qquad (3\text{-}166)$$

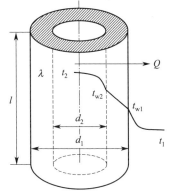

图 3-51 单层圆筒壁的综合传热

式中　α_{C2}——高温流体（t_2）与圆筒壁内表面（t_{w2}）之间的对流换热系数，$W/(m^2 \cdot ℃)$；

　　　　α_{R2}——高温流体（t_2）与圆筒壁内表面（t_{w2}）之间的辐射换热系数，$W/(m^2 \cdot ℃)$；

　　　　α_2——高温流体（t_2）与圆筒壁内表面（t_{w2}）之间的对流辐射换热系数，$W/(m^2 \cdot ℃)$。

② 圆筒壁内部导热的计算式为：

$$q_l = \frac{2\pi\lambda(t_{w2} - t_{w1})}{\ln\dfrac{d_1}{d_2}} \tag{3-167}$$

③ 圆筒壁外表面（t_{w1}）与低温流体（t_1）之间传热的计算式为：

$$q_l = \alpha_1 \pi d_1 (t_{w1} - t_1) \tag{3-168}$$

　　其中

$$\alpha_1 = \alpha_{C1} + \alpha_{R1} \tag{3-169}$$

式中　α_{C1}——圆筒壁外表面（t_{w1}）与低温流体（t_1）之间的对流换热系数，$W/(m^2 \cdot ℃)$；

　　　　α_{R1}——圆筒壁外表面（t_{w1}）与低温流体（t_1）之间的辐射换热系数，$W/(m^2 \cdot ℃)$；

　　　　α_1——圆筒壁外表面（t_{w1}）与低温流体（t_1）之间的对流辐射换热系数，$W/(m^2 \cdot ℃)$。

联立求解式(3-165)、式(3-167) 和式(3-168)，整理后得：

$$q_l = \frac{1}{\dfrac{1}{\pi d_2 \alpha_2} + \dfrac{1}{2\pi\lambda}\ln\dfrac{d_1}{d_2} + \dfrac{1}{\pi d_1 \alpha_1}}(t_2 - t_1) = K_l(t_2 - t_1) \tag{3-170}$$

　　其中

$$K_l = \frac{1}{\dfrac{1}{\pi d_2 \alpha_2} + \dfrac{1}{2\pi\lambda}\ln\dfrac{d_1}{d_2} + \dfrac{1}{\pi d_1 \alpha_1}} \tag{3-171}$$

式中，K_l 为通过单位长度圆筒壁的综合传热系数，称为综合长度传热系数，$W/(m \cdot ℃)$。

综合长度传热系数的倒数称为综合长度传热热阻，计算式为：

$$\sum R_{t,l} = \frac{1}{K_l} = \frac{1}{\pi d_2 \alpha_2} + \frac{1}{2\pi\lambda}\ln\frac{d_1}{d_2} + \frac{1}{\pi d_1 \alpha_1} \tag{3-172}$$

同样，从式(3-172) 可以看出，高温流体通过单位长度单层圆筒壁将热量传给低温流体的综合长度传热热阻等于三部分传热过程热阻的串联。其中，$\dfrac{1}{\pi d_2 \alpha_2}$ 和 $\dfrac{1}{\pi d_1 \alpha_1}$ 又称为圆筒壁的长度外热阻，$\dfrac{1}{2\pi\lambda}\ln\dfrac{d_1}{d_2}$ 称为单层圆筒壁的长度内热阻。

所以，式(3-170) 可以写为：

$$q_l = \frac{t_2 - t_1}{\sum R_{t,l}} = \frac{\Delta t}{\sum R_{t,l}} \tag{3-173}$$

2. 器壁为多层圆筒壁

当器壁为 n 层圆筒壁时，只是圆筒壁内部增加了内热阻。根据多层圆筒壁导热的计算式(3-32)，同理可以推导出高温流体（t_2）通过单位长度 n 层圆筒壁传给低温流体（t_1）的热流量 q_l 计算公式为：

$$q_l = \frac{t_2 - t_1}{\dfrac{1}{\pi d_{n+1} \alpha_2} + \sum_{i=1}^{n}\dfrac{1}{2\pi\lambda_i}\ln\dfrac{d_i}{d_{i+1}} + \dfrac{1}{\pi d_1 \alpha_1}} = K_l(t_2 - t_1) = \frac{\Delta t}{\sum R_{t,l}} \tag{3-174}$$

显然，利用式(3-170) 和式(3-174) 计算高温流体通过单位长度圆筒壁传给低温流体的

热流量 q_l 时，必须知道式中的各参数，这是比较困难的。因此，一般用圆筒壁外壁面与低温流体之间的换热计算式［式(3-168)］进行计算。

二、窑内火焰空间的传热

窑内火焰空间的传热是一个非常复杂的综合传热过程，燃烧的火焰气流以辐射换热和对流换热的方式将热量传给物料和窑墙内壁。炉内的温度场、压力场和速度场实际上是不均匀的，火焰气流和换热面的性质也在不断变化。而这些复杂的情况又与窑炉的种类与结构、燃料的种类与燃烧方式、被加热制品的种类等因素有关。所以，全面分析和计算火焰空间内的传热是很困难的。

下面以玻璃池窑内的火焰空间的传热为例，介绍火焰与料液之间的辐射换热和窑墙内表面温度的计算公式。

图 3-52 为一玻璃池窑的火焰空间传热示意图，它有三个不同的温度区域：火焰温度 t_f、窑壁（包括胸墙和大碹）的内表面温度 t_w 以及料液表面温度 t_m。玻璃池窑火焰空间存在的传热方式有：

① 火焰与窑壁内表面之间的辐射换热和对流换热；

② 火焰与料液面之间的辐射换热和对流换热；

③ 窑壁内表面与料液面之间的辐射换热。

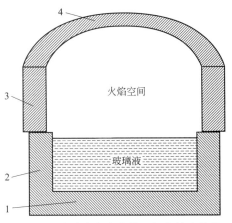

图 3-52　玻璃池窑内火焰空间的综合传热
1—池底；2—池壁；3—胸墙；4—大碹

另外，料液内部还存在着导热和对流换热，窑壁内部存在着导热。因此，玻璃池窑火焰空间的传热过程非常复杂，为了简化研究过程，做以下几点假设：

① 火焰在窑内各处的温度都相等，平均温度为 t_f；

② 火焰的发射率与其吸收率相等，$\varepsilon_f = A_f$，其数值根据 t_f 计算；

③ 火焰完全充满空间，用火焰空间的容积来计算火焰的有效厚度和角系数；

④ 料液表面的各处温度相等，其平均温度为 t_m；

⑤ 料液表面的发射率为一定值，其值为 ε_m；

⑥ 窑壁内表面的各处温度都相等，平均温度为 t_w；

⑦ 窑壁内表面的发射率为一定值，其值为 ε_w；

⑧ 窑壁损失于周围外界的热量恰好等于火焰以对流换热方式传给窑壁的热量。

（一）火焰与料液面之间的辐射换热

1. 投射到窑壁上的辐射热量及窑壁的有效辐射热量

（1）火焰发射的辐射能投射到窑壁内表面的热量 Q_{fw}：

$$Q_{fw} = \varepsilon_f C_b \left(\frac{T_f}{100}\right)^4 F_w$$

式中，F_w 为窑壁（大碹和胸墙）的内表面面积。

（2）料液面通过火焰空间辐射给窑壁内表面的热量 Q_{mw}：

$$Q_{mw} = Q_{ef,m}(1 - \varepsilon_f)$$

式中，$Q_{ef,m}$ 为料液面的有效辐射，W。

（3）窑壁通过火焰空间投在自身上的热量 Q_{ww}：

$$Q_{ww}=Q_{ef,w}(1-\varepsilon_f)\varphi_{ww}$$
$$=(Q_w+Q_{Ref,fw}+Q_{Ref,mw})(1-\varepsilon_f)(1-\varphi_{wm})$$

式中 $Q_{ef,w}$——窑壁内表面的有效辐射，W；

φ_{ww}——窑壁自身的角系数，$\varphi_{ww}=1-\varphi_{wm}$；

φ_{wm}——窑壁对料液面的角系数，$\varphi_{wm}=\dfrac{F_m}{F_w}$，以下简写为 φ；

Q_w——窑壁内表面的本身辐射，$Q_w=\varepsilon_w C_b\left(\dfrac{T_w}{100}\right)^4 F_w$；

$Q_{Ref,fw}$——被窑壁反射回来的火焰辐射，$Q_{Ref,fw}=\varepsilon_f C_b\left(\dfrac{T_f}{100}\right)^4 F_w(1-\varepsilon_w)$；

$Q_{Ref,mw}$——被窑壁反射回来的料液面辐射，$Q_{Ref,mw}=\varepsilon_m C_b\left(\dfrac{T_m}{100}\right)^4 F_m(1-\varepsilon_f)(1-\varepsilon_w)$。

所以，投射到窑壁上的总辐射热量 $Q_{G,w}$ 为：

$$Q_{G,w}=Q_{fw}+Q_{mw}+Q_{ww}$$
$$=\varepsilon_f C_b\left(\frac{T_f}{100}\right)^4 F_w+Q_{ef,m}(1-\varepsilon_f)+Q_{ef,w}(1-\varepsilon_f)(1-\varphi)$$

由于火焰以对流换热方式传给窑壁的热量恰好等于窑壁向周围外界损失的热量。因此，根据窑壁的热平衡，可以认为投射到窑壁上的总辐射热量全部辐射出去，即 $Q_{G,w}=Q_{ef,w}$。故上式整理后得：

$$Q_{G,w}=Q_{ef,w}=\frac{\varepsilon_f C_b\left(\dfrac{T_f}{100}\right)^4 F_w+Q_{ef,m}(1-\varepsilon_f)}{1-(1-\varepsilon_f)(1-\varphi)} \tag{a}$$

2. 投在料液表面上的热量

（1）火焰辐射给料液表面的热量 Q_{fm}：

$$Q_{fm}=\varepsilon_f C_b\left(\frac{T_f}{100}\right)^4 F_m$$

（2）窑壁通过火焰空间辐射给料液表面的热量 Q_{wm}：

$$Q_{wm}=Q_{ef,w}(1-\varepsilon_f)\varphi$$

所以，投射到料液表面上的总热量：

$$Q_{fm}+Q_{wm}=\varepsilon_f C_b\left(\frac{T_f}{100}\right)^4 F_m+Q_{ef,w}(1-\varepsilon_f)\varphi$$

3. 料液表面上的有效辐射 $Q_{ef,m}$

（1）料液表面的本身辐射 Q_m：

$$Q_m=\varepsilon_m C_b\left(\frac{T_m}{100}\right)^4 F_m$$

（2）料液表面对火焰辐射的反射辐射热量 $Q_{Ref,fm}$：

$$Q_{Ref,fm}=\varepsilon_f C_b\left(\frac{T_f}{100}\right)^4 F_m(1-\varepsilon_m)$$

（3）料液表面对窑壁辐射的反射辐射热量 $Q_{Ref,wm}$：

$$Q_{Ref,wm}=Q_{ef,w}(1-\varepsilon_f)\varphi(1-\varepsilon_m)$$

所以，料液表面的有效辐射 $Q_{\text{ef,m}}$：

$$Q_{\text{ef,m}} = Q_{\text{m}} + Q_{\text{Ref,fm}} + Q_{\text{Ref,wm}}$$

$$= \varepsilon_{\text{m}} C_{\text{b}} \left(\frac{T_{\text{m}}}{100}\right)^4 F_{\text{m}} + \varepsilon_{\text{f}} C_{\text{b}} \left(\frac{T_{\text{f}}}{100}\right)^4 F_{\text{m}} (1 - \varepsilon_{\text{m}}) + Q_{\text{ef,w}} (1 - \varepsilon_{\text{f}}) \varphi (1 - \varepsilon_{\text{m}}) \qquad \text{(b)}$$

料液面得到的净辐射热量应等于投射到料液面上的总热量减去料液面的有效辐射热量，即

$$Q_{\text{net,fm}} = Q_{\text{fm}} + Q_{\text{wm}} - Q_{\text{ef,m}}$$

$$= \varepsilon_{\text{f}} C_{\text{b}} \left(\frac{T_{\text{f}}}{100}\right)^4 F_{\text{m}} + Q_{\text{ef,w}} (1 - \varepsilon_{\text{f}}) \varphi - \varepsilon_{\text{m}} C_{\text{b}} \left(\frac{T_{\text{m}}}{100}\right)^4 F_{\text{m}}$$

$$- \varepsilon_{\text{f}} C_{\text{b}} \left(\frac{T_{\text{f}}}{100}\right)^4 F_{\text{m}} (1 - \varepsilon_{\text{m}}) - Q_{\text{ef,w}} (1 - \varepsilon_{\text{f}}) \varphi (1 - \varepsilon_{\text{m}})$$

整理后得：

$$Q_{\text{net,fm}} = \varepsilon_{\text{f}} C_{\text{b}} \left(\frac{T_{\text{f}}}{100}\right)^4 F_{\text{m}} \varepsilon_{\text{m}} + Q_{\text{ef,w}} (1 - \varepsilon_{\text{f}}) \varphi \varepsilon_{\text{m}} - \varepsilon_{\text{m}} C_{\text{b}} \left(\frac{T_{\text{m}}}{100}\right)^4 F_{\text{m}} \qquad \text{(c)}$$

联立求解方程式（a）、式（b）和式（c），整理后得：

$$Q_{\text{net,fm}} = \frac{\varepsilon_{\text{f}} \varepsilon_{\text{m}} C_{\text{b}} [1 + \varphi (1 - \varepsilon_{\text{f}})]}{\varepsilon_{\text{f}} + \varphi (1 - \varepsilon_{\text{f}}) [\varepsilon_{\text{m}} + \varepsilon_{\text{f}} (1 - \varepsilon_{\text{m}})]} \left[\left(\frac{T_{\text{f}}}{100}\right)^4 - \left(\frac{T_{\text{m}}}{100}\right)^4\right] F_{\text{m}}$$

$$= \varepsilon_{\text{fm}} C_{\text{b}} \left[\left(\frac{T_{\text{f}}}{100}\right)^4 - \left(\frac{T_{\text{m}}}{100}\right)^4\right] F_{\text{m}} \qquad \text{(3-175)}$$

其中，$\varepsilon_{\text{fm}} = \dfrac{\varepsilon_{\text{f}} \varepsilon_{\text{m}} [1 + \varphi (1 - \varepsilon_{\text{f}})]}{\varepsilon_{\text{f}} + \varphi (1 - \varepsilon_{\text{f}}) [\varepsilon_{\text{m}} + \varepsilon_{\text{f}} (1 - \varepsilon_{\text{m}})]}$，称为窑炉内火焰空间中的火焰与料液之间的导来发射率，并且已考虑到窑壁内表面在辐射换热中的作用。

若考虑到火焰对料液表面的对流换热，则料液面得到的总热量为：

$$Q_{\text{m}} = Q_{\text{net,fm}} + Q_{\text{C,fm}}$$

$$= \varepsilon_{\text{fm}} C_{\text{b}} \left[\left(\frac{T_{\text{f}}}{100}\right)^4 - \left(\frac{T_{\text{m}}}{100}\right)^4\right] F_{\text{m}} + \alpha_{\text{C}} (t_{\text{f}} - t_{\text{m}}) F_{\text{m}}$$

$$= \alpha_{\text{R}} (t_{\text{f}} - t_{\text{m}}) F_{\text{m}} + \alpha_{\text{C}} (t_{\text{f}} - t_{\text{m}}) F_{\text{m}}$$

$$= (\alpha_{\text{R}} + \alpha_{\text{C}}) (t_{\text{f}} - t_{\text{m}}) F_{\text{m}}$$

$$= K (t_{\text{f}} - t_{\text{m}}) F_{\text{m}} \qquad \text{(3-176)}$$

式中 $Q_{\text{C,fm}}$——火焰对料液表面的对流换热热量，W；

  α_{C}——火焰与料液表面的对流换热系数，$\text{W/(m}^2 \cdot \text{℃)}$；

  K——窑内火焰空间中火焰与料液之间的综合传热系数，$K = \alpha_{\text{R}} + \alpha_{\text{C}}$，$\text{W/} (\text{m}^2 \cdot \text{℃)}$。

（二）窑壁内表面温度

虽然在式（3-176）中没有窑壁内表面温度 t_{w}，但是窑壁在整个火焰空间传热过程中仍起着相当重要的热量传递的媒介作用。此外，窑壁内表面温度 t_{w} 也是窑炉热工计算、设计和操作的重要热工参数。因此，确定窑壁内表面温度 t_{w} 是非常具有实际意义的。

根据窑壁热平衡计算可推得窑壁内表面温度的计算式为：

$$T_{\text{w}}^4 = T_{\text{m}}^4 + \frac{\varepsilon_{\text{f}} [1 + \varphi (1 - \varepsilon_{\text{f}}) (1 - \varepsilon_{\text{m}})]}{\varepsilon_{\text{f}} + \varphi (1 - \varepsilon_{\text{f}}) [\varepsilon_{\text{m}} + \varepsilon_{\text{f}} (1 - \varepsilon_{\text{m}})]} [T_{\text{f}}^4 - T_{\text{m}}^4] \qquad \text{(3-177)}$$

【例 3-13】 某玻璃池窑熔化部面积为 $12m \times 6m$，火焰空间高度为 $1.8m$，火焰平均温度 $t_f = 1600 ℃$，火焰发射率 $\varepsilon_f = 0.2$；料液面平均温度 $t_m = 1450 ℃$，料液面发射率 $\varepsilon_m = 0.67$；火焰与料液面之间的对流换热系数 $\alpha_C = 11.36 W/(m^2 \cdot ℃)$。求火焰空间中料液面得到的总热量以及窑壁的内表面温度。

【解】 为了简化计算，把玻璃池窑的大碹近似看成平顶，并且忽略小炉口所占窑壁的面积。因此，窑壁对料液面的角系数为：

$$\varphi = \frac{F_m}{F_w} = \frac{12 \times 6}{12 \times 6 + 12 \times 1.8 \times 2 + 6 \times 1.8 \times 2} = \frac{72}{136.8} = 0.526$$

根据式(3-175d) 和式(3-176)，火焰空间中料液面得到的总热量为：

$$
\begin{aligned}
Q_m &= \frac{\varepsilon_f \varepsilon_m C_b [1 + \varphi(1 - \varepsilon_f)]}{\varepsilon_f + \varphi(1 - \varepsilon_f)[\varepsilon_m + \varepsilon_f(1 - \varepsilon_m)]} \left[\left(\frac{T_f}{100}\right)^4 - \left(\frac{T_m}{100}\right)^4 \right] F_m + \alpha_C(t_f - t_m)F_m \\
&= \frac{0.2 \times 0.67 \times 5.669 \times [1 + 0.526 \times (1 - 0.2)]}{0.2 + 0.526 \times (1 - 0.2) \times [0.67 + 0.2 \times (1 - 0.67)]} \\
&\quad \times \left[\left(\frac{273 + 1600}{100}\right)^4 - \left(\frac{273 + 1450}{100}\right)^4 \right] \times 72 + 11.36 \times (1600 - 1450) \times 72 \\
&= 5449090 (W)
\end{aligned}
$$

根据式(3-177)，窑壁的内表面温度为：

$$
\begin{aligned}
T_w^4 &= T_m^4 + \frac{\varepsilon_f [1 + \varphi(1 - \varepsilon_f)(1 - \varepsilon_m)]}{\varepsilon_f + \varphi(1 - \varepsilon_f)[\varepsilon_m + \varepsilon_f(1 - \varepsilon_m)]} [T_f^4 - T_m^4] \\
&= 1723^4 + \frac{0.2 \times [1 + 0.526 \times (1 - 0.2) \times (1 - 0.67)]}{0.2 + 0.526 \times (1 - 0.2) \times [0.67 + 0.2 \times (1 - 0.67)]} \times (1873^4 - 1723^4) \\
&= 1.0374 \times 10^{13}
\end{aligned}
$$

解得：$T_w = 1794.7 K$。

则　　$t_w = 1521.7 ℃$。

所以，料液面得到的总热量为 $5449090 W$，窑壁的内表面温度为 $1521.7 ℃$。

三、换热器

换热器是实现两种不同温度的流体在不接触的条件下互相换热的设备。在无机非金属材料工业中，其主要用于烟气余热回收、预热空气与煤气等。工业上常采用间壁式换热器，即在高低温流体之间设立器壁，高温流体通过器壁将热量传给低温流体。间壁式换热器的种类很多，可以按不同的方式进行分类。按器壁的材料可分为金属换热器和陶瓷换热器；按换热方式可分为对流式换热器和辐射式换热器；按高低温流体的流动方式可分为顺流式、逆流式、错流式和复合流式，图 3-53 为高低温流体在换热器中的流动方式示意图；根据换热面的形状可分为套管式、管壳式和板面式等，其中管壳式换热器是目前工业上应用最广泛的一种换热器。

冷热两种流体在换热器中做平行且相同方向流动时称为顺流式，见图 3-53(a)；冷热两种流体在换热器中做平行且相反方向流动时称为逆流式，见图 3-53(b)；冷热两种流体在换热器中做相互垂直方向流动时称为错流式，见图 3-53(c) 和 (d)；冷热两种流体在换热器中的流动方式为顺流式、逆流式和错流式中的两种或三种组合时称为复合流式，见图 3-53(e) 和 (f)。不同的流动方式对换热和流动阻力都会有不同的影响。

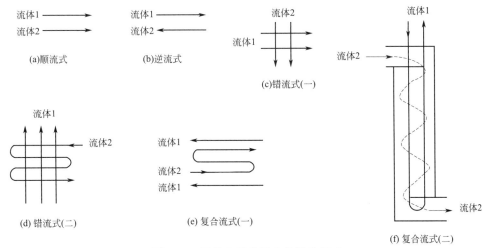

图 3-53　流体在换热器中的流动方式

管壳式换热器主要是由管束和外壳体构成，高低温流体分别在管内和管外（即壳内）流动。管壳式换热器的管程和壳程均可以分为单程或多程，以适合工艺要求。图 3-54 为管壳式换热器示意图。

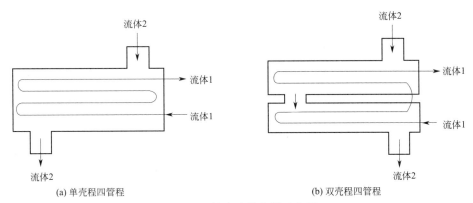

图 3-54　管壳式换热器示意图

在换热器中，由于流体的温度随流动途径而发生变化，所以在它们之间要确立平均温度差的概念。根据综合传热的一般公式，可得通过器壁面积 dF 的传热量为：

$$dQ = K(t_2 - t_1)dF \tag{3-178}$$

式（3-178）中的综合传热系数 K 随 F 变化，为了使问题简化，令 K 为常数，对式（3-178）进行积分后得：

$$Q = \int_0^F K(t_2 - t_1)dF = K \Delta t_{av} F \tag{3-179}$$

式中　K——换热器内的综合传热系数，$W/(m^2 \cdot ℃)$；

　　　Δt_{av}——整个传热面的冷热两流体的平均温差，℃；

　　　F——换热器内的总传热面积，m^2。

式（3-179）是换热器计算的基本公式，用来计算换热面积或传热量。

换热器的设计计算一般有三个目的：

① 确定总传热面积 F，从而进一步确定换热器的主要尺寸；

② 确定器壁的温度，以便选择换热器的材料；

③ 计算流体流动阻力，以便选择风机或泵。

（一）传热面积的计算

根据式(3-179)，可得换热器内总传热面积的计算式为：

$$F = \frac{Q}{K \Delta t_{av}} \tag{3-180}$$

由此可知，要求得 F，必须先求得 Q、Δt_{av} 和 K。

1. 传热量 Q 的计算

传热量 Q 可以从高温流体或低温流体在换热器进出口端的温度变化来计算，计算式为：

$$Q = \dot{m}_1(c_1'' t_1'' - c_1' t_1') \tag{3-181}$$

式中　$\dot{m}_1$——低温流体的质量流量，kg/s；

t_1'、t_1''——低温流体在进口、出口端的温度，℃；

c_1'、c_1''——低温流体在温度为 t_1'、t_1'' 时的比热容，J/(kg·℃)。

有些陶瓷换热器的结构密封性较差，在计算时要考虑一定的漏气量，设 $\Delta\dot{m}$ 为单位时间内低温流体漏入高温流体中的质量，则：

$$\dot{m}_1'' = \dot{m}_1' - \Delta\dot{m}$$

$$\dot{m}_2'' = \dot{m}_2' + \Delta\dot{m}$$

式中　$\dot{m}_1'$、$\dot{m}_1''$——低温流体在进口、出口端的质量流量，kg/s；

$\dot{m}_2'$、$\dot{m}_2''$——高温流体在进口、出口端的质量流量，kg/s。

显示，在整个陶瓷换热器中，低温流体的质量流量应是 $\dot{m}_1'$ 和 $\dot{m}_1''$ 的平均值，则此时传热量 Q 的计算式为：

$$Q = \frac{\dot{m}_1' + \dot{m}_1''}{2}(c_1'' t_1'' - c_1' t_1') \tag{3-182}$$

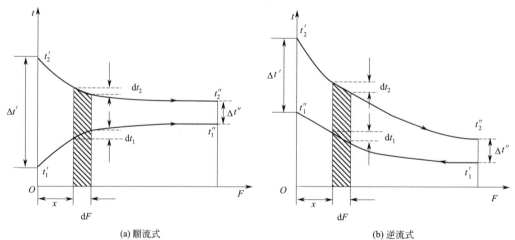

(a) 顺流式　　　　　　　　　　　　　　　(b) 逆流式

图 3-55　平均温差 Δt_{av} 计算公式的推导

2. 平均温差 Δtav 的计算

在换热器中，冷热流体在流动中进行换热，故其温度随流程而发生变化，因而冷热流体间的温度差也是不断变化的。图 3-55 为流体在换热器中以顺流式和逆流式流动时的温度变化及平均温差 Δt_{av} 计算公式推导的示意图。如图 3-55 所示，热流体参数以右下角标"2"表示，冷流体参数以右下角标"1"表示；入口参数以右上角标"′"表示，出口参数以右上角标"″"表示；以热流体的入口端为换热器的起始端，以热流体的出口端为换热器的最终端；冷热两流体在换热器起始端的温度差为 $\Delta t'$，在最终端的温度差为 $\Delta t''$。

如图 3-55 所示，距离起始端 x 处的微元换热面 dF 的热平衡方程式为：

顺流式： $$dQ = W_1 dt_1 = -W_2 dt_2 \tag{a}$$

逆流式： $$dQ = -W_1 dt_1 = -W_2 dt_2 \tag{b}$$

上式中，$W_1 = c_1 \dot{m}_1$、$W_2 = c_2 \dot{m}_2$，分别为低温流体、高温流体在单位时间内的热容量，单位为 W/℃；正负号与流体的流向有关。顺流时，随着换热面积增大，t_1 增大，t_2 减小，因此 $dt_1 > 0$，$dt_2 < 0$；逆流时，随着换热面积增大，t_1 和 t_2 均减小，因此 $dt_1 < 0$，$dt_2 < 0$。

下面以逆流式换热器为例推导平均温差 Δt_{av} 的计算公式。

对于逆流式换热器，微元面积 dF 的综合传热方程为：

$$dQ = K(t_2 - t_1) dF \tag{c}$$

将式（b）改写为：

$$dt_1 = -\frac{dQ}{W_1}, \quad dt_2 = -\frac{dQ}{W_2}$$

则有：

$$dt_2 - dt_1 = -dQ\left(\frac{1}{W_2} - \frac{1}{W_1}\right)$$

将式（c）代入上式得：

$$dt_2 - dt_1 = -K(t_2 - t_1)\left(\frac{1}{W_2} - \frac{1}{W_1}\right)dF$$

将上式分离变量，得：

$$\frac{d(t_2 - t_1)}{t_2 - t_1} = -K\left(\frac{1}{W_2} - \frac{1}{W_1}\right)dF$$

将上式积分：

$$\int_{\Delta t'}^{\Delta t''} \frac{d(t_2 - t_1)}{t_2 - t_1} = -K\left(\frac{1}{W_2} - \frac{1}{W_1}\right)\int_0^F dF$$

积分后得：

$$\ln\frac{\Delta t'}{\Delta t''} = K\left(\frac{1}{W_2} - \frac{1}{W_1}\right)F$$

由式（3-180）有 $KF = \dfrac{Q}{\Delta t_{av}}$，代入上式并整理后得：

$$\Delta t_{av} = \frac{\dfrac{Q}{W_2} - \dfrac{Q}{W_1}}{\ln\dfrac{\Delta t'}{\Delta t''}} \tag{d}$$

对式（b）在对应温度范围内进行积分：

$$\int_0^Q dQ = \int_{t_1''}^{t_1'} -W_1 dt_1 = \int_{t_2'}^{t_2''} -W_2 dt_2 \tag{e}$$

假设两流体的比热容 c_1 和 c_2 不随温度变化，则两流体的热容量 W_1 和 W_2 也不随温度变化。因此，式（e）积分后得：

$$\frac{Q}{W_1} = t_1'' - t_1' \tag{f}$$

$$\frac{Q}{W_2} = t_2' - t_2'' \tag{g}$$

将式（f）和式（g）代入式（d）得：

$$\Delta t_{av} = \frac{(t_2' - t_2'') - (t_1'' - t_1')}{\ln\dfrac{\Delta t'}{\Delta t''}} = \frac{(t_2' - t_1'') - (t_2'' - t_1')}{\ln\dfrac{\Delta t'}{\Delta t''}}$$

所以有：

$$\Delta t_{av} = \frac{\Delta t' - \Delta t''}{\ln\dfrac{\Delta t'}{\Delta t''}} \tag{3-183}$$

式中 $\Delta t'$——冷热两流体在换热器起始端的温度差，℃；

$\Delta t''$——冷热两流体在换热器最终端的温度差，℃。

对于顺流式换热器也同样可以推导出平均温差计算式(3-183)，因此，式(3-183) 对于顺流式换热器和逆流式换热器均适用。但是，应注意顺流式换热器的 $\Delta t'$ 和 $\Delta t''$ 与逆流式的不同，如图 3-55 所示。

如果流体的温度沿换热面变化不大，也可以用算术平均温差来计算 Δt_{av}，即

$$\Delta t_{av} = \frac{\Delta t' + \Delta t''}{2}$$

当 $\dfrac{\Delta t'}{\Delta t''} \leqslant 2$ 时，算术平均温差与对数平均温差之间相差不到 4%，这在工程计算中是在允许的误差范围内的。

在式(3-183) 推导过程中，曾假设两流体的质量流量、热容量和综合传热系数都为常数，这与换热器的实际情况是不符的，因此所推得的对数平均温差也是近似值，但对于工程计算已足够准确。

在温度、热容量相同的条件下，逆流式换热器的温差比顺流式换热器的温差大，因此从传热观点看应尽量设计成逆流式换热器。但当高温流体与低温流体的热容量相差很大（$W_2/W_1 < 0.05$ 或 $W_2/W_1 > 10$）时，逆流式与顺流式换热器的传热效果几乎相同。

对于错流式或复合流式换热器，其平均温差 Δt_{av} 的计算相当复杂，工程计算中常采用的计算公式为：

$$\Delta t_{av} = \varepsilon_{\Delta t} \frac{\Delta t' - \Delta t''}{\ln\dfrac{\Delta t'}{\Delta t''}} \tag{3-184}$$

式中，$\varepsilon_{\Delta t}$ 为温度校正系数，它是两个无量纲量 P 和 R 的函数，可从图 3-56 查得 $\varepsilon_{\Delta t}$ 值。

$$P = \frac{t_1'' - t_1'}{t_2' - t_1'} = \frac{低温流体的加热度}{两流体进口温差} \tag{3-185}$$

$$R = \frac{t_2' - t_2''}{t_1'' - t_1'} = \frac{高温流体的冷却度}{低温流体的加热度} \tag{3-186}$$

3. 综合传热系数

当冷热流体间的器壁为平壁时，综合传热系数 K 可按式(3-159) 计算，即

$$K = \frac{1}{\dfrac{1}{\alpha_2} + \dfrac{\delta}{\lambda} + \dfrac{1}{\alpha_1}}$$

式中 α_2——高温流体（t_2）与器壁表面（t_{w2}）之间的对流辐射换热系数，W/(m²·℃)；

$\dfrac{\delta}{\lambda}$——器壁的导热热阻，$\mathrm{m^2 \cdot ℃/W}$；

α_1——器壁表面（t_{w1}）与低温流体（t_1）之间的对流辐射换热系数，$\mathrm{W/(m^2 \cdot ℃)}$。

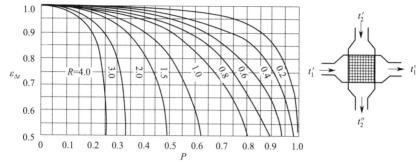

(a) 一次交叉流,两种流体都各自不混合

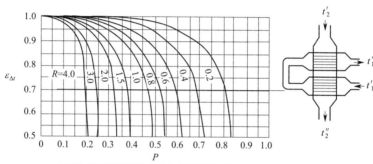

(b) 两次交叉流,壳侧流体混合,管测流体不混合

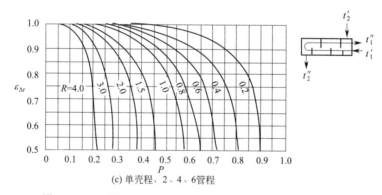

(c) 单壳程，2、4、6管程

图 3-56　几种错流式和复合流式换热器的温度校正系数 $\varepsilon_{\Delta t}$

当采用金属换热器时，由于器壁的导热热阻 $\dfrac{\delta}{\lambda}$ 很小，因此可以忽略不计，此时综合传热系数 K 可表示为：

$$K = \frac{\alpha_1 \alpha_2}{\alpha_1 + \alpha_2} \qquad (3\text{-}187)$$

当冷热流体间的器壁为圆筒壁时，单位长度圆筒器壁的综合传热系数 K_l 可按式（3-171）计算，即

$$K_l = \cfrac{1}{\cfrac{1}{\pi d_2 \alpha_2} + \cfrac{1}{2\pi\lambda}\ln\cfrac{d_1}{d_2} + \cfrac{1}{\pi d_1 \alpha_1}}$$

同样，当采用金属换热器时，器壁的热阻 $\dfrac{1}{2\pi\lambda}\ln\dfrac{d_1}{d_2}$ 很小，可以忽略不计，因此单位长度圆筒器壁的综合传热系数 K_l 可表示为：

$$K_l=\frac{\pi}{\dfrac{1}{d_2\alpha_2}+\dfrac{1}{d_1\alpha_1}}\tag{3-188}$$

由于综合传热系数随温度变化而变化，一般采用换热器的起始端和最终端的综合传热系数的算术平均值，即

$$K=\frac{K'+K''}{2}\tag{3-189}$$

式中，K'、K'' 为换热器的起始端、最终端的综合传热系数，$W/(m^2\cdot\text{℃})$。

（二）器壁温度的计算

换热器器壁温度的高低决定着换热器器壁材料的选用和换热器的使用寿命，因此，在设计换热器时，需要对器壁温度进行核算。

根据稳定传热原理，高温流体传给器壁的热量，应等于通过器壁传给低温流体的热量，即

$$q=\alpha_2(t_2-t_{w2})=\alpha_1(t_{w1}-t_1)$$

若器壁的热阻 $\dfrac{\delta}{\lambda}$ 很小，可认为 $\dfrac{\delta}{\lambda}=0$，则 $t_{w2}=t_{w1}=t_w$，从而可得器壁温度计算式为：

$$t_w=\frac{\alpha_1t_1+\alpha_2t_2}{\alpha_1+\alpha_2}\tag{3-190}$$

第五节　无内热源的不稳定导热

温度随时间变化的导热过程称为不稳定导热。根据物体温度随时间变化的特点，不稳定导热可分为周期性和瞬时性两种类型。

周期性不稳定导热是指物体中各点温度随时间做周期性变化的导热。如水泥回转窑内窑衬材料的温度周期性变化，当与热烟气接触时被加热而使窑衬温度随时间不断升高，但当转至与物料接触时传热给物料而使窑衬温度随时间不断降低，直到转完一圈又将与热烟气接触时，第二个循环周期开始。因此，水泥回转窑窑衬材料中传递的热流量也是呈周期性变化。

瞬时性不稳定导热是指物体中各点温度随时间不断增加或减少的导热。如材料的加热或冷却过程、间歇式操作的窑炉炉体的传热。

在工程中经常遇到的不稳定导热的问题大多数属于第三类边界条件（见本章第一节），如无机非金属材料制品在介质中的加热或冷却，窑墙在加热和冷却期的不稳定过程均属于第三类边界条件。

研究不稳定导热的目的是要确定物体中温度场和物体传递的热量随时间变化的规律。下面介绍几种求解瞬时性不稳定导热问题的方法。

一、一维不稳定导热的分析解

以无限大的平板（长度和宽度远大于其厚度）、第三类边界条件（已知 α 和 t_f）为例，着重介绍一种常用的经典方法——分离变量法。

如图 3-57 所示，设有一块厚为 2δ 的无内热源的无限大平板，初始温度为 t_0，在初始瞬

间，将它置于温度为 t_f 的流体中（设 $t_0 > t_f$），流体与平板表面间的换热系数为 α（常数），显然，沿平板厚度方向的导热为一维不稳定导热。试确定在以后任一瞬时平板中的温度分布。

根据上述条件，任一瞬时平板中的温度分布必以其厚度中心截面为对称面。因此把 x 轴的原点设在厚度中心截面上，则只要研究半块平板（厚度为 δ）的情况即可。

根据式（3-9b），对于无内热源的无限大平板，一维不稳定导热的微分方程为：

$$\frac{\partial t}{\partial \tau} = a\,\frac{\partial^2 t}{\partial x^2} \quad (0 \leqslant x \leqslant \delta,\ \tau > 0) \qquad \text{(a)}$$

初始条件：

$$t(x,0) = t_0 \quad (0 \leqslant x \leqslant \delta) \qquad \text{(b)}$$

对称性：

$$\frac{\partial t(0,\tau)}{\partial x} = 0 \qquad \text{(c)}$$

边界条件：

$$\alpha\big[t(\delta,\tau) - t_f\big] = -\lambda\,\frac{\partial t(\delta,\tau)}{\partial x} \qquad \text{(d)}$$

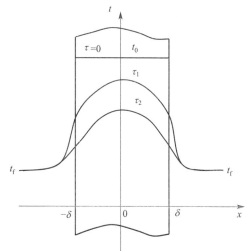

图 3-57　无线大平板在流体中冷却的温度分布

为了便于研究，引入过余温度的概念。过余温度是指物体在任何瞬时的温度 t 与流体温度 t_f 之差，用"θ"表示，即

$$\theta(x,\tau) = t(x,\tau) - t_f \qquad \text{(3-191)}$$

由于流体温度 t_f 为常数，将式（3-191）代入式（a）、式（b）、式（c）和式（d），则有：

$$\frac{\partial \theta}{\partial \tau} = a\,\frac{\partial^2 \theta}{\partial x^2} \quad (0 \leqslant x \leqslant \delta,\ \tau > 0) \qquad \text{(e)}$$

$$\theta(x,0) = \theta_0 \quad (0 \leqslant x \leqslant \delta) \qquad \text{(f)}$$

$$\frac{\partial \theta(0,\tau)}{\partial x} = 0 \qquad \text{(g)}$$

$$\alpha\theta(\delta,\tau) = -\lambda\,\frac{\partial \theta(\delta,\tau)}{\partial x} \qquad \text{(h)}$$

利用分离变量法解偏微分方程的特解，每一个函数各与一个变量有关，从而将偏微分方程变为两个常微分方程。

设

$$\theta(x,\tau) = X(x)T(\tau) \qquad \text{(i)}$$

将式（i）代入式（e），整理后得：

$$\frac{1}{aT} \times \frac{\mathrm{d}T}{\mathrm{d}\tau} = \frac{1}{X} \times \frac{\mathrm{d}^2 X}{\mathrm{d}x^2} \qquad \text{(j)}$$

上式左侧仅与 τ 有关，右侧仅与 x 有关，要使上式对于在 τ 与 x 的定义域内的任何一个 τ 及 x 均成立，只有当等式两侧各自等于一个常数（设为 D）时才满足，于是有：

$$\frac{1}{aT} \times \frac{\mathrm{d}T}{\mathrm{d}\tau} = D \qquad \text{(k)}$$

$$\frac{1}{X} \times \frac{\mathrm{d}^2 X}{\mathrm{d}x^2} = D \qquad \text{(l)}$$

对式（k）积分后得：

$$T = c_1 e^{aD\tau} \quad (c_1 \text{ 为积分常数}) \tag{m}$$

常数 D 的正负，可以从物理意义上给予确定，当 $\tau \to \infty$ 时，应与周围流体达到热平衡，因此 D 必须为负值。否则，从式（m）和式（i）可以分析出：若 $D > 0$，平板的温度将随时间增加而无限增加；若 $D = 0$，则平板温度与周围流体保持恒定的温差。显然，$D \geqslant 0$ 是与实际情况不相符合的。因此，令 $D = -\beta^2$，则由式（k）和式（l）得：

$$\frac{\mathrm{d}T}{\mathrm{d}\tau} = -a\beta^2 T \tag{n}$$

$$\frac{\mathrm{d}^2 X}{\mathrm{d}x^2} = -\beta^2 X \tag{o}$$

解得式（n）的通解为：

$$T = c_1 e^{-a\beta^2 \tau} \tag{p}$$

由高等数学知识可知，式（o）为二阶常系数齐次线性微分方程，其通解为：

$$X = c_2 \cos(\beta x) + c_3 \sin(\beta x) \tag{q}$$

将式（p）和式（q）代入式（i），整理后得：

$$\theta(x, \tau) = e^{-a\beta^2 \tau} [A\cos(\beta x) + B\sin(\beta x)] \tag{r}$$

式中，$A = c_1 c_2$，$B = c_1 c_3$。

将式（r）对 x 求偏导，得：

$$\frac{\partial \theta(x, \tau)}{\partial x} = \beta e^{-a\beta^2 \tau} [-A\sin(\beta x) + B\cos(\beta x)] \tag{s}$$

将边界条件式（g）代入式（s），得：

$$\frac{\partial \theta(0, \tau)}{\partial x} = B\beta e^{-a\beta^2 \tau} = 0 \tag{t}$$

因此，$B = 0$，代入式（r），得：

$$\theta(x, \tau) = A e^{-a\beta^2 \tau} \cos(\beta x) \tag{u}$$

上式即为微分方程式（e）的通解。

再利用边界条件式（h），将式（u）代入式（h），得：

$$\alpha A e^{-a\beta^2 \tau} \cos(\beta\delta) = -\lambda A e^{-a\beta^2 \tau} [-\beta\sin(\beta\delta)]$$

整理后得：

$$\tan(\beta\delta) = \frac{\alpha}{\lambda\beta} = \frac{\alpha\delta}{\lambda} \times \frac{1}{\beta\delta} = \frac{Bi}{\beta\delta} \tag{3-192}$$

式中，$Bi = \dfrac{\alpha\delta}{\lambda}$，称为毕渥数。

毕渥数的物理意义：它是物体内部单位导热面积上的导热热阻（内部热阻 $\dfrac{\delta}{\lambda}$）与物体表面单位面积上的对流换热热阻（外部热阻 $\dfrac{1}{\alpha}$）之比。当 $Bi \to \infty$ 时，即对流换热热阻趋于零，表明物体表面温度接近于流体温度；当 $Bi \to 0$ 时，即物体的导热热阻趋于零，表明物体内部的温度分布趋于均匀一致。

式（3-192）是从边界条件推导出来的，由此式可决定满足这一边界条件的所有 β 值。显然，β 是曲线 $y = \tan(\beta\delta)$ 与 $y = \dfrac{Bi}{\beta\delta}$ 的交点上的值。由于 $y = \tan(\beta\delta)$ 是以 π 为周期的函

数，因此，交点将有无穷多个，β 值也有无穷多个，如图 3-58 所示。

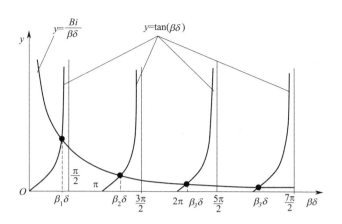

图 3-58 特征方程式（3-192）的图解曲线

式（3-192）称为特征方程，常数 β 的一系列值称为特征值（或称为本征值），分别记为 β_1、β_2、$\cdots$、β_n，代入式（u）中，因此可得微分方程式（e）的无穷个特解。

$$\theta_1(x,\tau)=A_1 e^{-a\beta_1^2\tau}\cos(\beta_1 x)$$

$$\theta_2(x,\tau)=A_2 e^{-a\beta_2^2\tau}\cos(\beta_2 x)$$

$$\vdots \qquad\qquad \vdots$$

$$\theta_n(x,\tau)=A_n e^{-a\beta_n^2\tau}\cos(\beta_n x)$$

无论常数 A_1、A_2、$\cdots$、A_n 取任何值，上述各式均能满足导热微分方程式（e）及两个边界条件［式（g）和式（h）］。但是，无论 A_n 值怎样选取，却没有一个特解能满足给定的初始条件［式（f）］。只有将所有这些特解叠合起来，并选择 A_n 的值，可能求出满足初始条件的解。

设微分方程式（e）所要求解的一般形式为：

$$\theta(x,\tau)=\sum_{n=1}^{\infty}A_n e^{-a\beta_n^2\tau}\cos(\beta_n x) \tag{3-193}$$

需利用初始条件来确定 A_n 值，即当 $\tau=0$ 时，$\theta=\theta_0$。

$$\theta(x,0)=\sum_{n=1}^{\infty}A_n\cos(\beta_n x)=\theta_0$$

用 $\cos(\beta_m x)$ 乘以上式两边，并在 ［0，δ］ 范围内对 x 积分，得：

$$\theta_0\int_0^\delta\cos(\beta_m x)\mathrm{d}x=\int_0^\delta\cos(\beta_m x)\sum_{n=1}^{\infty}A_n\cos(\beta_n x)\mathrm{d}x$$

根据三角函数的正交性，并考虑到特征方程式（3-192）的关系，当 $m=n$ 时，可得：

$$A_n=\frac{\theta_0\int_0^\delta\cos(\beta_n x)\mathrm{d}x}{\int_0^\delta\cos^2(\beta_n x)\mathrm{d}x}=\theta_0\frac{2\sin(\beta_n\delta)}{\beta_n\delta+\sin(\beta_n\delta)\cos(\beta_n\delta)} \tag{3-194}$$

将上式代入式（3-193），整理后可得：

$$\frac{\theta(x,\tau)}{\theta_0} = 2\sum_{n=1}^{\infty} \mathrm{e}^{-a\beta_n^2\tau}\,\frac{\sin(\beta_n\delta)\cos(\beta_n x)}{\beta_n\delta + \sin(\beta_n\delta)\cos(\beta_n\delta)} \tag{3-195}$$

令 $\Theta = \dfrac{\theta(x,\tau)}{\theta_0}$，即物体 τ 时刻的过余温度与初始时的过余温度之比，称为无量纲过余温度，简称为无量纲温度。

若令 $\beta_n\delta = \mu_n$，则上式可以改写成：

$$\Theta = \frac{\theta(x,\tau)}{\theta_0} = \frac{t(x,\tau)-t_{\mathrm{f}}}{t_0-t_{\mathrm{f}}} = 2\sum_{n=1}^{\infty} \mathrm{e}^{-\mu_n^2\left(\frac{a\tau}{\delta^2}\right)}\,\frac{\sin\mu_n\cos\left(\mu_n\frac{x}{\delta}\right)}{\mu_n + \sin\mu_n\cos\mu_n} \tag{3-196}$$

令 $Fo = \dfrac{a\tau}{\delta^2}$，称为傅里叶数，其定性尺寸 δ 为平板厚度的一半。因此，上式可以写为：

$$\Theta = \frac{\theta(x,\tau)}{\theta_0} = \frac{t(x,\tau)-t_{\mathrm{f}}}{t_0-t_{\mathrm{f}}} = 2\sum_{n=1}^{\infty} \mathrm{e}^{-\mu_n^2 Fo}\,\frac{\sin\mu_n\cos\left(\mu_n\frac{x}{\delta}\right)}{\mu_n + \sin\mu_n\cos\mu_n} \tag{3-197}$$

若用 l 表示定性尺寸，傅里叶数的数学表达式可以写为：

$$Fo = \frac{a\tau}{l^2} \tag{3-198}$$

Fo 的物理意义可以理解为无量纲时间 $\left(\dfrac{\tau}{l^2/a}\right)$，表明了物体在不稳定导热过程中所经历时间的长短，表征不稳定导热趋于稳定的程度，或者说不稳定导热进行的时间与由不稳定导热达到稳定所用总时间之比。

显然，在物体的几何尺寸及物理性质参数已定的条件下，Fo 的数值越大，则经历的时间越长，即无量纲时间越长，亦即热扰动越深入地扩散到物体内部，使物体内部各点温度趋于均匀一致，并接近于周围介质温度，物体内温度场越趋于稳定。

由式 (3-192) 可知，μ_n 中的 β 是 Bi 的函数，因而平板中的温度分布是 Fo、Bi、x/δ 的函数，即

$$\Theta = \frac{\theta(x,\tau)}{\theta_0} = \frac{t(x,\tau)-t_{\mathrm{f}}}{t_0-t_{\mathrm{f}}} = f\left(Fo,Bi,\frac{x}{\delta}\right) \tag{3-199}$$

对于各种具体情况，按式 (3-197) 计算很不方便，工程上根据式 (3-197) 按式 (3-199) 的函数关系，描绘成曲线图。图 3-59 为无限大平板中心处的无量纲温度 $\Theta_m = \dfrac{\theta_m}{\theta_0}$（即平板中心处的过余温度 θ_m 与初始时过余温度 θ_0 之比）随傅里叶数 Fo 和毕渥数 Bi 的变化曲线。图 3-60 为无限大平板中任意位置处的过余温度 $\theta(x,\tau)$ 与平板中心处的过余温度 (θ_m) 之比 $\dfrac{\theta(x,\tau)}{\theta_m}$ 随 x/δ 和 Bi 的变化曲线。

利用图 3-59 可以求得无限大平板中心处的过余温度 θ_m 值，然后再利用图 3-60 就可求得无限大平板中任意位置处的过余温度 $\theta(x,\tau)$ 值。

对于半径为 R 的无限长圆柱体或球体，用同样的方法也可求得其分析解，但过程更复杂些，这里就不再推导，其无量纲温度 $\Theta = \dfrac{\theta(r,\tau)}{\theta_0}$ 也是 Fo、Bi、r/R（r 指欲测温度点处的半径）的函数。由其分析解制成的曲线图可见附录十。

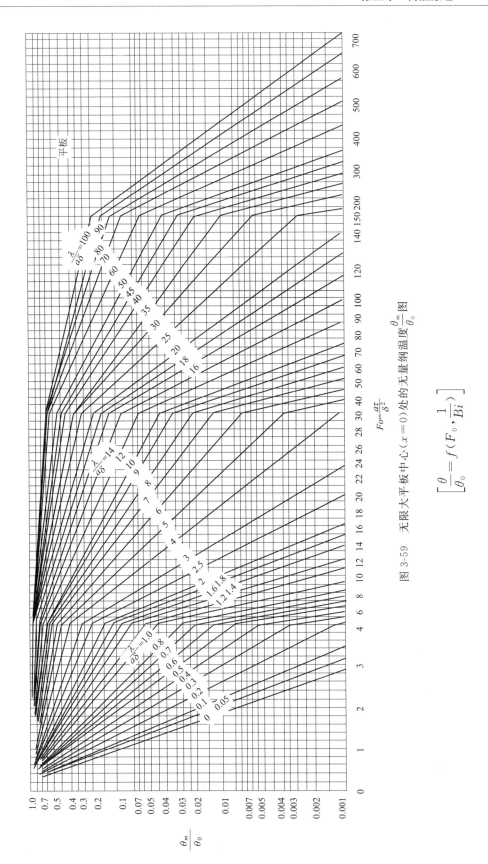

$$Fo = \frac{a\tau}{\delta^2}$$

图 3-59　无限大平板中心（$x=0$）处的无量纲温度 $\frac{\theta_m}{\theta_0}$ 图

$$\left[\frac{\theta}{\theta_0} = f\left(F_0, \frac{1}{Bi} \right) \right]$$

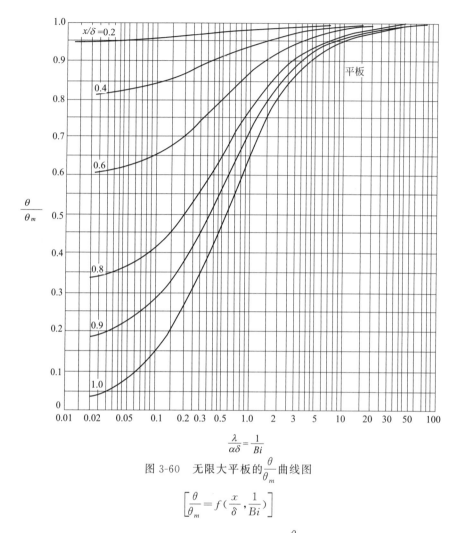

图 3-60　无限大平板的 $\dfrac{\theta}{\theta_m}$ 曲线图

$$\left[\frac{\theta}{\theta_m}=f\left(\frac{x}{\delta},\frac{1}{Bi}\right)\right]$$

从图线中可以看出：物体中心处的无量纲温度 $\Theta_m=\dfrac{\theta_m}{\theta_0}$ 随着时间（即 Fo 值）的增加而减小，其原因由 Fo 的物理意义是容易理解的。在 Fo 值一定时，Bi 值愈大（即 $\dfrac{1}{Bi}=\dfrac{\lambda}{\alpha\delta}$ 值愈小），θ_m/θ_0 值愈小。因为 Bi 值大，意味着表面对流换热好（即对流换热热阻小），物体中心温度就易接近周围流体温度。

Bi 值的大小，还决定了物体中的温度分布。当 $Bi<0.1$（即 $1/Bi>10$）时，物体中各点间的温度差已小于 5%，对于一般工程问题，此时可采用集总热容法来分析。当 $Bi<0.01$ 时，则可看作物体内温度是均匀的。

另外，上面的各图适用于物体受热和冷却两种情况。

二、集总热容法

物体被周围环境加热或冷却时，当周围环境对物体表面的对流换热系数很小（即换热阻力 $1/\alpha$ 很大），而物体表面向内部的热导率很大（即导热阻力 l/λ 很小），亦即 $\dfrac{1}{\alpha}\gg\dfrac{l}{\lambda}$ 时，则物体内部的温度梯度相当小，可以近似地认为整个物体在同一瞬时均处于同一温度下，即物体内部温度均匀。这时所要求的温度,仅是时间的函数,而与坐标无关。这种把忽略物体内部导热热阻的分析方法称为集总热容法,或称为集总参数法。这是不稳定导热中的一种最简单的物理模型。

当导热热阻很小,而界面换热热阻很大时,即 Bi 值很小时,对于平板、柱体和圆球这一类物体,Bi 满足下列条件时,可以采用集总热容法进行计算。

$$Bi = \frac{\alpha(V/F)}{\lambda} \leqslant 0.1M \tag{3-200}$$

式中 V——物体的体积,m^3;

  F——物体的表面积,m^2;

  M——与物体形状有关的系数,无限大平板 $M=1$,无限长圆柱 $M=2$,圆球 $M=3$。

设有一任意形状的固体,其体积为 V,表面积为 F,具有均匀的初始温度 t_0,在初始时刻,突然将物体完全置于恒温为 t_f 的流体中。设 $t_0 > t_f$(物体冷却时),固体与流体间的换热系数为 α,固体的密度 ρ、比热容 c 和热导率 λ 均为常数,可采用集总热容法来分析固体物体温度随时间的变化规律。

从物体热能变化来分析,有:

$$Q = \rho c V\left(-\frac{dt}{d\tau}\right) \tag{a}$$

由于固体物体被冷却,温度随时间而降低,因此为 "$-\frac{dt}{d\tau}$"。

从固体表面与周围流体的对流换热来分析,有:

$$Q = \alpha F(t - t_f) \tag{b}$$

由于热平衡,故式(a)与式(b)相等,即

$$\rho c V\left(-\frac{dt}{d\tau}\right) = \alpha F(t - t_f) \tag{c}$$

引入过余温度 $\theta = t - t_f$,则式(c)改写为:

$$\rho c V \frac{d\theta}{d\tau} = -\alpha F\theta \tag{d}$$

初始条件 $\tau = 0$ 时,$\theta_0 = t_0 - t_f$。

将式(d)分离变量,得:

$$\frac{d\theta}{\theta} = -\frac{\alpha F}{\rho c V}d\tau \tag{e}$$

将式(e)积分,整理后得:

$$\Theta = \frac{\theta}{\theta_0} = \frac{t - t_f}{t_0 - t_f} = e^{-[\alpha F/(\rho c V)]\tau} \tag{3-201}$$

上式右侧的指数可以做如下代换:

$$\frac{\alpha F}{\rho c V}\tau = \frac{\alpha V}{\lambda F} \times \frac{\lambda F^2}{\rho c V^2}\tau = \frac{\alpha \dfrac{V}{F}}{\lambda} \times \frac{a\tau}{\left(\dfrac{V}{F}\right)^2}$$

由于 $\dfrac{V}{F}$ 可以表示为定性尺寸 l,因此上式可以写为:

$$\frac{\alpha F}{\rho c V}\tau = \frac{\alpha l}{\lambda} \times \frac{a\tau}{l^2} = Bi \cdot Fo$$

所以，式(3-201) 可以写为：

$$\Theta = \frac{\theta}{\theta_0} = \frac{t - t_f}{t_0 - t_f} = e^{-Bi \cdot Fo} \tag{3-202}$$

当时间 $\tau = \dfrac{\rho c V}{\alpha F}$ 时，从式(3-201) 可以得出：

$$\Theta = \frac{\theta}{\theta_0} = \frac{t - t_f}{t_0 - t_f} = e^{-1} = 0.368 = 36.8\%$$

其中，$\dfrac{\rho c V}{\alpha F}$ 称为时间常数。它表示物体的蓄热量与界面上换热量的比值。

当时间等于时间常数，即 $\tau = \dfrac{\rho c V}{\alpha F}$ 时，物体过余温度的变化已经达到了初始阶段的 63.2%。即

$$\frac{\theta_0 - \theta}{\theta_0} = \frac{t_0 - t}{t_0 - t_f} = 1 - \frac{\theta}{\theta_0} = 1 - 36.8\% = 63.2\%$$

时间常数 $\left(\dfrac{\rho c V}{\alpha F}\right)$ 与物体形状 $(V、F)$、物理性质 $(\rho、c)$ 有关，还与换热条件 (α) 有关，热容量 $(\rho c V)$ 值越小，温度变化越快；表面换热条件 (αF) 越好，则使物体表面越接近流体的温度。$\rho c V$ 与 αF 的比值正好代表了这两种影响的综合结果。

上述各式虽然是在物体被冷却时推导出的，但也适用于物体被加热的情况。此时为了使 Q 为正值，应将 $(t_0 - t_f)$ 改为 $(t_f - t_0)$。

根据式(3-201)，还可以求出从起始时刻到某一瞬间为止，物体与流体之间交换的热量。为此先求出瞬时热流量：

$$Q = \rho c V \left(-\frac{dt}{d\tau}\right)$$

将式(c) 及式(3-201) 代入上式，得：

$$Q = \alpha F (t_0 - t_f) e^{-[\alpha F/(\rho c V)]\tau}$$

时间从 $0 \sim \tau$ 间所交换的总热量：

$$Q_\tau = \int_0^\tau Q d\tau = (t_0 - t_f) \int_0^\tau \alpha F e^{-[\alpha F/(\rho c V)]\tau} d\tau$$

积分后得：

$$Q_\tau = (t_0 - t_f) \rho c V (1 - e^{-[\alpha F/(\rho c V)]\tau}) \tag{3-203}$$

三、多维不稳定导热计算

利用上述一维不稳定导热问题的分析解，还可以进一步确定某些二维和三维不稳定导热问题的温度场。

以无限长的矩形柱体的不稳定导热为例进行分析。截面尺寸为 $2\delta_1 \times 2\delta_2$ 的矩形柱体可以看作是由两块厚度各自为 $2\delta_1$ 与 $2\delta_2$ 的无限大平板垂直相交后所截出的，因此，可以认为是二维的。讨论的目的是要找出这个二维温度场与两块无限大平板中温度场的关系。

设一无限长的矩形柱体，截面尺寸为 $2\delta_1 \times 2\delta_2$，该柱体原来的温度各处均匀为 t_0，后将其放在温度为 t_f 的流体中，柱体表面与流体间的换热系数为 α，以截面中心为坐标轴的原点，根据受热情况和几何形状的对称性，截面上的温度分布必对称于 x 轴和 y 轴，由于温度的对称性，可以用 1/4 截面作为研究对象，如图 3-61 所示。显然，这是一个二维不稳定导热问题。

根据式(3-9b)，对于无内热源的无限长的矩形柱体，二维不稳态导热的微分方程为：

$$\frac{\partial t}{\partial \tau} = a\left(\frac{\partial^2 t}{\partial x^2} + \frac{\partial^2 t}{\partial y^2}\right) \quad (0 \leqslant x \leqslant \delta_1, 0 \leqslant y \leqslant \delta_2, \tau > 0)$$

初始条件： $\qquad t(x,y,0) = t_0$

边界条件： $\alpha[t(\delta_1,y,\tau) - t_f] = -\lambda \dfrac{\partial t(\delta_1,y,\tau)}{\partial x}$

$\qquad\qquad \alpha[t(x,\delta_2,\tau) - t_f] = -\lambda \dfrac{\partial t(x,\delta_2,\tau)}{\partial y}$

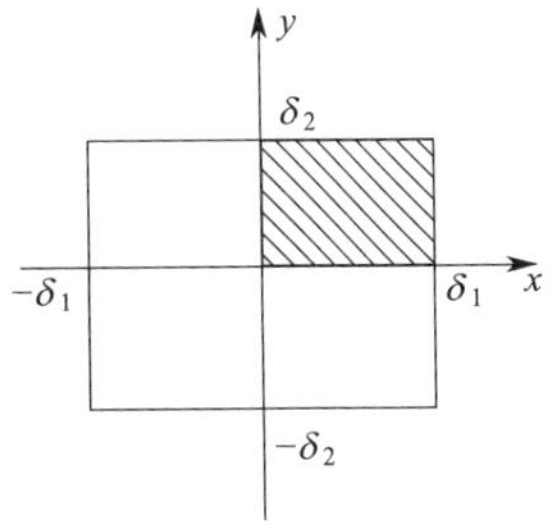

图 3-61 矩形柱体的不稳定导热

对称性： $\qquad \dfrac{\partial t(0,y,\tau)}{\partial x} = 0$

$$\frac{\partial t(x,0,\tau)}{\partial y} = 0$$

为了研究方便，这里用无量纲温度 Θ 来讨论，即

$$\Theta = \frac{\theta(x,y,\tau)}{\theta_0} = \frac{t(x,y,\tau) - t_f}{t_0 - t_f}$$

则有对应的微分方程及特解条件为：

$$\frac{\partial \Theta}{\partial \tau} = a\left(\frac{\partial^2 \Theta}{\partial x^2} + \frac{\partial^2 \Theta}{\partial y^2}\right) \tag{a}$$

初始条件： $\qquad\qquad \Theta(x,y,0) = 1 \tag{b}$

边界条件： $\qquad \Theta(\delta_1,y,\tau) + \dfrac{\lambda}{\alpha} \times \dfrac{\partial \Theta(\delta_1,y,\tau)}{\partial x} = 0 \tag{c}$

$$\Theta(x,\delta_2,\tau) + \frac{\lambda}{\alpha} \times \frac{\partial \Theta(x,\delta_2,\tau)}{\partial y} = 0 \tag{d}$$

对称性： $\qquad\qquad \dfrac{\partial \Theta(0,y,\tau)}{\partial x} = 0 \tag{e}$

$$\frac{\partial \Theta(x,0,\tau)}{\partial y} = 0 \tag{f}$$

另设有两块无限大平板，厚度分别为 $2\delta_1$ 和 $2\delta_2$，初始温度均为 t_0，将两块平板均放在温度为 t_f 的流体中，壁面与流体间的换热系数均为 α。则平板1的无量纲温度 $\Theta_x(x,\tau)$ 满足下列微分方程及特解条件：

$$\frac{\partial \Theta_x}{\partial \tau} = a\frac{\partial^2 \Theta_x}{\partial x^2} \quad (0 \leqslant x \leqslant \delta_1, \tau > 0) \tag{g}$$

初始条件： $\qquad\qquad \Theta_x(x,0) = 1 \tag{h}$

对称性： $\qquad\qquad \dfrac{\partial \Theta_x(0,\tau)}{\partial x} = 0 \tag{i}$

边界条件： $\qquad \Theta_x(\delta_1,\tau) + \dfrac{\lambda}{\alpha} \times \dfrac{\partial \Theta_x(\delta_1,\tau)}{\partial x} = 0 \tag{j}$

则平板2的无量纲温度 $\Theta_y(y,\tau)$ 满足下列微分方程及特解条件：

$$\frac{\partial \Theta_y}{\partial \tau} = a\frac{\partial^2 \Theta_y}{\partial y^2} \quad (0 \leqslant y \leqslant \delta_2, \tau > 0) \tag{k}$$

初始条件： $\qquad\qquad \Theta_y(y,0) = 1 \tag{l}$

对称性：
$$\frac{\partial \Theta_y(0,\tau)}{\partial y}=0 \tag{m}$$

边界条件：
$$\Theta_y(\delta_2,\tau)+\frac{\lambda}{\alpha}\times\frac{\partial \Theta_y(\delta_2,\tau)}{\partial y}=0 \tag{n}$$

若能证明：
$$\Theta(x,y,\tau)=\Theta_x(x,\tau)\Theta_y(y,\tau) \tag{o}$$

则两块无限大平板中温度场的解的乘积就是上述无限长矩形柱体的解。

（1）证明式（o）满足二维不稳定导热微分方程式（a）　将式（o）分别代入式（a）的左端和右端，得：

左端：
$$\frac{\partial \Theta}{\partial \tau}=\frac{\partial(\Theta_x\Theta_y)}{\partial \tau}=\Theta_y\frac{\partial \Theta_x}{\partial \tau}+\Theta_x\frac{\partial \Theta_y}{\partial \tau} \tag{p}$$

右端：
$$a\left(\frac{\partial^2\Theta}{\partial x^2}+\frac{\partial^2\Theta}{\partial y^2}\right)=a\left(\Theta_y\frac{\partial^2\Theta_x}{\partial x^2}+\Theta_x\frac{\partial^2\Theta_y}{\partial y^2}\right) \tag{q}$$

式（p）－式（q），并根据式（g）和式（k），则有：

$$\frac{\partial \Theta}{\partial \tau}-a\left(\frac{\partial^2\Theta}{\partial x^2}+\frac{\partial^2\Theta}{\partial y^2}\right)=\Theta_y\frac{\partial \Theta_x}{\partial \tau}+\Theta_x\frac{\partial \Theta_y}{\partial \tau}-a\left(\Theta_y\frac{\partial^2\Theta_x}{\partial x^2}+\Theta_x\frac{\partial^2\Theta_y}{\partial y^2}\right)$$

$$=\Theta_y\left(\frac{\partial \Theta_x}{\partial \tau}-a\frac{\partial^2\Theta_x}{\partial x^2}\right)+\Theta_x\left(\frac{\partial \Theta_y}{\partial \tau}-a\frac{\partial^2\Theta_y}{\partial y^2}\right)$$

$$=\Theta_y\times0+\Theta_x\times0=0$$

所以，式（o）满足二维不稳定导热微分方程式（a）。

（2）证明式（o）满足初始条件式（b）　将式（o）代入式（b）的左端，再根据初始条件式（h）和式（l），则有：

$$\Theta(x,y,0)=\Theta_x(x,0)\Theta_y(y,0)=1\times1=1$$

所以，式（o）满足初始条件式（b）。

（3）证明式（o）满足边界条件式（c）和式（d）　将式（o）代入式（c）的左端，再根据边界条件式（j），则有：

$$\Theta(\delta_1,y,\tau)+\frac{\lambda}{\alpha}\times\frac{\partial \Theta(\delta_1,y,\tau)}{\partial x}$$

$$=\Theta_x(\delta_1,\tau)\Theta_y(y,\tau)+\Theta_y(y,\tau)\frac{\lambda}{\alpha}\times\frac{\partial \Theta_x(\delta_1,\tau)}{\partial x}$$

$$=\Theta_y(y,\tau)\left[\Theta_x(\delta_1,\tau)+\frac{\lambda}{\alpha}\times\frac{\partial \Theta_x(\delta_1,\tau)}{\partial x}\right]$$

$$=\Theta_y(y,\tau)\times0=0$$

所以，式（o）满足边界条件式（c）。

将式（o）代入式（d）的左端，再根据边界条件式（n），同样可以证明式（o）满足边界条件式（d）。

（4）证明式（o）满足对称性式（e）和式（f）　将式（o）代入式（e）的左端，再根据对称性式（i），则有：

$$\frac{\partial \Theta(0,y,\tau)}{\partial x}=\Theta_y(y,\tau)\frac{\partial \Theta_x(0,\tau)}{\partial x}=\Theta_y(y,\tau)\times0=0$$

所以，式（o）满足对称性式（e）。

将式（o）代入式（f）的左端，再根据对称性式（m），同样可以证明式（o）满足对称性式

（f）。

由此可知，$\Theta_x(x,\tau)\Theta_y(y,\tau)$ 均满足式（a）～式（f）的解，证明式（o）成立，即无限长矩形柱体的不稳定导热的温度函数的解（即二维的解）可以用相应的两个无限大平板的不稳定导热的温度场函数的解的乘积（即两个一维解的乘积）来表达，亦即

$$\Theta(x,y,\tau)=\Theta_x(x,\tau)\Theta_y(y,\tau) \tag{3-204}$$

用同样方法也可证明：对于短圆柱体、短矩形柱体等二维、三维不稳定导热问题，其温度分布函数的解均可表示为相应的两个或三个一维不稳定导热的解的乘积。

短圆柱体的不稳定导热的温度场函数的解可以用相应的无限长圆柱体的不稳定导热的温度场的解与无限大平板的不稳定导热的温度场的解的乘积来表达。即

$$\Theta(r,x,\tau)=\Theta_r(r,\tau)\Theta_x(x,\tau) \tag{3-205}$$

短矩形柱体的不稳定导热的温度场函数的解可以用相应的三个无限大平板的不稳定导热的温度场的解的乘积来表达。即

$$\Theta(x,y,z,\tau)=\Theta_x(x,\tau)\Theta_y(y,\tau)\Theta_z(z,\tau) \tag{3-206}$$

【例 3-14】 某物体为一矩形柱体，其尺寸为 $2\delta_1=0.5\text{m}$、$2\delta_2=0.7\text{m}$、$2\delta_3=1\text{m}$，热导率 $\lambda=40.5\text{W}/(\text{m}\cdot\text{℃})$，导温系数 $a=0.722\times10^{-5}$ m/s，初始温度为 20℃，将其放入 1200℃ 的加热炉中，若该物体在加热炉中总换热系数 $\alpha=348\text{W}/(\text{m}^2\cdot\text{℃})$。试求 4h 后物体的最高温度和最低温度各为多少？

【解】 根据式（3-206），可由三块相应的无限大平板的解求得。最高温度出现在矩形柱体的顶角上，即三平板表面的公共点上，最低温度出现在矩形柱体的中心，即三平板的中心截面的交点上。

设 x、y、z 表示三个尺度相应的坐标轴方向。

$$Bi_x=\frac{\alpha\delta_1}{\lambda}=\frac{348\times0.25}{40.5}=2.15$$

$$Fo_x=\frac{a\tau}{\delta_1^2}=\frac{0.722\times10^{-5}\times4\times3600}{0.25^2}=1.66$$

$$Bi_y=\frac{\alpha\delta_2}{\lambda}=\frac{348\times0.35}{40.5}=3.01$$

$$Fo_y=\frac{a\tau}{\delta_2^2}=\frac{0.722\times10^{-5}\times4\times3600}{0.35^2}=0.85$$

$$Bi_z=\frac{\alpha\delta_3}{\lambda}=\frac{348\times0.5}{40.5}=4.30$$

$$Fo_z=\frac{a\tau}{\delta_3^2}=\frac{0.722\times10^{-5}\times4\times3600}{0.5^2}=0.41$$

查图 3-59，得：$\left(\dfrac{\theta_m}{\theta_0}\right)_x=0.17$，$\left(\dfrac{\theta_m}{\theta_0}\right)_y=0.38$，$\left(\dfrac{\theta_m}{\theta_0}\right)_z=0.63$

查图 3-60，得：$\left[\dfrac{\theta(\delta_1,\tau)}{\theta_m}\right]_x=0.45$，$\left[\dfrac{\theta(\delta_2,\tau)}{\theta_m}\right]_y=0.36$，$\left[\dfrac{\theta(\delta_3,\tau)}{\theta_m}\right]_z=0.275$

根据式（3-206），物体的中心温度为：

$$\frac{\theta_m}{\theta_0}=\left(\frac{\theta_m}{\theta_0}\right)_x\left(\frac{\theta_m}{\theta_0}\right)_y\left(\frac{\theta_m}{\theta_0}\right)_z=0.17\times0.38\times0.63=0.0407$$

即：
$$\frac{t_f-t_m}{t_f-t_0}=\frac{1200-t_m}{1200-20}=0.0407$$
$$t_m=1152(℃)$$

所以 4h 后物体的最低温度为 1152℃。

又因为：
$$\left[\frac{\theta(\delta_1,\tau)}{\theta_0}\right]_x=\left(\frac{\theta_m}{\theta_0}\right)_x\left[\frac{\theta(\delta_1,\tau)}{\theta_m}\right]_x=0.17×0.45=0.0765$$

$$\left[\frac{\theta(\delta_2,\tau)}{\theta_0}\right]_y=\left(\frac{\theta_m}{\theta_0}\right)_y\left[\frac{\theta(\delta_2,\tau)}{\theta_m}\right]_y=0.38×0.36=0.1368$$

$$\left[\frac{\theta(\delta_3,\tau)}{\theta_0}\right]_z=\left(\frac{\theta_m}{\theta_0}\right)_z\left[\frac{\theta(\delta_3,\tau)}{\theta_m}\right]_z=0.63×0.275=0.1732$$

根据式(3-206)，矩形柱体的顶角温度为：
$$\frac{\theta}{\theta_0}=\left[\frac{\theta(\delta_1,\tau)}{\theta_0}\right]_x\left[\frac{\theta(\delta_2,\tau)}{\theta_0}\right]_y\left[\frac{\theta(\delta_3,\tau)}{\theta_m}\right]_z=0.0765×0.1368×0.1732=0.0018$$

即
$$\frac{t_f-t}{t_f-t_0}=\frac{1200-t}{1200-20}=0.0018$$
$$t=1197.8℃$$

所以 4h 后物体的最高温度为 1197.8℃。

 思考题与习题

思考题

3-1　傅里叶定律能否应用于不稳定导热？

3-2　为什么多层平壁中温度分布曲线不是一条连续的直线，而是一条折线？

3-3　天气晴朗干燥时，将被褥晾晒后使用会感到暖和，如果晾晒后再拍打一阵，效果会更好，为什么？

3-4　对流换热热阻和导热热阻的概念是否一致？

3-5　在傅里叶定律中作为比例系数出现的热导率 λ 是物体的物理性质参数，而在牛顿冷却定律中作为比例系数出现的对流换热系数 α 却不是物理性质参数，为什么？

3-6　什么是 Nu？主要用来求什么值？

3-7　平顶建筑物中，顶层天花板表面与室内空气间的换热情况在冬季和夏季是否一样？为什么？

3-8　在一保持 20℃ 室温的房间里，夏季穿单衣感到很舒适，在冬季却一定要穿绒衣才觉舒适，试从传热的观点分析其原因。

3-9　窗玻璃对红外线几乎是不透过的，但为什么隔着玻璃晒太阳却使人们感到暖和？

3-10　辐射换热角系数的含义是什么？

3-11　试从传热学的角度分析热水瓶胆的保温作用（一般瓶胆是镀银的真空夹层玻璃）。

3-12　根据克希霍夫定律，灰体的发射率越大，吸收率越高，但为什么增加表面的发射率可以增加辐射换热量？

3-13　任意位置两表面之间用角系数来计算辐射换热，这对物体表面做了哪些基本假定？

3-14　为提高测量精度，用热电偶测量窑炉内温度时，应采用一些什么措施？

3-15　气体辐射有哪些特点？平均射线行程的定义是什么？

3-16　实际换热过程总是综合传热过程，但在前面讨论对流换热问题时却总将辐射换热排除在外。试问能否认为这种讨论问题的方法不恰当？

3-17　Bi 的物理意义是什么？

习题

3-1　某窑炉炉墙由耐火黏土砖、硅藻土层与红砖砌成，硅藻土与红砖的厚度分别为 40mm 和 250mm，热导率分别为 0.13W/(m·℃) 和 0.39W/(m·℃)，如果不用硅藻土层，但又希望炉墙的散热维持原状，则红砖必须加厚到多少毫米？

3-2　某厂蒸汽管道为 $\phi175\times5$ 的钢管，外面包了一层 95mm 厚的石棉保温层，管壁和石棉的热导率分别为 50W/(m·℃) 和 0.1W/(m·℃)，管道内表面温度为 300℃。保温层外表面温度为 30℃，试求每米管长的散热损失。在计算中能否略去钢管的热阻，为什么？

3-3　有一水泥立窑，内层为黏土砖，外层为红砖，其尺寸为 $d_1=2m$、$d_2=2.69m$、$d_3=3.17m$，测得该断面内表面温度为 1100℃，外壁温度为 80℃，求交界面处的温度。

3-4　某管道外径为 $2R$，外壁温度为 t_1；如果外包两层厚度均为 R（即 $\delta_2=\delta_3=R$）热导率分别为 λ_2 和 λ_3（$\lambda_2/\lambda_3=2$）的保温材料，外层外表面温度为 t_2，如果将两层保温材料位置对调，其他条件不变，保温情况变化如何？由此得出什么结论？

3-5　平壁表面温度 $t_{w1}=450℃$，采用石棉作为保温层的热绝缘材料，热导率 $\lambda=0.094+0.000125t$，保温层外表面温度 $t_{w2}=50℃$，若要求热损失不超过 340W/m²，则保温层的厚度应为多少？

3-6　两根不同直径的蒸汽管道，外面都覆盖一层厚度相同、材料相同的热绝缘层。如果管子表面及热绝缘层外表面的温度都相同，试问：两管每米长度热损失相同吗？若不相同，哪个大？试证明。

3-7　水平放置外径为 0.3m 的蒸汽管，管外表面温度为 450℃，管周围空间很大，充满着50℃的空气。试求每米管长对空气的自然对流热损失（不考虑辐射散热）。

3-8　有一水平放置的空气夹层，夹层厚度为 20mm，热面温度为 130℃，冷面温度为 30℃。试求：

(1) 热面在下边，冷面在上边时的热流密度；

(2) 热面在上边，冷面在下边时的热流密度。

3-9　空气以 10m/s 的速度流过直径为 50mm、长为 1.75m 的管道，管壁温度为 150℃，如果空气的平均温度为 100℃，求对流换热系数。

3-10　试求由七排光管叉排组成的空气加热器的平均对流换热系数。已知管径为 12mm；管子间距 $x_1=1.8d$，$x_2=2.3d$；空气在最窄截面处的流速为 5m/s；空气平均温度为 20℃；冲击角为 70°。

3-11　已知两个无限大平行平面的表面温度分别为 20℃ 和 600℃，发射率均为 0.8。试计算这两个无限大平行平面的 (1) 本身辐射；(2) 投射辐射；(3) 有效辐射；(4) 净辐射热量。

3-12　将上题中的两平板中安放一块发射率为 0.8 或 0.05 的遮热板，试求这两无限大平行平面间的净辐射热量。

3-13　已知裸气管的表面温度为 440℃，周围环境温度为 10℃，直径为 0.3m，发射率为 0.8。试求裸气管每米长度的辐射散热损失。如果在裸气管周围安置遮热管，遮热管的发射率为 0.82，直径为 0.4m，再计算裸气管每米长度的辐射散热损失。

3-14　用热电偶测量管道内热气体的温度，测得管道内壁温度 $t_w=350℃$，热电偶的读数 $t_1=450℃$。已知热电偶接点处的对流换热系数 $\alpha_c=66.2W/(m^2·℃)$，热电偶套管的表面发射率 $\varepsilon_1=0.8$，试计算气体的真实温度。

3-15　气体中含有 CO_2 13%、H_2O 10%，气体的总压强为 1atm，温度为 1600℃，试求气层有效厚度分别为 $l_g=0.1m$、$l_g=1m$、$l_g=5m$ 时的辐射力。

3-16 烟气流过一内径为 500mm 的导管，进口温度为 1100℃，出口温度为 700℃；进口处管壁内表面温度为 700℃，出口处管壁内表面温度为 650℃；管壁内表面发射率为 0.8；烟气中含有 CO_2 7%、H_2O 8%，烟气压强为 1atm。试求烟气辐射给管内壁的净辐射热量和辐射换热系数。

3-17 设计一窑炉的窑墙。已知内表面温度为 1000℃，要求外表面温度不超过 120℃，环境温度为 20℃，若窑墙采用耐火黏土砖砌筑，其厚度应不低于多少？

3-18 有一套管逆流式换热器，用水冷却油，油在内管中流动，油的进出口温度分别为 110℃和 75℃；水在套管环隙中流动，水的流量为 68kg/min，水的进出口温度分别为 35℃和 75℃。已知按内管外表面积计算的平均总传热系数为 320W/（m^2·℃），油的比热容为 1.9 kJ/（kg·℃）。试求此换热器的换热面积。

3-19 采用一管式错流换热器，将热废气用于加热水，水温从 35℃加热到 85℃，水的流量为 2.5kg/s，废气的进出口温度分别为 200℃和 93℃，已知总传热系数为 180 W/（m^2·℃）。试计算换热器的传热面积。

3-20 直径为 50mm、高为 80mm 的不锈钢圆柱体，初始温度为 300℃，将它突然投入温度为 60℃、换热系数为 455W/（m^2·℃）的介质中冷却。已知不锈钢的热导率为 12.8W/（m·℃），导温系数为 0.361×10^{-5} m^2/s。试计算 1.5min 后不锈钢圆柱体的中心温度、端面中心温度和侧面中心温度。

第四章 传质原理

物质由高浓度区向低浓度区转移的过程称为质量传递，简称传质，又称为扩散。在一个含有两种或两种以上组分的多元系统中，只要有浓度差存在，则各组分都会自发地从高浓度向低浓度方向转移。浓度差是传质的推动力。

此外，在没有浓度差的多元体系（即均匀混合物）中，若存在温度差或总压强差也能引起传质。由温度差引起的传质称为热扩散；由总压强差引起的传质称为压强扩散。只有当体系中的温度差或总压强差很大时，这两种扩散才会产生较明显的影响。因此，在工程计算中，当温度差或总压强差不大时，可忽略热扩散或压力扩散，只考虑等温、等压下的浓度差扩散。

质量传递与热量传递的机理上是类似的，所以在分析质量传递的方法上与热量传递有类似之处。但因为在多元体系中，几种组分各自存在着浓度差而产生相互扩散，所以扩散要比一元系统的热量传递复杂。

第一节 传质概论

一、传质的基本方式

传质的基本方式有两种：分子扩散和湍流扩散。

分子扩散是由于分子的无规则热运动而产生的传质现象，其机理类似于导热。在静止的流体或垂直于浓度梯度方向做层流运动的流体以及固体中的扩散，都是由物质的分子、原子及自由电子等微观粒子的随机运动所引起的，因此属于分子扩散。分子扩散在气体、液体和固体中均存在，由于不同物体分子间距的差异，气体的分子扩散速度最快，液体的次之，固体的最慢。

在湍流流体中，凭借流体质点的湍动和漩涡来传质的现象，称为湍流扩散，又称为涡流扩散。单纯的湍流扩散是不存在的，湍流扩散的同时一定伴随着分子扩散。流体做湍流流动时，质量传递过程除层流底层中分子扩散外，还有主流中流体各部分间的相对位移（质量对流运动）而引起的湍流扩散。

湍流流体与相界面之间的湍流扩散与分子扩散两者的联合作用称为对流扩散，又称为对流传质。其机理类似于对流换热。

二、基本概念

1. 浓度

在探讨传质过程中，多元混合物中各组分的浓度通常采用质量浓度和物质的量浓度两种方法表示。

质量浓度是指单位体积混合物中某组分 i 的质量，用 ρ_i 表示，单位为 kg/m^3。即

$$\rho_i = \frac{m_i}{V} \tag{4-1}$$

式中　m_i——混合物中组分 i 的质量，kg；

　　　　V——混合物的体积，m^3。

物质的量浓度是指单位体积混合物中某组分 i 的物质的量，用 c_i 表示，单位为 kmol/m^3。即

$$c_i = \frac{n_i}{V} \tag{4-2}$$

式中，n_i 为混合物中组分 i 的物质的量，kmol。

混合物的质量浓度 ρ 和物质的量浓度 c 分别为：

$$\rho = \sum_{i=1}^{n} \rho_i \tag{4-3}$$

$$c = \sum_{i=1}^{n} c_i \tag{4-4}$$

显然，物质的量浓度等于质量浓度与其摩尔质量之比，即

$$c_i = \frac{\rho_i}{M_i} \tag{4-5a}$$

$$c = \frac{\rho}{M} \tag{4-5b}$$

式中　M_i——组分 i 的摩尔质量，kg/kmol；

　　　　M——混合物的摩尔质量，kg/kmol。

对于混合气体，由理想气体状态方程，物质的量浓度也可以表示为：

$$c_i = \frac{p_i}{RT} \tag{4-6a}$$

$$c = \frac{p}{RT} \tag{4-6b}$$

式中　p_i——混合气体中组分 i 的分压，Pa；

　　　　p——混合气体的总压强，Pa。

2. 成分表示法

在探讨传质过程中，混合物的成分通常采用质量分数和摩尔分数表示。

混合物中，某组分 i 的质量分数等于该组分的质量与混合物的总质量之比，也等于组分 i 的质量浓度与混合物的总质量浓度之比，用 w_i 表示。即

$$w_i = \frac{m_i}{m} = \frac{\rho_i}{\rho} \tag{4-7}$$

式中，m 为混合物的总质量，$m = \sum_{i=1}^{n} m_i$，kg。

由定义可知，混合物中各组分的质量分数总和等于 1，即 $\sum_{i=1}^{n} w_i = 1$。

混合物中，某组分 i 的摩尔分数等于该组分的物质的量与混合物的总物质的量之比，也等于组分 i 的物质的量浓度与混合物的物质的量浓度之比，用 x_i（或 y_i）表示。即

$$x_i = \frac{n_i}{n} = \frac{c_i}{c} \tag{4-8}$$

式中，n 为混合物的总物质的量，kmol。

由定义可知，混合物中各组分的摩尔分数总和等于 1，即 $\sum_{i=1}^{n} x_i = 1$。

对于混合气体，将式(4-6a) 和式(4-6b) 代入式(4-8)，可得：

$$x_i = \frac{p_i}{p} \tag{4-9}$$

显然，式(4-8) 和式(4-9) 实际上就是道尔顿（Dalton）定律。

3. 传质速度

在传质过程中，传质速度按组分计量基准通常有质量传质速度和摩尔传质速度两种。质量传质速度是以质量为基准的传质速度，用 u 表示。摩尔传质速度是以物质的量为基准的传质速度，用 u_m 表示。

传质速度按参照物基准又可分为组分绝对速度、混合物平均速度和组分扩散速度。如图 4-1 所示，设由 A、B 两组分组成的浓度不均匀二元混合物，组分 A、B 通过系统内任一静止平面的速度分别为 u_A、u_B（或 u_{mA}、u_{mB}），该二元混合物通过此平面的速度为 u（或 u_m），它们之间的差值分别为 $u_A - u$、$u_B - u$（或 $u_{mA} - u_m$、$u_{mB} - u_m$）。其中：

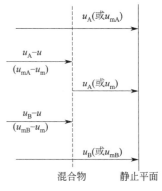

图 4-1　传质速度示意图

u_A、u_B（或 u_{mA}、u_{mB}）分别是组分 A、B 相对于静止坐标的实际移动速度，称为组分 A、B 的绝对速度。

u（或 u_m）是混合物相对于静止坐标的移动速度，称为主体流动速度或平均速度。

$u_{Ad} = u_A - u$（或 $u_{mA} - u_m$）是组分 A 相对于主体流动速度 u（或 u_m）的移动速度，称为组分 A 的扩散速度。

$u_{Bd} = u_B - u$（$u_{mB} - u_m$）是组分 B 相对于主体流动速度 u（或 u_m）的移动速度，称为组分 B 的扩散速度。

由于

$$u_A = (u_A - u) + u, \quad u_{mA} = (u_{mA} - u_m) + u_m$$
$$u_B = (u_B - u) + u, \quad u_{mB} = (u_{mB} - u_m) + u_m$$

故有：　　　　组分的绝对速度＝组分的扩散速度＋主体流动速度 $\tag{4-10}$

在多元混合物中，各组分的性质不同，其传质速度也各不相同。因此，多元混合物的主体流动速度应该是各组分速度的平均值。

多元混合物的质量平均速度等于各组分的质量绝对速度和其质量浓度乘积的总加和与混合物的总质量浓度的比值，即

$$u = \frac{\sum_{i=1}^{n} \rho_i u_i}{\rho} \tag{4-11}$$

式中　u_i——组分 i 的质量绝对速度，m/s；

　　　u——混合物的质量平均速度，m/s。

多元混合物的摩尔平均速度等于各组分的摩尔绝对速度和其物质的量浓度乘积的总加和与混合物的总物质的量浓度的比值，即

$$u_m = \frac{\sum_{i=1}^{n} c_i u_{mi}}{c} \tag{4-12}$$

式中 u_{mi}——组分 i 的摩尔绝对速度，m/s；

　　　　u_m——混合物的摩尔平均速度，m/s。

4. 传质通量

传质通量是指单位时间通过垂直于传质方向上单位面积的物质质量或物质的量，单位为 $kg/(m^2 \cdot s)$ 或 $kmol/(m^2 \cdot s)$。传质通量为矢量，正方向为浓度降低的方向，即与浓度梯度的方向相反。

传质通量等于传质速度与浓度的乘积，即

$$传质通量 = 传质速度 \times 浓度 \tag{4-13}$$

因此，根据浓度和速度的不同，传质通量也有不同的表达形式。

按浓度的不同，传质通量分为质量通量和摩尔通量。质量通量是指单位时间通过垂直于传质方向上单位面积的物质质量，即用质量浓度表示的通量，单位为 $kg/(m^2 \cdot s)$。摩尔通量是指单位时间通过垂直于传质方向上单位面积的物质的量，即用物质的量浓度表示的通量，单位为 $kmol/(m^2 \cdot s)$ 或 $mol/(m^2 \cdot s)$。

按速度的不同，传质通量分为组分实际传质通量、组分扩散通量和主体流动通量。

组分 i 实际传质通量是指以该组分的绝对速度 u_i（或 u_{mi}）表示的通量。组分 i 的实际质量通量用 n_i 表示，$n_i = \rho_i u_i$；组分 i 的实际摩尔通量用 N_i 表示，$N_i = c_i u_{mi}$。

组分 i 扩散通量是指以该组分的扩散速度 u_{id} 表示的通量。组分 i 的扩散质量通量用 j_i 表示，$j_i = \rho_i(u_i - u)$；组分 i 的扩散摩尔通量用 J_i 表示，$J_i = c_i(u_{mi} - u_m)$。

由式(4-10) 和式(4-13) 可得组分 i 实际传质通量与扩散通量的关系为：

$$n_i = j_i + \rho_i u \tag{4-14a}$$

$$N_i = J_i + c_i u_m \tag{4-14b}$$

主体流动通量是指以主体流动速度 u（或 u_m）表示的通量。主体质量通量用 n 表示，$n = \rho u$；主体摩尔通量用 N 表示，$N = c u_m$。

由式(4-11) 和式(4-12)，有：

$$n = \Sigma \rho_i u_i = \Sigma n_i \tag{4-15a}$$

$$N = \Sigma c_i u_{mi} = \Sigma N_i \tag{4-15b}$$

一般地，实际传质通量 N 用于设备的设计计算和工程计算中，扩散通量 J 用于表示组分性质的特征。

5. 稳态传质和非稳态传质

发生在稳定浓度场中的传质过程称为稳态传质。其特点是浓度场中各物理参数不随时间变化而变化，即 $\frac{\partial \rho}{\partial \tau} = 0, \frac{\partial c}{\partial \tau} = 0, \frac{\partial N}{\partial \tau} = 0, \frac{\partial J}{\partial \tau} = 0$。

发生在不稳定浓度场中的传质过程称为非稳态传质。其特点是浓度场中各物理参数随时间变化而变化，即 $\frac{\partial \rho}{\partial \tau} \neq 0, \frac{\partial c}{\partial \tau} \neq 0, \frac{\partial N}{\partial \tau} \neq 0, \frac{\partial J}{\partial \tau} \neq 0$。

【例 4-1】 由 O_2（组分 A）和 CO_2（组分 B）组成的二元系统中发生一维稳态扩散。已知：$c_A = 0.02 kmol/m^3$，$c_B = 0.06 kmol/m^3$，$u_A = 0.002 m/s$，$u_B = 0.0003 m/s$。试计算：

(1) 混合物的质量平均速度 u；

（2）组分的实际质量通量 $n_A n_B$ 及混合物的质量通量 n。

【解】 （1） $\rho_A = c_A M_A = 0.02 \times 32 = 0.64 (\text{kg/m}^3)$

$\rho_B = c_B M_B = 0.06 \times 44 = 2.64 (\text{kg/m}^3)$

$\rho = \rho_A + \rho_B = 0.64 + 2.64 = 3.28 (\text{kg/m}^3)$

$c = c_A + c_B = 0.02 + 0.06 = 0.08 (\text{kmol/m}^3)$

$u = \dfrac{\rho_A u_A + \rho_B u_B}{\rho} = \dfrac{0.64 \times 0.002 + 2.64 \times 0.0003}{3.28} = 6.32 \times 10^{-4} \ (\text{m/s})$

（2） $n_A = \rho_A u_A = 0.64 \times 0.002 = 1.28 \times 10^{-3} \ [\text{kg/ (m}^2 \cdot \text{s)}]$

$n_B = \rho_B u_B = 2.64 \times 0.0003 = 7.92 \times 10^{-4} \ [\text{kg/ (m}^2 \cdot \text{s)}]$

由式（4-11）有：

$n = \rho u = n_A + n_B = 1.28 \times 10^{-3} + 7.92 \times 10^{-4} = 2.072 \times 10^{-3} [\text{kg/(m}^2 \cdot \text{s)}]$

第二节　分子扩散的基本定律

一、菲克第一定律—— 稳态分子扩散的基本定律

早在 1855 年，菲克（Fick）就提出了分子扩散过程中传质通量与浓度梯度之间的关系，即在定温、定压且无主体流动的稳态分子扩散中，组分的扩散通量与其浓度梯度成正比，称为菲克第一定律。它是描述稳态分子扩散的基本定律。

对于由 A、B 两组分组成的混合物，组分 A 的菲克第一定律数学表达式为：

$$J_A = -D_{AB} \frac{dc_A}{dz} \tag{4-16a}$$

$$j_A = -D_{AB} \frac{d\rho_A}{dz} \tag{4-16b}$$

式中　J_A——组分 A 的摩尔扩散通量，$\text{kmol/ (m}^2 \cdot \text{s)}$；

　　D_{AB}——组分 A 在组分 B 中的分子扩散系数，简称扩散系数，m^2/s；

　　c_A——组分 A 的物质的量浓度，kmol/m^3；

　　$\dfrac{dc_A}{dz}$——组分 A 在扩散方向 z 上的物质的量浓度梯度，kmol/m^4；

　　j_A——组分 A 的质量扩散通量，$\text{kg/(m}^2 \cdot \text{s)}$；

　　ρ_A——组分 A 的质量浓度，kg/m^3；

　　$\dfrac{d\rho_A}{dz}$——组分 A 在扩散方向 z 上的质量浓度梯度，kg/m^4。

将式（4-8）代入式（4-16a），可得：

$$J_A = -cD_{AB} \frac{dx_A}{dz} \tag{4-17}$$

式中　c——A 和 B 混合物的总物质的量浓度，kmol/m^3；

　　x_A——A 在混合物中的摩尔分数。

同样，组分 B 的菲克第一定律数学表达式为：

$$J_B = -D_{BA} \frac{dc_B}{dz} = -cD_{BA} \frac{dx_B}{dz} \qquad (4\text{-}18a)$$

$$j_B = -D_{BA} \frac{d\rho_B}{dz} \qquad (4\text{-}18b)$$

式中　J_B——组分 B 的摩尔扩散通量，kmol/（m^2·s）；

　　D_{BA}——组分 B 在组分 A 中的分子扩散系数，m^2/s；

　　c_B——组分 B 的物质的量浓度，kmol/m^3；

　　$\dfrac{dc_B}{dz}$——组分 B 在扩散方向 z 上的物质的量浓度梯度，kmol/m^4；

　　x_B——B 在混合物中的摩尔分数；

　　j_B——组分 B 的质量扩散通量，kg/(m^2·s)；

　　ρ_B——组分 B 的质量浓度，kg/m^3；

　　$\dfrac{d\rho_B}{dz}$——组分 B 在扩散方向 z 上的质量浓度梯度，kg/m^4。

由菲克第一定律数学表达式，可有：

$$D_{AB} = \frac{J_A}{-dc_A/dz} = \frac{j_A}{-d\rho_A/dz}(m^2/s)$$

$$D_{BA} = \frac{J_B}{-dc_B/dz} = \frac{j_B}{-d\rho_B/dz}(m^2/s)$$

因此，扩散系数是单位浓度梯度时沿扩散方向上的扩散通量。它表示物质的扩散能力，也是一个扩散体系的性质。它的大小取决于扩散系统的温度、压强、浓度和组分及介质的种类。物质的扩散系数可由实验测得，或查有关资料，或借助于经验或半经验公式进行计算。

上面的菲克第一定律的数学表达式适用于无主体流动的稳态分子扩散。若在组分扩散的同时伴有混合物的主体流动，则组分的实际传递通量除扩散通量外，还应考虑主体流动通量。

将式(4-11) 和式(4-16b) 代入式(4-14a) 中，并整理后可得：

$$n_A = -D_{AB} \frac{d\rho_A}{dz} + \frac{\rho_A}{\rho}(n_A + n_B) = -D_{AB} \frac{d\rho_A}{dz} + w_A(n_A + n_B) \qquad (4\text{-}19)$$

同理可有：

$$N_A = -D_{AB} \frac{dc_A}{dz} + \frac{c_A}{c}(N_A + N_B) = -D_{AB} \frac{dc_A}{dz} + x_A(N_A + N_B) \qquad (4\text{-}20)$$

式(4-19) 和式(4-20) 称为菲克第一定律的普遍表达形式，适用于有主体流动的稳态分子扩散。

二、两组分扩散系统中扩散通量 J_A 和 J_B 的关系

对于由 A、B 两组分组成的二元混合物，混合物的摩尔通量 N 由式(4-15b) 有：

$$N = cu_m = N_A + N_B$$

因此

$$u_m = \frac{N_A + N_B}{c} \qquad (4\text{-}21)$$

将式(4-21) 代入式(4-14b)，得：

$$N_A = J_A + \frac{c_A}{c}(N_A + N_B) = J_A + x_A(N_A + N_B) \qquad (4\text{-}22)$$

同理，可有：

$$N_B = J_B + x_B(N_A + N_B) \tag{4-23}$$

式(4-22) ＋式(4-23)，得：

$$N_A + N_B = J_A + J_B + (x_A + x_B)(N_A + N_B)$$

因为

$$x_A + x_B = 1$$

所以，有：

$$J_A = -J_B \tag{4-24}$$

由质量通量推导，同样可以得到：

$$j_A = -j_B \tag{4-25}$$

由此可知：二元混合物中，两组分的扩散通量 J_A 与 J_B 大小相等、方向相反。

三、两组分扩散系统中扩散系数 D_{AB} 和 D_{BA} 的关系

将式(4-17) 和式(4-18a) 代入式(4-24)，得：

$$-cD_{AB}\frac{dx_A}{dz} = cD_{BA}\frac{dx_B}{dz} \tag{a}$$

由式(4-4)，有：

$$c = c_A + c_B \tag{b}$$

若二元混合物的浓度恒定，即 $c = c_A + c_B =$ 常数，两边对扩散方向 z 求导，则有：

$$\frac{dc_A}{dz} = -\frac{dc_B}{dz} \tag{c}$$

由式(4-8) 有 $c_A = x_A c$，$c_B = x_B c$，且 $c =$ 常数，代入式(a) 得：

$$-D_{AB}\frac{dc_A}{dz} = D_{BA}\frac{dc_B}{dz} \tag{d}$$

将式(c)代入式(d)，可得：

$$D_{AB} = D_{BA} = D \tag{4-26}$$

由质量通量推导，同样可以得到式(4-26e)。

由此可知：对于宏观静止的二元混合物，若各处的混合物浓度相同，则两组分的分子扩散系数相等。

第三节　传质微分方程

一、传质微分方程的推导

如图 4-2 所示，在由 A、B 两组分组成的二元混合物中，任取一固定在空间中的微元六面体，其沿 x、y、z 方向的边长分别为 Δx、Δy、Δz，则容积 $V = \Delta x \Delta y \Delta z$。$E$ 点坐标为 (x, y, z)，G 点坐标为 $(x + \Delta x, y + \Delta y, z + \Delta z)$。微元体内组分 A 的质量浓度为 ρ_A (kg/m^3)，组分 B 的质量浓度为 ρ_B (kg/m^3)。

根据质量守恒定律，组分 i 通过微元体的质量守恒关系为：

$$净传出质量速率＋累积的质量速率－反应生成的质量速率＝0 \tag{4-27}$$

组分 A 沿 x 方向传入微元体的质量速率（kg/s）为：

$$(n_{A,x})_x \Delta y \Delta z \tag{a}$$

式中 $n_{A,x}$ ——x 方向组分 A 的实际质量通量，$kg/(m^2 \cdot s)$；

$(n_{A,x})_x$ ——x 处（即微元体左面）的 $n_{A,x}$ 值，$kg/(m^2 \cdot s)$。

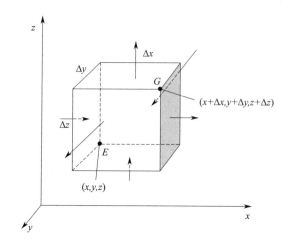

图 4-2 微元六面体

组分 A 沿 x 方向传出微元体的质量速率（kg/s）为：

$$(n_{A,x})_{x+\Delta x}\Delta y\Delta z=\left[(n_{A,x})_x+\frac{\partial n_{A,x}}{\partial x}\Delta x\right]\Delta y\Delta z \tag{b}$$

式中，$(n_{A,x})_{x+\Delta x}$ 为 $(x+\Delta x)$ 处（即微元体右面）的 $n_{A,x}$ 值，kg/(m^2·s)。

式(b) 一式(a)，即组分 A 沿 x 方向在微元体内的净传出质量速率（kg/s）为：

$$\frac{\partial n_{A,x}}{\partial x}\Delta x\Delta y\Delta z \tag{c}$$

同理可得，组分 A 沿 y 方向在微元体内的净传出质量速率（kg/s）为：

$$\frac{\partial n_{A,y}}{\partial y}\Delta x\Delta y\Delta z \tag{d}$$

式中，$n_{A,y}$ 为 y 方向组分 A 的实际质量通量，kg/(m^2·s)。

组分 A 沿 z 方向在微元体内的净传出质量速率（kg/s）为：

$$\frac{\partial n_{A,z}}{\partial z}\Delta x\Delta y\Delta z \tag{e}$$

式中，$n_{A,z}$ 为 z 方向组分 A 的实际质量通量，kg/(m^2·s)。

式(c)＋式(d)＋式(e)，即组分 A 在微元体内的净传出总质量速率（kg/s）为：

$$\left(\frac{\partial n_{A,x}}{\partial x}+\frac{\partial n_{A,y}}{\partial y}+\frac{\partial n_{A,z}}{\partial z}\right)\Delta x\Delta y\Delta z \tag{f}$$

微元体内组分 A 的总质量为 $\rho_A\Delta x\Delta y\Delta z$（kg），则组分 A 的积累质量速率（kg/s）为：

$$\frac{\partial\rho_A}{\partial\tau}\Delta x\Delta y\Delta z \tag{g}$$

由于化学反应，微元体内单位体积生成组分 A 的质量速率为 r_A[kg/(m^3·s)]，并且规定：组分 i 为生成物时，r_i 为正；组分 i 为反应物时，r_i 为负。则微元体内组分 A 的生成质量速率（kg/s）为：

$$r_A\Delta x\Delta y\Delta z \tag{h}$$

将式(f)、式(g)、式(h) 代入式(4-27)，并化简整理后得：

$$\left(\frac{\partial n_{A,x}}{\partial x}+\frac{\partial n_{A,y}}{\partial y}+\frac{\partial n_{A,z}}{\partial z}\right)+\frac{\partial\rho_A}{\partial\tau}-r_A=0 \tag{i}$$

由式(4-14a) 有：

$$n_{A,x} = j_{A,x} + \rho_A u_x$$
$$n_{A,y} = j_{A,y} + \rho_A u_y$$
$$n_{A,z} = j_{A,z} + \rho_A u_z$$

将上面三式代入式(i)，整理后得：

$$\left(\frac{\partial j_{A,x}}{\partial x} + \frac{\partial j_{A,y}}{\partial y} + \frac{\partial j_{A,z}}{\partial z}\right) + \rho_A\left(\frac{\partial u_x}{\partial x} + \frac{\partial u_y}{\partial y} + \frac{\partial u_z}{\partial z}\right) + \left(u_x\frac{\partial \rho_A}{\partial x} + u_y\frac{\partial \rho_A}{\partial y} + u_z\frac{\partial \rho_A}{\partial z}\right) + \frac{\partial \rho_A}{\partial \tau} - r_A = 0 \tag{j}$$

因为 $\dfrac{D\rho_A}{D\tau} = \left(u_x\dfrac{\partial \rho_A}{\partial x} + u_y\dfrac{\partial \rho_A}{\partial y} + u_z\dfrac{\partial \rho_A}{\partial z}\right) + \dfrac{\partial \rho_A}{\partial \tau}$，代入上式，得：

$$\left(\frac{\partial j_{A,x}}{\partial x} + \frac{\partial j_{A,y}}{\partial y} + \frac{\partial j_{A,z}}{\partial z}\right) + \rho_A\left(\frac{\partial u_x}{\partial x} + \frac{\partial u_y}{\partial y} + \frac{\partial u_z}{\partial z}\right) + \frac{D\rho_A}{D\tau} - r_A = 0 \tag{k}$$

由式(4-16b) 有：

$$j_{A,x} = -D_{AB}\frac{\partial \rho_A}{\partial x}$$

$$j_{A,y} = -D_{AB}\frac{\partial \rho_A}{\partial y}$$

$$j_{A,z} = -D_{AB}\frac{\partial \rho_A}{\partial z}$$

将上面三式代入式(k)，整理后得：

$$\rho_A\left(\frac{\partial u_x}{\partial x} + \frac{\partial u_y}{\partial y} + \frac{\partial u_z}{\partial z}\right) + \frac{D\rho_A}{D\tau} = D_{AB}\left(\frac{\partial^2 \rho_A}{\partial x^2} + \frac{\partial^2 \rho_A}{\partial^2 y} + \frac{\partial^2 \rho_A}{\partial^2 z}\right) + r_A \tag{4-28a}$$

式(4-28a) 即为组分 A 以质量为基准的传质微分方程，又称为组分 A 的连续性方程。

式中　u_x——混合物的质量平均速度在 x 方向上的分速度，m/s；

　　　u_y——混合物的质量平均速度在 y 方向上的分速度，m/s；

　　　u_z——混合物的质量平均速度在 z 方向上的分速度，m/s。

式(4-28a) 可以简写为：

$$\rho_A(\nabla \cdot u) + \frac{D\rho_A}{D\tau} = D_{AB}\nabla^2\rho_A + r_A \tag{4-28b}$$

式中　$\nabla \cdot u$—— 混合物质量平均速度 u 的散度，$\nabla \cdot u = \dfrac{\partial u_x}{\partial x} + \dfrac{\partial u_y}{\partial y} + \dfrac{\partial u_z}{\partial z}$；

　　$\nabla^2\rho_A$——对 ρ_A 的拉普拉斯算子，$\nabla^2\rho_A = \dfrac{\partial^2 \rho_A}{\partial x^2} + \dfrac{\partial^2 \rho_A}{\partial y^2} + \dfrac{\partial^2 \rho_A}{\partial z^2}$。

同理，以物质的量为基准进行推导，可得：

$$c_A\left(\frac{\partial u_{m,x}}{\partial x} + \frac{\partial u_{m,y}}{\partial y} + \frac{\partial u_{m,z}}{\partial z}\right) + \frac{Dc_A}{D\tau} = D_{AB}\left(\frac{\partial^2 c_A}{\partial x^2} + \frac{\partial^2 c_A}{\partial^2 y} + \frac{\partial^2 c_A}{\partial^2 z}\right) + R_A \tag{4-29a}$$

式中　R_A——因化学反应微元体内单位体积生成组分 A 的摩尔速率，kmol/（m³·s）；

　　　$u_{m,x}$——混合物的摩尔平均速度在 x 方向上的分速度，m/s；

　　　$u_{m,y}$——混合物的摩尔平均速度在 y 方向上的分速度，m/s；

　　　$u_{m,z}$——混合物的摩尔平均速度在 z 方向上的分速度，m/s。

式(4-29a) 是组分 A 以物质的量为基准的传质微分方程，亦称为组分 A 的连续性方程。

上式可以简写为：

$$c_A(\nabla \cdot u_m) + \frac{Dc_A}{D\tau} = D_{AB} \nabla^2 c_A + R_A \tag{4-29b}$$

二、传质微分方程的特定形式

1. 不可压缩流体的传质微分方程

对于不可压缩的流体，混合物的总质量浓度 ρ 不变，$\nabla \cdot u = 0$ ［根据式(1-28)］。因此，式(4-28a) 和式(4-29a) 可分别写为：

$$\frac{D\rho_A}{D\tau} = D_{AB}\left(\frac{\partial^2 \rho_A}{\partial x^2} + \frac{\partial^2 \rho_A}{\partial^2 y} + \frac{\partial^2 \rho_A}{\partial^2 z}\right) + r_A \tag{4-30}$$

$$\frac{Dc_A}{D\tau} = D_{AB}\left(\frac{\partial^2 c_A}{\partial x^2} + \frac{\partial^2 c_A}{\partial^2 y} + \frac{\partial^2 c_A}{\partial^2 z}\right) + R_A \tag{4-31}$$

若无化学反应，则 $r_A = 0$，$R_A = 0$。故式(4-30) 和式(4-31) 可分别写为：

$$\frac{D\rho_A}{D\tau} = D_{AB}\left(\frac{\partial^2 \rho_A}{\partial x^2} + \frac{\partial^2 \rho_A}{\partial^2 y} + \frac{\partial^2 \rho_A}{\partial^2 z}\right) \tag{4-32}$$

$$\frac{Dc_A}{D\tau} = D_{AB}\left(\frac{\partial^2 c_A}{\partial x^2} + \frac{\partial^2 c_A}{\partial^2 y} + \frac{\partial^2 c_A}{\partial^2 z}\right) \tag{4-33}$$

2. 固体或静止流体的传质微分方程

对于固体或静止的流体，$u_x = u_y = u_z = 0$，因此，式(4-28a) 和式(4-29a) 可分别写为：

$$\frac{\partial \rho_A}{\partial \tau} = D_{AB}\left(\frac{\partial^2 \rho_A}{\partial x^2} + \frac{\partial^2 \rho_A}{\partial^2 y} + \frac{\partial^2 \rho_A}{\partial^2 z}\right) + r_A \tag{4-34}$$

$$\frac{\partial c_A}{\partial \tau} = D_{AB}\left(\frac{\partial^2 c_A}{\partial x^2} + \frac{\partial^2 c_A}{\partial^2 y} + \frac{\partial^2 c_A}{\partial^2 z}\right) + R_A \tag{4-35}$$

若无化学反应，则 $r_A = 0$，$R_A = 0$。故式(4-34) 和式(4-35) 分别写为：

$$\frac{\partial \rho_A}{\partial \tau} = D_{AB}\left(\frac{\partial^2 \rho_A}{\partial x^2} + \frac{\partial^2 \rho_A}{\partial^2 y} + \frac{\partial^2 \rho_A}{\partial^2 z}\right) \tag{4-36}$$

$$\frac{\partial c_A}{\partial \tau} = D_{AB}\left(\frac{\partial^2 c_A}{\partial x^2} + \frac{\partial^2 c_A}{\partial^2 y} + \frac{\partial^2 c_A}{\partial^2 z}\right) \tag{4-37}$$

式(4-36) 和式(4-37) 即为菲克第二定律，适用于无化学反应的固体和静止流体中的扩散。

第四节　分子扩散过程

一、气体中的稳态分子扩散

(一) 等摩尔相对扩散 (双向扩散)

1. 等摩尔相对扩散方程

如图 4-3 所示，由 A、B 两组分组成的气体混合物系统，两组分不发生化学反应。初始时，$p_{A1} > p_{A2}$，$p_{B1} < p_{B2}$，并且 $p_{A1} + p_{B1} = p_{A2} + p_{B2} = p$；两边温度相等。当中间的阀门打开后，组分 A、B 进行反方向扩散。由于系统的总压和温度维持不变，则两组分的传质摩尔通量大小相等，方向相反，因此称之为等摩尔相对扩散，又称为等分子反方向扩散。

由于两组分的摩尔通量大小相等，方向相反，因此 $N_A=-N_B$，即 $N_A+N_B=0$。
由式（4-20）有：

$$N_A=J_A=-D_{AB}\frac{dc_A}{dz}$$

将上式积分，并代入边界条件 $\begin{cases} z=z_1 \text{ 时，} c_A=c_{A1} \\ z=z_2 \text{ 时，} c_A=c_{A2} \end{cases}$，

可得：

$$N_A=J_A=\frac{D_{AB}(c_{A1}-c_{A2})}{z_2-z_1} \tag{4-38}$$

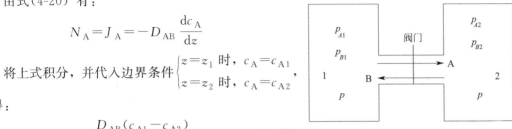

图 4-3　气体等摩尔反向扩散

当扩散系统为常压或低压时，气体可按理想气体

处理，则有 $c_A=\dfrac{n_A}{V}=\dfrac{p_A}{RT}$，代入上式，得：

$$N_A=J_A=\frac{D_{AB}(p_{A1}-p_{A2})}{RT(z_2-z_1)} \tag{4-39}$$

式（4-38）和式（4-39）称为稳态等摩尔相对扩散方程。

2. 等摩尔相对扩散的浓度分布方程

为了更好地了解传质机理，往往还需要弄清组分的浓度分布。由于扩散系统为一维稳态扩散、无化学反应，且无主体流动，由式（4-37）可有：

$$\frac{\partial^2 c_A}{\partial^2 z}=0$$

将上式积分后得：

$$c_A=C_1 z+C_2$$

式中，C_1、C_2 为积分常数。

将边界条件 $\begin{cases} z=z_1 \text{ 时，} c_A=c_{A1} \\ z=z_2 \text{ 时，} c_A=c_{A2} \end{cases}$ 分别代入上式，并联立方程组，可解得浓度分布方

程为：

$$\frac{c_A-c_{A1}}{c_{A1}-c_{A2}}=\frac{z-z_1}{z_1-z_2} \tag{4-40}$$

将 $c_A=\dfrac{n_A}{V}=\dfrac{p_A}{RT}$ 代入上式，整理后可得压强分布方程为：

$$\frac{p_A-p_{A1}}{p_{A1}-p_{A2}}=\frac{z-z_1}{z_1-z_2} \tag{4-41}$$

式（4-40）和式（4-41）即为等摩尔相对扩散中组分 A 的浓度分布方程。

显然，一维稳态等摩尔相对扩散中，组分的扩散浓度分布为线性分布。

（二）气体组分 A 通过停滞组分 B 的扩散（单向扩散）

1. 单向扩散方程—— 斯蒂芬定律

在二元混合物中，组分 A 为扩散组分，组分 B 为不扩散组分（即停滞组分），组分 A 通过停滞组分 B 进行单向扩散。干燥过程、空气增湿过程等均属于单向扩散。

由式（4-20），由于 $N_B=0$，则有：

$$N_A=-D_{AB}\frac{dc_A}{dz}+\frac{c_A}{c}N_A$$

将上式整理后得：

$$N_A = -\frac{D_{AB}c}{c - c_A} \times \frac{dc_A}{dz}$$ (4-42)

边界条件为：

$$\begin{cases} z = z_1 \text{ 时}, c_A = c_{A1}, c_B = c_{B1} \\ z = z_2 \text{ 时}, c_A = c_{A2}, c_B = c_{B2} \end{cases}$$

由于组分 A 为稳态下扩散，因此 $N_A =$ 常数；混合物的物质的量浓度 $c =$ 常数。将上式分离变量后积分：

$$N_A \int_{z_1}^{z_2} dz = -D_{AB}c \int_{c_{A1}}^{c_{A2}} \frac{dc_A}{c - c_A}$$

积分后得：

$$N_A = \frac{D_{AB}c}{z_2 - z_1} \ln \frac{c - c_{A2}}{c - c_{A1}}$$ (4-43)

将 $c = \frac{n}{V} = \frac{p}{RT}$ 和 $c_A = \frac{n_A}{V} = \frac{p_A}{RT}$ 代入上式，整理后得：

$$N_A = \frac{D_{AB}p}{RT(z_2 - z_1)} \ln \frac{p - p_{A2}}{p - p_{A1}}$$ (4-44)

由于扩散过程中总压 p 恒定，$p = p_A + p_B$，因此 $p - p_{A1} = p_{B1}$，$p - p_{A2} = p_{B2}$，$p_{A1} - p_{A2} = p_{B2} - p_{B1}$，代入上式，得：

$$N_A = \frac{D_{AB}p}{RT(z_2 - z_1)} \times \frac{p_{A1} - p_{A2}}{p_{B2} - p_{B1}} \ln \frac{p_{B2}}{p_{B1}}$$

令 $p_{Bm} = \dfrac{p_{B2} - p_{B1}}{\ln \dfrac{p_{B2}}{p_{B1}}}$，即停滞组分 B 的分压 p_{B1} 和 p_{B2} 的对数平均值，代入上式，得：

$$N_A = \frac{D_{AB}p}{RT(z_2 - z_1)} \times \frac{p_{A1} - p_{A2}}{p_{Bm}}$$ (4-45)

式(4-43)～式(4-45)均为气体组分 A 通过停滞组分 B 单向扩散的通量方程，亦称为斯蒂芬定律的表达式。

式(4-45)与稳态等摩尔相对扩散方程［式(4-39)］相对比，得：

$$N_A = J_A \frac{p}{p_{Bm}}$$ (4-46)

式中，$\dfrac{p}{p_{Bm}}$ 为漂流因子，反映了主体流动对传质速率的影响。

一般情况下，$p > p_{Bm}$，即漂流因子 $\dfrac{p}{p_{Bm}} > 1$，则 $N_A > J_A$。所以单向扩散比等摩尔相对扩散的通量大，这是由于出现了与扩散方向一致的总体流动。因此表明：主体流动使组分 A 的实际传质通量比单纯的分子扩散通量要大。

若 $p_A \ll p_B$ 时，$p_{Bm} \approx p_B \approx p$，则 $N_A \approx J_A = \dfrac{D_{AB}(p_{A1} - p_{A2})}{RT(z_2 - z_1)}$，此时，式(4-45)就变为了式(4-39)。

2. 单向扩散的浓度分布方程

由于 $N_A =$ 常数，$N_B = 0$

所以 $\dfrac{dN_A}{dz} = 0$，由式（4-42）可有：

$$\frac{d}{dz}\left(\frac{D_{AB}c}{c-c_A} \times \frac{dc_A}{dz}\right) = 0$$

对上式两次积分后得：

$$-\ln(c-c_A) = C_1 z + C_2 \tag{a}$$

式中，C_1、C_2 为积分常数。

边界条件为 $\begin{cases} z=z_1 \ \text{时}，c_A=c_{A1} \\ z=z_2 \ \text{时}，c_A=c_{A2} \end{cases}$，代入上式中，解得：

$$C_1 = \frac{1}{z_1-z_2}\ln\frac{c-c_{A2}}{c-c_{A1}} \tag{b}$$

$$C_2 = \frac{z_1}{z_2-z_1}\ln\frac{c-c_{A2}}{c-c_{A1}} - \ln(c-c_{A1}) \tag{c}$$

将式（b）和式（c）代入式（a），整理后得组分 A 的物质的量浓度分布方程为：

$$\frac{c-c_A}{c-c_{A1}} = \left(\frac{c-c_{A2}}{c-c_{A1}}\right)^{\frac{z-z_1}{z_2-z_1}} \tag{4-47}$$

将上式中的分子分母同除以混合物的物质的量浓度 c，可得组分 A 的摩尔分数分布方程为：

$$\frac{1-x_A}{1-x_{A1}} = \left(\frac{1-x_{A2}}{1-x_{A1}}\right)^{\frac{z-z_1}{z_2-z_1}} \tag{4-48}$$

将 $c = \dfrac{n}{V} = \dfrac{p}{RT}$ 和 $c_A = \dfrac{n_A}{V} = \dfrac{p_A}{RT}$ 代入式（4-47），可得组分 A 的分压分布方程为：

$$\frac{p-p_A}{p-p_{A1}} = \left(\frac{p-p_{A2}}{p-p_{A1}}\right)^{\frac{z-z_1}{z_2-z_1}} \tag{4-49}$$

可以看出，单向扩散时，组分 A 的浓度分布不再是等摩尔相对扩散那样呈线性规律变化，而是按指数规律变化。

（三）气体的分子扩散系数

两种气体 A 与 B 之间的分子扩散系数可用吉利兰（Gilliland）提出的半经验公式估算：

$$D_{AB} = \frac{4.357 \times 10^{-2} T^{3/2}}{p(V_A^{1/3} + V_B^{1/3})^2}\sqrt{\frac{1}{M_A} + \frac{1}{M_B}} \quad (m^2/s) \tag{4-50}$$

式中　　T——混合物的热力学温度，K；

　　　　p——混合物的总压强，Pa；

V_A、V_B——气体组分 A、B 在正常沸点下的液态摩尔容积，$m^3/kmol$；

M_A、M_B——气体组分 A、B 的摩尔质量，kg/kmol。

几种常见气体在正常沸点下的液态摩尔容积 V 见表 4-1。

表 4-1　几种常见气体在正常沸点下的液态摩尔容积 V

气体种类	空气	H_2	H_2O	CO_2	N_2	NH_3	O_2	SO_2
$V/(cm^3/mol)$	29.9	14.3	18.9	34.0	31.1	25.8	25.6	44.8

式(4-50)只适用于对一些无实验值的混合物做初步估算。当系统的扩散系数已有了可靠的实验值时，应以实验测定值为准。

式(4-50)说明，扩散系数与气体的浓度无关，且随气体温度的升高、总压强的减小而增大。这是由于随着气体温度的升高，气体分子的平均动能增大，因而扩散加快；而当气体压强减小时，分子间的平均自由程会增大，使分子扩散所遇的阻力减小，从而使扩散加快。

表 4-2 为标准状态下几种常见气体在空气中的扩散系数 D_0。

表 4-2　几种常见气体在空气中的扩散系数 D_0（$p=1atm$，$T=273K$）

气体种类	HCl	H_2	H_2O	CO_2	N_2	NH_3	O_2	SO_2
$D_0/(cm^2/s)$	0.130	0.611	0.220	0.138	0.132	0.170	0.178	0.103

在非标准状态下，扩散系数 D 可按下列公式进行换算：

$$D=D_0\frac{p_0}{p}\left(\frac{T}{T_0}\right)^{1.75} \tag{4-51}$$

式中　D_0、p_0、T_0——标准状态下的扩散系数、压强、热力学温度；

D、p、T——非标准状态下的扩散系数、压强、热力学温度。

【例 4-2】 $p=1atm$、$t=25℃$ 的 O_2 和 N_2 混合气体中发生稳态等摩尔相对扩散。已知相距 5mm 的两截面上，O_2 的分压分别为 $p_{A1}=12.5kPa$、$p_{A2}=7.5kPa$；标准状态下 O_2 在 N_2 中的扩散系数为 $D_0=1.818\times10^{-5}\ m^2/s$。试求：

(1) O_2 的扩散通量；

(2) N_2 的扩散通量；

(3) 与 p_{A1} 截面相距 2.5mm 处 O_2 的分压。

【解】 (1) 由式(4-51)先计算 $p=1atm$、$t=25℃$ 时 O_2 在 N_2 中的扩散系数 D 为：

$$D=D_0\frac{p_0}{p}\left(\frac{T}{T_0}\right)^{1.75}=1.818\times10^{-5}\times\frac{101325}{101325}\times\left(\frac{273+25}{273}\right)^{1.75}=2.119\times10^{-5}(m^2/s)$$

根据式(4-39)，O_2 的扩散通量为：

$$J_{O_2}=\frac{D(p_{A1}-p_{A2})}{RT\Delta z}=\frac{2.119\times10^{-5}\times(12.5-7.5)\times10^3}{8.314\times298\times5\times10^{-3}}=8.553\times10^{-3}[mol/(m^2\cdot s)]$$

(2) 由于是稳态等摩尔相对扩散，$J_B=N_B=-N_A=-J_A$，因此，N_2 的扩散通量为：

$$J_{N_2}=-J_{O_2}=-8.553\times10^{-3}mol/(m^2\cdot s)$$

(3) 由于是稳态扩散，因此 J_{O_2} 为定值。

根据式(4-39)，有 $J_{O_2}=\frac{D(p_{A1}-p_{A3})}{RT(z_1-z_3)}$，因此，与 p_{A1} 截面相距 2.5mm 处 O_2 的分压为：

$$p_{A3}=p_{A1}-\frac{J_{O_2}RT(z_1-z_3)}{D}$$

$$=12.5\times10^3-\frac{8.553\times10^{-3}\times8.314\times298\times2.5\times10^{-3}}{2.119\times10^{-5}}$$

$$=1.00\times10^4(Pa)=10(kPa)$$

二、液体中的稳态分子扩散

液体中的分子扩散速率远远低于气体中的分子扩散速率，其原因是液体分子之间的距离较近，扩散物质 A 的分子运动容易与邻近液体 B 的分子相碰撞，使本身的扩散速率减慢。

与气体中扩散情况一样，在组分 A 和组分 B 组成的液体中，也可分为等摩尔相对扩散和组分 A 通过停滞组分 B 的单向扩散两种稳态扩散情况。

1. 液体中的传质通量方程

当有主体流动时，根据菲克第一定律的普遍表达形式，液体传质通量方程为：

$$N_A = -D_{AB} \frac{dc_A}{dz} + \frac{c_A}{c}(N_A + N_B)$$

气体中的稳态分子扩散时，组分的扩散系数 D 和混合物总浓度 c 为常数。而液体中的稳态分子扩散时，组分的扩散系数 D 随浓度变化，且混合物总浓度 c 在液相中也不相同，故计算困难。因而液体中的稳态分子扩散可做简化处理：扩散系数与总浓度均采用平均值。即

$$D_{av} = \frac{D_1 + D_2}{2} \tag{4-52}$$

$$c_{av} = \frac{1}{2}\left(\frac{\rho_1}{M_1} + \frac{\rho_2}{M_2}\right) \tag{4-53}$$

式中　D_{av} —— 组分 A 在溶剂 B 中的平均扩散系数，m^2/s；

D_1、D_2 —— 组分 A 在溶剂 B 中点 1、2 处的扩散系数，m^2/s；

ρ_1、ρ_2 —— 溶液在点 1、2 处的平均密度，kg/m^3；

M_1、M_2 —— 溶液在点 1、2 处的平均摩尔质量，$kg/kmol$。

因此，液体中，A 在 B 中稳态扩散时传质通量方程的一般形式为：

$$N_A = -D_{av} \frac{dc_A}{dz} + \frac{c_A}{c_{av}}(N_A + N_B) \tag{4-54}$$

2. 液体中等摩尔相对扩散（双向扩散）

在摩尔潜热相等的二元混合物蒸馏时的液相中，易挥发组分 A 向气液相界面方向扩散，而难挥发组分 B 则向液相主体的方向扩散。由于两组分的传质摩尔通量大小相等，方向相反，因此属于等摩尔相对扩散。

与气体中的等摩尔相对扩散方程推导过程相同，由式（4-54）可推得液体中等摩尔相对扩散方程为：

$$N_A = J_A = \frac{D_{av}(c_{A1} - c_{A2})}{z_2 - z_1} \tag{4-55}$$

同样，可得浓度分布方程为：

$$\frac{c_A - c_{A1}}{c_{A1} - c_{A2}} = \frac{z - z_1}{z_1 - z_2} \tag{4-56}$$

3. 液体组分 A 通过停滞组分 B 的扩散（单向扩散）

组分 A 通过停滞组分 B 的扩散是液体扩散的主要形式，在吸收、萃取中会遇到，如浓硫酸吸收空气中的水分。

与气体中的单向扩散方程推导过程相同，由式（4-54）可推得液体中单向扩散方程为：

$$N_A = \frac{D_{av} c_{av}}{z_2 - z_1} \ln \frac{c_{av} - c_{A2}}{c_{av} - c_{A1}} \tag{4-57}$$

同样，可以推导出：

$$N_A = \frac{D_{av} c_{av}}{(z_2 - z_1) c_{Bm}} (c_{A1} - c_{A2}) \tag{4-58}$$

式（4-58）中，$c_{Bm} = \dfrac{c_{B2} - c_{B1}}{\ln \dfrac{c_{B2}}{c_{B1}}}$，即停滞组分 B 的浓度 c_{B1} 和 c_{B2} 的对数平均值。

同样，可得浓度分布方程为：

$$\frac{c_{av} - c_A}{c_{av} - c_{A1}} = \left(\frac{c_{av} - c_{A2}}{c_{av} - c_{A1}} \right)^{\frac{z - z_1}{z_2 - z_1}} \tag{4-59}$$

4. 液体的分子扩散系数

液体的扩散系数主要与物质种类、温度及浓度有关；而压强的影响很小，可以忽略。由于液体的扩散系数随浓度的变化而变化，因此，用实验测定方法或理论研究方法来确定液体的扩散系数较为困难。

若已知温度为 T_1、溶剂 B 黏度为 μ_{B1} 条件下溶质 A 的扩散系数 D_{AB1}，则可根据下式推算温度为 T_2、溶剂 B 黏度为 μ_{B2} 条件下溶质 A 的扩散系数 D_{AB2}，即

$$D_{AB2} = D_{AB1} \frac{\mu_{B1}}{\mu_{B2}} \times \frac{T_2}{T_1} \tag{4-60}$$

由于液体的密度和黏度比气体的大，故溶质物质在液相中的扩散系数小于在气相中的扩散系数，其范围一般为 $10^{-10} \sim 10^{-9} \ \mathrm{m}^2/\mathrm{s}$。另外，稀溶液中溶质的扩散系数可视为与浓度无关的常数。

三、固体中的稳态分子扩散

固体中的分子扩散，包括气体、液体和固体在固体内的分子扩散。固液萃取、物料干燥、气体吸附、膜分离、固体催化剂中的吸附和反应以及金属的高温处理，都涉及固体中的分子扩散。

气体、液体和固体在固体中的分子扩散可以分为两类：与固体内部结构无关的稳态扩散和与固体内部结构有关的多孔固体中的稳态扩散。

（一）与固体内部结构无关的稳态扩散

物质在固体中扩散时，流体或扩散溶质将溶解在固体中而形成均匀的固溶体，此种扩散即为与固体内部结构无关的扩散。如钙水通过铜的扩散、粮食内水分的扩散等均属于此类扩散。它仍遵循菲克第一定律。

因物质在固体中扩散无主体流动，因此由菲克第一定律有：

$$N_A = J_A = -D_A \frac{dc_A}{dz}$$

如果 D_A 为常数，则组分 A 通过厚度为 z 的无限大平板的扩散通量为：

$$N_A = J_A = \frac{D_A (c_{A1} - c_{A2})}{z} \tag{4-61}$$

式中，c_{A1}、c_{A2} 为组分 A 在平板两面处的浓度，$\mathrm{kmol/m}^3$ 或 $\mathrm{mol/m}^3$。

对于除了平板以外的形状，传质量可用下式计算：

$$G_A = N_A F_{av} = \frac{D_A F_{av} (c_{A1} - c_{A2})}{z} \tag{4-62}$$

式中　G_A——单位时间通过固体界面总面积的扩散量，kmol/s 或 mol/s；

　　　F_{av}——不同情况下的平均扩散面积，m^2。

对于一个固体圆柱体的径向扩散，F_{av} 的计算式为：

$$F_{av} = \frac{2\pi l(r_2 - r_1)}{\ln \dfrac{r_2}{r_1}} \tag{4-63}$$

式中　r_1、r_2——圆柱体的内半径、外半径；

　　　l——圆柱体的长度。

对于一个圆球壳体内的径向扩散，F_{av} 的计算式为：

$$F_{av} = 4\pi r_1 r_2 \tag{4-64}$$

式中，r_1、r_2 为圆球壳体的内半径、外半径。

对于圆柱体和圆球壳体，扩散距离 z 的计算式为：

$$z = r_2 - r \tag{4-65}$$

气体在固体中扩散时，溶质的浓度用溶解度表示。溶解度是指单位体积固体、单位溶质分压所能溶解的溶质 A 的体积，用 S 表示，单位为 $m^3/(m^3 \cdot kPa)$。

溶解度 S 和浓度 c_A 的关系：

$$c_A = \frac{S}{22.4} p_A \tag{4-66}$$

式中，p_A 为气体扩散溶质 A 的分压，kPa。

（二）与固体内部结构有关的多孔固体中的稳态扩散

液体或气体在多孔固体中的扩散，与固体内部结构有非常密切的关系。扩散机理视固体内部孔道的形状、大小及流体密度而异。多孔固体中的扩散分为：菲克（Fick）型扩散、克努森（Knudsen）扩散和过渡区扩散三种。

1. 菲克（Fick）型扩散

当固体内部孔道直径远大于扩散流体的分子平均自由程时，扩散分子间的碰撞概率远大于分子与孔道壁面间的碰撞概率，扩散仍遵循菲克第一定律，故称为菲克型扩散。

分子平均自由程是指分子运动时与另一分子碰撞以前所走过的平均距离，用 λ 表示。其计算式为：

$$\lambda = \frac{3.2\mu}{p}\left(\frac{RT}{2\pi M}\right)^{\frac{1}{2}} \tag{4-67}$$

式中　μ——扩散流体的黏度，$Pa \cdot s$；

　　　p——扩散流体的分压，Pa；

　　　M——扩散流体的摩尔质量，kg/kmol。

式(4-67)表明，气体的压强越大（液体的密度越大），则平均自由程 λ 就越小。

一般地，当多孔固体内部孔道平均直径 $d \geqslant 100\lambda$，且两个平面之间的孔道可以连通时，则属于菲克型扩散。

如图 4-4 所示，扩散流体沿弯弯曲曲的路径扩散穿过孔道。这些弯曲通道的长度 l 是未知的，一般都大于两扩散面间距 $(z_2 - z_1)$。多孔固体中实际扩散孔道长度 l 与两扩散面间距 $(z_2 - z_1)$ 之比值称为曲折系数，用 τ 表示。即

$$\tau = \frac{l}{z_2 - z_1} \tag{4-68}$$

由于在多孔固体中分子扩散的路程曲折多变，故曲折系数 τ 需由实验确定。一般地，对于松散固体颗粒，$\tau = 1.5\sim2.0$；对于紧密聚集颗粒，$\tau = 7\sim8$。

菲克型扩散的通量计算式为：

$$N_A = J_A = \frac{\varepsilon D_A (c_{A1} - c_{A2})}{\tau(z_2 - z_1)} \qquad (4\text{-}69)$$

式中，ε 为固体中的孔隙率，$\mathrm{m^3/m^3}$。

令 $D_{A,ef} = \dfrac{\varepsilon D_A}{\tau}$，称为有效扩散系数，单位为 $\mathrm{m^2/s}$。则式(4-69)又可写为：

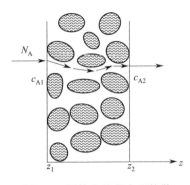

图 4-4   固体中的菲克型扩散

$$N_A = J_A = \frac{D_{A,ef}(c_{A1} - c_{A2})}{(z_2 - z_1)} \qquad (4\text{-}70)$$

2. 克努森（Knudsen）扩散

固体内部孔道直径 d 远小于扩散流体的分子平均自由程 λ（一般 $\lambda \geqslant 10d$）时，分子与孔道壁面间的碰撞概率远大于分子间的碰撞概率，扩散阻力主要取决于分子与壁面的碰撞阻力，这种扩散称为克努森扩散。它不遵循菲克第一定律。

克努森扩散的通量可用下式描述：

$$N_A = -\frac{2}{3} \bar{r} \bar{u}_A \frac{dc_A}{dz} \qquad (4\text{-}71)$$

式中 $\bar{r}$——孔道平均半径，m；

$\bar{u}_A$—— 扩散组分 A 的分子均方根速度，m/s。

对于气体扩散组分，根据气体运动学说，$\bar{u}_A$ 的计算式为：

$$\bar{u}_A = \sqrt{\frac{8RT}{\pi M_A}} \qquad (4\text{-}72)$$

因此，对于气体扩散组分，将式(4-72)代入式(4-71)中，则克努森扩散的通量方程为：

$$N_A = -97 \bar{r} \left(\frac{T}{M_A}\right)^{\frac{1}{2}} \frac{dc_A}{dz} \qquad (4\text{-}73)$$

令 $D_{KA} = 97 \bar{r} \left(\dfrac{T}{M_A}\right)^{\frac{1}{2}}$，称为克努森扩散系数，单位为 $\mathrm{m^2/s}$。它与扩散气体的温度、摩尔质量以及孔道平均半径有关，而与扩散气体的压强无关。

则式(4-73)可以写为：

$$N_A = -D_{KA} \frac{dc_A}{dz} \qquad (4\text{-}74)$$

边界条件为 $\begin{cases} z = z_1 \text{ 时，} c_A = c_{A1} \\ z = z_2 \text{ 时，} c_A = c_{A2} \end{cases}$，将上式积分，可得气体组分的克努森扩散通量计算式为：

$$N_A = \frac{D_{KA}(c_{A1} - c_{A2})}{z_2 - z_1} \qquad (4\text{-}75)$$

将 $c_A = \dfrac{n_A}{V} = \dfrac{p_A}{RT}$ 代入上式，可得：

$$N_A = \frac{D_{KA}(p_{A1} - p_{A2})}{RT(z_2 - z_1)} \tag{4-76}$$

扩散类型可以采用克努森数 Kn 判断：

$$Kn = \frac{\lambda}{2\bar{r}} = \frac{\lambda}{d} \tag{4-77}$$

由前面的概念可知，当 $Kn \leqslant 0.01$ 时，扩散主要是菲克型扩散；当 $Kn \geqslant 10$ 时，扩散主要是克努森扩散。

3. 过渡区扩散

固体内部孔道直径 d 与扩散流体的分子平均自由程 λ 相差不大时，分子间的碰撞概率和分子与孔道壁面间的碰撞概率相当，此种扩散称为过渡区扩散。过渡区扩散的克努森数为 $0.01 < Kn < 10$。

过渡区扩散的通量方程式为：

$$N_A = -D_{NA} \frac{dc_A}{dz} \tag{4-78}$$

对于气体扩散组分，上式可以写为：

$$N_A = -D_{NA} \frac{p_A}{RT} \times \frac{dx_A}{dz} \tag{4-79}$$

其中：

$$D_{NA} = \frac{1}{\dfrac{1 - \alpha x_A}{D_A}} + \frac{1}{D_{KA}} \tag{4-80}$$

$$\alpha = \frac{N_A + N_B}{N_A} \tag{4-81}$$

式中　D_{NA}——组分 A 的过渡区扩散系数，m^2/s；

　　　D_A——组分 A 的菲克型扩散系数，m^2/s；

　　　D_{KA}——组分 A 的克努森扩散系数，m^2/s。

对式(4-79)积分，整理后得：

$$N_A = \frac{D_A p_A}{\alpha RT(z_2 - z_1)} \ln \frac{1 - \alpha x_{A2} + \dfrac{D_A}{D_{KA}}}{1 - \alpha x_{A1} + \dfrac{D_A}{D_{KA}}} \tag{4-82}$$

【例 4-3】　在压强为 10.13kPa、温度为 25℃的条件下，由 N_2（A）和 He（B）组成的气体混合物通过长为 0.02m、平均直径为 5×10^{-6} m 的毛细管进行扩散。已知其一端的摩尔分数 $x_{A1} = 0.8$，另一端的摩尔分数 $x_{A2} = 0.2$；该系统的通量比 $N_A/N_B = -\sqrt{M_B/M_A}$；在扩散条件下，$N_2$ 的平均扩散系数 $D_A = 6.98 \times 10^{-5}$ m^2/s，黏度 $\mu = 1.8 \times 10^{-5}$ Pa·s。试计算 N_2 的扩散通量 N_A。

【解】　计算 N_2 的分子平均自由程：

$$\lambda = \frac{3.2\mu}{p} \left(\frac{RT}{2\pi M}\right)^{\frac{1}{2}} = \frac{3.2 \times 1.8 \times 10^{-5}}{10.13 \times 10^3} \times \left(\frac{8314 \times 298}{2\pi \times 28}\right)^{\frac{1}{2}} = 6.75 \times 10^{-7} \text{(m)}$$

由克努森数判断扩散的类型：

$$Kn = \frac{\lambda}{2\bar{r}} = \frac{6.75 \times 10^{-7}}{5 \times 10^{-6}} = 0.135$$

由于 $0.01 < Kn < 10$，因此，此扩散为过渡区扩散。

克努森扩散系数 D_{KA} 为：

$$D_{KA} = 97\bar{r}\left(\frac{T}{M_A}\right)^{\frac{1}{2}} = 97 \times \frac{5 \times 10^{-6}}{2} \times \left(\frac{298}{28}\right)^{\frac{1}{2}} = 7.91 \times 10^{-4}\,(\text{m}^2/\text{s})$$

$$\alpha = \frac{N_A + N_B}{N_A} = 1 + \frac{N_B}{N_A} = 1 - \sqrt{\frac{M_A}{M_B}} = 1 - \sqrt{\frac{28}{4}} = -1.646$$

$$N_A = \frac{D_A p}{\alpha RT(z_2 - z_1)} \ln \frac{1 - \alpha x_{A2} + \dfrac{D_A}{D_{KA}}}{1 - \alpha x_{A1} + \dfrac{D_A}{D_{KA}}}$$

$$= \frac{6.98 \times 10^{-5} \times 10.13 \times 10^3}{-1.646 \times 8.314 \times 298 \times 0.2} \ln \frac{1 + 1.646 \times 0.2 + \dfrac{6.98 \times 10^{-5}}{7.91 \times 10^{-4}}}{1 + 1.646 \times 0.8 + \dfrac{6.98 \times 10^{-5}}{7.91 \times 10^{-4}}}$$

$$= 4.58 \times 10^{-4}\,[\text{mol}/(\text{m}^2 \cdot \text{s})]$$

第五节　对流传质

一、对流传质的通量方程

当流体湍流流过固体壁面或相界面时，两者之间所发生的质量传递过程称为对流传质。对流传质是湍流扩散与分子扩散联合作用的结果。

对流传质与对流换热相似，对流传质的通量方程可采用与牛顿冷却定律相似的公式形式，即

$$N_A = k_c \Delta c_A \qquad (4\text{-}83)$$

式中　k_c——对流传质系数，m/s；

　　Δc_A——组分 A 在流体主体中的浓度与相界面处的浓度之差，kmol/m³。

对流传质系数 k_c 与对流换热系数 α 相似，是一个反映对流传质强弱的参数，它与流体的流动动力、流动状态、流体物理性质、壁面几何参数等因素有关，它集中了所有的影响因素，是所有影响对流传质因素的复杂函数。因此，研究对流传质的关键问题就是要结合具体条件，找出确定 k_c 值的具体函数式。

二、浓度边界层

当流体与相界面之间存在浓度差时，由于浓度在相界面法线方向的变化，则在贴近相界面的一个小薄流层内，沿法线方向会产生浓度梯度，此薄层就称为浓度边界层。因此，流体可划分为两个区，即有浓度梯度存在的边界层区和边界层以外的主流区，在主流区认为浓度梯度为 0，是一个等浓度区域。显然，对流传质过程是在浓度边界层中进行的。浓度边界层的厚度 δ_c 通常定义为从相界面到流体浓度为主流浓度的 0.99 倍处的垂直距离。浓度边界

层与热边界层和速度边界层相类似，但三者的厚度不同。

当流体流过固体壁面（相界面）时，在层流边界层中和湍流边界层的层流底层中传质以分子扩散为主；在湍流边界层的层流底层以外的湍流区中，传质既有分子扩散又有湍流扩散。

三、对流传质的常用特征数

1. 施密特数（Sc）

施密特数是流体的运动黏度（ν）与扩散系数（D_{AB}）之比，它反映了流体的动量扩散能力与质量扩散能力的对比关系。其数学表达式为：

$$Sc = \frac{\nu}{D_{AB}} = \frac{\mu}{\rho D_{AB}} \tag{4-84}$$

施密特数 Sc 在对流传质中的作用类似于普朗特数 Pr 在对流传热中的作用。

2. 舍伍德数（Sh）

舍伍德数的数学表达式为：

$$Sh = \frac{k_c l}{D_{AB}} \tag{4-85}$$

式（4-85）中，l 为定性尺寸。舍伍德数表征对流传质的强弱，表示表面处的浓度梯度与总浓度梯度之比。

舍伍德数 Sh 是唯一与对流传质系数 k_c 有直接关系的特征数，在对流传质中的作用类似于对流换热中的努塞尔数 Nu。因此，舍伍德数 Sh 也称为对流传质中的待定特征数。

3. 路易斯数（Le）

路易斯数的数学表达式为：

$$Le = \frac{a}{D_{AB}} = \frac{\lambda}{\rho c_p D_{AB}} \tag{4-86}$$

式（4-86）中，a 为导温系数。路易斯数反映了热量扩散能力和质量扩散能力的对比关系。当过程同时涉及质量和热量传递时，就要用到路易斯数 Le。

四、对流传质系数的计算

对流传质系数 k_c 与对流换热系数 α 相似，是所有影响因素的函数。求解对流传质系数 k_c 有四种方法：

① 量纲分析；

② 边界层精确分析法；

③ 边界层近似分析法；

④ 动量传递、热量传递及质量传递之间的类比。

（一）对流传质的量纲分析和实验相结合法

1. 流体强制流动时的对流传质

流体强制流动时，影响对流传质的主要因素有流速 u、黏度 μ、密度 ρ、扩散系数 D_{AB} 和定性尺寸 l。则有：

$$k_c = f(u, \mu, \rho, D_{AB}, l)$$

上述各物理量的量纲列于表 4-3。

表 4-3　影响强制对流传质过程的变量及其量纲

物理变量	符号	量纲	常用单位	物理变量	符号	量纲	常用单位
流速	u	L/τ	m/s	扩散系数	D_{AB}	L^2/τ	m^2/s
黏度	μ	$M/(L \cdot \tau)$	kg/(m·s)	传质系数	k_c	L/τ	m/s
密度	ρ	M/L^3	kg/m^3	特征长度	l	L	m

采用白金汉（Buckingham）法（或称π定律法），可以得到描述强制对流传质的特征数方程为：

$$Sh = f(Re, Sc) \tag{4-87}$$

实验数据可以用上述三个无量纲特征数来关联。与强制对流传热的特征数关系式 $Nu = f(Re, Pr)$ 相类似。

2. 流体自由流动时的自然对流传质

流体自由流动时，影响对流传质的因素主要有黏度 μ、密度 ρ、扩散系数 D_{AB}、定性尺寸 l 和浮升力 $g\Delta\rho_A$。则有：

$$k_c = f(l, \mu, \rho, D_{AB}, g\Delta\rho_A)$$

其中包含的六个物理量量纲列于表 4-4 中。

表 4-4　自然对流传质过程的变量及其量纲

物理变量	符号	量纲	常用单位	物理变量	符号	量纲	常用单位
特征长度	l	L	m	扩散系数	D_{AB}	L^2/τ	m^2/s
黏度	μ	$M/(L \cdot \tau)$	kg/(m·s)	传质系数	k_c	L/τ	m/s
密度	ρ	M/L^3	kg/m^3	浮升力	$g\Delta\rho_A$	$M/(L^2 \cdot \tau^2)$	$kg/(m^2 \cdot s^2)$

同样，采用白金汉法可以得到表征自然对流传质的特征数方程为：

$$Sh = f(Gr_{AB}, Sc) \tag{4-88}$$

式中，$Gr_{AB} = \dfrac{g l^3 \rho \Delta\rho_A}{\mu^2}$，称为自然对流传质中的格拉晓夫数。它是与自然对流传热中的格拉晓夫数相似的特征数。

式(4-88)与自然对流传热的特征数方程 $Nu = f(Gr, Pr)$ 相类似。

（二）浓度边界层的精确分析法和近似分析法

1. 流体在平板表面做稳定层流流动时的传质系数 k_c 的精确计算

不可压缩流体以稳定态层流方式流过一个平板表面，如图 4-5 所示。可以分别写出其在 x 和 y 方向上的连续性方程、运动微分方程和传质微分方程。

连续性方程：

$$\frac{\partial u_x}{\partial x} + \frac{\partial u_y}{\partial y} = 0 \tag{4-89}$$

当黏度和压强均为定值时，运动微分方程由式(3-47)有：

$$u_x \frac{\partial u_x}{\partial x} + u_y \frac{\partial u_y}{\partial y} = \nu \frac{\partial^2 u_x}{\partial y^2} \tag{4-90}$$

当无化学反应、$D_{AB} =$ 常数时，组分 A 的传质微分方程由式(4-33)有：

$$u_x \frac{\partial c_A}{\partial x} + u_y \frac{\partial c_A}{\partial y} = D_{AB} \frac{\partial^2 c_A}{\partial y^2} \tag{4-91}$$

在 x 方向上，紧靠着平板表面的流速为零，在边界层的外边缘，流速即为主流速度

u_∞；同样，组分 A 在平板表面上流体中的浓度为 c_{A1}，在边界层外缘浓度为 $c_{A\infty}$。由于没有流体流过固体表面，故在 y 方向上流速等于零，即 $u_y=0$。因此有：

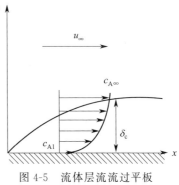

图 4-5　流体层流流过平板
表面的浓度边界层

边界条件 1：$y=0$，$u_x=0$，$u_y=0$，$c_A=c_{A1}$。

边界条件 2：$y=\infty$，$u_x=u_\infty$，$c_A=c_{A\infty}$。

在平板表面上，当 $Sc=1$，$u=0$ 时，可以求出用局部 Re 表示的速度梯度及无量纲浓度：

$$\frac{\partial}{\partial y}\left(\frac{\partial u_x}{\partial x_\infty}\right)_{y=0}=\frac{\partial}{\partial y}\left(\frac{c_{A1}-c_A}{c_{A1}-c_{A\infty}}\right)_{y=0}=\frac{0.332\sqrt{Re_x}}{x}$$

$$(4\text{-}92)$$

若在固体表面的传质速率较小，并不影响速度分布，传质通量可以表达为：

$$N_A=-D_{AB}\left(\frac{\partial c_A}{\partial y}\right)_{y=0}=k_c(c_{A1}-c_{A\infty})\tag{4-93}$$

由式(4-92) 和式(4-93)，可得平板上 x 处的局部传质系数 $k_{c,x}$ 的计算式：

$$k_{c,x}=0.332D_{AB}\frac{\sqrt{Re_x}}{x}\tag{4-94}$$

也可以用局部舍伍德数 Sh 表示：

$$Sh_x=\frac{k_c x}{D_{AB}}=0.332\sqrt{Re_x}\tag{4-95}$$

如果 $Sc\neq1$ 时，可以用下式计算：

$$Sh_x=\frac{k_c x}{D_{AB}}=0.332Re_x^{1/2}Sc^{1/3}\tag{4-96}$$

在平板的总长度 l 上的平均传质系数 k_c，由式 (4-96)，沿平板长度从 0 至 l 积分求得，即

$$k_{c,av}=\frac{\int_0^l k_{c,x}\,\mathrm{d}x}{l}=\frac{\int_0^l 0.332D_{AB}\dfrac{Re_x^{1/2}Sc^{1/3}}{x}\,\mathrm{d}x}{l}=0.332\frac{D_{AB}}{l}Sc^{1/3}\sqrt{\frac{\rho u_x}{\mu}}\int_0^l x^{-1/2}\,\mathrm{d}x$$

整理后得：

$$k_{c,av}=0.664\frac{D_{AB}}{l}Re_l^{1/2}Sc^{1/3}\tag{4-97}$$

上式说明整块平板的平均传质系数是板长终点处局部传质系数的两倍。

因此，舍伍德数 Sh 在平板总长度 l 上的平均值为：

$$Sh_{av}=\frac{k_{c,av}l}{D_{AB}}=0.664Re_l^{1/2}Sc^{1/3}\tag{4-98}$$

2. 流体在平板表面流动时的传质系数 k_c 的近似计算

冯·卡门很早就提出了近似的、较准确的积分法，可用来计算层流或湍流时的传质系数。

用冯·卡门积分方法可以求解流体层流流过平板浓度边界层的舍伍德数为：

$$Sh_x=0.36Re_x^{1/2}Sc^{1/3}\tag{4-99}$$

显然，式(4-99) 与精确法得出的式(4-96) 是很接近的。

对于平板上的湍流边界层，平板上 x 处的局部舍伍德数的近似式为：

$$Sh_x = \frac{k_c x}{D_{AB}} = 0.0292 Re_x^{4/5} Sc^{1/3} \tag{4-100}$$

若流体在平板的全部长度 l 上都是湍流流动时，则整块平板上的平均舍伍德数的近似式为：

$$Sh_{av} = \frac{k_{c,av} l}{D_{AB}} = 0.0365 Re_l^{4/5} Sc^{1/3} \tag{4-101}$$

五、对流传质的实验式

研究对流传质除了可以用上面的计算方法外，还可以通过相似理论指导下的实验方法，关联出特征数方程式，从而导出若干关系式，为设计计算所应用。

1. 平面传质

对长度为 l 的自由液面向空气中蒸发或一块可挥发的固体平面向空气中升华进行实验测定，所得结果整理如下：

当 $Re_l < 1.5 \times 10^4$ 时

$$Sh_l = 0.664 Re_l^{1/2} Sc^{1/3} \tag{4-102}$$

当 $Re_l = (1.5 \times 10^4) \sim (3.0 \times 10^6)$ 时

$$Sh_l = 0.036 Re_l^{0.8} Sc^{1/3} \tag{4-103}$$

显然，上面两个实验式与式(4-98)、式(4-101) 是相同的。

2. 单一圆球体传质

对直径为 d 的单个圆球体向流体中传质进行实验，得到实验结果为：

$$Sh = 2.0 + c Re^m Sc^{1/3} \tag{4-104}$$

式中，c 和 m 是关联常数。

对于向气体中传质，当 $Sc = 0.6 \sim 2.7$、$Re = 1 \sim 48000$ 时

$$Sh = 2 + 0.552 Re^{1/2} Sc^{1/3} \tag{4-105}$$

对于向液体中传质，当 $Re = 2 \sim 2000$ 时

$$Sh = 2 + 0.95 Re^{1/2} Sc^{1/3} \tag{4-106}$$

对于向液体中传质，当 $Re = 2000 \sim 17000$ 时，

$$Sh = 0.347 Re^{0.62} Sc^{1/3} \tag{4-107}$$

3. 管内壁向湍流流体的传质

对管内壁向湍流流体的传质进行实验，得到实验结果为：

$$Sh_{av} = \frac{k_c d}{D_{AB}} = 0.023 Re^{0.83} Sc^{1/3} \tag{4-108}$$

适用条件：$2000 < Re < 70000$，$100 < Sc < 2260$。

六、对流传质比拟关系式

在求解湍流换热问题时经常采用的一种方法是根据动量传递和热量传递的比拟关系理论，由湍流阻力系数推知湍流换热系数。对于质量传递，由于其与动量传递、热量传递间的类似性，因此可以将比拟理论引申至动量传递与质量传递之间，即建立起摩擦阻力系数与对流传质系数之间的比拟关系式。

当流体流过光滑平壁时，其局部摩擦阻力系数 C_f 可以用下式计算：

层流时
$$C_f = 0.646 Re_x^{-\frac{1}{2}}$$

湍流时
$$C_f = 0.0583 Re_x^{-\frac{1}{5}}$$

阻力系数与换热系数间的关系式可用雷诺比拟解，即

层流时
$$\frac{Nu_x}{Re_x Pr^{1/3}} = \frac{C_f}{2} = 0.323 Re_x^{-\frac{1}{2}}$$

湍流时
$$\frac{Nu_x}{Re_x Pr^{1/3}} = \frac{C_f}{2} = 0.0292 Re_x^{-\frac{1}{5}}$$

由前述可知，相应的对流传质系数与阻力系数间的比拟关系式应该是：

层流时
$$\frac{Sh_x}{Re_x Sc^{1/3}} = 0.323 Re_x^{-\frac{1}{2}}$$

或写为
$$Sh_x = 0.323 Re_x^{1/2} Sc^{1/3} \tag{4-109}$$

湍流时
$$\frac{Sh_x}{Re_x Sc^{1/3}} = \frac{C_f}{2} = 0.0292 Re_x^{-\frac{1}{5}}$$

或写为
$$Sh_x = 0.0292 Re_x^{4/5} Sc^{1/3} \tag{4-110}$$

管内湍流换热时的摩擦阻力系数 C_f 的计算式为：
$$C_f = 0.308 Re_d^{-\frac{1}{4}}$$

阻力系数与换热系数间的关系式仍可用雷诺比拟解：
$$\frac{Nu_d}{Re_d Pr} Pr^{2/3} = \frac{C_f}{8} = 0.038 Re_d^{-\frac{1}{4}}$$

则管内湍流时的对流传质系数与阻力系数间的比拟关系式应该是：
$$\frac{Sh_d}{Re_d Sc} Sc^{2/3} = 0.038 Re_d^{-\frac{1}{4}}$$

或写为
$$Sh_d = 0.038 Re_d^{3/4} Sc^{1/3} \tag{4-111}$$

用管内湍流换热时的比拟式与管内湍流传质时的比拟式相除，可得到对流换热系数 α 与对流传质系数 k_c 之间的关系式：
$$\frac{\alpha}{k_c} = \rho c_p \left(\frac{Sc}{Pr} \right)^{\frac{2}{3}} = \rho c_p \left(\frac{\alpha}{D} \right)^{\frac{2}{3}} = \rho c_p Le^{\frac{2}{3}} \tag{4-112}$$

上式是一个普遍适用的关系式。不管是管内流动还是沿平板流动，层流还是湍流，只要已知换热系数，就能通过该式求出相应的对流传质系数。

若 $Le = 1$，即 $\alpha = D$ 时，上式简化为：
$$\frac{\alpha}{k_c} = \rho c_p \quad \text{或} \quad k_c = \frac{\alpha}{\rho c_p} \tag{4-113}$$

式(4-113)称为路易斯关系式，它表示了 $Le = 1$ 的条件下 k_c 与 α 之间的简单关系式，并且它对于层流和湍流均适用。

思考题与习题

思考题

4-1 组分实际传质通量、组分扩散通量、主体流动通量有什么不同？

4-2 对于两组分扩散，J_A 与 J_B 是什么关系？D_{AB} 与 D_{BA} 是什么关系？

4-3 "漂流因子"与主体流动有何关系？

4-4 气体分子扩散系数与哪些因素有关？

4-5　施密特数的数学表达式是什么？它的物理意义是什么？

4-6　用于计算对流传质系数 k_c 的特征数是哪一个？写出其数学表达式。

习题

4-1　一容器中装有温度为 25℃、总压强为 $10^5\,Pa$ 的 CH_4 与 He 混合气体，其中某点的 CH_4 分压为 $0.6\times10^5\,Pa$，距该点 2.0cm 处的 CH_4 分压为 $0.2\times10^5\,Pa$。若容器中总压恒定，扩散系数为 $0.675\,cm^2/s$，试计算 CH_4 在稳态时分子扩散的摩尔通量 J_{CH_4}。

4-2　NH_3 与 N_2 在一具有均匀直径的管道两端做等摩尔相对扩散。气体的温度为 25℃，总压强为 $1.0132\times10^5\,Pa$。扩散距离为 0.1m。在端点 1 处，$p_{A1}=1.013\times10^4\,Pa$；另一端点 2 处，$p_{A2}=0.507\times10^4\,Pa$；扩散系数 $D_{AB}=0.230\times10^{-4}\,m^2/s$。试计算 NH_3 和 N_2 的实际摩尔通量 N_{NH_3}、N_{N_2}。

4-3　温度为 20℃、相对湿度为 40% 的空气以 3.1m/s 的速度水平吹过表面温度为 15℃ 的湿砖坯。已知砖坯沿空气流动方向的长度为 100mm，求每小时每平方米砖坯表面的水分蒸发量。

4-4　在温度为 20℃、总压强为 101.3kPa 的条件下，CO_2 与空气的混合气缓慢地沿着 Na_2CO_3 溶液液面流过，空气不溶于 Na_2CO_3 溶液。CO_2 透过 1mm 厚的静止空气层扩散到 Na_2CO_3 溶液中，混合气体中 CO_2 的摩尔分数为 20%，CO_2 到达 Na_2CO_3 溶液液面上立即被吸收，故相界面上 CO_2 的浓度可忽略不计。已知温度为 20℃ 时，CO_2 在空气中的扩散系数为 0.18 cm^2/s。试求 CO_2 的扩散摩尔通量为多少？

4-5　有一表面温度为 80℃、定性尺寸为 1m 的物体悬于半空，20℃ 的空气以 87m/s 的速度流过该物体表面。现已测得该物体边界层内某点 A 的温度为 60℃，点 A 附近表面传出的热量为 $10^4\,W/m^2$。另有一物体形状与其相似，定性尺寸为 2m，在该物体表面上还覆有一层水膜。50℃ 的干空气以 50m/s 的速度流过，求在对应于 A 点的 A' 上的水蒸气物质的量浓度及该点附近表面水蒸气的对流传质通量。

第五章　干燥过程与设备

第一节　概述

　　干燥是利用热能将固体物质中的部分物理水分蒸发并排出的过程。在无机非金属材料工业生产中，一些物料和半成品中通常含有高于生产工艺要求的水分，因此需要进行干燥以排出其中的部分水分，才能满足后续生产工艺的要求。例如在水泥生产过程中，为了提高粉磨效率，黏土、石灰石、矿渣和燃料等原材料需要干燥至含水率低于 $1\%\sim2\%$ 再进行粉磨；压制成型的陶瓷制品生产中，需将制备好的泥浆干燥成含有一定水分的粉料，以便于压制成型和提高坯体质量；成型后的陶瓷和耐火材料坯体，为了提高坯体机械强度，缩短烧成周期，必须要进行干燥；对于一次烧成的有釉陶瓷坯体，为了提高吸釉能力，需进行干燥。因此，干燥在无机非金属材料生产工艺过程中占有很重要的地位，是必不可少的一个生产环节。

　　湿物料置于气体中时，若其表面的水蒸气分压大于气体中水蒸气的分压，则物料表面的水蒸气就会向气体中扩散，这个过程称为外扩散。物料表面的水蒸气扩散后，导致表面水分蒸发，破坏了物料内部与表面原有的水分浓度平衡，使得物料内部水分浓度大于表面水分浓度，在此浓度差的推动下，物料内部的水分向表面迁移扩散，此过程称为内扩散。物料表面水分的蒸发是一个吸热过程，需要外界传热给物料。因此，欲使干燥过程连续进行，必须具备的条件：①使湿物料获得热量；②物料表面的水蒸气分压大于周围介质的水蒸气分压。显然，物料的干燥过程是由外扩散、蒸发、内扩散和热量传递所组成，它包括了质的传递和热的交换，是传质与传热的综合过程。

　　物料的干燥方法有自然干燥和人工干燥两种。自然干燥就是将湿物料堆放在露天或室内场地上，借风吹和日晒的自然条件使物料脱水干燥。自然干燥的特点是不需专用的设备，不用消耗动力和燃料，操作简单；但干燥速率慢，产量低，受气候条件的影响大，并且易造成周围空气污染。目前，在无机非金属材料工业生产中，自然干燥基本上被淘汰。人工干燥是把湿物料置于专用的设备（干燥器）中进行加热，使物料干燥。人工干燥的特点是干燥速率快，产量大，不受气候条件的限制，便于实现自动化；但需消耗动力和燃料。

　　人工干燥根据物料的受热特征又可分为外热源法和内热源法两种类型。

　　外热源法是指在物料外部对物料表面进行加热。它的特点是物料表面温度高于内部温度，在物料的内部，热量传递的方向与水分内扩散的方向相反，如图 5-1 所示。物料的加热方式主要是对流加热。

　　对流加热通常用热空气或热烟气作为干燥介质，以对流换热的方式对物料表面进行加

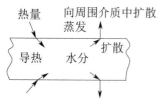

图 5-1　外热源法干燥原理

热。当用热烟气作为干燥介质且温度较高时，其辐射换热也占有一定比例，是对流换热和辐射换热两种加热方式的综合，属于对流-辐射加热。

内热源法是指将湿物料放在交变电磁场中，使物料本身的分子产生剧烈的热运动而发热，或使交变电流通过物料产生焦耳热效应。内热源法的特点是物料的内部温度高于表面，在物料内部，热量传递的方向与水分内扩散的方向相同。因此，内热源法能够增加水分的内扩散速率。内热源法目前主要有工频电干燥、高频电干燥和微波干燥等。

① 工频电干燥是利用工频电流通过物料时产生的焦耳热效应对物料进行加热而干燥。

② 高频电干燥是将湿物料置于高频电场中，由于高频电场产生的电磁波的周期振荡作用，使物料中的分子振荡摩擦而产生热，对物料进行加热而干燥。

③ 微波干燥是以微波辐射使湿物料内极性强的水分子运动随交变电场的变化而加剧，发生摩擦而转化为热能使物料干燥。

上述各种干燥方法在不同的物料或制品的干燥过程中均有应用，但在无机非金属材料工业中，较常用的干燥方法为对流加热方式的人工干燥，干燥介质一般均采用热空气或热烟气，并且干燥介质既是载热体又是载湿体。在干燥器中随物料或制品水分的蒸发，干燥介质中会含有更多的水蒸气，所以干燥介质属于湿空气（或湿烟气），即由干空气（或干烟气）和水蒸气所组成的混合气体。因此，研究对流加热干燥过程必须研究干燥介质的性质。

第二节　湿空气的性质

从干燥过程的角度来看，湿烟气与湿空气性质很接近，因此湿空气的主要性质对于湿烟气也同样适用。

一、湿空气中干空气与水蒸气的分压

当湿空气中各组成成分远离液体状态，水分以蒸汽状态存在，且其分压很低时，湿空气很接近于理想气体，因此，可以将湿空气当作理想气体处理，满足理想气体状态方程和道尔顿分压定律。

由于湿空气为干空气与水蒸气的混合气体，若湿空气的总压强为 p，其中干空气和水蒸气的分压分别为 p_a 和 p_w，根据道尔顿分压定律，则有：

$$p = p_a + p_w \tag{5-1}$$

根据理想气体状态方程式，p_a 和 p_w 可以表示为：

$$p_a = \rho_a R_a T \tag{5-2}$$

$$p_w = \rho_w R_w T \tag{5-3}$$

式中　ρ_a、ρ_w——干空气和水蒸气在相应分压下的密度，kg/m^3；

R_a、R_w——干空气和水蒸气的气体常数，$J/(kg \cdot K)$；

T——湿空气的热力学温度，K。

其中：

$$R_a = \frac{R}{M_a} = \frac{8314.3}{28.9} = 287.7 [J/(kg \cdot K)]$$

$$R_w = \frac{R}{M_w} = \frac{8314.3}{18} = 462 [J/(kg \cdot K)]$$

二、空气的湿度

湿空气中所含水蒸气的量称为空气的湿度。通常用绝对湿度、相对湿度和湿含量三种方式表示。

1. 绝对湿度

单位体积湿空气中含有的水蒸气质量称为空气的绝对湿度。用 ρ_{ah} 表示，单位为 kg/m³。它在数值上等于在空气温度及水蒸气分压下的水蒸气密度 ρ_w。根据理想气体状态方程式，可得其计算式为：

$$\rho_{ah} = \rho_w = \frac{p_w}{R_w T} = \frac{p_w}{462T} \tag{5-4}$$

由此可知，空气的绝对湿度只与空气的温度 T 及空气中的水蒸气分压 p_w 有关。

空气的绝对湿度也可以通过测量获得，其测量方法：将一定容积的湿空气通过已知质量的干燥剂（如 P_2O_5、$CaCl_2$ 或 H_2SO_4 等），则空气中的水汽被吸收，从干燥剂增加的质量，即可计算出该湿空气的绝对湿度。

空气中水蒸气的含量不可能无限多，当空气中的水蒸气含量超过某一限度时，就会有部分水蒸气凝结成水而析出，此时空气已经被水蒸气饱和。因此，在一定条件下，含有最大水蒸气量的空气称为饱和空气。饱和空气中的水蒸气分压称为空气的饱和水蒸气分压，用 p_{sw} 表示。饱和空气的绝对湿度称为空气的饱和绝对湿度，用 ρ_{sw} 表示。由式(5-4) 有：

$$\rho_{sw} = \frac{p_{sw}}{462T} \tag{5-5}$$

水在大气中的饱和蒸气分压仅与温度有关。在 0～100℃温度范围及标准大气压下，水的饱和蒸气压可用下式准确计算。

$$p_{sw} = 610.8 + 2674.3\frac{t}{100} + 31558\left(\frac{t}{100}\right)^2 - 27645\left(\frac{t}{100}\right)^3 + 94124\left(\frac{t}{100}\right)^4 \tag{5-6}$$

式中，t 为水的温度，℃。

由于饱和空气可以看作是由干空气与同温度下的饱和水蒸气的混合物，因此湿空气的饱和水蒸气压就是同温度时的水的饱和蒸气压。当饱和空气的温度已知时，可由式(5-5) 和式(5-6) 求得饱和水蒸气压相应的饱和绝对湿度。

不同温度时，空气的饱和绝对湿度和饱和水蒸气分压可从表 5-1 中查得。

表 5-1　空气的饱和绝对湿度及其饱和水蒸气分压

温度/℃	饱和绝对湿度 ρ_{sw} /(kg/m³)	饱和水蒸气分压 p_{sw} /kPa	温度/℃	饱和绝对湿度 ρ_{sw} /(kg/m³)	饱和水蒸气分压 p_{sw} /kPa
−15	0.00139	0.1652	45	0.06524	9.5840
−10	0.00214	0.2599	50	0.08294	12.3338
−5	0.00324	0.4012	55	0.10428	15.7377
0	0.00484	0.6106	60	0.13009	19.9163
5	0.00680	0.8724	65	0.16105	25.0050
10	0.00940	1.2278	70	0.19795	31.1567
15	0.01282	1.7032	75	0.24165	38.5160
20	0.01720	2.3379	80	0.29299	47.3465
25	0.02303	3.1674	85	0.35323	57.8102
30	0.03036	4.2430	90	0.42307	70.0970
35	0.03959	5.6231	95	0.50411	84.5335
40	0.05113	7.3764	99.4	0.58625	99.3214

空气的绝对湿度表示了湿空气中水蒸气的绝对含量，空气的饱和绝对湿度则表明了空气

吸收水蒸气的能力极限。

2. 相对湿度

相对湿度是指空气的绝对湿度 ρ_{ah} 与同温度同总压下饱和空气的绝对湿度 ρ_{sw} 之比，用 φ 表示。其数学表达式为：

$$\varphi = \frac{\rho_{ah}}{\rho_{sw}} \times 100\% = \frac{\rho_w}{\rho_{sw}} \times 100\% \tag{5-7}$$

将式(5-4) 和式(5-5) 代入式(5-7)，则有：

$$\varphi = \frac{p_w}{p_{sw}} \times 100\% \tag{5-8}$$

空气的相对湿度表示了空气被水蒸气饱和的程度，即表示了空气的干湿程度，它反映了空气的吸湿能力，因此，它反映出空气作为干燥介质时所具有的干燥能力。空气的相对湿度越大，其吸湿能力越小，即干燥能力越小。$\varphi = 0$ 时，空气为绝对干空气，其干燥能力最大；$\varphi = 100\%$ 时，空气为饱和湿空气，已无干燥能力。

【例 5-1】 将温度为 0℃ 的饱和空气加热至 40℃，计算 40℃ 时空气的相对湿度。

【解】 查表 5-1 得，$t_1 = 0℃$ 时，$\rho_{sw1} = 0.00484 kg/m^3$；$t_2 = 40℃$ 时，$\rho_{sw2} = 0.05113 kg/m^3$。

根据式(5-7)，40℃时空气的相对湿度为：

$$\varphi_2 = \frac{\rho_{ah2}}{\rho_{sw2}} \times 100\% = \frac{\rho_{ah1} \dfrac{273}{273+t_2}}{\rho_{sw2}} \times 100\% = \frac{0.0048 \times \dfrac{273}{273+40}}{0.05113} \times 100\% = 8.2\%$$

从例 5-1 计算结果可知，温度为 0℃ 的饱和空气加热至 40℃ 时，相对湿度由 100% 降至 8.2%。因此，随着温度升高，空气的相对湿度减小，其干燥能力增大。

3. 湿含量

湿物料在一定量的空气中干燥时，随着物料中水分的蒸发，空气的湿度将逐渐增大，但绝干空气的质量却保持不变。因此，在干燥过程中，采用 1kg 绝干空气作为计算基准就比较方便。

1kg 绝干空气所含有水蒸气的质量称为空气的湿含量，用 x 表示，单位为 kg 水蒸气/kg 干空气。其定义式为：

$$x = \frac{m_w}{m_a} \tag{5-9}$$

式中　m_w——湿空气中水蒸气的质量，kg；

　　　m_a——湿空气中干空气的质量，kg。

设湿空气的热力学温度为 T，体积为 V，压强为 p，其中的水蒸气分压为 p_w，干空气分压为 p_a。根据理想气体状态方程，则湿空气中的水蒸气和干空气的状态方程分别为：

$$p_w V = \frac{m_w}{M_w} RT$$

$$p_a V = \frac{m_a}{M_a} RT$$

则式(5-9) 可整理为：

$$x=\frac{p_w M_w}{p_a M_a}=\frac{18p_w}{28.9p_a}=0.623\frac{p_w}{p_a}=0.623\frac{p_w}{p-p_w}=0.623\frac{\varphi p_{sw}}{p-\varphi p_{sw}} \tag{5-10}$$

由式(5-10)可知，当湿空气的总压 p 一定时，其湿含量 x 的大小取决于水蒸气的分压 p_w，并且湿含量 x 随水蒸气分压增大而增大；由于空气的饱和水蒸气分压 p_{sw} 只与温度 t 有关，故当湿空气的总压 p 一定时，湿含量 x 是温度 t 和相对湿度 φ 的函数。

空气湿度的三种表示方式虽然都用于表示空气中所含水蒸气的量，但三者具有不同的用途。绝对湿度 ρ_{ah} 测定较方便；相对湿度 φ 能客观地表示空气的干燥能力；湿含量 x 便于干燥过程的计算。并且，三种湿度可以相互换算。

三、湿空气的密度和比体积

1. 湿空气的密度

湿空气的密度等于单位体积湿空气中干空气的质量与水蒸气的质量之和，即

$$\rho=\frac{m_a+m_w}{V}=\rho_a+\rho_w \tag{5-11}$$

根据理想气体状态方程式和式(5-1)，式(5-11)可整理为：

$$\rho=\rho_a+\rho_w=\frac{p_a}{R_a T}+\frac{p_w}{R_w T}=\frac{1}{T}\left(\frac{p-p_w}{R_a}+\frac{p_w}{R_w}\right)=\frac{1}{T}\left[\frac{p}{R_a}-\frac{p_w(R_w-R_a)}{R_a R_w}\right]$$

由式(5-10)可推得 $p_w=\frac{xp}{0.623+x}$，代入上式，并整理后得：

$$\rho=\frac{(1+x)p}{462\times(0.623+x)T} \tag{5-12}$$

2. 湿空气的比体积

湿空气的比体积是指单位质量湿空气的体积，即其密度的倒数。用 ν 表示，单位为 m^3/kg。其计算式为：

$$\nu=\frac{1}{\rho}=\frac{462\times(0.623+x)T}{(1+x)p} \tag{5-13}$$

四、湿空气的热含量

湿空气的热含量是指以 0℃和 1kg 绝干空气为基准的湿空气中所含有的总热量。用 I 表示，单位为 kJ/kg 干空气。其计算式为：

$$I=c_a t+(c_w t+2490)x=(c_a+c_w x)t+2490x \tag{5-14}$$

式中　t——湿空气的温度，℃；

c_a、c_w——绝干空气和水蒸气在 0~t℃的定压质量平均比热容，在 200℃以下的干燥温度范围内可取 $c_a=1.006$kJ/(kg·℃)、$c_w=1.930$kJ/(kg·℃)，kJ/(kg·℃)；

2490——0℃时水的汽化热，kJ/kg。

显然，湿空气的热含量是由湿空气的显热和水蒸气的潜热两部分组成。在干燥过程中，可以利用的湿空气的热含量仅为湿空气的显热部分。

五、湿空气的温度参数

在干燥过程中，根据不同的需要，湿空气的温度参数可以用干球温度、湿球温度、露点和绝热饱和温度四个温度参数表示。

1. 干球温度

湿空气的干球温度是指用普通温度计（如水银温度计）所测得的空气温度，是湿空气的实际温度。用 t 表示。

2. 湿球温度

在玻璃液体温度计的温包（水银感温球）上裹以湿纱布，纱布的另一端浸入水中，就构成了一个湿球温度计，如图 5-2 所示。

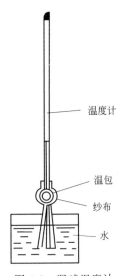

温度计

温包

纱布

水

图 5-2　湿球温度计

用湿球温度计测得的空气温度称为空气的湿球温度，用 t_{wb} 表示。由于毛细管的作用，湿球温度计的纱布一直处于湿润状态。当空气的相对湿度 $\varphi < 100\%$ 时，湿纱布上的水汽化蒸发，水分汽化所需的潜热首先取自湿纱布中水的显热，使其温度下降（即湿球温度计的读数下降），从而使周围空气与湿纱布之间产生温差，湿纱布将从空气中获得热量供水分蒸发；当空气向湿纱布的传热速率等于水分汽化耗热的速率时，湿球温度计的读数维持不变，此时的温度即为湿球温度。

湿球温度实际上是湿纱布中水分的温度，而不是空气的实际温度，它是表征湿空气状态或性质的一个参数，它取决于湿空气的温度和相对湿度。当空气温度一定时，相对湿度愈小，湿纱布中水分蒸发得愈多，湿球温度愈低，干球温度与湿球温度差值就愈大。

由空气的干球温度 t 和干湿球温度差 $t - t_{wb}$ 可以从附录十一中查得空气的相对湿度 φ 值。

3. 露点

未饱和的湿空气在湿含量 x 不变的条件下，冷却至饱和状态（$\varphi = 100\%$）时的温度称为露点，用 t_d 表示。当空气的温度低于露点时，空气中的水蒸气就会冷凝成水而析出。设 p_d 为相应于露点时空气中的饱和水蒸气压，则由式(5-10) 有：

$$p_d = \frac{xp}{0.623 + x} \tag{5-15}$$

由此可知，当空气的总压 p 一定时，露点时的饱和水蒸气压 p_d 仅与湿含量 x 有关。当 p 和 x 已知时，可求得 p_d，在表 5-1 中即可查得相应的露点 t_d。

在干燥过程中，只要是气体与物料相互接触的场合，气体的温度必须要高于露点，否则物料就会受潮或结露而影响干燥质量。干燥器排出的废气温度至少要比其露点高 $10 \sim 20℃$，以防在排气、收尘系统中结露。当热烟气作为干燥剂时，因其含有 SO_2，很少量即会使露点急剧上升。此时一旦温度降至露点以下，析出的水溶入 SO_2 形成酸雾，会腐蚀排风机、管道等金属设备。

空气的干球温度、湿球温度和露点之间的关系：对于不饱和的湿空气，$t > t_{wb} > t_d$；对于饱和湿空气，$t = t_{wb} = t_d$。

4. 绝热饱和温度

设有一定量的不饱和空气连续通入绝热饱和器内与大量喷洒水接触，空气被水饱和后，再引出绝热饱和器，如图 5-3 所示。水用泵循环，可认为水温是均匀而恒定的。由于是绝热系统，所以水向空气中汽化所需潜热只能由空气降温的显热供给；空气在绝热饱和过程中，湿度逐渐增大，而温度逐渐下降；当空气被水汽饱和时其温度不再下降，此时的温度即为空气的绝热饱和温度。因此，空气的绝热饱和温度是指空气在绝热条件下增湿降温而达到饱和时的温度，用 t_{ac} 表示。

令 I、x、t 表示空气初始时的热含量、湿含量和干球温度，I_{ac}、x_{ac}、t_{ac} 表示空气绝热饱和时的热含量、湿含量和干球温度，γ 表示水在 t_{ac} 时的汽化潜热，c 表示水蒸气在 t_{ac} 时的比热容。则空气绝热饱和时湿含量的增量为 $(x_{ac}-x)$，为使这部分水汽化，绝热条件下空气需传给水的热量（即空气减少的热含量）为 $(x_{ac}-x)\gamma$；同时这部分水蒸气带入空气中的热量为 $(x_{ac}-x)ct_{ac}+(x_{ac}-x)\gamma$，即空气通过绝热饱和器时，其焓的增量为：

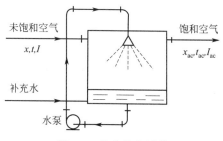

图 5-3　绝热饱和过程

$$\Delta I = I_{ac}-I = (x_{ac}-x)ct_{ac} \tag{5-16}$$

通常 ΔI 很小，故可认为 $I \approx I_{ac}$。根据式(5-14)有：

$$(c_a+c_w x)t+2490x \approx (c_a'+c_w' x_{ac})t_{ac}+2490x_{ac}$$

式中，c_a'、c_w' 是在 $0\sim t_{ac}$ 时绝干空气和水蒸气的定压质量平均比热容；$(c_a+c_w x)$ 和 $(c_a'+c_w' x_{ac})$ 是以单位质量绝干空气为基准的湿空气进入和离开绝热饱和器时的热容。可以认为 $(c_a+c_w x) \approx (c_a'+c_w' x_{ac}) = C_x$。于是有：

$$t_{ac}=t-\frac{2490(x_{ac}-x)}{C_x} \tag{5-17}$$

式中，C_x 为以单位质量绝干空气为基准的湿空气的热容，$kJ/℃$。

由此可知，绝热饱和温度 t_{ac} 是随着空气的干球温度 t 及湿含量 x 而变化。也可以说它是空气在焓不变的情况下增湿降温而达到饱和的温度。

实验证明，在空气-水系统中，空气的绝热饱和温度近似等于其湿球温度，即 $t_{ac} \approx t_{wb}$。

【例 5-2】　已知空气的干球温度 $t=45℃$，相对湿度 $\varphi=60\%$，大气压强 $p=101.325kPa$，求该空气的水蒸气分压、绝对湿度、湿含量、密度、热含量、湿球温度及露点。

【解】　$t=45℃$ 时，由表 5-1 查得饱和水蒸气分压 $p_{sw}=9.5840kPa$。

根据式(5-8)，则水蒸气的分压为：

$$p_w=\varphi p_{sw}=60\% \times 9.5840=5.750(kPa)$$

根据式(5-4)，空气的绝对湿度为：

$$\rho_{ah}=\frac{p_w}{462T}=\frac{5.750 \times 10^3}{462 \times (273+45)}=0.039(kg/m^3)$$

根据式(5-10)，空气的湿含量为：

$$x=0.623\frac{p_w}{p-p_w}=0.623 \times \frac{5.750}{101.325-5.750}=0.037(kg\ 水蒸气/kg\ 干空气)$$

根据式(5-12)，空气的密度为：

$$\rho=\frac{(1+x)p}{462 \times (0.623+x)T}=\frac{(1+0.037) \times 101325}{462 \times (0.623+0.037) \times (273+45)}=1.084(kg/m^3)$$

根据式(5-14)，空气的热含量为：

$$I=(c_a+c_w x)t+2490x$$
$$=(1.006+1.930 \times 0.037) \times 45+2490 \times 0.037=140.6(kJ/kg\ 干空气)$$

由干球温度 $t=45℃$ 和相对湿度 $\varphi=60\%$，在附录十一中查得空气的干湿球温度差 $t-t_{wb}=7.8℃$，所以湿球温度为：

$$t_{wb}=t-7.8=45-7.8=37.2(℃)$$

由式(5-15) 可以求得相应于露点时空气中的饱和水蒸气压为:

$$p_d=\frac{xp}{0.623+x}=\frac{0.037\times101.325}{0.623+0.037}=5.680(kPa)$$

由表 5-1 用线性内插法可得对应的饱和温度,即露点为:

$$t_d=35+\frac{5.680-5.6231}{7.3764-5.6231}\times(40-35)=35.2(℃)$$

第三节　湿空气的 I-x 图及其应用

在干燥计算过程中,常常需要湿空气的各种性质或状态参数,如 t、t_{wb}、φ、x、I、p_w 等,这些参数可以用前面介绍的公式进行计算,但比较烦琐。工程上为了方便,将有关湿空气性质的各参数间的数学关系式绘制成图线,即湿度图。湿度图有焓-湿图 (I-x 图)、湿度-温度图 (x-t 图) 等,最常用的是焓-湿图 (I-x 图)。下面主要介绍 I-x 图。

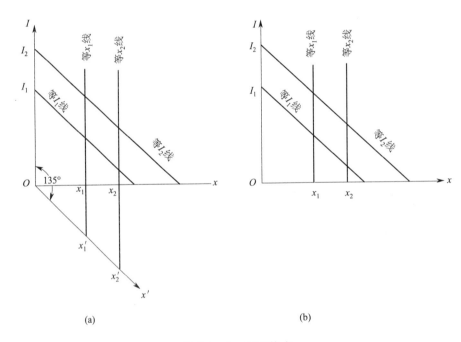

图 5-4　I-x 图的构成

一、 I-x 图的组成

I-x 图是以空气的湿含量 x 为横坐标,热含量 I 为纵坐标,在一定总压下,以 1kg 干空气为基准制作的,它由六组图线组成,即等湿含量线 (等 x 线)、等热含量线 (等 I 线)、等干球温度线 (等 t 线)、等湿球温度线 (等 t_{wb} 线)、等相对湿度线 (等 φ 线) 和水蒸气分压线 (p_w 线)。为了使各图线能较好分布,不致聚集在一起而看不清楚,构图时采用了夹角为 135° 的斜坐标系,如图 5-4 (a) 所示的 IOx';但因斜坐标使用不便,另作辅助横轴 Ox 与纵轴垂直正交,而将斜轴 Ox' 上的数值投影在辅助横轴 Ox 上,因此在实际使用时仍使用

正交直角坐标系 IOx，如图 5-4（b）所示，斜坐标系仅为构图时采用。I-x 图参见附录十二和附录十三，其中附录十二是干球温度从 $-10\sim200℃$ 的 I-x 图，附录十三是干球温度从 $0\sim1450℃$ 的 I-x 图。在 I-x 图上任何一点均表示湿空气的某一状态，其状态参数有热含量 I、湿含量 x、干球温度 t、湿球温度 t_{wb}、相对湿度 φ 和水蒸气分压 p_w。

1. 等湿含量线（等 x 线）

等 x 线是一簇平行于纵坐标的直线，在每一条等 x 线上，空气的湿含量是相等的，即 $x=$ 常数，如图 5-4(b) 中的等 x_1 线和等 x_2 线。

2. 等热含量线（等 I 线）

等 I 线是一簇平行于斜轴 Ox' 的直线，即一簇从左向右倾斜向下的直线，与水平横轴 Ox 成 $45°$ 交角，在每一条等 I 线上，空气的热含量是相等的，即 $I=$ 常数，如图 5-4（b）中的等 I_1 线和等 I_2 线。

从式(5-14) 可知，热含量 I 是湿空气干球温度 t 和湿含量 x 的函数。所以从 I-x 图中可以看出，对于等温度的湿空气，I 随 x 的增大而增大；而对于等湿含量的湿空气，I 随 t 的增大而增大。

3. 等干球温度线（等 t 线或简称等温线）

等 t 线是一簇从左向右倾斜向上的直线。在每一条等 t 线上，空气的干球温度是相等的，即 $t=$ 常数。

等 t 线是根据式(5-14)，直线方程为 $I=1.006t+（1.930t+2490）x$ 而绘制的。当 t 一定时，I 与 x 成线性关系，其直线的截距为 $1.006t$、斜率为 $（1.930t+2490）$；当 t 不同时，直线的斜率和截距不同，故等 t 线是一簇互不平行的直线。

4. 等相对湿度线（等 φ 线）

等 φ 线为一簇向上微凸的曲线。在每一条等 φ 线上，空气的相对湿度是相等的，即 $\varphi=$ 常数。

等 φ 线是根据式(5-10)，即 $x=0.623\dfrac{\varphi p_{sw}}{p-\varphi p_{sw}}$ 而绘制的。在总压 p 和相对湿度 φ 一定时，湿含量 x 仅与空气的饱和水蒸气分压 p_{sw} 有关，而 p_{sw} 又只与干球温度 t 有关，因此 x 只与 t 有关，即 $x=f（t）$。所以当 φ 为一定值时，即可求得一系列的温度 t 所对应的 x 值，把 t 与对应的 x 的交点相连接即可得到一条向上微凸的该定值 φ 的等 φ 曲线。

当 $t=100℃$ 时，等 φ 线突变为垂直向上的直线。由于当 $t>100℃$ 时，空气中的水蒸气达到饱和，湿含量 x 保持一定值不变。

$\varphi=100\%$ 的等 φ 线称为湿空气的饱和线。饱和线以下的区域，空气处于不稳定的过饱和状态，湿空气已成雾状；饱和线以上的区域是未饱和区，φ 值越小的区域离饱和线越远，空气的干燥能力就越大。

在 I-x 图上通常表明作图时的空气总压强 p 值，若实际压强 p' 与 p 值有较大偏差时，应将图中查得的 φ 值加以修正，对应于实际压强 p' 的实际相对湿度 φ' 的计算式为：

$$\varphi'=\varphi\frac{p'}{p} \tag{5-18}$$

5. 水蒸气分压线（p_w 线）

p_w 线是一条从原点开始并向上微凸的曲线，位于饱和区内。p_w 的纵坐标在 I-x 图中的右侧。在附录十二中，p_w 线接近于一条直线。

根据式(5-8) 和式(5-10)，可得 p_w 与湿含量 x 间的关系式为：

$$p_{\mathrm{w}} = \varphi p_{\mathrm{sw}} = \frac{xp}{0.623 + x} \qquad (5\text{-}19)$$

由式(5-19)可知，当空气总压 p 一定时，p_{w} 是 x 的单值函数。给定一个 x 值，即可得到一个相应的 p_{w} 值，由此即可绘制出 p_{w} 线。

6. 等湿球温度线（等 t_{wb} 线）

等 t_{wb} 线是一簇近似于平行的斜向下的虚直线，其下端止于与 $\varphi = 100\%$ 的等 φ 线的交点，t_{wb} 值标注在 $\varphi = 100\%$ 的等 φ 线上。

由于 $t_{\mathrm{wb}} \approx t_{\mathrm{ac}}$，根据式(5-16)，有：

$$I = (I_{\mathrm{ac}} - ct_{\mathrm{ac}}x_{\mathrm{ac}}) + ct_{\mathrm{ac}}x = (I_{\mathrm{ac}} - ct_{\mathrm{wb}}x_{\mathrm{ac}}) + ct_{\mathrm{wb}}x$$

由此可知，当湿球温度 t_{wb}（即绝热饱和温度 t_{ac}）给定时，水蒸气在 t_{wb} 时的比热容 c 为已知数，x_{ac} 和 I_{ac} 可由 $t = t_{\mathrm{wb}}$ 的等 x 线与 $\varphi = 100\%$ 的等 φ 线的交点获得，因而 x_{ac} 和 I_{ac} 也为已知数，所以 I 与 x 是线性关系，即湿空气的等 t_{wb} 线（即等 t_{ac} 线）是一直线，并且其下端止于与湿空气的饱和线（即 $\varphi = 100\%$ 的等 φ 线）的交点。

当空气温度较低或计算要求不高时，也可以用等 I 线近似代替等 t_{wb} 线。

二、 I-x 图的应用

(一) 湿空气状态参数的图解

在 $I\text{-}x$ 图上的任何一点均表示湿空气的某一状态，其状态参数有热含量 I、湿含量 x、干球温度 t、湿球温度 t_{wb}、相对湿度 φ、水蒸气分压 p_{w}、饱和水蒸气分压 p_{sw} 和露点 t_{d} 等。若已知其中任意两个独立的状态参数，就可以在 $I\text{-}x$ 图上找到该空气的状态点，即可从图上查得其他状态参数。故应用 $I\text{-}x$ 图确定干燥介质（湿空气）的状态参数，可免去计算过程，较为方便。

但必须指出，并非所有的状态参数都是独立的，如露点 t_{d} 与湿含量 x、t_{wb} 与 I、p_{sw} 与 t 等均不是彼此独立的。查 $I\text{-}x$ 图时，必须有两个独立的状态参数，才能确定湿空气状态。

1. 已知空气的湿含量 x 和干球温度 t，求其他状态参数

已知空气的湿含量 x 和干球温度 t，利用 $I\text{-}x$ 图求其他状态参数如图 5-5 所示，具体图解步骤如下：

① 在 $I\text{-}x$ 图上，找到已知 x 值的等 x 线和已知 t 值的等 t 线的交点 A，即空气的状态点。

② 根据等 φ 线从 A 点可读出相对湿度 φ_A 值。

③ 过 A 点作平行于等 I 线的直线，和左侧纵轴相交，可读出热含量 I_A 值。

④ 过 A 点的等 x 线向下与 $\varphi = 100\%$ 的等 φ 线相交于 B 点，过 B 点的等 t 线的温度即为露点 t_{d}。

⑤ 过 A 点的等 x 线向下与水蒸气分压线（p_{w} 线）相交于 C 点，过 C 点再作水平线与右侧纵轴相交，即可读出所求水蒸气分压 p_{w} 值。

⑥ 过 A 点作平行于等 t_{wb} 线的直线（虚线）与 $\varphi = 100\%$ 的等 φ 线相交于 D 点，D 点对应的湿球温度即为所求 t_{wb}。

⑦ 过 A 点的等 t 线与 $\varphi = 100\%$ 的等 φ 线相交与 E 点，过 E 点向下作垂直线与 p_{w} 线相交于 F 点，过 F 点再作水平线与右侧纵轴相交，即可读出所求的饱和水蒸气分压 p_{sw} 值。

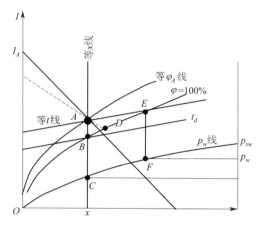

图 5-5　已知空气的 x 和 t，求其他参数的图解

【例 5-3】　已知空气的干球温度 $t=47℃$，湿含量 $x=0.014\text{kg}$ 水蒸气/kg 干空气。利用 I-x 图求其他状态参数。

【解】　（1）在附录十二的 I-x 图上，找到 $x=0.014\text{kg}$ 水蒸气/kg 干空气的等 x 线和 $t=47℃$ 的等 t 线的相交点 A，即为该空气的状态点。

（2）从 A 点可读得 $\varphi=20\%$。

（3）过 A 点作平行于等 I 线的直线，和左侧纵轴相交，读得 $I\approx84\text{kJ/kg}$ 干空气。

（4）过 A 点的等 x 线向下与 $\varphi=100\%$ 的等 φ 线相交，由此点所在的等 t 线的温度读得露点 $t_d\approx19℃$。

（5）过 A 点的等 x 线向下与水蒸气分压线（p_w 线）相交，过此交点再作水平线与右侧的 p_w 纵坐标相交，读得 $p_w\approx17\text{ kPa}$。

（6）过 A 点作平行于等 t_{wb} 线的直线与 $\varphi=100\%$ 线相交，读得 $t_{wb}\approx26.8℃$。

（7）$t=47℃$ 的等 t 线与 $\varphi=100\%$ 的等 φ 线相交，过交点向下作垂直线与 p_w 线相交，过此交点再作水平线与右侧的纵坐标相交，读得 $p_{sw}\approx78\text{ kPa}$。

2. 已知空气的干球温度 t 和湿球温度 t_{wb}，求其他状态参数

已知空气的干球温度 t 和湿球温度 t_{wb}，利用 I-x 图求其他状态参数的具体图解步骤如下：

①　在 I-x 图上，找到已知 t 值的等 t 线和已知 t_{wb} 值的等 t_{wb} 线的交点 A，即为该空气的状态点。

②　过 A 点的等 x 线与水平横轴相交，可读出 x 值。

③　过 A 点的等 I 线与左侧纵轴相交，可读出 I 值。

④　由过 A 点的等 φ 线可以读出 φ 值。

⑤　过 A 点的等 x 线与 $\varphi=100\%$ 的等 φ 线相交，此交点所在的等 t 线的温度即为露点 t_d。

⑥　过 A 点的等 x 线与水蒸气分压线（p_w 线）相交，过此交点作水平线与右侧纵轴相交，即可读出 p_w 值。

⑦　过 A 点的等 t 线与 $\varphi=100\%$ 的等 φ 线相交，过此交点向下作垂直线与 p_w 线相交，

再作水平线与右侧纵轴相交，即可读出 p_{sw} 值。

【例 5-4】 已知空气的干球温度 $t=30℃$，湿球温度 $t_{wb}=25℃$，大气压强 $p=99.325$ kPa。利用 I-x 图求空气的湿含量（x）、热含量（I）、相对湿度（φ）、水蒸气分压（p_w）及露点（t_d）。

【解】 （1）在附录十二的 I-x 图上，找到 $t=30℃$ 的等 t 线与 $t_{wb}=25℃$ 的等 t_{wb} 线的交点 A，即该空气的状态点。

（2）过 A 点的等 x 线与水平横轴相交，读得 $x=0.018$kg 水蒸气/kg 干空气。

（3）过 A 点的等 I 线与左侧纵轴相交，读得 $I \approx 77$kJ/kg 干空气。

（4）由过 A 点的等 φ 线可得 $\varphi \approx 66\%$。

（5）过 A 点的等 x 线与 $\varphi=100\%$ 的等 φ 线相交，此交点所在等 t 线的温度即为露点，即 $t_d \approx 23℃$。

（6）过 A 点的等 x 线与 p_w 线相交，过此交点作水平线与右侧纵轴相交，读出 $p_w \approx 2.8$kPa。

3. 已知空气的干球温度 t 和相对湿度 φ，求其他状态参数

已知空气的干球温度 t 和相对湿度 φ，利用 I-x 图求其他状态参数的具体图解步骤如下：

① 在 I-x 图上，找到已知 t 值的等 t 线和已知 φ 值的等 φ 线的交点 A，即为该空气的状态点。

② 过 A 点的等 x 线与水平横轴相交，可读出 x 值。

③ 过 A 点的等 I 线与左侧纵轴相交，可读出 I 值。

④ 过 A 点作平行于等 t_{wb} 线的直线与 $\varphi=100\%$ 的等 φ 线相交，此点对应的湿球温度即为所求 t_{wb}。

⑤ 过 A 点的等 x 线与 $\varphi=100\%$ 的等 φ 线相交，此交点所在的等 t 线的温度即为露点 t_d。

⑥ 过 A 点的等 x 线与水蒸气分压线（p_w 线）相交，过此交点作水平线与右侧纵轴相交，即可读出 p_w 值。

⑦ 过 A 点的等 t 线与 $\varphi=100\%$ 的等 φ 线相交，过此交点向下作垂直线与 p_w 线相交，再作水平线与右侧纵轴相交，即可读出 p_{sw} 值。

【例 5-5】 已知空气的干球温度为 $t=70℃$，$\varphi=26\%$。利用 I-x 图求其他状态参数。

【解】 （1）在附录十二的 I-x 图上，找到 $t=70℃$ 的等 t 线与 $\varphi=26\%$ 的等 φ 线的交点 A，即该空气的状态点。

（2）过 A 点的等 x 线与水平横轴相交，读得 $x=0.053$ kg 水蒸气/kg 干空气。

（3）过 A 点的等 I 线与左侧纵轴相交，读得 $I=210$kJ/kg 干空气。

（4）过 A 点作平行于等 t_{wb} 线的直线与 $\varphi=100\%$ 的等 φ 线相交，读得 $t_{wb}=45℃$。

（5）过 A 点的等 x 线与 $\varphi=100\%$ 的等 φ 线相交，此交点所在等 t 线的温度即为露点，即 $t_d \approx 41℃$。

（6）过 A 点的等 x 线与 p_w 线相交，过此交点作水平线与右侧纵轴相交，读得 $p_w \approx 8.31$kPa。

（二）空气经加热器预热后的状态参数的图解

设空气进加热器前的状态参数为 t_0、φ_0、x_0、I_0，出加热器的参数为 t_1、φ_1、x_1、I_1。空气预热过程是等湿含量过程，即 $x_0 = x_1$。则空气加热前后的状态参数及从加热器中获得的热量均可由 I-x 图图解求得。图解步骤如下：

① 在 I-x 图上，由已知条件分别找到空气进加热器前的状态点 A 和出加热器前的状态点 B，并且 A 点与 B 点在同一条等 x 线上。

② 用前面叙述的方法，分别由 A 点和 B 点读得两个状态的其他参数。

③ 进行计算。

【例 5-6】　将 $t_0 = 20℃$、$\varphi_0 = 60\%$ 的空气经加热器加热到 $t_1 = 95℃$。利用 I-x 图求：

(1) 空气进入加热器前的湿含量 x_0 和热含量 I_0；

(2) 空气加热后的 x_1、I_1 和 φ_1；

(3) 空气从加热器中获得的热量。

【解】　(1) 在 I-x 图上，找到 $t_0 = 20℃$ 的等 t 线与 $\varphi_0 = 60\%$ 的等 φ 线的交点 A，即空气进入加热器前的状态点。因此可查得：

$x_0 \approx 0.009$ kg 水蒸气/kg 干空气，$I_0 = 42$ kJ/kg 干空气。

(2) 由于 $x_1 = x_0 \approx 0.009$ kg 水蒸气/kg 干空气，故过 A 点的等 x 线与 $t_1 = 95℃$ 的等 t 线的交点 B 即为空气出加热器的状态点。因此可查得：

$I_1 \approx 120$ kJ/kg 干空气，$\varphi_1 < 5\%$。

(3) 空气从加热器中获得的热量为：

$$q = I_1 - I_0 = 120 - 42 = 78 \text{（kJ/kg 干空气）}$$

（三）热烟气与冷空气混合后状态参数的图解

在无机非金属材料工业中除了用空气作为干燥介质外，还常用来自窑炉或热风炉的热烟气作为干燥介质，并且热烟气的温度通常都比较高，一般不适合单独作为干燥介质，需要与冷空气按一定比例混合，以使混合气的温度降至符合干燥工艺的要求。虽然 I-x 图是根据空气的性质绘制的，但由于从干燥过程的角度来看，湿烟气与湿空气性质很接近，因此 I-x 图也适用于湿烟气及烟气与空气的混合气体的状态参数的图解。

1. 热烟气湿含量与热含量的计算

如前所述，在 I-x 图上确定空气的状态点时，需要有两个相互独立的状态参数。在确定烟气的状态点时，同样也需要两个相互独立的状态参数，其中烟气的热含量和湿含量是可以由燃烧计算求得的。

令热烟气的干球温度、相对湿度、湿含量和热含量分别为 t_{fl}、φ_{fl}、x_{fl} 和 I_{fl}。

(1) 燃烧固体或液体燃料时，烟气的湿含量及热含量的计算　固体和液体燃料的收到基元素分析组成（质量分数）：$C_{ar}\%$、$H_{ar}\%$、$O_{ar}\%$、$N_{ar}\%$、$S_{ar}\%$、$A_{ar}\%$、$M_{ar}\%$。燃料燃烧需要的理论空气量为 V_a^0 Nm³/kg 燃料，空气系数为 α。空气的湿含量为 x_0 kg 水蒸气/kg 干空气。

1kg 固体或液体燃料燃烧时，燃烧产生的水蒸气量为 $\dfrac{9H_{ar} + M_{ar}}{100}$ kg，需要的干空气质量为 $1.293\alpha V_a^0$ kg，则由空气带入的水蒸气质量为 $1.293\alpha V_a^0 x_0$ kg。所以 1kg 固体或液体燃料燃烧后烟气中含有的水蒸气总质量为$\left(1.293\alpha V_a^0 x_0+\dfrac{9H_{ar}+M_{ar}}{100}\right)$kg。

1kg 固体或液体燃料燃烧时，除去灰分和生成的水的质量，即为干烟气的质量。因此，根据质量守恒，生成的干烟气质量为$\left(1.293\alpha V_a^0+1-\dfrac{A_{ar}+9H_{ar}+M_{ar}}{100}\right)$kg。

对于液体燃料，若采用雾化燃烧法，并且用水蒸气作为雾化剂，假设水蒸气的耗量为$M_a$kg 水蒸气/kg 燃料。

根据湿含量的定义，烟气的湿含量x_{fl}计算式为：

$$x_{fl}=\frac{1.293\alpha V_a^0 x_0+(9H_{ar}+M_{ar})\%+M_a}{1.293\alpha V_a^0+1-(A_{ar}+9H_{ar}+M_{ar})\%} \tag{5-20}$$

根据热含量的定义，烟气的热含量I_{fl}计算式为：

$$I_{fl}=\frac{\eta Q_{gr}+c_f t_f+1.293\alpha V_a^0 I_0}{1.293\alpha V_a^0+1-(A_{ar}+9H_{ar}+M_{ar})\%} \tag{5-21}$$

式中　Q_{gr}——燃料的收到基高位发热量，kJ/kg；

　　　η——考虑炉体散热等因素的燃烧热效率，一般为 0.75～0.85；

　　　t_f——燃料的温度，℃；

　　　c_f——燃料的平均比热容，kJ/(kg·℃)；

　　　I_0——空气的热含量，kJ/kg 干空气。

（2）燃烧气体燃料时，烟气的湿含量及热含量的计算　气体燃料的湿成分质量分数（%）组成为：CO^v、H_2^v、H_2S^v、$C_xH_y^v$、CO_2^v、SO_2^v、N_2^v、O_2^v、H_2O^v。1kg 气体燃料燃烧需要的理论空气量为$V_a^0 Nm^3/kg$ 气体燃料，空气系数为α。空气的湿含量为$x_0$kg 水蒸气/kg 干空气。

1kg 气体燃料燃烧后烟气中含有的水蒸气总质量为：

$$1.293\alpha V_a^0 x_0+\frac{1}{100}\left(9H_2^v+\frac{18}{34}H_2S^v+H_2O^v+\sum\frac{9y}{12x+y}C_xH_y^v\right)kg$$

1kg 气体燃料燃烧后，生成的干烟气质量为：

$$1.293\alpha V_a^0+1-\frac{1}{100}\left(9H_2^v+\frac{18}{34}H_2S^v+H_2O^v+\sum\frac{9y}{12x+y}C_xH_y^v\right)kg$$

根据湿含量的定义，烟气的湿含量x_{fl}计算式为：

$$x_{fl}=\frac{1.293\alpha V_a^0 x_0+\dfrac{1}{100}\left(9H_2^v+\dfrac{18}{34}H_2S^v+H_2O^v+\sum\dfrac{9y}{12x+y}C_xH_y^v\right)}{1.293\alpha V_a^0+1-\dfrac{1}{100}\left(9H_2^v+\dfrac{18}{34}H_2S^v+H_2O^v+\sum\dfrac{9y}{12x+y}C_xH_y^v\right)} \tag{5-22}$$

式中，H_2^v、H_2S^v、$C_xH_y^v$、H_2O^v为气体燃料中各组分的质量分数，%。

气体燃料的组成通常是以各组分的体积分数给出，将组分i的体积分数v_i变为质量分数w_i的计算式为：

$$w_i=\frac{v_i M_i}{\sum v_i M_i} \tag{5-23}$$

式中，M_i为气体燃料中组分i的摩尔质量，kg/kmol。

根据热含量的定义，烟气的热含量 I_{f1} 计算式为：

$$I_{f1} = \frac{\eta Q_{gr} + c_f t_f + 1.293 a V_a^0 I_0}{1.293 a V_a^0 + 1 - \frac{1}{100}\left(9 H_2^v + \frac{18}{34} H_2 S^v + H_2 O^v + \sum \frac{9y}{12x+y} C_x H_y^v\right)} \tag{5-24}$$

式中　　Q_{gr}——气体燃料的湿基高位发热量，kJ/kg 气体燃料；

η——考虑炉体散热等因素的燃烧热效率，一般为 $0.75 \sim 0.85$；

t_f——气体燃料的温度，℃；

c_f——气体燃料的平均比热容，kJ/（kg·℃）；

I_0——空气的热含量，kJ/kg 干空气。

2. 热烟气和冷空气混合后状态参数的图解

令热烟气的干球温度、相对湿度、湿含量和热含量分别为 t_{f1}、φ_{f1}、x_{f1} 和 I_{f1}，冷空气的干球温度、相对湿度、湿含量和热含量分别为 t_0、φ_0、x_0 和 I_0，热烟气与冷空气的混合气体的干球温度、相对湿度、湿含量和热含量分别为 t_{m1}、φ_{m1}、x_{m1} 和 I_{m1}。

热烟气与冷空气混合后的温度 t_{m1} 通常由干燥工艺要求而定。欲求的是冷空气的掺入量及混合气体的状态参数 φ_{m1}、x_{m1}、I_{m1} 等。

根据已知状态参数，在 I-x 图上找到冷空气的状态点 A 和热烟气的状态点 B，如图 5-6 所示。

设 1kg 干热烟气需要混入的干冷空气为 n kg，n 称为混合比。

根据质量守恒，混合气体的湿含量等于热烟气的湿含量与冷空气的湿含量之和，即 $x_{f1} + n x_0 = (1+n) x_{m1}$，整理后得：

$$n = \frac{x_{f1} - x_{m1}}{x_{m1} - x_0}\text{（kg 干冷空气/kg 干热烟气）} \tag{5-25}$$

根据能量守恒，混合气体的热含量等于热烟气的热含量与冷空气的热含量之和，即 $I_{f1} + n I_0 = (1+n) I_{m1}$，整理后得：

$$n = \frac{I_{f1} - I_{m1}}{I_{m1} - I_0}\text{（kg 干冷空气/kg 干热烟气）} \tag{5-26}$$

因此，有：

$$\frac{x_{f1} - x_{m1}}{x_{m1} - x_0} = \frac{I_{f1} - I_{m1}}{I_{m1} - I_0} \tag{5-27}$$

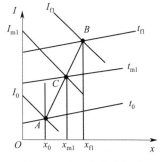

图 5-6　冷、热混合气体
状态参数的图解

显然，式(5-27) 是连接冷空气状态点 $A(x_0, I_0)$ 和热烟气状态点 $B(x_{f1}, I_{f1})$ 的直线方程，它表明混合气体的状态点 (x_{m1}, I_{m1}) 是直线 AB 的内分点，直线 AB 即为混合过程线。因此，$t = t_{m1}$ 的等 t 线与 AB 直线的交点 C 即为混合气体的状态点，如图 5-6 所示。由此可以在 I-x 图上查得冷空气、热烟气和混合气体的未知状态参数，并且可以计算出混合比 n。

第四节　干燥过程的物料平衡与热量平衡

通过物料衡算，可以确定物料在干燥器中每小时蒸发的水量和所需供给的干燥介质量；

通过热量衡算，可以计算干燥系统的热耗。

对干燥过程进行物料衡算和热量衡算，一是为了满足干燥器设计的需要，二是用以衡量运行中的干燥器的结构和操作等是否合理。

一、干燥设备及流程

对流式干燥器通常由空气预热器（或燃烧室、混合室）、干燥器、通风设备、辅助设备等四部分组成。

1. 空气预热器（或燃烧室、混合室）

用于产生热空气或混合气体，作为干燥介质。预热器用以预热空气；燃烧室用于产生高温烟气，高温烟气也可以来自窑炉；混合室用于冷空气与热烟气混合。

2. 干燥器

在干燥器中，物料与干燥介质（热气体）进行热交换，物料受热后水分蒸发而得到干燥，水蒸气随干燥介质流出干燥器。

3. 通风设备

包括风机、管道及烟囱等，用以供给干燥介质，并排出废气。

4. 辅助设备

包括喂料设备、输送设备、收尘设备等。主要用以运载物料进出干燥器，如干燥车、运输带、推板、吊篮等。

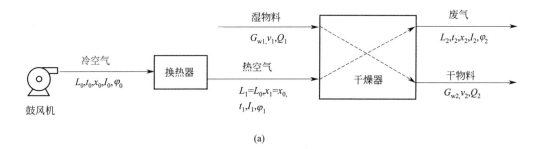

(a)

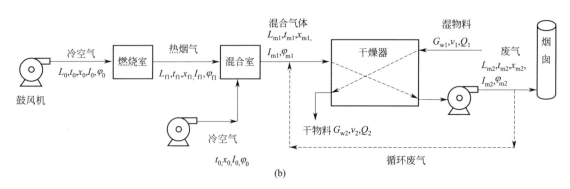

(b)

图 5-7　对流干燥流程示意图

对流干燥的流程如图 5-7 所示。图 5-7（a）是用热空气作干燥介质，物料与干燥介质顺向运动的干燥流程；图 5-7 (b) 是用热烟气与冷空气的混合气作干燥介质，物料与干燥介质逆向运动的干燥流程。

二、物料平衡

(一) 物料中水分的表示方法

湿物料是由绝干物料和水分组成的。设湿物料的质量为 G_w kg，其中绝干物料的质量为 G_d kg，水分质量为 W kg。则有：

$$G_w = G_d + W \tag{5-28}$$

物料中的水分表示方法有两种：干基水分（或绝对水分）和湿基水分（或相对水分）。

1. 干基水分（或绝对水分）

干基水分是指物料中水分质量与绝干物料质量之比，又称为绝对水分。它是以绝干物料量为计算基准的含水率，用 u 表示。

$$u = \frac{W}{G_d} \times 100\% \tag{5-29}$$

由于绝对水分以绝干物料为基准，干燥时基准不变，可直接进行加减运算。因此，在干燥计算中，用绝对水分便于运算。

【例 5-7】 100kg 湿物料中含有水分 20kg，干燥后剩余水分 2kg。试计算干燥前的绝对水分、干燥后的绝对水分和干燥脱水率。

【解】 由题意可知：$G_w = 100$kg，$W_1 = 20$kg，$W_2 = 20$kg。

干燥前的绝对水分为：

$$u_1 = \frac{W_1}{G_d} \times 100\% = \frac{W_1}{G_w - W_1} \times 100\% = \frac{20}{100 - 20} \times 100\% = 25\%$$

干燥后的绝对水分为：

$$u_2 = \frac{W_2}{G_d} \times 100\% = \frac{W_2}{G_w - W_1} \times 100\% = \frac{2}{100 - 20} \times 100\% = 2.5\%$$

干燥脱水率为：

$$u_1 - u_2 = 25\% - 2.5\% = 22.5\%$$

2. 湿基水分（或相对水分）

湿基水分是指物料中水分质量与湿物料质量之比，又称为相对水分。它是以湿物料量为计算基准的含水率，用 v 表示。

$$v = \frac{W}{G_w} \times 100\% \tag{5-30}$$

显然，对于同一物料，$u > v$。在物料干燥过程中，没有必要也不可能将物料干燥至绝对干燥的程度，物料离开干燥器时，都会含有或多或少的水分，在对物料做含水率分析时，通常用湿基水分表示。因此，一般用湿基水分表示物料的含水量，但由于湿基水分以湿物料为基堆，在干燥过程中，基准不断变化，不能直接加减，不便于干燥运算。

3. 相对水分与绝对水分的相互换算

由式(5-28)~式(5-30)有：

$$u = \frac{W}{G_d} \times 100\% = \frac{W}{G_w - W} \times 100\% = \frac{\dfrac{W}{G_w}}{1 - \dfrac{W}{G_w}} \times 100\% = \frac{v}{1-v} \times 100\%$$

即

$$u = \frac{v}{1-v} \times 100\% \tag{5-31}$$

或

$$v = \frac{u}{1+u} \times 100\% \tag{5-32}$$

(二) 干燥过程中水分蒸发量的计算

1. 用干基水分计算

令 u_1 和 u_2 为干燥前后物料的干基水分，G_d 为绝干物料量（kg/h），则每小时在干燥器中蒸发的水分量 m_w 为：

$$m_w = G_d(u_1 - u_2)(\text{kg 水/h}) \tag{5-33}$$

2. 用湿基水分计算

令 G_{w1} 和 G_{w2} 为干燥前后的湿物料量（kg/h），相应的湿基水分为 v_1 和 v_2，则每小时在干燥器中的水分蒸发量 m_w 为：

$$m_w = G_{w1} - G_{w2} = W_1 - W_2 = G_{w1}v_1 - G_{w2}v_2 = G_d(u_1 - u_2)$$

因为 $G_d = G_{w1}(1 - v_1)$，$u_1 = \dfrac{v_1}{1-v_1}$，$u_2 = \dfrac{v_2}{1-v_2}$，代入上式，得：

$$m_w = G_{w1} \frac{v_1 - v_2}{1 - v_2} \tag{5-34}$$

同理可得：

$$m_w = G_{w2} \frac{v_1 - v_2}{1 - v_1} \tag{5-35}$$

【例 5-8】 已知每小时进入干燥器的湿坯质量 $G_{w1} = 500\text{kg}$，欲由相对水分 $v_1 = 20\%$ 干燥至 $v_2 = 2\%$。求每小时水分蒸发量。

【解】 根据公式(5-34)有：

$$m_w = G_{w1} \frac{v_1 - v_2}{1 - v_2} = 500 \times \frac{20\% - 2\%}{1 - 2\%} = 91.8(\text{kg/h})$$

(三) 干燥介质消耗量的计算

设干燥介质通过干燥器时既无泄漏也无额外补充，则绝干的干燥介质量进入和离开干燥器时应相等。

1. 用空气作干燥介质

设每小时通过干燥器的绝干空气量为 L（kg），进、出干燥器空气的湿含量分别为 x_1 和 x_2（kg 水蒸气/kg 干空气），进换热器的冷空气湿含量为 x_0（kg 水蒸气/kg 干空气）。则根据水分的平衡，有：

$$m_w = L(x_2 - x_1) = L(x_2 - x_0)$$

$$L = \frac{m_w}{x_2 - x_1} = \frac{m_w}{x_2 - x_0} (\text{kg 干空气/h}) \tag{5-36}$$

蒸发 1kg 水需要的干空气量 l 的计算式为：

$$l = \frac{L}{m_w} = \frac{1}{x_2 - x_1} (\text{kg 干空气/kg 水}) \tag{5-37}$$

式（5-37）表明，干燥过程中，干燥介质需将湿物料中蒸发的水分带走，其需要量与其本身的干燥能力有关。入干燥器的空气湿含量 x_1 越高，则空气所能带走的水分就越少，所需要的空气量就越多；而出干燥器的空气湿含量 x_2 越高，表明每千克干空气所能带走的水分越多，则所需空气量就越少。

实际选用鼓风机时，需要计算出实际冷空气量 V（m³/h），计算式为：

$$V = L\left(\frac{22.4}{29} + \frac{22.4}{18} x_0\right)\frac{273 + t_0}{273} (\text{m}^3/\text{h}) \tag{5-38}$$

式中，t_0 为冷空气的温度，℃。

2. 用热烟气与冷空气的混合气体作干燥介质

（1）蒸发 1kg 水需要干混合气体的用量　　如图 5-7(b) 所示，进、出干燥器混合气体的湿含量分别为 x_{m1} 和 x_{m2}（kg 水蒸气/kg 干混合气体），每小时干混合气体的消耗量为 L_{m1}（kg）。则蒸发 1kg 水需要干混合气体的用量 l_{m1} 的计算式为：

$$l_{m1} = \frac{L_{m1}}{m_w} = \frac{1}{x_{m2} - x_{m1}} (\text{kg 干混合气体/kg 水}) \tag{5-39}$$

（2）蒸发 1kg 水混合气体中需要混入干热烟气的用量　　混合气体中，混合比为 n（即干冷空气质量/干热烟气质量），则蒸发 1kg 水需要干热烟气的用量 l_{f1} 的计算式为：

$$l_{f1} = \frac{l_{m1}}{1 + n} (\text{kg 干热烟气/kg 水}) \tag{5-40}$$

（3）蒸发 1kg 水混合气体中需要混入干冷空气的用量（l_a）

$$l_a = nl_{f1} = l_{m1} - l_{f1} (\text{kg 干冷空气/kg 水}) \tag{5-41}$$

三、热量平衡

进行干燥器的热量平衡，首先应确定热量平衡的范围，其次应确定计算基准。

热平衡范围：干燥器。

计算基准：0℃，蒸发 1kg 水。

各参数下角标：进入干燥器的物料和介质状态参数右下角标 1，出干燥器的状态参数右下角标 2。

（一）热量平衡项目

1. 干燥器收入热量

（1）干燥介质进入干燥器时带入的热量 q_1

$$q_1 = lI_1 (\text{kJ/kg 水}) \tag{5-42}$$

式中　l——蒸发 1kg 水所消耗的干的干燥介质量，kg 干介质/kg 水；

　　　I_1——干燥介质进入干燥器时的热含量，kJ/kg 干介质。

（2）湿物料进入干燥器时带入的热量 q_{m1}　由于物料离开干燥器时仍含有 v_2 的湿基水分，因此湿物料进入干燥器时带入的热量可以看作由两部分组成：一部分是在干燥过程中可被蒸发的水分带入的热量 $c_w t_{w1}$，另一部分是脱水物料带入的热量。即

$$q_{m1} = c_w t_{w1} + \frac{G_{w2}}{m_w} c_{m1}^w t_{w1} \text{（kJ/kg 水）} \tag{5-43}$$

式中　t_{w1}——物料进干燥器时的温度，℃；

　　　c_w——水的比热容，可近似取 $c_w = 4.19 \text{kJ/(kg · ℃)}$；

　　　G_{w2}——离开干燥器的物料量，kg/h；

　　　m_w——干燥器中水分蒸发量，kg/h；

　　　c_{m1}^w——湿基水分为 v_2、温度为 t_{w1} 时物料的比热容，可看作是绝干物料的比热容 c_m 和所含水分比热容 c_w 的加权平均值，即

$$c_{m1}^w = c_{m1}(1 - v_2) + v_2 c_w \tag{5-44}$$

（3）托板或运输设备进入干燥器时带入的热量 q_{tr1}

$$q_{tr1} = \frac{m_{tr} c_{tr1} t_{tr1}}{m_w} \text{（kJ/kg 水）} \tag{5-45}$$

式中　m_{tr}——进入干燥器的托板或运输设备的质量，kg/h；

　　　t_{tr1}——托板或运输设备进入干燥器时的温度，℃；

　　　c_{tr1}——托板或运输设备在 $0 \sim t_{tr1}$ 温度的平均比热容，kJ/(kg · ℃)。

（4）在干燥器中对干燥介质的补充加热量 q_{ad}　在干燥器中对干燥介质的补充加热量包括专设的电加热、蒸汽加热或烘干兼粉磨系统中研磨体摩擦、撞击产生的热量等。计算式为：

$$q_{ad} = \frac{Q_{ad}}{m_w} \text{（kJ/kg 水）} \tag{5-46}$$

式中，Q_{ad} 为在干燥器中每小时补充的热量，kJ/h。

2. 干燥器支出热量

（1）干燥介质带走的热量 q_2

$$q_2 = l I_2 \text{（kJ/kg 水）} \tag{5-47}$$

式中，I_2 为干燥介质离开干燥器时的热含量，kJ/kg 干介质。

（2）物料离开干燥器时带走的热量 q_{m2}

$$q_{m2} = \frac{G_{w2}}{m_w} c_{m2}^w t_{w2} \text{（kJ/kg 水）} \tag{5-48}$$

式中　t_{w2}——物料离开干燥器时的温度，℃；

　　　c_{m2}^w——物料离开干燥器时的比热容，kJ/(kg · ℃)。

（3）托板或运输设备离开干燥器时带走的热量 q_{tr2}

$$q_{tr2} = \frac{m_{tr} c_{tr2} t_{tr2}}{m_w} \text{（kJ/kg 水）} \tag{5-49}$$

式中　t_{tr2}——托板或运输设备离开干燥器时的温度，℃；

　　　c_{tr2}——托板或运输设备在 $0 \sim t_{tr2}$ 温度的平均比热容，kJ/(kg · ℃)。

（4）干燥器表面向周围环境的散热 q_1

$$q_1 = 3.6 \frac{KF\Delta t}{m_w} (\text{kJ/kg 水}) \tag{5-50}$$

式中　K——干燥器外表面与周围环境间的传热系数，$W/(m^2 \cdot \text{℃})$；

　　F——干燥器的外表面积，m^2；

　　Δt——干燥器外表面与周围环境的温差，℃。

3. 干燥器的热量收、支平衡

根据热量平衡，收入热量＝支出热量，故干燥器的热量平衡方程式为：

$$q_1 + q_{m1} + q_{tr1} + q_{ad} = q_2 + q_{m2} + q_{tr2} + q_1 \tag{5-51a}$$

或写为：　$q_1 - q_2 = (q_{m2} - q_{m1}) + (q_{tr2} - q_{tr1}) + q_1 - q_{ad} \tag{5-51b}$

令 $\Delta q = q_1 - q_2 = l(I_1 - I_2)$，表示干燥介质在干燥器中付出的热量；

$q_m = q_{m2} - q_{m1}$，表示物料从干燥器中获得的热量；

$q_{tr} = q_{tr2} - q_{tr1}$，表示托板或运输设备在干燥器中吸收的热量。

因此，式(5-51b) 可以写为：

$$\Delta q = l(I_1 - I_2) = q_m + q_{tr} + q_1 - q_{ad} \tag{5-52}$$

（二）干燥过程及热耗计算

按 Δq 值的不同，干燥过程可分为三种情况。

1. 理论干燥过程（$\Delta q = 0$）

若 $\Delta q = 0$，则 $I_1 = I_2$，表示物料在干燥过程中干燥介质的热含量 I 是不变的。

从式(5-52) 可知，$\Delta q = 0$ 的可能情况有两种：

① 物料在干燥过程中，干燥器的所有热损失（$q_m + q_{tr} + q_1$）恰好等于补充热量 q_{ad}。

② 物料在干燥过程中，干燥器既无补充热量也无任何热损失，即干燥是在理想条件下进行的。这意味着物料及运输设备进入和离开干燥器的温度相等，干燥器表面是绝热的，干燥介质传给物料的热量恰好等于水分蒸发所需的潜热。即干燥介质在干燥器中降低温度放出的显热全部用于湿物料中水分的蒸发，而蒸发了的水分又将此潜热带回干燥介质中，所以干燥介质的总热含量不变。在绝热条件下，干燥介质的温度降低，湿含量增大，热含量不变，这种干燥过程称为理论干燥过程。

理论干燥过程没有热损失，因此干燥介质的用量及热耗最小，热效率最高。

为了便于区别，理论干燥过程中干燥介质离开干燥器的状态参数及消耗参数等的右上角标 0，如 x_2^0、I_2^0、l^0、q^0 等。

a. 用热空气作干燥介质时，理论干燥过程蒸发 1kg 水所需的干燥介质量 l^0 及热耗 q^0 分别为：

$$l^0 = \frac{1}{x_2^0 - x_1} = \frac{1}{x_2^0 - x_0} \tag{5-53}$$

$$q^0 = l^0(I_2^0 - I_0) \tag{5-54}$$

式中，x_0、I_0 为进预热器的冷空气的湿含量和热含量。

b. 用热烟气与冷空气的混合气体作干燥介质时，理论干燥过程蒸发 1kg 水所需的干混合气体量 l_{m1}^0、干热烟气量 l_{fl}^0 及干冷空气量 l_a^0 分别为：

$$l_{m1}^0 = \frac{1}{x_{m2}^0 - x_m} \tag{5-55}$$

$$l_{f1}^0 = \frac{l_{m1}^0}{1+n} \tag{5-56}$$

$$l_a^0 = n l_{f1}^0 \tag{5-57}$$

若热烟气由燃烧固体或液体燃料产生,则干燥器中物料蒸发 1kg 水所需固体或液体燃料的消耗量 m_f^0 为:

$$m_f^0 = \frac{l_{f1}^0}{1.293\alpha V_a^0 + 1 - (A_{ar} + 9H_{ar} + M_{ar})\%} \text{(kg/kg 水)} \tag{5-58}$$

若热烟气由燃烧气体燃料产生,则干燥器中物料蒸发 1kg 水所需气体燃料的消耗量为:

$$m_f^0 = \frac{l_{f1}^0}{1.293\alpha V_a^0 + 1 - \frac{1}{100}\left(9H_2^v + \frac{18}{34}H_2S^v + H_2O^v + \sum \frac{9y}{12x+y}C_xH_y^v\right)} \text{(kg/kg 水)} \tag{5-59}$$

式中, H_2^v、H_2S^v、$C_xH_y^v$、H_2O^v 为气体燃料中各组分的质量分数,%。

则蒸发 1kg 水所需的热耗为:

$$q^0 = m_f^0 Q_{net} \tag{5-60}$$

2. $\Delta q < 0$ 的实际干燥过程

当 $\Delta q < 0$ 时,表示在干燥器中补充的热量大于热损失之和,此时干燥介质离开干燥器时的热含量大于其进入干燥器时的热含量,即 $I_2 > I_1$,实际干燥器不属于这种情况。

3. $\Delta q > 0$ 的实际干燥过程

当 $\Delta q > 0$ 时,表示在干燥器中补充的热量小于热损失之和,或干燥器中无补充热量。大多数实际干燥器属于这种情况,此时干燥介质离开干燥器时的热含量小于其进入干燥器时的热含量,即 $I_2 < I_1$。

① 用热空气作干燥介质时,蒸发 1kg 水的热耗为:

$$q = l(I_1 - I_0) = l(I_2 - I_0) + \Delta q \tag{5-61}$$

② 用热烟气与冷空气的混合气体作干燥介质时,蒸发 1kg 水的热耗为:

$$q = m_f Q_{net} \tag{5-62}$$

若热烟气由燃烧固体或液体燃料产生,蒸发 1kg 水的热耗计算式为:

$$q = \frac{l_{m1}Q_{net}}{[1.293\alpha V_a^0 + 1 - (A_{ar} + 9H_{ar} + M_{ar})\%](1+n)} \tag{5-63}$$

若热烟气由燃烧气体燃料产生,蒸发 1kg 水的热耗计算式为:

$$q = \frac{l_{m1}Q_{net}}{\left[1.293\alpha V_a^0 + 1 - \frac{1}{100}\left(9H_2^v + \frac{18}{34}H_2S^v + H_2O^v + \sum \frac{9y}{12x+y}C_xH_y^v\right)\right](1+n)} \tag{5-64}$$

四、干燥过程的图解法

(一) 理论干燥过程的图解

如前所述,理论干燥过程中,干燥介质的温度降低,湿含量增大,热含量不变。

已知干燥介质进入干燥器的温度 t_1 和湿含量 x_1,离开干燥器的温度 t_2,利用 I-x 图可以求解干燥介质进入和离开干燥器时的其他状态参数。

如图 5-8 所示,图解步骤如下:

① 在 I-x 图上,由已知的 t_1 和 x_1 确定出干燥介质进入干燥器时的状态点 B,查得干

燥介质进入干燥器时的其他状态参数。

② 过 B 点作等热含量线 I_1，与等温线 t_2 交于点 C，C 点即为离开干燥器时干燥介质的状态点，然后查得离开干燥器的干燥介质的其他状态参数。

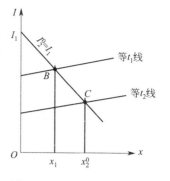

图 5-8　理论干燥过程的图解

（二）$\Delta q > 0$ 的实际干燥过程的图解

对于 $\Delta q > 0$ 的实际干燥过程，由式（5-52）和式（5-37）有：

$$I_2 = I_1 - \frac{\Delta q}{l} = I_1 - \Delta q (x_2 - x_1) \qquad (5-65)$$

式（5-65）表明：当干燥介质进入干燥器时的状态点（即初始状态点）$B(x_1, I_1)$ 及 Δq 值已知时，实际干燥过程在 I-x 图上是一条比理论干燥过程等 I 线斜率更陡的直线，该直线与斜横轴 Ox' 的斜率为 $-\Delta q$。干燥介质在干燥器中的初态与终态之间的任意状态可由式（5-65）写为：

$$I = I_1 - \Delta q (x - x_1) \qquad (5-66)$$

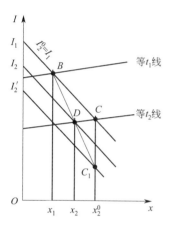

图 5-9　实际干燥过程的图解

式（5-66）即为实际干燥过程的方程。若令 $I_1 = I_2^0$，x_2^0 表示理论干燥过程的终态点 C 的参数，则在同一湿含量 x_2^0 时实际干燥介质的热含量为：

$$I_2' = I_1 - \Delta q (x_2^0 - x_1) = I_2^0 - \Delta q (x_2^0 - x_1) \qquad (5-67)$$

式（5-67）表明：理论干燥过程的终态点 $C(x_2^0, I_2^0)$ 已知时，I_2' 可通过式（5-67）计算，则对应于 x_2^0 时的实际干燥过程状态点 $C_1(x_2^0, I_2')$ 也是确定的，C_1 点的位置在等湿含量 x_2^0 线上 C 点的下方，是等湿线 $x_2^0 =$ 常数与等热含量线 $I_2' =$ 常数两线的交点，如图 5-9 所示。连接 B 点与 C_1 点，则 BC_1 线与等温线 t_2 的交点 $D(x_2, I_2)$ 即为实际干燥过程的终态点，实际干燥过程是沿 BD 线进行的。

由图 5-9 可以看出，实际干燥过程终态点 D 的参数 x_2、I_2 都小于理论干燥过程的终态点 C 的参数 x_2^0、I_2^0，因此实际干燥过程的干燥介质用量和热耗均高于理论干燥过程。

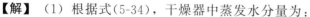

【**例 5-9**】　湿坯体进入干燥器的进坯量 $G_{w1} = 100 \text{kg/h}$；坯体进干燥器时的湿基水分 $v_1 = 18\%$，出干燥器时的湿基水分 $v_2 = 1\%$；冷空气的温度 $t_0 = 20℃$、相对湿度 $\varphi_0 = 70\%$，经加热器加热至 $t_1 = 85℃$ 后进干燥器作为干燥介质，出干燥器时废气温度 $t_2 = 60℃$；$\Delta q = 1200 \text{kJ/kg}$ 水。利用 I-x 图求干燥过程所需空气量和热耗。

【**解**】　（1）根据式（5-34），干燥器中蒸发水分量为：

$$m_w = G_{w1} \frac{v_1 - v_2}{1 - v_2} = 100 \times \frac{20\% - 1\%}{1 - 1\%} = 19.2 (\text{kg/h})$$

如图 5-10 所示，根据冷空气 $t_0 = 20℃$、$\varphi_0 = 70\%$，在 I-x 图上找到冷空气状态点 A，查得 $x_0 \approx 0.0105 \text{kg}$ 水蒸气/kg 干空气，$I_0 \approx 45 \text{kJ/kg}$ 干空气。

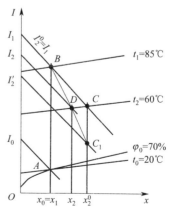

图 5-10　例 5-9 的图解

由 A 点沿等湿含量线 $x_1 = x_0$ 向上与等温线 $t_1 = 85℃$ 相交于 B 点，读得 $I_1 \approx 112kJ/kg$ 干空气。

由 B 点沿等热含量线 $I_2^0 = I_1$ 与 $t_2 = 60℃$ 交于点 $C(x_2^0, I_2^0)$，读得 $x_2^0 \approx 0.02kg$ 水蒸气/kg 干空气。则根据式(5-67) 可得：

$$I_2' = I_1 - \Delta q(x_2^0 - x_1) = I_2^0 - \Delta q(x_2^0 - x_1)$$
$$= 112 - 1200 \times (0.02 - 0.0105)$$
$$= 100.6(kJ/kg \text{ 干空气})$$

作等 I_2' 线，与等 x_2^0 线交于点 $C_1(x_2^0, I_2')$。连接 B 点与 C_1 点，则 BC_1 线与等温线 t_2 的交点 $D(x_2, I_2)$ 即为实际干燥过程的终态点，可查得 $x_2 \approx 0.017kg$ 水蒸气/kg 干空气，$I_2 \approx 104kJ/kg$ 干空气。

根据式(5-36)，通过干燥器的绝干空气量为：

$$L = \frac{m_w}{x_2 - x_0} = \frac{19.2}{0.017 - 0.0105} = 2953.8(kg \text{ 干空气/h})$$

根据式(5-38)，需要实际冷空气量 V（m^3/h）为：

$$V = L\left(\frac{22.4}{29} + \frac{22.4}{18}x_0\right)\frac{273 + t_0}{273} = 2953.8 \times \left(\frac{22.4}{29} + \frac{22.4}{18} \times 0.0105\right) \times \frac{273 + 20}{273} = 2490.1(m^3/h)$$

（2）根据式(5-61)，每小时的热耗量 Q 为：

$$Q = qm_w = m_w l(I_1 - I_0) = L(I_1 - I_0) = 2953.8 \times (112 - 45) = 197904.6(kJ/h)$$

（三）具有废气循环的干燥过程及其图解

无机非金属材料工业中的某些物料或半成品在干燥过程中要求较低的温度，如水泥厂的煤的风扫磨中，热风温度不宜高于 $200℃$，否则煤中的挥发分会大量逸出；陶瓷厂和耐火材料厂的大、异型坯体在干燥前期需要较低的干燥温度和较大的湿度以降低干燥速率。用热烟气作干燥介质时，常采用一部分干燥器尾部排出的废气在干燥过程中进行循环，既可以降低干燥介质的温度、增大其湿度以满足干燥工艺的要求，用循环废气代替部分冷空气还可以降低热耗，但干燥能力会有所降低。

具有废气循环的干燥流程如图 5-7(b) 所示。具有废气循环的干燥过程的图解见图 5-11。令 x_{m1}、I_{m1}、t_{m1}、φ_{m1} 等表示未掺入循环废气的干燥介质进入干燥器的状态参数，即冷空气与热烟气的混合气体的状态参数；x_{m1}'、I_{m1}'、t_{m1}'、φ_{m1}' 等表示掺入循环废气的干燥介质进入干燥器的状态参数；x_{m2}、I_{m2}、t_{m2}、φ_{m2} 等表示出干燥器时废气的状态参数；n' 表示 $1kg$ 干的热烟气与冷空气的混合气体所掺入的干循环废气质量。则湿平衡和热平衡为：

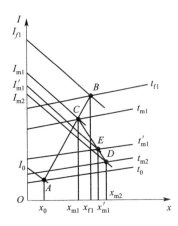

图 5-11　具有废气循环的干燥过程的图解

$$x_{m1} + n'x_{m2} = (1 + n')x_{m1}' \tag{5-68}$$
$$I_{m1} + n'I_{m2} = (1 + n')I_{m1}' \tag{5-69}$$

由此可得：

$$n' = \frac{x'_{m1} - x_{m1}}{x_{m2} - x'_{m1}} = \frac{I'_{m1} - I_{m1}}{I_{m2} - I'_{m1}} \tag{5-70}$$

显然，式(5-70)是在 I-x 图上连接点 $C(x_{m1}, I_{m1})$ 和点 $D(x_{m2}, I_{m2})$ 的直线方程，点 $E(x'_{m1}, I'_{m1})$ 是直线 CD 的内分点。而点 $C(x_{m1}, I_{m1})$ 是未掺入循环废气的干燥介质（即冷空气与热烟气的混合气体）进入干燥器时的状态点，点 $D(x_{m2}, I_{m2})$ 是出干燥器时废气的状态点。直线 CD 即为掺入循环废气的混合过程线。因此，$t = t'_{m1}$ 的等 t 线与 CD 线的交点即为掺入循环废气的混合气体的状态点 $E(x'_{m1}, I'_{m1})$，如图 5-11 所示。

具体图解步骤为：

① 在 I-x 图上查得冷空气的状态点 $A(x_0, I_0)$ 和热烟气的状态点 $B(x_{f1}, I_{f1})$，直线 AB 与等温线 t_{m1} 交于点 $C(x_{m1}, I_{m1})$；

② 干燥介质进干燥器的温度 t'_{m1}、湿度 x'_{m1} 由干燥工艺给定，因此可定出对应的状态点 $E(x'_{m1}, I'_{m1})$；直线 CE 的延长线与等温线 t_{m2} 的交点即为点 $D(x_{m2}, I_{m2})$。

由于循环废气的湿含量 x_{m2} 较大，故它在干燥过程中不起干燥作用。所以，蒸发 1kg 水所需干的热烟气与冷空气的混合气体的用量 l_{m1} 可用式(5-39)计算，即

$$l_{m1} = \frac{L_{m1}}{m_w} = \frac{1}{x_{m2} - x_{m1}} (\text{kg 干混合气体/kg 水})$$

蒸发 1kg 水需要干热烟气量 l_{f1} 可用式(5-40)计算，即

$$l_{f1} = \frac{l_{m1}}{1+n} (\text{kg 干热烟气/kg 水})$$

蒸发 1kg 水需要掺入干循环废气量 l'_m 为：

$$l'_m = n' l_{m1} (\text{kg 干废气/kg 水}) \tag{5-71}$$

第五节　干燥的物理过程

一、物料中的水分

在探讨物料干燥时，物料中水分的分类可以根据水分与物料的结合方式，也可以根据在一定干燥条件下水分能否被排除。

(一) 根据水分与物料的结合方式分类

物料中的水分，按其与物料结合方式可分为机械结合水、物理化学结合水和化学结合水三种。

1. 机械结合水（物理结合水、自由水、收缩水）

机械结合水包括物料表面的润湿水、孔隙中的水和粗孔毛细管（半径 $> 10^{-4}$mm）水等，它与物料结合力很弱，呈机械结合状态，故称为机械结合水，又称为物理结合水或自由水。在干燥过程中，机械结合水首先被排出，它在蒸发时，物料表面的水蒸气压等于同温度下的饱和水蒸气压，即湿物料在干燥过程的初期阶段，物料表面水分的蒸发与物料表面温度（湿球温度）下自由液面上水的蒸发一样。

机械结合水在排出时，物料颗粒相互靠拢，体积收缩，容易产生收缩应力，故又称为收缩水。陶瓷和耐火材料等黏土质制品在干燥的初期阶段若干燥速率过大时，会产生较大的收

缩应力而变形或开裂。

2. 物理化学结合水（大气吸附水）

物理化学结合水包括吸附水、渗透水、微孔毛细管（半径$<10^{-4}$mm）水和结构水，有些著作中也称为大气吸附水。

吸附水包括物料表面吸附作用形成的水膜、水与物料颗粒形成的多分子和单分子吸附层水膜。在物理化学结合水中，吸附水与物料的结合最强，其中又以单分子水膜与物料结合最牢固，其次是多分子水膜和表面吸附水。吸附水膜厚约0.1μm，在很大的压力下与物料结合，这种坚固的结合改变了水分很多的物理性质，如冰点下降、密度增大、蒸气压下降等。干物料在吸收吸附水时呈放热状态，借此现象可用实验方法测定物料吸收吸附水的数量。

渗透水是由于物料组织壁内外间水分浓度差产生的渗透压造成的，如纤维皮壁所含的水分。

微孔毛细管水与物料结合的牢固程度随毛细管半径的减小而加强，因毛细管力的作用，重力不能使微孔毛细管水运动。

结构水存在于物料组织内部，如胶体中的水分。

物理化学结合水与物料结合的牢固程度较化学结合水弱、较机械结合水强，在干燥过程中可排除。但物理化学结合水产生的蒸气压小于同温度下自由液面的饱和蒸气压，因此干燥过程中在机械结合水之后排除。排除物理化学结合水时基本上不产生收缩，只提高气孔率，可用较快的干燥速率进行干燥，不会使制品产生变形或开裂。

3. 化学结合水

化学结合水通常是以结晶水的形态存在于物料的矿物分子组成中，即在物料中呈化学结合状态存在，一般需要在较高温度下发生化学分解反应才能排除，如高岭土（$Al_2O_3 \cdot 2SiO_2 \cdot 2H_2O$）中的结晶水需要在$400\sim500$℃时才能被分解出来。而干燥过程属于水分蒸发的物理过程，因此，化学结合水不能在干燥过程中排除，它不属于干燥研究的范围。

（二）根据在一定干燥条件下水分能否被排除分类

物料中的水分根据在一定干燥条件下能否被排除可分为两种：平衡水分和可排除水分。

1. 平衡水分

湿物料在干燥过程中，是不能达到绝对干燥的，当表面的水蒸气分压与干燥介质中的水蒸气分压相等时，物料中的水分蒸发与吸收达到动平衡状态，水分含量不会因时间延长发生变化，而是维持一恒定值，此时物料中的水分称为该物料在此干燥条件下的平衡水分。它是在该干燥条件下不能排除的水分，即残留在物料中的水分，也是物料干燥可能达到的最低含水率。它代表在一定温度及湿度的干燥介质中物料可被干燥的最大限度。

显然，物料的平衡水分不是一个定值，它与周围介质的温度和相对湿度有关。当周围介质的温度一定时，相对湿度越低，物料的平衡水分就越低，干燥后物料中的残余水分越少；当周围介质的相对湿度一定时，温度越高，物料的平衡水分越低。

2. 可排除水分

可排除水分是指物料中高于平衡水分的水，即在干燥过程可以排除的水分。

在一般干燥条件下，物料中的物理化学结合水在干燥过程中残留一部分、排除一部分，其中残留在物料中的物理化学结合水就是平衡水分，排除的物理化学结合水和全部机械结合水为可排除水分。

二、物料的干燥过程

前面已经讲过，干燥过程包括传热和传质两部分，而传质又包括内扩散和外扩散。

在恒定的干燥条件下，即干燥介质的温度、相对湿度、流速保持一定时，物料的干燥过程可分为三个阶段：加热阶段、等速阶段和降速阶段。干燥过程曲线如图 5-12 所示。

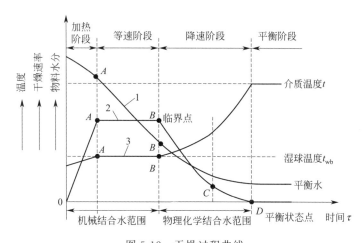

图 5-12　干燥过程曲线

1—物料中水分随时间变化关系；2—物料干燥速率与时间的关系；

3—物料表面温度与时间的关系

1. 加热阶段

在干燥过程初期，物料与干燥介质间温差较大，干燥介质在单位时间内传给物料的热量大于物料表面水分蒸发所需的热量（即 $q_{吸收} > q_{蒸发}$），所以物料表面温度不断升高，当物料表面温度升高至干燥介质的湿球温度（达到 A 点）时，干燥介质传给物料的热量等于物料表面水分蒸发所需的热量（即 $q_{吸收} = q_{蒸发}$），物料表面的温度停止升高，这一阶段结束，此阶段称为加热阶段。

在加热阶段，物料表面温度逐渐升高至干燥介质的湿球温度；干燥速率由零升至最大，内扩散速率大于外扩散速率；物料中的干基水分降低。但这一阶段时间较短，排除的水分也不多，排除的水分是一小部分的机械结合水，物料体积收缩量与排除水的体积基本相等。当物料含水率不高时，这一阶段甚至不明显。但对于含水率较高的陶瓷和耐火材料等黏土质坯体，为了防止变形或开裂，需控制干燥速率不宜快。

2. 等速干燥阶段

当物料的表面温度停止升高，干燥速率也升至最大，此时干燥过程进入等速干燥阶段。在此阶段内，干燥介质在单位时间内传给物料的热量等于物料表面水分蒸发所需的热量（即 $q_{吸收} = q_{蒸发}$），物料表面温度恒等于干燥介质的湿球温度，物料表面的水蒸气压等于湿球温度下干燥介质的饱和水蒸气压，内扩散速率等于外扩散速率，干燥速率保持恒定。随着物料表面水分的蒸发，物料内部水分在水分浓度梯度的推动下，不断扩散至表面，使物料表面始终保持湿润状态。由于此阶段物料表面的水分蒸发如同自由液面上水的蒸发一样，干燥速率与周围介质的状态参数及流速有关，即取决于水蒸气的外扩散速率，故又称其为外扩散控制阶段。

在等速干燥阶段，排除的水分是大部分的机械结合水，随着水分的排除，物料体积收缩，并且体积收缩量与排除水的体积基本相等。对于陶瓷和耐火材料等黏土质坯体的干燥，必须严格控制此阶段的干燥速率不宜过快，防止变形或开裂，以确保干燥质量。

随着物料中水分的减少，体积不断收缩，内部结构致密化，内扩散阻力逐渐增大。当内部向表面扩散的水分开始少于表面蒸发的水分时，物料表面开始出现干涸现象，表明机械结合水全部排除，等速干燥阶段结束，将要进入降速干燥阶段。

等速干燥阶段与降速干燥阶段的分界点（如图 5-12 中的 B 点）称为临界点，对应于临界点的物料干基水分称为临界水分，用 u_c 表示。临界水分不是一个定值，它主要与干燥介质的条件及物料的性质、组成、结构和尺寸大小等因素有关。

3. 降速干燥阶段（内扩散控制阶段）

在降速干燥阶段，因物料中水分减少，内部结构致密化，内扩散阻力增大，内扩散速率小于外扩散速率，使物料表面部分变干；物料表面的水蒸气分压低于同温度下水的饱和蒸气压，蒸发面积小于物料或制品的几何面积，甚至蒸发面积移至物料内部；由于表面水分蒸发量减小，物料表面水分蒸发所需热量小于干燥介质传给物料的热量，物料表面温度不断升高至干燥介质的干球温度，干燥速率逐渐下降直至为零（达到 D 点），此时物料中的水分蒸发与吸收达到动平衡状态，物料中的水分为平衡水分，干燥过程终止。如图 5-12 所示，干燥过程终止点（D 点）称为平衡状态点。

此阶段的干燥速率受内扩散速率的限制，故又称其为内扩散控制阶段。

如图 5-12 所示，降速干燥阶段又分为快速降速阶段（BC 段）和慢速降速阶段（CD 段）。在快速降速阶段，由于物料在临界点基本上完成了收缩，内部结构致密；排除的水分是结合力较大的物理化学结合水，使得内扩散阻力迅速增大，内扩散速率快速减小，而导致干燥速率快速下降。在慢速降速阶段，由于水分的汽化面逐渐向物料内部移动，使得内扩散途径逐渐变短，造成干燥速率下降减缓。

在降速干燥阶段，物料排除的水分是物理化学结合水，干燥过程基本上不产生收缩，仅增大制品的气孔率。因此，在降速干燥阶段可以采用快速干燥，以提高干燥效率。

临界点是等速干燥阶段与降速干燥阶段的分界点，它标志着制品在干燥过程中进入干燥安全状态。在临界点之前，是制品的干燥收缩期，需要严格控制干燥速率不宜过快，以防止制品变形或开裂；在临界点之后，是制品的无干燥收缩或极小收缩期，可采用快速干燥。

临界点可以通过测定制品干燥收缩率与干基含水率的关系曲线获得。图 5-13 所示为某卫生陶瓷坯体干燥线收缩率与含水率的关系曲线。

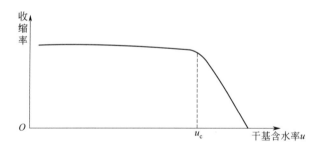

图 5-13   某卫生陶瓷坯体干燥线收缩率与含水率的关系曲线

如上所述的三个干燥过程的明显程度，视物料中的水分多少而定。对于注浆成型和可塑成型的坯体，三个阶段比较明显；而对于半干法压制成型的坯体，三个阶段就不大明显。

三、干燥速率及其影响因素

（一）干燥速率

合理的干燥制度，必须具备干燥周期短和废品率低两个必备条件，即在不出现干燥缺陷的条件下，干燥周期越短越好，即干燥速率越快越好。干燥过程是一个传热和传质同时进行的过程，因此干燥速率的大小取决于传热速率、内扩散速率和外扩散速率。

1. 传热速率

在对流干燥中，单位时间干燥介质传给物料单位面积上的热量为：

$$\frac{\mathrm{d}Q}{F\mathrm{d}\tau}=\alpha(t-t_{\mathrm{m}}) \tag{5-72}$$

式中 F——传热面积，m^2；

  α——干燥介质与物料间的对流换热系数，$\mathrm{W/(m^2 \cdot \textcelsius)}$。

  t——干燥介质的干球温度，$\textcelsius$；

  t_{m}——物料表面的温度，$\textcelsius$。

从式(5-72)可以看出，传热量与对流换热系数 α、干燥介质与物料表面的温差（$t-t_{\mathrm{m}}$）、物料的表面积 F 成正比。欲加快传热速率，可采取以下措施：

① 提高干燥介质的温度，以增大干燥介质与物料表面间的温度差，加快传热效率。但这样易使制品表面温度迅速提高，导致制品表面与内部中心水分浓度差增大，表面受张，内部受压，易使坯体变形或开裂。另外，对高温敏感的物料，干燥介质的温度不宜过高。

② 提高对流传热系数 α。对流换热的热阻主要表现在物料表面的边界层上，边界层越厚，对流换热系数越小，传热越慢；而 α 与干燥介质的流速成正比，故提高干燥介质流速，可提高 α，加快传热。

③ 增加传热面积 F，使物料均匀分散于干燥介质中（如泥浆的喷雾干燥），或变制品单面干燥为双面干燥，可以增加传热量。

2. 外扩散速率

物料表面水蒸气的扩散速率与物料表面的水蒸气分压及干燥介质的水蒸气分压有关。在稳定条件下，外扩散速率可用下式表示：

$$U_{\mathrm{e}}=\frac{\mathrm{d}M_{\mathrm{w}}}{F\mathrm{d}\tau}=1.1\beta_{\mathrm{p}}(p_{\mathrm{s}}-p_{\mathrm{w}})=\frac{\alpha}{\gamma}(t-t_{\mathrm{m}})=k_{\rho}(\rho_{\mathrm{sw}}-\rho_{\mathrm{w}}) \tag{5-73}$$

式中 U_{e}——外扩散速率，$\mathrm{kg/(m^2 \cdot h)}$；

  M_{w}——物料表面蒸发的水蒸气质量，kg；

  β_{p}——水的蒸发系数，用下式计算：

$$\beta_{\mathrm{p}}=\frac{0.00168+0.00128u}{9.8} \tag{5-74}$$

  u——平行于物料表面的干燥介质的流速，$\mathrm{m/s}$；

  p_{s}——物料表面的水蒸气分压，Pa；

  p_{w}——干燥介质中的水蒸气分压，Pa；

  F——物料的表面积，m^2；

  t——干燥介质的干球温度，$\textcelsius$；

  t_{m}——物料表面的温度，$\textcelsius$；

  γ——水在物料表面温度 t_{m} 下的蒸发潜热，$\mathrm{kJ/kg}$；

  α——干燥介质与物料间的对流换热系数，$\mathrm{W/(m^2 \cdot \textcelsius)}$；

  k_{ρ}——对流传质系数，$\mathrm{m/h}$，计算式为：

$$k_{\rho}=\frac{\alpha}{c\rho} \tag{5-75}$$

  c——干燥介质的比热容，$\mathrm{kJ/(kg \cdot \textcelsius)}$；

  ρ——干燥介质的密度，$\mathrm{kg/m^3}$；

  ρ_{sw}——物料表面的介质的绝对湿度，即物料表面的水蒸气质量浓度，$\mathrm{kg/m^3}$；

ρ_w——干燥介质的绝对湿度，kg/m^3。

由式(5-73)可知，欲提高外扩散速率，可以采取以下方法：

① 降低干燥介质的水蒸气分压，即降低干燥介质的湿度，增加传质的推动力，可加快外扩散速率。

② 增大干燥介质的流速，可减薄边界层的厚度，提高对流换热系数，有利于水蒸气的扩散，可提高外扩散速率。

3. 内扩散速率

在干燥过程中，物料内部水分或蒸汽向表面迁移是由于存在湿度梯度和温度梯度；此外，当温度较高时，物料内部的水分局部汽化而产生蒸汽压力梯度也迫使水分迁移，这些迁移统称为内扩散。水分迁移的形式可以呈液态也可呈气态，在物料中水分多时主要以液态形式扩散，水分少时主要以气态形式扩散。

水分的内扩散包括湿扩散（湿传导）和热扩散（热湿传导）。

（1）湿扩散（湿传导） 湿扩散是由于物料内存在湿度梯度（水分浓度梯度）而引起的水分迁移，又称为湿传导。湿扩散主要靠扩散渗透力和毛细管力的作用，并遵循扩散定律。湿扩散速率的数学表达式为：

$$U_w = -D\frac{\partial\rho}{\partial x} \tag{5-76}$$

式中　U_w——湿扩散速度，kg/(m^2·h)；

　　　D——水分的湿扩散系数，m^2/h；

　　　ρ——物料中水分的质量浓度，kg/m^3；

　　$\frac{\partial\rho}{\partial x}$——物料内部的水分浓度梯度，kg/m^4。

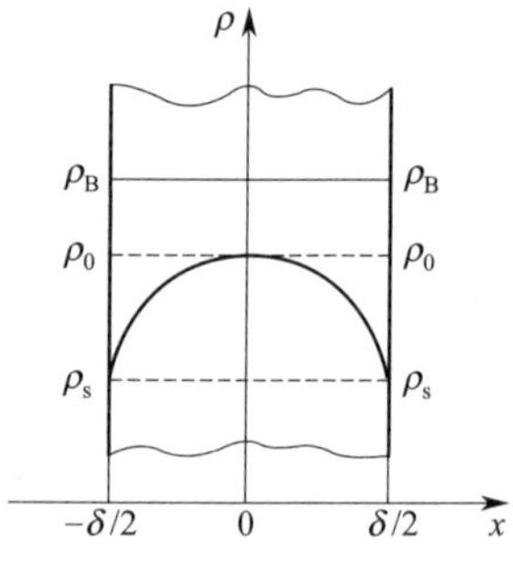

湿扩散速率的大小不仅与物料的性质、结构及含水率有关，还与物料或制品的形状、尺寸等有关。

对于厚度为 δ 的平板制品进行两面对称干燥时，在等速干燥阶段，制品截面上的水分按抛物线规律分布，如图 5-14 所示。水分浓度沿制品厚度方向的变化为：

$$\rho = \rho_0 - \frac{(\rho_0-\rho_s)x^2}{(\delta/2)^2} \tag{5-77}$$

图 5-14 平板制品对称干燥时沿厚度方向水分的分布
ρ_B—平板制品开始进入等速干燥时水分的质量浓度，kg/m^3

式中　ρ_0——平板制品中心的水分质量浓度，kg/m^3；

　　　ρ_s——平板表面的水分质量浓度，kg/m^3；

　　　x——沿平板厚度方向（x 方向）距离，m。

平板制品表面的湿度梯度为：

$$\left(\frac{\partial\rho}{\partial x}\right)_{x=\delta/2} = -2\left(\frac{\rho_0-\rho_s}{\delta/2}\right) \tag{5-78}$$

式中，$\frac{\rho_0-\rho_s}{\delta/2}$ 是抛物线的平均高度，即湿度梯度的平均值。由此可知，平板制品的表面湿度梯度是平均值的 2 倍。

单位时间从物料单位表面积蒸发的水分量即干燥速率，与表面湿度梯度成正比，用湿扩散表示时有：

$$U = -D\left(\frac{\partial\rho}{\partial x}\right)_{x=\delta/2} = \frac{4D(\rho_0-\rho_s)}{\delta} \tag{5-79}$$

式中，U 为干燥速率，$kg/(m^2 \cdot h)$。

由式(5-79)可知，湿扩散速率与制品厚度成反比，减薄制品厚度可提高干燥速率。在制品尺寸不能变的情况下，变单面干燥为双面干燥，也可提高干燥速率。

（2）热扩散（热湿传导）　热扩散是由于物料内部存在温度梯度而引起的水分扩散，又称为热湿传导。热扩散速率的数学表达式为：

$$U_t = -D\beta\rho_m \frac{\partial t}{\partial x} \tag{5-80}$$

式中　U_t——热扩散速度，$kg/(m^2 \cdot h)$；

　　　D——水分的湿扩散系数，m^2/h；

　　　β——温差系数，$℃^{-1}$；

　　　ρ_m——绝干物料的密度，kg/m^3；

　　　$\dfrac{\partial t}{\partial x}$——物料内部的温度梯度，$℃/m$。

热扩散的原因如下：

① 分子动能不同。温度高处的水分子动能大于温度低处的水分子动能，使水分由高温向低温迁移。

② 毛细管中水的表面张力不同。毛细管中高温端水的表面张力小于低温端的表面张力，使水在毛细管中由高温端被拉向低温端。水分在毛细管中迁移示意如图 5-15 所示。

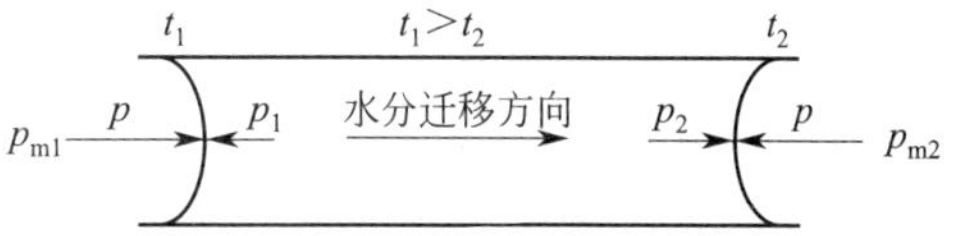

图 5-15　水分在毛细管中迁移示意图

设毛细管两端 1 和 2 的温度分别为 t_1 和 t_2，并且 $t_1 > t_2$；相应温度下水的表面张力系数分别为 σ_1 和 σ_2，并且 $\sigma_1 < \sigma_2$。则毛细管两端凹面上水的表面张力可用拉普拉斯公式表示：

$$p_1 = \frac{4\sigma_1}{d} < p_2 = \frac{4\sigma_2}{d} \tag{5-81}$$

式中，d 为毛细管的直径，m。

若令毛细管外干燥介质的总压为 p，毛细管两端凹面上的总压分别为 p_{m1} 和 p_{m2}。则毛细管两端的总压分别为：

$$p_{m1} = p - p_1 = p - \frac{4\sigma_1}{d}$$

$$p_{m2} = p - p_2 = p - \frac{4\sigma_2}{d}$$

所以 $p_{m1} > p_{m2}$，并且有：

$$p_{m1} - p_{m2} = \frac{4}{d}(\sigma_2 - \sigma_1) \tag{5-82}$$

因此，在压差（$p_{m1} - p_{m2}$）推动下，毛细管中的水分由高温端向低温端迁移。

③ 夹在毛细管或空隙中的空气压强不同。高温处空气压强大于低温处空气压强，因而推动水分由高温处向低温处迁移。

总之，热扩散是使水分由高温处向低温处迁移。它的方向与加热方式有关。当干燥采用外部加热时，物料表面的温度高于内部温度，热扩散方向与湿扩散方向相反，热扩散成为内扩散的阻力，会降低干燥速率；采用内部加热时，物料表面的温度低于内部温度，热扩散方向与湿扩散方向相同，可大大提高干燥速率。

此外，当物料在强烈受热时，因其内部的水分局部汽化，在物料内部产生随温度升高而增大的水蒸气压，并产生水蒸气压强梯度，致使水蒸气和水迁移。在物料内部温度达到$60\sim100$℃或更高时，水蒸气压强梯度是水分迁移的基本因素，具有决定性作用，此时不仅有水蒸气的扩散，还有沿毛细管迁移的液态水。因物料内部存在水蒸气压强差而引起的水分扩散速率的数学表达式为：

$$U_p = -D_v \rho_m \frac{\partial p}{\partial x} \tag{5-83}$$

式中　　U_p——物料内因存在水蒸气压强差而引起的水分扩散速度，$kg/(m^2 \cdot h)$；

　　　　D_v——水蒸气的内扩散系数，$m^2/(h \cdot Pa)$；

　　　　ρ_m——绝干物料的密度，kg/m^3；

　　　　$\dfrac{\partial p}{\partial x}$——物料内部的水蒸气压强梯度，$Pa/m$。

（3）内扩散总速率　内扩散总速率应为湿扩散速率、热扩散速率与因内部水蒸气压强差而产生的扩散速率之总和。故由式(5-76)、式(5-80) 和式(5-83)，内扩散总速率 U_i 为：

$$U_i = U_w + U_t + U_p = -D\frac{\partial \rho}{\partial x} \pm D\beta\rho_m\frac{\partial t}{\partial x} - D_v\rho_m\frac{\partial p}{\partial x} \tag{5-84}$$

水分的湿扩散系数 D 值与物料的性质、结构、温度及湿度有关，某些黏土质坯料或制品的扩散系数由实验得如下计算式：

① 坯料或制品含水率大于临界水分时，即在加热干燥阶段和等速干燥阶段，D 的计算式为：

$$D = \left(\frac{T_m}{290}\right)^{14} \rho_m \times 10^{-2} \tag{5-85}$$

式中，T_m 为物料表面的热力学温度，K。

② 坯料或制品含水率小于临界水分时，即在降速干燥阶段，D 的计算式为：

$$D = \left(0.2 + \frac{1.4}{273-T_m} + \frac{0.3}{13-0.00246T_m-u}\right)\left(\frac{T_m}{290}\right)^{14} \rho_m \times 10^{-2} \tag{5-86}$$

式中，u 为物料的干基水分。

由实验得出，对于黏土，水蒸气的内扩散系数 $D_v \approx 0.1 m^2/(h \cdot Pa)$；石英砂的 D_v 值为黏土的 $30\sim40$ 倍。

(二) 影响干燥速率的因素

综上所述，物料的干燥过程是一个复杂的传热和传质过程，影响干燥速率的主要因素有：

① 物料或制品的性质、结构、几何形状和尺寸。

② 物料或制品干燥的初始状态和终止状态的温度和湿度。

③ 干燥介质的温度、湿度、流态（流速的大小和方向）和流量。

④ 干燥介质与物料的接触情况。

⑤ 加热方式。

⑥ 干燥器的种类、结构、大小、操作参数及自动化程度。

四、恒定干燥条件下干燥时间的确定

(一) 等速干燥阶段时间的计算

干燥速率是指单位时间从物料单位表面积上蒸发的水分质量，其定义式可以写为：

$$U = -\frac{G_\mathrm{d}\,\mathrm{d}u}{F\,\mathrm{d}\tau} \tag{5-87}$$

式中　U——干燥速率，$\mathrm{kg/(m^2 \cdot h)}$；

　　　G_d——绝干物料的质量，kg；

　　　u——物料中干基水分；

　　　F——物料的表面积，$\mathrm{m^2}$。

令物料开始进入等速干燥阶段时，$\tau = 0$，$u = u_1$；等速干燥阶段结束时，$\tau = \tau_1$，$u = u_2$。

由式(5-87) 有：

$$\mathrm{d}\tau = -\frac{G_\mathrm{d}\,\mathrm{d}u}{FU} \tag{5-88}$$

故有：

$$\tau_1 = \int_0^{\tau_1} \mathrm{d}\tau = \frac{G_\mathrm{d}}{F} \int_{u_1}^{u_2} \frac{-\mathrm{d}u}{U} = \frac{G_\mathrm{d}}{F} \int_{u_2}^{u_1} \frac{\mathrm{d}u}{U}$$

由于在等速干燥阶段干燥速率不变，令此阶段 $U = $ 常数 $= U_\mathrm{c}$。则有：

$$\tau_1 = \frac{G_\mathrm{d}}{FU_\mathrm{c}}(u_1 - u_2) \tag{5-89}$$

根据等速干燥阶段的特点，内扩散速率＝外扩散速率，即 $U_\mathrm{i} = U_\mathrm{e} = U_\mathrm{c}$；$t_\mathrm{m} = t_\mathrm{wb}$。

由式(5-73) 有：

$$U_\mathrm{e} = \frac{\alpha}{\gamma_\mathrm{wb}}(t - t_\mathrm{wb}) \tag{5-90}$$

式中　α——干燥介质与物料间的对流换热系数，$\mathrm{W/(m^2 \cdot {}^\circ\!C)}$；

　　　γ_wb——水在干燥介质湿球温度 t_wb 下的蒸发潜热，$\mathrm{kJ/kg}$。

把式(5-90) 代入式(5-89) 中，等速干燥阶段时间 τ_1 的计算式为：

$$\tau_1 = \frac{G_\mathrm{d}\gamma_\mathrm{wb}(u_1 - u_2)}{F\alpha(t - t_\mathrm{wb})} \tag{5-91}$$

干燥介质与物料间的对流换热系数 α 可由实验确定，也可用下面的公式估算。

当干燥介质流动方向与物料表面平行时，其质量流量为 $\dot{M} = 2500 \sim 3000\mathrm{kg/(m^2 \cdot h)}$（流速为 $0.6 \sim 0.8\mathrm{m/s}$）时，α 可用下式计算：

$$\alpha = 0.0204\dot{M}^{0.8} \tag{5-92}$$

当干燥介质流动方向与物料表面垂直时，其质量流量为 $\dot{M} = 4000 \sim 20000\mathrm{kg/(m^2 \cdot h)}$（流速为 $0.9 \sim 4.6\mathrm{m/s}$）时，α 可用下式计算：

$$\alpha = 1.17\dot{M}^{0.37} \tag{5-93}$$

(二) 降速干燥阶段时间的计算

如图 5-12 所示，降速干燥阶段的干燥速率与时间的关系是一条曲线，并且较为复杂，因此降速干燥阶段时间的计算较难，通常采用近似计算法。将降速干燥阶段的速率曲线简化为直线，将图 5-12 中临界点 B 与平衡状态点 D 连成直线，即假定降速阶段的干燥速率与物料中水分成比例下降。则干燥速率为：

$$U = -\frac{G_\mathrm{d}\,\mathrm{d}u}{F\,\mathrm{d}\tau} = k_\mathrm{u}(u - u_\mathrm{e}) \tag{5-94}$$

式中 k_u——传质系数，kg/(m² · h)；

    u——物料的干基水分；

    u_e——物料的平衡水分。

则降速阶段的干燥速率与物料中水分的线性关系的斜率 $\dfrac{U_c}{u_c-u_e}$ 即为传质系数 k_u，即

$$k_u = \frac{U_c}{u_c - u_e} \tag{5-95}$$

式中，U_c 为等速干燥阶段的干燥速率，kg/(m² · h)；u_c 为物料中的临界水分。
将式(5-95)代入式(5-94)，得：

$$U = -\frac{G_d\,du}{F\,d\tau} = U_c\frac{u-u_e}{u_c-u_e}$$

则：

$$d\tau = -\frac{G_d(u_c-u_e)}{FU_c} \times \frac{du}{u-u_e}$$

对上式积分，可得物料在降速干燥阶段由临界水分 u_c 干燥至水分为 u_2（$u_2 > u_e$）时所需时间 τ_2 的计算式为：

$$\tau_2 = \frac{G_d(u_c-u_e)}{FU_c}\ln\frac{u_c-u_e}{u_2-u_e} \tag{5-96}$$

由式(5-96)计算出的时间 τ_2 只是估算值，仅供参考之用，实际值要比计算值大。

五、制品在干燥过程中的收缩与变形

陶瓷和耐火材料等黏土质制品在干燥过程的加热阶段和等速干燥阶段，随着自由水分的排除，产生收缩。自由水排除完毕，进入降速干燥阶段时，收缩即停止。制品的线收缩大小与自由水排出量呈线性关系：

$$l = l_0[1 + \alpha(u_1 - u_c)] \tag{5-97}$$

式中 l——湿制品的线尺寸，m；

    l_0——制品停止收缩后的线尺寸，m；

    α——线收缩系数，对于一些黏土质制品，$\alpha = 0.0048 \sim 0.007$；

    u_1——制品的初干基水分；

    u_c——制品的临界水分。

实验表明，对于薄壁制品，因内部沿厚度方向的水分浓度梯度不大，其线收缩系数与干燥条件无关，即同一黏土质制品在不同的干燥介质条件下干燥时线收缩系数几乎相同；对于厚壁制品，因内部沿厚度方向的水分浓度梯度较大，干燥条件对线收缩系数有显著影响。

在干燥过程中，当制品内部水分分布不均或制品薄厚不均时，导致各部分干燥收缩不一致，因而会产生收缩应力。通常制品的表面和棱角处干燥较快，壁薄处比壁厚处干燥快，从而产生较大的收缩；制品内部水分排出滞后于表面，收缩也较表面小，这样就阻止了表面的收缩，从而使内部产生压应力而表面产生张应力。当张应力大于材料的塑性状态屈服值时，就会使制品产生变形；当张应力大于材料的塑性状态破裂值或弹性状态抗拉强度时就会造成制品的开裂。

因此，为防止制品在干燥过程中的变形和开裂，需要对制品中心与表面的水分差进行限制，并严格控制干燥速率。在最大允许水分差条件下的干燥速率称为最大安全干燥速率。显然，当湿扩散和热扩散方向相同时，最大安全干燥速率大；而湿扩散和热扩散方向不同时，最大安全干燥速率小。陶瓷和耐火材料制品的最大安全干燥速率与材料的性质，制品的几何

形状、大小、含水率及干燥方法等因素有关，需由实验确定。采用对流干燥时，在干燥的初期，应用高湿低温的干燥介质，以控制干燥速率不宜太快；在干燥的后期，应用低湿高温的干燥介质，以加快干燥速率。

第六节　干燥方法与干燥设备

一、干燥器的分类及对干燥器的要求

干燥是无机非金属材料工业生产中一个重要的工序，干燥设备亦称为干燥器。干燥器类型很多，它可按运行的连续性、结构特点、加热方式、工艺目的等进行分类。

按运行的连续性可分为间歇式干燥器和连续性干燥器两种；按加热方式分为对流传热式、辐射传热式、对流-辐射传热式、传导传热式、介电式干燥器等；按结构和物料在其中移动的特点可分为室式、转筒式、隧道式、传送带式、喷雾式和流态化式干燥器等；按工艺目的可分为颗粒状物料、块状物料、陶瓷与耐火材料及砖瓦等制品、浆体物料的干燥器等。

对干燥器的要求如下：

① 在保证物料或制品干燥质量的前提下，具有较高的干燥速率和单位容积蒸发强度；

② 具有较低的单位能耗，即蒸发 1kg 水所消耗的燃料和电能要低；

③ 易于调整干燥介质参数和改变干燥作业制度；

④ 在干燥器的容积空间内物料或制品干燥的均匀性要好；

⑤ 干燥作业便于实现机械化和自动化；

⑥ 符合环保要求。

二、对流干燥

对流干燥是利用热气体（热空气或热烟气）的对流传热作用，将热传给物料或制品，使物料或制品内的水分蒸发而干燥的方法。对流干燥属于外热源法，热扩散方向与湿扩散方向相反，不利于干燥速率的提高。但其设备简单、热源易于获得，在无机非金属材料工业中应用较为广泛。根据结构和物料运送方式的不同，对流干燥设备主要有室式干燥器、隧道干燥器、辊道式干燥器、喷雾干燥器、链式干燥器、转筒干燥器和流态干燥器等。

（一）室式干燥器

室式干燥器是一种间歇式的干燥成型制品的干燥设备，它主要适用于大型、异型、形状复杂制品和小批量制品的干燥。

待干燥的制品放在室内的托架或小车上，干燥介质一般由送风管通过室内的风锥或安装在侧壁上的多孔板直接送入干燥室内，并按一定的干燥制度周期地进行干燥。其干燥介质多为热空气，可直接利用从窑炉冷却带抽出的热空气，也可由空气预热器得到。空气预热器的热源可为热烟气、水蒸气、过热水或电热元件。为充分利用废气余热，并调节干燥介质的温度、湿度，可采用部分废气循环。干燥室内还安装有加湿装置和排湿装置，以便调整室内湿度。

风锥是一个带有倒截锥体不锈钢罩的旋转风筒，其外侧设有两列对称的分风出口，出风口的百叶板方向可调，其结构如图 5-16 所示。

室式干燥器设备简单，建造容易，且易于变更干燥制度。但产量低，热耗大，劳动强度大，操作条件差。室式干燥器常用于注浆成型的陶瓷坯体的干燥。

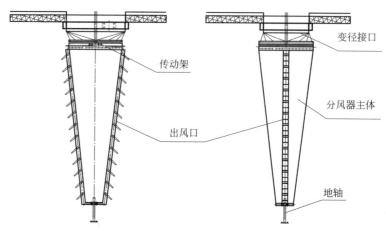

图 5-16　风锥结构示意图

（二）隧道干燥器

窑车隧道干燥器简称隧道干燥器，它是用于干燥成型制品的连续式干燥器。其产量大，热效率高，热耗低，干燥制度易于调节与控制，温度和湿度可以分段控制，干燥周期短，操作条件好，适用于大规模生产、品种较为单一的制品干燥。

1. 隧道干燥器的结构与工作原理

隧道干燥器可以由数条隧道并列组成，各通道之间通常由隔墙隔开，每条隧道内设有轨道，装载制品的小车长度视制品种类及尺寸而异，其宽度与隧道内宽相配合。

待干燥的制品按照一定的装码原则放在小车上，自隧道的一端由推车机推入干燥器内。干燥后的制品由隧道的另一端被推出，小车在干燥器内彼此相连。干燥介质可为热空气，也可为热烟气；干燥介质可以集中或分散送入，然后集中排出。干燥介质直接进入干燥器内，其流动方向与装载制品的小车运动方向有顺流式、逆流式和错流式三种形式。

在顺流式隧道干燥器中，制品与干燥介质同向运动，在干燥器的进车端，温度低、水分高的制品与高温、低湿的干燥介质接触，因温度差和湿度差较大而具有较高的传热系数及干燥速率。在同向运动过程中，制品中水分逐渐减少，温度升高；而干燥介质的湿度逐渐增加，温度降低，故传热系数和干燥速率沿途降低。制品出干燥器的温度低于介质出口温度，制品的最终水分与介质的出口湿度有关。顺流式隧道干燥器不适用于含水率较高制品的干燥。

在逆流式隧道干燥器中，制品与干燥介质逆向运动，在干燥器的前半部（进车端），制品含水率较高、温度较低，处于加热和等速干燥阶段，正好与温度较低、相对湿度较大的干燥介质相遇，传热系数和干燥速率均较低，不易使制品产生干燥变形和开裂；在制品进入减速干燥阶段后，与刚进入干燥器的温度较高、相对湿度较低的干燥介质相遇，有利于提高干燥速率和降低制品的残余水分。但必须要注意干燥介质出口温度应高于其露点，避免出现水汽冷凝现象。逆流式隧道干燥器示意图见图 5-17。在耐火材料生产和陶瓷生产中多采用逆流式隧道干燥器。

在错流式隧道干燥器中，制品与干燥介质运动方向垂直，适合于快速干燥大量制品。

2. 隧道干燥器的热工操作及技术参数

用热空气作干燥介质时，干燥器可以在正压下工作，干燥的均匀性和环境较好。当采用热烟气作干燥介质时，为防止烟气的溢出污染环境，干燥器必须在较小的负压下工作，此时

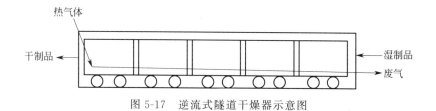

图 5-17 逆流式隧道干燥器示意图

应保证干燥器严密，防止因冷空气的漏入而破坏干燥器的热工制度。

由于隧道干燥器多与隧道窑连成生产线，可以用隧道窑冷却带抽出的热空气作为干燥介质。进入干燥器中热风温度由制品的干燥制度而定，一般不超过 200℃，排出废气温度应高于其露点，以防止在坯体表面凝露，并防止排废气金属管道受到酸腐蚀。

对于结构、形状及尺寸不同的制品，因其干燥制度不同，为了确保干燥质量和提高干燥效率，可在不同干燥制度的隧道干燥器中进行干燥。

干燥介质在隧道内水平方向流动，热气体在几何压头的作用下会向上浮动，造成横断面的温度上高、下低的温差，导致制品干燥不均。为了消除这种温差，应采取以下措施：

① 确保干燥器密封，防止冷空气漏入；

② 干燥介质应从上方集中或分散喷入、下方排出；

③ 适当增大干燥介质的流速；

④ 增设扰动措施。

在生产中，为了调节干燥速率，保证干燥质量，需控制隧道干燥器的技术参数包括：

① 干燥介质的温度、湿度、流速和流量；

② 干燥器内的压力制度；

③ 进车速度；

④ 制品在干燥车上的码放方式及装车密度。

另外，为了调节干燥介质的温度和湿度，可采用部分废气循环，分段控制。将干燥器中排出的部分废气自干燥器顶部集中或分散喷入前半部（进车端），因而既满足了后半部制品在降速干燥阶段的高温低湿的快速干燥制度，又满足了前半部制品在加热阶段和等速干燥阶段的低温高湿的慢速干燥制度。

3. 隧道干燥器主要尺寸的确定

（1）干燥器的长度 L

$$L = nl + l' \qquad (5\text{-}98)$$

式中　l——一个干燥车的长度，m；

　　　n——每条隧道内所容纳的干燥车数量，辆；

　　　l'——干燥器的备用长度，一般取 0.5m。

（2）干燥器的内宽 B

$$B = b + 2b' \qquad (5\text{-}99)$$

式中　b——干燥车的最大宽度，m；

　　　b'——干燥车一边距墙的距离，$b' = 0.05 \sim 0.075$m。

（3）干燥器的净高 H

$$H = h + h' \qquad (5\text{-}100)$$

式中　h——干燥车装载后的最大高度，m；

　　　h'——干燥车最大高度距顶的空隙，$h' = 0.05 \sim 0.06$m。

（4）干燥车的总辆数 N

$$N = \frac{G\tau}{Z} \tag{5-101}$$

式中　G——干燥器的生产能力，件/h 或 kg/h；

　　　τ——干燥周期，h；

　　　Z——装车密度，件/车或 kg/车。

（5）隧道条数 M

$$M = \frac{N}{n} \tag{5-102}$$

式中，n 为一条隧道内所容纳的干燥车数量，辆。

（三）辊道式干燥器

辊道式干燥器是辊道式隧道干燥器的简称，它是以转动的辊子作为运载工具的一种用于干燥成型制品的连续式干燥器。辊道式干燥器通道的下部由许多沿宽度方向平行排列的辊子组成，待干燥的坯体可直接置于辊子上或将坯体先放在垫板上，再将垫板放在辊子上，利用辊子的同向转动使坯体依序前行。每根辊子的端部都有小链轮，由链条带动自转，为使传动平稳、安全，常将链条分若干组传动。

辊道式干燥器干燥制度易于调节并便于分段自动控制，干燥周期短，热效率高，热耗低，干燥质量好，操作条件好，适用于产量大、品种较为单一的制品干燥，且能与前后工序连成自动线，尤其适用于连续生产线和智能化生产线。

辊道式干燥器长度、宽度和断面高度要根据所干燥制品的种类、尺寸、干燥周期及产量等确定。它分为单层辊道式干燥器和多层辊道式干燥器。

目前，建筑陶瓷厂普遍采用辊道式干燥器，有些建筑陶瓷厂采用干燥辊道在下层、烧成辊道在上层的辊道式干燥器与辊道窑一体的方式。近年来，随着高压注浆成型工艺在卫生陶瓷厂的普遍应用，辊道式干燥器更适用于与能三班连续运行的高压注浆成型工艺相配套，高压注浆后的坯体经过修坯后可用人工或机械手放在托板上，然后自动送入辊道式干燥器中进行连续式快速干燥。

（四）链式干燥器

链式干燥器也是一种用于干燥成型制品的连续式干燥器，由干燥室和链式传送带或链带-吊篮运输机组成。吊篮运输机是在两根闭路链带上，每隔一定的距离悬挂一个吊篮，吊篮上搁置垫板，板上放置待干燥的坯体，由传动链轮带动链带，而使整个吊篮运输机运动。由于吊篮与链带铰接，故垫板及其上的坯体始终保持水平，坯体在干燥室的一端放入吊篮，经干燥后由另一端取出。

根据传送带的运动方向，链式干燥器可分为立式（链带垂直运动）、卧式（链带水平运动）及综合式（链带既有水平运动也有垂直运动）三种，如图 5-18 所示。立式干燥器空间利用较好，占地面积小，电机负荷较小，但需链轮多，且维修不便。卧式干燥器均匀性较好，强化干燥时风管易安置，但需设置角钢或槽钢导轨，以防链带下坠。

干燥介质多为热空气，也可为热烟气。应使水分较高的湿坯首先经过干燥器内温度较低的部位。为利用余热及调节干燥介质的温度、湿度，可采用部分废气循环。

由于放入及取出坯体，链式干燥器两端不能密闭，热气体外逸，温度较高，为了改善工人的操作条件，可将干燥器主体部分移至上层建筑中，而工人在下层常温条件下操作，这种布置的链式干燥器又称为楼式干燥器，如图 5-19 所示。

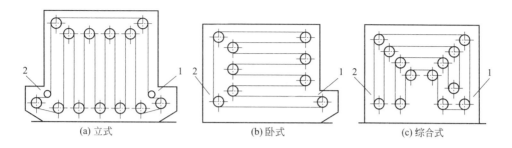

图 5-18　链式干燥器示意图

1—入坯处；2—出坯处

在链式干燥器内，可同时进行脱模前、脱模后的坯体及模型的干燥，并可采用机械手翻脱模。常利用隧道窑余热与成型机、自动脱模机、修坯机配套，形成自动流水线。

链式干燥器热效率高，干燥均匀，干燥周期短，机械化程度高。目前已广泛用于日用陶瓷厂与塑性成型工艺配套使用。

但应注意，带石膏模干燥时，干燥室温度不宜大于 70℃，否则模型强度会降低。

（五）喷雾干燥器

1. 喷雾干燥器的结构及工作原理

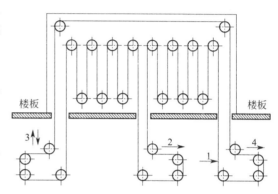

图 5-19　链带-吊篮运输机楼式干燥器示意图

1—成型、模坯放入；2—脱模；3—修坯；4—出坯处

喷雾干燥器是一种用于原料液（溶液、乳浊液、悬浮液等）干燥并同时完成造粒的连续式干燥器，由干燥塔、热风炉、雾化装置、泵、卸料装置和气固分离装置等组成。其工作原理是将原料液经雾化装置分散雾化成直径为 $50\sim300\mu m$ 的细小液滴，然后在干燥塔内与干燥介质（热空气或热烟气）进行充分热交换而迅速干燥成为含水分 5％～10％的球状细粉料，粉料在自身重力作用下自由下落，在塔底由卸料装置卸出，含有微细粉尘的废气经旋风分离器收集微细粉后，由排风机经排风管排入大气。喷雾干燥器如图 5-20 所示。经旋风分离器收集的细粉可以直接混入粉料中，也可以自干燥塔下部喷入干燥塔内，使泥浆雾滴附聚其上，增大粉粒粒度。

喷雾干燥器所使用的干燥介质一般是热烟气，即燃料（一般采用气体燃料）燃烧后的烟气与空气适当配合，使温度降至 400～500℃后，用作干燥介质。

在干燥塔中，干燥介质流动方向与雾滴的流动方向有顺流式、逆流式和复合式三种形式。图 5-20 中干燥介质与雾滴的流向是复合式，热气体从塔顶进入，向下流动；喷嘴安装在干燥塔底部，向上喷出雾滴，雾滴先与热气体逆流向上运动，达到一定高度后下落，又与热气体顺流向下运动。因而显著地延长了物料与干燥介质的接触时间，提高了干燥效率。

2. 雾化方法

原料液的雾化方法有压力雾化法、离心雾化法和气流雾化法三种。雾化方法直接影响雾滴的大小和均匀程度，继而影响着干燥产品的质量和技术经济指标。

（1）压力雾化法　压力雾化法又称为机械雾化法，它是利用高压泵使原料液加压至 $1.2\sim3MPa$，通过喷嘴喷出时，由静压能转变为动能，高速喷出而分散成雾滴，如图 5-20 所示。

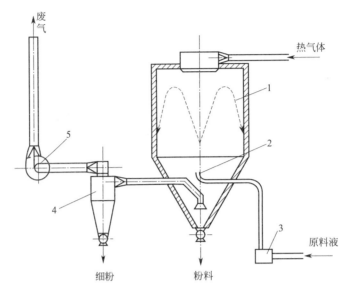

图 5-20　喷雾干燥器示意图

1—干燥塔；2—喷嘴；3—泵；4—旋风分离器；5—排风机

压力雾化法干燥器制得的粉料粒径较粗，含细粉较少，流动性好；可根据压力的大小和孔径不同的喷嘴调节喷雾量和颗粒配比，因此成型工艺性能好；雾化所需动力最少，约 $72 \sim 288 kJ/kg$ 水。但喷嘴易堵塞，工作可靠性较差，且喷嘴易磨损，磨损后孔径变大，雾化质量下降。由于压力喷雾的喷出速度较高，干燥塔应有足够的高度。压力雾化法喷雾干燥器只可用于一般黏度的原料液。

（2）离心雾化法　离心雾化法是利用泵将原料液送至干燥塔上部高速水平旋转的圆盘上，原料液受强大离心力的作用被甩向四周，在旋转盘上先伸展为薄膜，然后分散成雾滴。在离开旋转盘的初始阶段，雾滴按水平方向扩散，到一定距离后便自由下落。热风由上而下，与雾滴并行而下，构成顺流式。

离心雾化法产生的雾滴大小及均匀性，主要取决于旋转盘的圆周速度和液膜厚度，而液膜厚度又与料液的性质和供给量有关，雾滴的均匀性随旋转盘转速的增加而增大。当旋转盘的圆周速度小于 $50 m/s$ 时，所得到的雾滴大小不均匀；当旋转盘的圆周速度为 $60 m/s$ 时，雾滴的均匀性变好。通常生产中旋转盘的圆周速度控制为 $90 \sim 160 m/s$。

离心雾化法制得的粉料颗粒均匀，粒度平均为 $150 \sim 200 \mu m$，流动性不如压力雾化法，但比气流雾化法好；喷嘴不易堵塞，操作可靠；产量容易调节，可在设计生产能力的 $\pm 25\%$ 范围内调节原料液的供给量，只要离心盘转速不变，就不会影响粉料颗粒大小。但是，旋转盘易磨损；动力消耗较压力雾化法高 $20\% \sim 50\%$；由于料液有横向运动过程，所以干燥塔体应有足够大的直径，以防料液粘壁。离心雾化法喷雾干燥器可用于高黏度料浆的干燥。

（3）气流雾化法　气流雾化法又称为介质雾化法，它是用压缩空气为雾化介质，利用以一定角度高速喷出的雾化介质对原料液流股的摩擦力和冲击力，使原料液分离成雾滴。气流式雾化喷嘴可分为二通道气流雾化喷嘴和三通道气流雾化喷嘴。二通道气流雾化喷嘴具有一个液体通道和一个气体通道，原料液由中心通道喷出，压缩空气由外环通道喷出，气-液在喷嘴内部的混合室接触、混合，雾化后的雾滴群从喷出口喷出。三通道气流雾化喷嘴具有三个流体通道，其中一个液体通道，两个气体通道，液体夹在两股气体之间，被两股气体雾化，雾化效果要比二通道气流雾化喷嘴好。干燥介质与雾滴流可以是复合流式，也可以是顺流式。

气流雾化法喷嘴结构简单，磨损小；对原料液无严格要求，甚至可以对滤饼直接雾化，适应范围广；由于调节气液比可控制雾滴大小，粉料粒度可调节；粉料粒度较细，流动性能较差；能量消耗较大，约为压力雾化法和离心雾化法的5～8倍。由于气流式喷嘴制造简单，操作和维修方便，在中小规模生产或实验规模中获得广泛应用。降低能量消耗的途径是：改进喷嘴结构，降低气液比，提高雾化能力；滤饼直接雾化；以水蒸气或过热蒸汽代替压缩空气。

3. 喷雾干燥器的特点

（1）喷雾干燥器的优点　喷雾干燥器一次成粒，大大简化了工艺流程，缩短了生产周期，节省了设备和人力，且生产过程可连续化和自动化，改善了劳动条件；由于雾化时液滴很小，气、固接触比表面积极大，大大提高了干燥速率，缩短了干燥时间，一般雾滴在零点几秒内即可被干燥成粉粒状；因干燥时间极短，颗粒表面温度低，干燥热敏性物料不易变质；能得到速溶粉末或球形颗粒，流动性好，能很好地填充压模，适应快速成型要求，且能显著减少模具的磨损。

（2）喷雾干燥器的缺点　当干燥介质温度低于150℃时，容积传热系数较低，一般为23～116W/(m^3·K)，所用设备容积大；对气固混合物的分离要求较高，一般需要高效旋风收尘器或两级除尘；热利用率不高，一般顺流塔型为30%～50%，逆流塔型为50%～75%，能耗较大。

喷雾干燥器广泛用于压制成型粉料的制备。

（六）转筒干燥器

转筒干燥器又称为回转烘干机，是一种用于干燥颗粒状或小块状物料的连续式干燥器。转筒干燥器主体是一个由电机带动旋转的金属圆筒体，筒体稍有倾斜。物料由筒体较高一端的上部加入，经过转筒内部时，与通过筒内的干燥介质或加热壁面进行有效的接触而被干燥，干燥后的物料从筒体较低一端的下部卸出。在干燥过程中，物料借助于圆筒的缓慢转动，在重力的作用下从较高一端向较低一端移动。干燥介质一般为热烟气或热空气。干燥介质与物料的运动方向有顺流式和逆流式两种。若干燥介质与物料直接接触，则干燥后的废气需经过旋风分离器除尘后再排出，以免污染环境。转筒干燥器是最古老的干燥设备之一，目前仍被广泛应用于冶金、建材、化工等领域，在无机非金属材料工业中，广泛应用于水泥生产中的各种原料和混合料的干燥。图5-21为顺流式转筒干燥器的示意图。

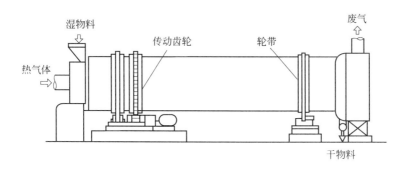

图5-21　顺流式转筒干燥器的示意图

转筒干燥器的优点是产量大，机械化程度高，流体阻力小，结构简单，操作方便，对物料的适应性强。其缺点是设备投资较大，能耗较高。

1. 转筒干燥器的结构

转筒干燥器主要由筒体、支承和传动装置、密封装置、内部扬料装置等构成。

（1）筒体　转筒干燥器的筒体是由厚度 $10\sim20mm$ 的钢板焊接而成，一般地，其内直径 D 为 $1\sim3m$，长径比 L/D 为 $5\sim8$，转速一般为 $2\sim7r/min$，转筒沿物料前进方向的倾斜度为 $3\%\sim6\%$。

（2）支承和传动装置　筒体上装有大齿轮和轮带（又称滚圈），轮带的数量视转筒长度而定，有两个、三个、四个等，其中两个轮带用得最多。转筒借助于轮带支承在两对托轮上，转筒的中心与每对托轮中心的连线呈 $60°$ 角；为限制或控制筒体沿倾斜方向轴向窜动，在轮带的两侧装有一对挡轮。大齿轮是用弹性连接板固定在筒体上的，电动机通过变速箱、小齿轮带动大齿轮，使筒体转动。

（3）密封装置　为防止漏风，在筒体与燃烧室（或混合室）及集尘室的连接处均设有密封装置。在筒体的进料端，为防止物料逆流，还设有挡料圈。

（4）内部扬料装置　为了改善物料在干燥器筒体内的运动状况，强化干燥介质与物料的传热效率，加快干燥速率，筒体内壁安装有金属扬料板、格板、链条、扬料斗等扬料装置，其结构形式如图 5-22 所示。

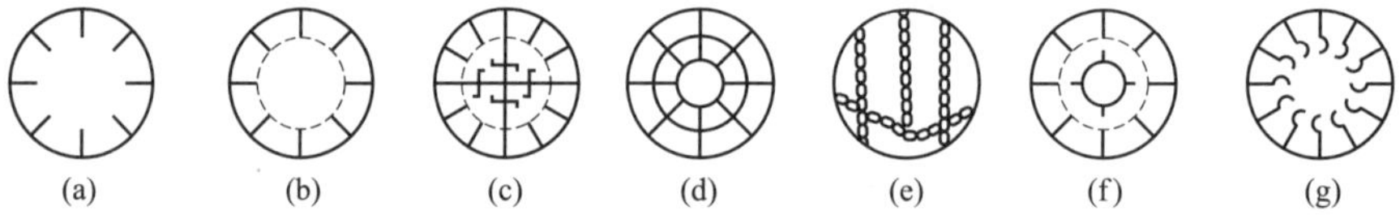

（a）　　　（b）　　　（c）　　　（d）　　　（e）　　　（f）　　　（g）

图 5-22　转筒干燥器筒体内壁扬料装置形式

（a）、（b）抄板式；（c）扇形式；（d）蜂窝式；（e）链条式；（f）双筒式；（g）扬料斗式

抄板式（又称升举式）扬料板是常用的一种扬料板，它是在筒体内壁上焊以角钢或槽钢等构成的，高度约为筒体直径的 $1/12\sim1/8$，沿径向平行排列，如图 5-22（a）、（b）所示。当筒体转动时，扬料板将物料带到一定高度后再撒下，增大了物料与干燥介质的热交换面积，使物料的干燥速率加快，同时还促使物料向前运行，转筒旋转一周，物料前进的距离等于其落下的高度乘以转筒的倾斜率。抄板式扬料板不宜太密，否则大块物料易被卡住，根据经验，抄板的数量一般为 $n=(6\sim10)D$。沿筒体长度方向相邻两块扬料板相互错开，使物料与热气体有更多的接触机会。除在干燥介质出口端 $1\sim2m$ 处不装抄板（以免干燥介质在离开转筒时带走很多细颗粒物料）外，均可布置抄板。抄板式扬料板的优点是结构简单，清理和维修方便。其缺点是粉尘大，增加了收尘设备的负荷；由于物料的撞击和摩擦，扬料板容易损坏。图 5-22（a）的抄板式扬料板的转筒填充率较低，适用于大块物料和黏性物料，如黏土等。图 5-22（b）适用于散粒状或较干的物料，如砂子、矿渣等。

图 5-22（c）为扇形式扬料板，物料在筒体截面上分布较均匀，物料沿着各种曲折的通道逐渐下降，与热气流进行充分接触而干燥，传动功率较小；但清理和维修不方便。这种扬料板适用于密度较大的块状物料，如石灰石、页岩等。

图 5-22（d）为蜂窝式格板，它是由三个同心圆筒和辐射状隔板组成的格孔。物料被均匀地分散在各个格孔中，从而降低了物料落下的高度，减少了干燥过程中产生的粉尘量，因此，它适用于易产生粉尘的细碎物料；筒体的填充率较高，物料与格板及物料与介质之间的换热面积较大，故干燥速率较快。其缺点是结构复杂，清理与维修较困难。

图 5-22（e）为链条式扬料装置，悬链可增加物料与气流的换热面积，并可击碎物料的黏块，同时可避免物料黏附于筒壁，但易引起粉尘。链条式扬料装置适用于含水率高、黏性大

的物料，如黏土。

图 5-22(f) 为双筒式扬料板，物料在双筒的间隙中运动而干燥介质在内筒中流过，热气体与物料不直接接触，属于对流换热-传导传热综合传热的间接加热式，传热效率较低。适用于对高温敏感或怕污染的物料，如煤。

图 5-22(g) 为扬料斗式扬料板，适用于较干的细颗粒物料。

2. 转筒干燥器的加热方式

根据干燥介质与物料的接触方式和加热方式，转筒干燥器可分为直接加热式、间接加热式和复合加热式三种形式。

（1）直接加热式　在直接加热式转筒干燥器中，干燥介质与物料在筒体内直接接触，以对流换热和辐射换热的方式传热。干燥介质温度较低时，主要是对流换热；干燥介质为热烟气且温度较高时，其辐射换热也占有一定比例，是对流换热和辐射换热两种加热方式的综合。直接加热式转筒干燥器适用于耐高温且不怕污染的物料。其特点是热效率高，流体阻力小。

物料和干燥介质的运动方向有顺流式和逆流式两种。

顺流式干燥器中，物料与干燥介质同向流动，在进料端，水分高、温度低的物料与湿度低、温度高的干燥介质接触，因温度差和湿度差较大而具有较高的传热系数和干燥速率。在同向流动过程中，物料水分逐渐减少、温度升高，而干燥介质的湿度逐渐增大、温度降低，故传热系数和干燥速率沿途降低。物料出干燥器的温度低于介质出口温度，物料的终水分与介质的终湿度有关。顺流式转筒干燥器的优点是等速阶段干燥速率大，干燥后的物料温度低，热能利用率较高。其缺点是物料干燥速率不均匀，降速阶段干燥速率小；物料终水分受介质湿度的限制，介质中含尘量较高。

顺流式转筒干燥器主要适用于：

① 干燥对高温敏感、易燃的物料，如活性混合材料、煤等；

② 干燥初始水分高、终水分要求不很低的物料；

③ 干燥可塑性高的黏性物料，转筒入料端的高温内壁可以减少物料黏结的危险，如软质黏土等。

逆流式干燥器中，物料与干燥介质的流动方向相反，在进料端，水分高、温度低的物料与湿度大、温度较低的介质相遇，而在筒体的出料端，已接近干燥好的水分含量较低、温度较高的物料与低湿、高温的介质接触，因此干燥速率在全过程中分布比较均匀，物料的终水分低。

逆流式转筒干燥器主要适用于：

① 干燥终水分要求很低而又不能强烈脱水的物料或对高温不敏感的物料，如砂子、石灰石等；

② 干燥初始水分较小或蒸发水分总量不大的物料。

当干燥介质参数与物料初始水分均相同时，顺流式干燥与逆流式干燥的比较：

① 总的干燥速率，顺流式大于逆流式。顺流式的物料处于等速干燥阶段时，由于干燥介质温度高、湿含量小，物料的干燥速率必大于逆流式；而物料处于降速干燥阶段时，由于干燥介质温度较低、湿含量较大，物料的干燥速率较逆流式小。根据干燥动力学可知，物料进入降速干燥阶段的干燥速率受干燥介质的状态影响小，说明干燥速率减小的程度不是很大，因此总的来说，顺流式的干燥速率大于逆流式的干燥速率。因在逆流干燥过程中已接近烘干好的物料是与温度较高、水汽含量较低的干燥介质接触，所以在整个干燥过程中，逆流式干燥速率较均匀。

② 逆流式物料的终水分低于顺流式，而物料的终温度则高于顺流式。

③ 传热效率，逆流式大于顺流式，这是由于逆流式筒体内的干燥介质与物料之间的平均温差较顺流式大。

④ 顺流式比逆流式产量高，热量损失小。逆流式在降速干燥阶段传热量虽大，但大部分被干物料吸收，造成物料出口温度远比顺流式高，且其热含量不能被利用而被损失掉，同时还易损坏运输皮带，降低活性混合材料（如矿渣）的活性。在等速干燥阶段时，顺流式的干燥速率较逆流式大，有利于提高干燥产量。

（2）间接加热式　在间接加热式转筒干燥器中，干燥介质不与物料直接接触，热量是通过传热壁间接传给物料，如图 5-22(f) 所示的双筒式转筒干燥器。这种干燥器热效率及干燥速率较低，适用于干燥不耐高温且怕污染的物料，不适用于黏性大、特别易结块的物料。

（3）复合加热式　复合加热式是直接加热式和间接加热式的综合，如在双筒式转筒干燥器中，干燥介质先在内筒中流动加热内筒壁，对物料进行间接加热；然后干燥介质在转筒末端折回，流经双筒间的环隙空间，与物料接触进行直接加热。复合加热式转筒干燥器既满足了干燥不耐高温且怕污染的物料间接加热的要求，又提高了干燥器热效率和干燥速率。

直接加热式、间接加热式和复合加热式三种加热方式中，直接加热式热效率最高，复合加热式次之，间接加热式热效率最低。在水泥生产中，大多采用直接加热式转筒干燥器。烘干烟煤时，为了避免失去挥发分或着火、爆炸等，过去曾采用复合加热式转筒干燥器，但目前已被烘干兼粉磨的煤磨所取代。

3. 转筒干燥器有关参数的确定

（1）进出转筒干燥器干燥介质温度的确定　转筒干燥器所用干燥介质的种类和参数视物料的性质而定，一般常采用燃料燃烧产生的高温烟气作为干燥介质。因高温烟气的温度通常大于 1000℃，直接进入干燥器可能会使得在干燥过程中物料温度高于其允许的加热温度，导致物料结构被破坏而改变物理性质，并会缩短干燥器内金属部件的使用寿命，因此必须使高温烟气与冷空气混合至工艺要求的温度，再进入干燥器中。混合过程可在专设的混合室内进行，也可不设混合室。

离开转筒干燥器的废气温度与其湿度及收尘和排风设备有关。原则上应保证废气经收尘设备、排风设备进入大气时，其温度不低于露点，必要时应对上述设备和管道进行保温，防止水汽冷凝。但废气温度不宜过高，否则热耗增大。废气出转筒干燥器的温度一般为80～150℃。

表 5-2 列出了无机非金属材料工业中常见的一些物料在转筒干燥器中干燥所需干燥介质进、出转筒干燥器的温度。

表 5-2　进、出转筒干燥器的干燥介质温度

物料	石灰石	矿渣	黏土	砂子	烟煤	无烟煤
干燥介质进干燥器的温度/℃	800～1000	700～800	600～800	800～900	400～700	500～700
干燥介质出干燥器的温度/℃	100～150	100～150	80～110	100～150	90～120	90～120

（2）废气出干燥器流速的确定　就传热和传质机理而言，提高干燥介质在干燥器中的流速会提高传热和干燥速率，但介质中的含尘率也会随之增大，增加收尘设备和排风设备的负荷。因此干燥介质在转筒干燥器中的流速不宜过高，一般转筒干燥器的废气出口流速为1.5～3m/s。

（3）物料终水分和出干燥器温度的确定　在干燥过程中，物料终水分是生产中控制的一个主要质量指标，但因水分不宜连续测量，生产中常以物料出干燥器的温度作为参考。物料出口温度过低，则物料终水分可能偏高；反之，则干燥器能耗增大。物料出干燥器的温度根据物料性质和终水分要求确定，一般为 60~120℃。

（4）蒸发强度的确定 转筒干燥器蒸发强度是指每小时每立方米筒体容积内蒸发的水分量，单位为 kg/(m³·h)。蒸发强度与物料性质、粒度、水分含量以及筒体结构、操作制度等因素有关，通常由试验及生产实践的数据总结而得。一些转筒干燥器的规格及蒸发强度值见表 5-3。

表 5-3 转筒干燥器的规格及蒸发强度

干燥器规格 /m	物料	初始水分 /%	干料产量 /(kg/h)	蒸发强度 /[kg/(m³·h)]	蒸发水量 /(kg/h)	热耗 /(kJ/kg 水)
φ1.5×12	石灰石	2	17000	12.3	260	12640
		4	12000	20.5	440	7580
		6	9500	26.5	560	6240
		10	7000	35	700	5280
	黏土	10	6000	28.5	600	6110
		15	4900	38	800	5400
		20	3800	43	900	5070
		25	3100	47	1000	4860
	矿渣	10	7400	35	740	5280
		15	5200	40	860	4770
		20	4000	45	950	4520
		25	3300	49	1060	4400
		30	2700	52	1120	4270
φ2.2×12	石灰石	2	31000	10.5	480	12560
		4	25000	17.2	790	8160
		6	20000	25.5	1170	6240
		10	14500	33.7	1540	5230
	黏土	10	13000	28.5	1300	5820
		15	10500	38	1730	5150
		20	8300	43	1960	4800
		25	6700	47	2140	4690
	矿渣	10	16000	35	1600	5280
		15	11000	40	1800	4770
		20	8700	45	2070	4520
		25	7000	49	2240	4350
		30	5700	52	2360	4270
φ2.4×18	石灰石	2	51000	9.6	780	14070
		4	40000	17.9	1460	8290
		6	33000	23.6	1920	6870
		10	27600	34	2760	5650
	黏土	10	15900	19.5	1590	6030
		15	13000	26	2130	5360
		20	11000	32	2580	4980
		25	10000	39	3180	4730
	矿渣	10	24400	30	2440	5780
		15	17300	35	2360	5150
		20	12600	37	3000	4900
		25	10000	39	3170	4730
		30	8000	40	3230	4650

4. 转筒干燥器的选型计算

转筒干燥器的选型计算通常包括以下内容及步骤：

（1）根据给定的干燥物料湿基终水分 v_2（%）的年产量 G（kg/a），确定干燥器的实际小时产量 G_{w2}，其计算式为：

$$G_{w2} = \frac{G}{365 \times 24 k_0 (1-\varepsilon)} \tag{5-103}$$

式中　k_0——转筒干燥器的年平均运转率，一般为 $0.85 \sim 0.9$；

　　　ε——因漏料和飞灰等造成的物料损失率，一般按 $2\% \sim 5\%$ 考虑。

（2）燃料燃烧计算　计算单位燃料燃烧的实际空气量、实际烟气量、烟气成分及密度、燃烧温度等。

（3）干燥器的物料平衡和热平衡计算　计算水分蒸发量 m_w（kg/h）、干燥介质用量 L（kg/h），燃料消耗量 M_f（kg/h 或 Nm^3/h）、干燥介质离开干燥器的废气量 V_{m2}（Nm^3/h）。

（4）选定蒸发强度 A 值，计算干燥器筒体容积 V，确定其内径 D 和长度 L　蒸发强度 A 值可参照表 5-3 选取，干燥器筒体容积 V 的计算式为：

$$V = \frac{m_w}{A} \tag{5-104}$$

根据所求得的容积 V，选取长径比 $K=L/D=5\sim8$，初步确定筒体的内径 D 和长度 L，其计算式为：

$$V = \frac{\pi}{4} D^2 L = \frac{\pi}{4} K D^3 \tag{5-105}$$

所确定的直径 D 是否合适，还需要计算废气出干燥器的流速进行校验，废气出干燥器的流速计算式为：

$$u_{m2} = \left(V_{m2} \frac{273 + t_{m2}}{273} \right) \Big/ \left[3600 \times \frac{\pi}{4} D^2 (1-\beta) \right] \tag{5-106}$$

式中　u_{m2}——废气出干燥器的流速，m/s；

　　　V_{m2}——离开干燥器的废气量，Nm^3/h；

　　　t_{m2}——废气离开干燥器的温度，℃；

　　　β——筒体中物料填充系数，对于抄板式 $\beta=0.1\sim0.15$，对于扇形式 $\beta=0.1\sim0.3$。

废气出干燥器的流速应在 $1.5\sim3$m/s 范围内，对于密度小且较细的物料应小些。

确定出内径 D 值后，计算长度 L 值。然后根据现有的标准产品的规格型号选择转筒干燥器的规格型号（可查《水泥厂工艺设计手册》或有关资料）。

（5）转筒干燥器电动机拖动功率复核　转筒干燥器电动机拖动功率计算式为：

$$N = k D^3 L n \rho_m \tag{5-107}$$

式中　N——电动机拖动功率，kW；

　　　k——功率系数，与筒体内部结构形式和物料填充系数 β 有关，见表 5-4；

　　　n——筒体转速，r/min；

　　　ρ_m——物料的容积密度，kg/m^3。

表 5-4　转筒干燥器的功率系数 k 值

筒体内部结构形式	物料填充系数 β			
	0.1	0.15	0.20	0.25
抄板式	4.9	6.9	8.2	9.2
扇形式	1.6	2.3	2.6	2.9
蜂窝式	0.8	1.0	1.3	1.43

（6）转筒干燥器的热效率计算　　转筒干燥器的热效率计算式为：

$$\eta = \frac{2490 + c_{w2} t_{m2} - c_{w1} t_{w1}}{m_f Q_{net}} \times 100\%$$ （5-108）

式中　2490——0℃时水的汽化热，kJ/kg；

　　　c_{w2}——水蒸气在 0～t_{m2} 范围内的平均比热容，在 200℃以下时，$c_w = 1.89$kJ/(kg·℃)，kJ/(kg·℃)；

　　　t_{m2}——废气出干燥器的温度，℃；

　　　c_{w1}——水蒸气在 0～t_{w1} 范围内的平均比热容，kJ/(kg·℃)；

　　　t_{w1}——物料入干燥器的温度，℃；

　　　m_f——蒸发 1kg 水的燃料消耗量，kg/kg 水或 Nm^3/kg 水；

　　　Q_{net}——干燥器所用实际燃料的低位发热量，kJ/kg 或 kJ/Nm^3。

转筒干燥器的热效率一般为 40%～65%。

（7）根据废气量及含尘量，选择除尘设备，进行管路布置及阻力损失计算，然后选择排风设备。

（七）流态干燥器

流态干燥器又称为沸腾干燥器，它是固体的流态化原理在干燥技术上的应用，是适用于干燥小块状或颗粒状物料的连续式干燥器，可干燥砂子、黏土、矿渣、白云石等。

流态干燥器的干燥原理是散粒状物料由干燥器的床侧加料器加入，热气流通过多孔分布板与物料层接触，气流速度保持在临界流化速度和带出速度之间，物料颗粒即能在床层内形成流态化，在热气流中上下翻动与碰撞，呈"沸腾"状态，即为流化床；物料与热气流进行剧烈的传热和传质而达到干燥的目的。当床层膨胀到一定高度时，床层空隙率增大而使气流流速下降，颗粒又重新落下而不致被气流所带走。经干燥之后的物料由床侧出料管卸出，出干燥器的废气由顶部排出，经旋风分离器回收其中夹带的粉尘后由排风机通过烟囱排入大气。物料可被干燥至含水分 1%～2% 左右。分布板可分为单层和多层。图 5-23 为单层流态干燥器示意图。图 5-24 为双层流态干燥器示意图。

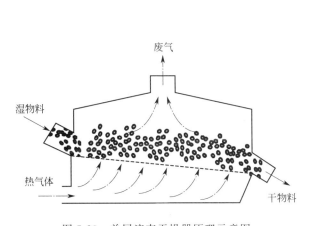

图 5-23　单层流态干燥器原理示意图

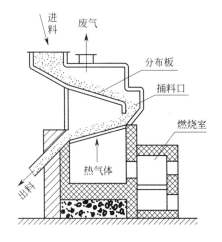

图 5-24　双层流态干燥器结构示意图

分布板的作用是支撑物料，均匀分布气流。分布板的形式有筛板、筛网及烧结密孔板等。分布板孔道面积与分布板总面积之比称为开孔率。开孔率越大，流化质量越差，减小开孔率会改善流化质量，但开孔率过小，将使设备阻力加大。分布板开孔率一般为 3%～

10%，孔径为 1.5～2.5mm。

流态干燥器的优点是物料在干燥器内的停留时间可任意调节；气流速度小，物料与设备的磨损较轻；传热面积大，物料的最终含水量低；结构简单、紧凑。但缺点是因颗粒在床层中高度混合，则可引起物料的短路和返混，物料在干燥器内的停留时间不均匀。

三、辐射干燥

辐射干燥是通过辐射方式将热量传递给待干物体进行干燥的方法，可在常压和真空两种条件下进行。主要是以红外线、微波等电磁波为热源，因此目前辐射干燥器主要有红外干燥器和微波干燥器。

（一）红外干燥

1. 红外干燥的基本原理

红外干燥是利用红外线的热辐射进行干燥的方法。红外线是一种波长介于可见光和微波之间的电磁波，其波长为 $0.76～1000\mu m$。通常将波长在 $0.76～2.5\mu m$ 范围内的称为近红外线，波长在 $2.5～5.6\mu m$ 范围内的称为中红外线，波长在 $5.6～1000\mu m$ 范围内的称为远红外线。

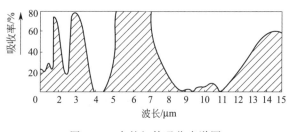

图 5-25　水的红外吸收光谱图

水是非对称的极性分子，对红外线有强烈的吸收带，只要含水物质的固有振动频率与入射的红外线的频率一致，就会吸收红外线，产生分子的激烈共振并转化为热能，温度升高，使水分蒸发而干燥。

图 5-25 为水的红外吸收光谱图。显然，湿物体及水分在远红外区有很宽的吸收带，并且对某些波长的远红外线有很强的吸收峰，因此工业上一般采用远红外线干燥物料，并且选择与物体的吸收波长相适应的远红外线辐射源，才能提高红外干燥的效率，发挥红外干燥的优点。

2. 远红外干燥的特点

① 干燥速率快，质量好，效率高。远红外线具有一定的穿透能力，被干燥制品表面和内部同时吸收能量，加热均匀，不易产生干燥缺陷；周围空气为对称的非极性分子，不吸收辐射能，温度低于被干燥制品，制品表面的对流换热使得制品表面温度低于内部，热扩散与湿扩散方向一致，因而干燥速率快，干燥效率高。

② 能量利用率高，能耗低。红外干燥不需要中间介质，不存在因干燥介质而引起的热能损耗，干燥单位坯体所需能耗较低。

③ 设备规模小，建设费用低，占地面积小。

但由于红外线穿透深度与波长为同一数量级，穿透深度较小，故红外干燥适用于较薄制品的干燥。

3. 远红外辐射元件及干燥器

一些金属氧化物、碳化物、氮化物、硼化物等都具有发射远红外线的特点，可以作为远红外线的辐射元件。比较常用的有氧化钛、氧化锆、氧化钴、氧化铬、氧化铁、碳化硅等，它们可单独使用，也可混合使用；可直接作为加热器，也可作为涂敷材料。其中，碳化硅在整个辐射波段内都具有相当大的辐射力，并且工作温度不高，使用方便，寿命长，因此得到广泛应用。在碳化硅基体表面上涂敷金属氧化物涂层，并使其黑度接近 1 时，可大大增强其辐射能力。此外，锆英石可辐射 $5\mu m$ 以上的红外线；若在锆英石中加入氧化铁、氧化锰、氧化镍、氧化钴、氧化铬等金属氧化物，并经成型、干燥和烧成得到黑色陶瓷材料，其黑度可达 0.96，接近黑体，能辐射 $5\sim40\mu m$ 的远红外线，也广泛用作远红外线的辐射元件。当辐射面的温度为 $400\sim500\,^\circ\!C$ 时，辐射效果最好。

远红外辐射元件可制成板状、管状、灯状或其他特殊形状，可采用电加热、燃气加热、高温烟气加热及蒸汽加热。图 5-26 所示为管状远红外辐射器的示意图，将电阻发热体通电，产生的热通过绝缘物传给金属管壁，再加热金属管外表面的金属氧化物（远红外线辐射物质），使其辐射出所需波长的远红外线。

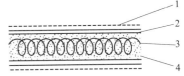

图 5-26　管状远红外辐射器
1—金属氧化物；2—金属管；
3—发热体；4—绝缘体

远红外干燥器的结构与一般对流式干燥器相同，只是以远红外线辐射器代替热气体作为热源。但需考虑干燥器中辐射器的布置应使被干燥物体能更好地接收辐射能；干燥器内要及时排湿，以免水蒸气吸收红外线而降低辐射强度。

（二）微波干燥

1. 微波干燥的基本原理

微波是介于红外线与无线电波之间的高频率电磁波，波长为 $1\sim1000mm$，频率为 $(3\times10^2)\sim(3\times10^5)MHz$。微波干燥的基本原理是以微波为热源，通过微波辐射湿物体，使其内部极性水分子剧烈运动并摩擦产生热量使水分排出而干燥。

物体对于投射到其表面上的微波会产生反射、吸收和透过现象，这些现象的强弱则取决于物质本身的性质。根据物体与微波场之间的关系，可分为四类：

（1）导体　物体的电导率越大，磁导率越小，对微波的反射损耗就越大，即对微波的反射率越大。良导体对于微波能产生全反射，因此，金属材料可用于贮存或引导微波，可作为波导的材料和微波干燥器外壳以及防护板。

（2）绝缘体　绝缘体亦称为无损耗介电体，几乎所有的绝缘体对微波既不反射也不吸收，而是能全透过，如陶瓷、玻璃、塑料等材料，因此这类材料可用作微波场中被加热物体的支撑装置。

（3）介电体　介电体的特性介于导体和绝缘体之间，绝大多数介电体又可称为有损介电体，能不同程度地吸收微波并转化为热量。

（4）铁磁体　铁磁体也能吸收、反射和透过微波，并同微波的磁场分量发生关系，且产生热量，这种材料常作为保护或扼流装置的材料，用于防止微波能量的泄漏。

微波干燥依赖于微波加热，微波加热就是利用介电损耗原理将微波转化为热能，物质吸收微波的能力，主要由其介质损耗因数来决定。介质损耗因数大的物质对微波的吸收能力就强；相反，介质损耗因数小的物质吸收微波的能力就弱。水分子属极性分子，介电常数较大，其介质损耗因数也很大，对微波具有强吸收能力，所以水分子优先吸收微波而产生热。水分由湿物体内部向表面扩散，并且继续吸收微波，然后汽化、排出，从而迅速完成干燥的目的。

2. 微波干燥的特点及应用

（1）微波干燥的优点

① 加热快速、均匀。微波对物体的穿透深度与其波长大致为同一数量级，因此，对湿物体具有较强的穿透能力，在物体内部瞬时转化为热量，能达到表里同时受热，大大缩短了加热时间。

② 加热的选择性。微波加热是利用介质损耗原理，在加热过程中通过介质损耗将电磁

能转化为热能，只有吸收微波的物质才能被微波加热。由于水的介质损耗因数很大，所以水吸收的微波能远大于其他物质，因此干燥制品的温度不高，处于低温干燥。

③ 干燥均匀、速率快，产品质量高。干燥制品中水分多的部位吸收微波能力强，干燥速率快；而水分少的部位吸收微波能力弱，干燥速率慢，因此干燥均匀；在微波干燥时，由于周围介质温度低，制品表面的对流换热使得表面温度低于内部，热扩散和湿扩散方向一致，有利于水分的蒸发，因而干燥速率快，干燥产品质量高。

④ 热效率高、节能。微波直接与干燥制品相互作用，不需要加热空气或加热大面积的设备器壁等，且干燥室为金属制造的密闭空腔，同时空腔壁又反射微波，使之不向外泄漏，只能被物料多次吸收，既可提高热利用率，又大大降低了干燥能耗。

⑤ 反应灵敏、易控制。微波对介质材料是瞬时加热升温，可在几秒的时间内迅速将微波功率调到所需的数值，加热到干燥工艺要求的温度，便于自动化和连续化生产。

⑥ 清洁生产，环保。

（2）微波干燥的缺点

① 干燥设备费用高，耗电量大，运行成本高。

② 微波辐射对人体健康有害。必须严格防止微波泄漏，避免微波辐射的危害。

（3）微波干燥的应用

① 适用于形状复杂、含水率高、厚度较大、产量大的制品，尤其适用于这些制品在加速阶段和等速干燥阶段（即临界点之前）的干燥，可大大提高干燥速率、质量和产量。如蜂窝陶瓷坯体的干燥，卫生陶瓷坯体在临界点之前的干燥等。

② 适用于热敏性制品和物料的干燥。

3. 微波干燥器

微波干燥器主要由微波发生器、连接波导管和微波加热器等部分组成。在微波管上加上高压直流电压，微波管将电能转换成微波能，微波能以微波的形式通过连接波导管传递至微波加热器加热待干燥制品。通常在微波发生器上安装冷却系统，用于对微波管的腔体及阴极部分进行冷却。炉腔是一个微波谐振腔，是把微波能变为热能对坯体进行加热的空间。为了使炉腔内的坯体均匀加热，工业微波炉一般为隧道式，物料在输送带上连续运转。在自动化连续生产

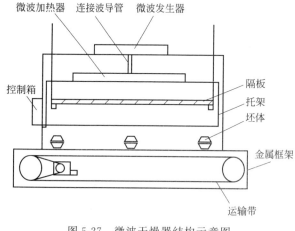

图 5-27　微波干燥器结构示意图

线上，坯体通过输送带进入微波干燥器，借传感器、调节器自动控制微波功率，以达到调节温度、保证产品质量的目的。图 5-27 为微波干燥器结构示意图。

另外，微波干燥器还要有循环风及排湿系统，及时排除干燥器内的水蒸气，以免影响干燥效率。

四、电干燥

1. 工频电干燥

工频电干燥的原理是将待干燥的湿坯并联于工频电路中，用焦耳效应产生的热量使其水

分蒸发而干燥，如图 5-28 所示。通常以 0.02mm 厚的锡箔、40～80 目的铜丝布或直径小于 2.5mm 的铜丝作为电极，用泥浆或树脂粘贴在湿坯体的两端，然后通以电流。

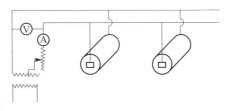

图 5-28　工频电干燥原理示意图

工频电干燥属于内热源式干燥。当电流通过时，坯体相当于电阻而产生热量，坯体表面由于水分蒸发及热量散失，使表面的水分浓度及温度均较低，坯体的水分梯度与温度梯度方向相同，湿扩散与热扩散方向一致，因而干燥速率快。

坯体中含水率高的部位电阻小，通过电流多，因而产生热量多，干燥速率快；而含水率低的部位电阻大，通过电流少，因而产生热量少，干燥速率慢。因此坯体干燥均匀，不易产生干燥缺陷，干燥效率高。

随着坯体的干燥，含水率降低，导电性能下降，通过电流减小，因此为了有效地进行干燥，必须随着干燥过程的进行逐渐增大电压，使通过电流基本保持不变。一般干燥初期电压为 30～40V 即可，到干燥后期则需增至 220V 甚至更高。

图 5-29 为采用工频电干燥的某陶瓷坯体含水率与电能消耗的关系曲线。由此可知，干燥后期欲将坯体干燥到较少水分时，电能消耗将显著增加。因此，在干燥后期可采用其他方法进行干燥。

工频电干燥不需要特殊设备，方法简便。它主要适用于含水率较高的大型厚壁坯体和实心坯体的干燥，如干燥大型耐火材料砖坯、大型电瓷泥段等。

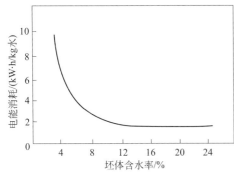

图 5-29　工频电干燥时坯体含水率
与电能消耗关系

2. 高频电干燥

高频电干燥是将待干燥的湿坯置于频率为 500～600kHz 的高频电场中，由于电磁波的高频振荡，使坯体中的分子发生非同步的振荡，产生热效应，使水分蒸发而干燥。坯体中含水率越高或电场频率越高，介电损耗越大，产生的热效应也越大，干燥速率就越快。与工频电干燥一样属于内热源式干燥，由于坯体表面水分蒸发和热量损失，使湿扩散与热扩散方向一致，因此，干燥速率快，质量好，效率高。

高频电干燥不需要电极，它主要适用于干燥形状复杂而壁厚的制品；缺点是电能消耗大，干燥设备复杂且不安全，坯体终水分不太均匀。

图 5-30 为高频电干燥器示意图。高频电干燥器的主要组成部分是高频发生装置。高频发生装置包括整流器、振荡器和电容器等。整流器的作用是将线路网的交流电变为高压直流电。振荡器的作用是将高压直流电变为高频交流电。电容器是联系高频振荡器与负载的纽带，电容器的形状主要取决于被干燥坯体的几何形状，其目的是为了最大限度地把电场集中到需要加热的区域内，且在该区域内使电场保持均匀强度。在负载回路的两电极间放置被干燥坯体。振荡器和负载回路的振荡频率都可调节。

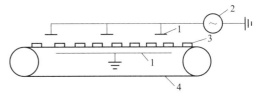

图 5-30　高频电干燥器示意图
1—电极；2—高频发生装置；3—坯体；4—输送带

五、综合干燥

综合干燥是指综合应用对流干燥、辐射干燥和电干燥中的两种或三种的干燥方法。根据干燥产品的形状、尺寸、性质、初始含水率、最终含水率、产量及不同干燥阶段的特点等，在干燥过程的不同阶段选用不同的干燥方法，充分利用对流干燥、辐射干燥和电干燥的各自优点，避其缺点，以达到快速、高效的强化干燥目的。例如，微波干燥和对流干燥的综合干燥，工频电干燥和对流干燥的综合干燥，微波干燥、对流干燥和远红外干燥的综合干燥等。

对于含水率较高、壁较厚的大型复杂坯体，可以采用微波-对流综合干燥。用带式运输或辊道运输，先进入微波干燥器中干燥至临界点或达到降速干燥阶段后，再进入对流干燥器（隧道式）中采用高温低湿的热气体干燥至最终水分。这样既充分利用了微波干燥和对流干燥的优点，又相互弥补了各自的缺点，达到事半功倍的干燥效果。

对于一些有釉而又复杂的陶瓷制品，如卫生陶瓷，注浆成型后的湿坯经修坯、质检后，用带式运输或辊道运输，在干燥过程的前期采用微波干燥至临界点，进入降速干燥阶段后，再采用高温低湿的热气体对流干燥至残余水分小于1%；干坯经半成品质检后，在自动施釉线上由机械手自动施釉；施釉后的釉坯再用远红外线干燥，再经质检后入窑烧成。采用这种微波-对流-远红外综合干燥方法不仅可以大大提高干燥效率，还能与前后工序连成自动线，有利于生产线的连续化和智能化，尤其适用于与高压注浆成型配套使用。

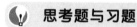 思考题与习题

思考题

5-1　表明湿空气特征的参数有哪些？如何根据这些参数制作 I-x 图？I-x 图应用有什么条件？

5-2　干燥过程的阶段是如何划分的？等速干燥阶段为什么也称为外扩散控制阶段？降速干燥阶段为什么也称为内扩散控制阶段？在这两个阶段中提高干燥速率的因素分别是什么？

5-3　为什么用转筒干燥器干燥黏土原料时采用顺流式，而在隧道干燥器中干燥黏土质坯体时采用逆流式？

5-4　坯体在干燥过程中的收缩与开裂是怎么产生的？采用哪些措施可以减少干燥缺陷？

5-5　影响干燥速率的因素有哪些？

5-6　散状物料的干燥设备有哪些？各有什么特点？各适用于什么情况？

5-7　对流干燥、微波干燥、远红外干燥、工频电干燥和高频电干燥各有什么特点？

习题

5-1　已知空气的干球温度和湿球温度分别为30℃和25℃，计算空气的相对湿度 φ、湿含量 x、热含量 I、水蒸气分压 p_w、绝对湿度 ρ_w、露点 t_d 及湿空气的密度 ρ_s。

5-2　已知空气干球温度为50℃，露点为40℃。利用 I-x 图求空气的其他状态参数。

5-3　已知空气干球温度 $t=20$℃，相对湿度 $\varphi=80\%$。

（1）利用 I-x 图求空气的湿含量、露点和热含量。

（2）若将该空气在预热器中加热至100℃，当空气质量流量为100kg 干空气/h 时，求每小时所需热量。

5-4　初温为20℃、相对湿度为60%的空气，经预热到95℃后进入干燥器；废气离开干燥器的温度为35℃。试求理论干燥过程蒸发 1kg 水蒸气所需的干空气量及热耗。

5-5　耐火砖坯体在逆流式隧道干燥器中进行干燥，进料量为1000kg/h；坯体进干燥器的相对水分 $v_1=6\%$、温度 $t_{w1}=25$℃，出干燥器的相对水分 $v_2=1.5\%$、温度 $t_{w2}=80$℃；冷空气的

温度 $t_0 = 15℃$、湿含量 $x_0 = 0.008$ kg 水蒸气/kg 干空气，经加热器加热至 $t_1 = 140℃$ 后进干燥器作为干燥介质，出干燥器废气的相对湿度 $\varphi_2 = 60\%$；干坯比热容 $c_m = 0.85$ kJ/(kg·℃)。试计算：

(1) 每小时水分蒸发量 m_w；

(2) 干燥介质在干燥器中付出的热量 Δq；

(3) 每小时干空气用量 L；

(4) 废气出干燥器的湿含量 x_2；

(5) 每小时的热耗 Q。

5-6　用喷雾干燥器干燥料浆，料浆的湿基初水分 $v_1 = 40\%$，干燥后的湿基水分 $v_2 = 5\%$，进干燥器的料浆量 $G_{w1} = 500$ kg/h；空气温度 $t_0 = 20℃$，相对湿度 $\varphi_0 = 60\%$，经预热器升温至 $t_1 = 120℃$ 进入干燥器，离开干燥器的温度 $t_2 = 90℃$；干燥器中物料的温度由初温 $t_{m1} = 20℃$ 升至 $t_{m2} = 60℃$。已知干燥后物料比热容 $c_{m2} = 1.67$ kJ/(kg·℃)，干燥器散热损失 $q_1 = 810$ kJ/kg 水。计算干空气用量、实际空气用量和热耗。

5-7　某水泥厂每年需用终相对水分含量 $v_2 = 1.5\%$ 的矿渣 10 万吨，矿渣的初相对水分 $v_1 = 20\%$；用转筒干燥器，干燥过程中的飞灰和漏损率为 2%，干燥器的年平均运转率为 90%，物料平均填充率为 10%。试选择转筒干燥器的规格型号，并复核电动机的拖动功率。

附　录

附录一　国际制、工程制和英制单位换算表

物理量	国际制	工程制	英制
压强	bar $10^5 Pa(N/m^2)$	kgf/cm^2	psi lbf/in^2
	1	1.01972	14.5038
	0.980665	1	14.2233
	0.0689476	0.070307	1
运动黏度	m^2/s	m^2/s	ft^2/s
	1	1	10.7639
	0.092903	0.092903	1
		$1St = 10^{-4} m^2/s$	
动力黏度	$N \cdot s/m^2$	$kgf \cdot s/m^2$	$bf \cdot s/ft^2$
	1	0.101972	0.671969
	9.80665	1	6.58976
	1.48816	0.151750	1
		$1N \cdot s/m^2 = 1kgf/(m \cdot s), 1P = 0.1kg/(m \cdot s)$	
热导率	$W/(m \cdot ℃)$	$kcal/(m \cdot h \cdot ℃)$	$Btu/(ft \cdot h \cdot ℉)$
	1	0.859845	0.577789
	1.163	1	0.671969
	1.73073	1.48816	1
传热系数	$W/(m^2 \cdot ℃)$	$kcal/(m^2 \cdot h \cdot ℃)$	$Btu/(ft^2 \cdot h \cdot ℉)$
	1	0.859845	0.176111
	1.163	1	0.204817
	5.67824	4.88241	1
热流	W/m^2	$kcal/(m^2 \cdot h)$	$Btu/(ft^2 \cdot h)$
	1	0.859845	0.316992
	1.163	1	0.368662
	3.15465	2.71251	1
比热容	$kJ/(kg \cdot ℃)$	$kcal/(kgf \cdot ℃)$	$Btu/(bf \cdot ℉)$
	1	0.238846	0.238846
	4.1868	1	1

附录二　常见局部阻力损失及综合阻力系数

（一）常见局部阻力系数

序号	阻力类型	简图	计算速度	局部阻力系数 ξ

1　突然扩大（计算速度 u_0）

$$\xi=\left(1-\frac{F_0}{F}\right)^2$$

F_0/F	0	0.1	0.2	0.3	0.4	0.5	0.6	0.7	0.8	0.9	1.0
ξ	1.0	0.81	0.64	0.49	0.36	0.25	0.16	0.09	0.04	0.01	0

2　突然收缩（计算速度 u_0）

$$\xi=0.7\times\left(1-\frac{F_0}{F}\right)-0.2\times\left(1-\frac{F_0}{F}\right)^2$$

F_0/F	0	0.1	0.2	0.3	0.4	0.5	0.6	0.7	0.8	0.9	1.0
ξ	0.5	0.47	0.42	0.38	0.34	0.30	0.25	0.20	0.15	0.09	0

3　逐渐扩大（计算速度 u_0）

$$\xi=\left(1-\frac{F_0}{F}\right)^2\left(1-\cos\frac{\alpha}{2}\right)$$

断面形状	F/F_0	α 10°	15°	20°	25°	30°	35°
圆形管	1.25	0.01	0.02	0.03	0.04	0.05	0.06
	1.50	0.02	0.03	0.05	0.08	0.11	0.13
	1.75	0.03	0.05	0.07	0.11	0.15	0.20
	2.00	0.04	0.06	0.10	0.15	0.21	0.27
	2.25	0.05	0.08	0.13	0.19	0.27	0.34
	2.50	0.06	0.10	0.15	0.23	0.32	0.40
方形管	1.25	0.02	0.03	0.05	0.06	0.07	—
	1.50	0.03	0.06	0.10	0.12	0.13	—
	1.75	0.05	0.08	0.14	0.17	0.19	—
	2.00	0.06	0.13	0.20	0.23	0.26	—
	2.25	0.08	0.16	0.26	0.30	0.33	—
	2.50	0.09	0.19	0.30	0.36	0.39	—
矩形管	1.25	0.02	0.02	0.02	0.03	0.04	—
	1.50	0.03	0.03	0.05	0.07	0.08	—
	1.75	0.05	0.05	0.06	0.09	0.11	—
	2.00	0.07	0.07	0.09	0.13	0.15	—
	2.25	0.09	0.09	0.12	0.17	0.19	—
	2.50	0.10	0.10	0.14	0.20	0.23	—

4　逐渐收缩（计算速度 u）

$$\xi=0.47\sqrt{\left(\frac{F}{F_0}\right)^2\tan\frac{\alpha}{2}}$$

F/F_0	α 5°	10°	15°	20°	25°	30°	45°
1.25	0.15	0.22	0.27	0.31	0.33	0.38	0.47
1.50	0.22	0.31	0.38	0.44	0.48	0.55	0.68
1.75	0.30	0.43	0.52	0.61	0.65	0.75	0.93
2.00	0.39	0.56	0.68	0.79	0.85	0.98	1.21
2.25	0.50	0.70	0.86	1.00	1.08	1.23	1.53
2.50	0.62	0.87	1.07	1.24	1.33	1.52	1.89

5　截面不变的任意角度急转弯（计算速度 u）

α	<7°~10°	20°	30°	45°	60°	80°	100°
圆管	可不计	0.05	0.11	0.30	0.50	0.90	1.20
方管	可不计	0.11	0.20	0.38	0.53	0.93	1.30

序号	阻力类型	简图	计算速度	局部阻力系数 ξ							
6	截面不变的任意角度圆滑转弯		u	$\xi=90°$圆滑转弯的 $\xi\times$ 修正系数 k							
				α	$20°$	$40°$	$80°$	$120°$	$160°$	$180°$	
				k	0.4	0.65	0.95	1.13	1.27	1.33	
7	截面不变的 $90°$ 转弯		u	R/D	0.5	0.6	0.8	1.0	2.0	3.0	4.0	5.0
				圆管	1.2	1.0	0.52	0.26	0.20	0.16	0.12	0.10
				方管	1.5	1.0	0.80	0.70	0.35	0.23	0.18	0.15
8	截面变化的 $90°$ 转弯		u_0	F_0/F	0	0.2	0.4	0.6	0.8	1.0	
				ξ_1	1.0	1.0	1.0	1.02	1.04	1.10	
				ξ_2	0.42	0.44	0.52	0.66	0.85	1.10	
				ξ_3	0.77	0.80	0.86	1.02	1.20	1.45	
9	截面不变的 $180°$ 急转弯		u	$\xi=4.5$（管道截面形状不论）							
10	连续两个 $45°$ 转弯		u	L/D	1	2	3	4	5	6	
				ξ	0.37	0.28	0.35	0.38	0.40	0.42	
11	连续两个 $90°$U 形转弯		u	L/D	1	2	3	6	8 以上		
				ξ	1.2	1.3	1.6	1.9	2.2		
12	连续两个 $90°$Z 形转弯		u	L/D	1.0	1.5	2.0	5.0 以上			
				ξ	1.9	2.0	2.1	2.2			
13	叉管（$90°$）分流		u	$\xi=1.0$							
14	叉管（$90°$）汇流		u	$\xi=1.5$							
15	等径三通分流		u_0	$\xi=1.5$							
16	等径三通汇流		u	$\xi=3.0$							
				$\xi=2.0$							
17	异径三通			$\xi=$ 等径三通 $\xi+$ 突然扩大（或突然缩小）ξ							

续表

序号	阻力类型	简　图	计算速度	局 部 阻 力 系 数 ξ											

18 集流与分流

			计算速度	局 部 阻 力 系 数 ξ
18	集流与分流		u	集流　　$\xi=1.5$
				分流　　$\xi=0$

19 对称的合流三通

计算速度 u

α	F_0/F \ u_0/u	0.3	0.4	0.5	0.6	0.7	0.8	1.0	1.5	2.0
$\leqslant 45°$	0.2	—	—	—	—	—	—	—	0	0.3
	0.6	—	—	−0.3	0.1	0.3	0.4	0.5	0.5	0.5
	1.0	−0.6	0.2	0.35	0.5	0.5	0.5	0.5	0.5	0.5
60°	0.2	—	—	—	—	—	—	0	0.5	0.7
	0.6	—	0	0.5	0.7	0.8	0.85	0.85	0.85	0.85
	1.0	0.5	0.85	0.85	0.85	0.85	0.85	0.85	0.85	0.85
90°	0.2	—	—	—	—	—	—	15	4	1.8
	0.6	—	15	9	6	3.5	2.7	2	1.7	1
	1.0	13	8	5	3.2	2.8	2.4	1.8	1.2	1.3

20 不对称的合流三通

计算速度 u_1

α	ξ	Q_3/Q_1 \ F_3/F_1	0.1	0.2	0.3	0.4	0.5	0.6	0.8	1.0
$\leqslant 45°$	$\xi_{1,3}$	0.2	2.4	0.5	0	—	—	—	—	—
		0.4		2.9	1.2	0.7	0.5	0.32	0.2	0.08
		0.6			2.8	1.6	1.18	0.8	0.55	0.4
		0.8				2.6	1.7	1.2	0.8	0.5
	$\xi_{1,2}$	0.2~0.8				$\leqslant 0.4$				
60°	$\xi_{1,3}$	0.2	2.2	0.6	0	—	—	—	—	—
		0.4	—	3.4	1.5	0.8	0.6	0.4	0.3	0.16
		0.6			3.4	2.0	1.4	1.0	0.75	0.47
		0.8				5.5	3.3	2.1	1.6	1.0	0.65
	$\xi_{1,2}$	0.2~0.8				$\leqslant 0.4$				
90°	$\xi_{1,3}$	0.2	3.0	0.8	0.2	0.15	—	—	—	—
		0.4	—	4.4	2.0	1.2	1.0	0.62	0.58	0.25
		0.6			6.0	2.9	2.1	1.6	1.2	0.7
		0.8				5.5	3.5	2.6	1.9	1.1
	$\xi_{1,2}$	0.2~0.8				0.35~0.95				

注:表中 Q——流量

21 不对称的分流三通

计算速度 u_2（直通管）、u_3（旁通管）

$\xi_{1,3}$	α \ u_3/u_1	0.4	0.5	1.0	1.5	2.0
	15°	2.1	1.00	0.06	0.10	0.25
	30°	3.0	1.40	0.21	0.23	0.36
	45°	3.8	2.25	0.50	0.44	0.47
	60°	5.2	2.75	0.90	0.89	0.65
	90°	7.8	4.00	1.31	0.72	0.53

$\xi_{1,2}$	w_2/w_1	0.1	0.2	0.3	0.5	0.8	>1.0
	ξ	10.5	5.0	2.0	0.36	0.03	0

22 管道出口

计算速度 u　　　$\xi=1.0$

23 流入尖锐边缘孔洞

计算速度 u　　　$\xi=0.5$

序号	阻力类型	简图	计算速度	局部阻力系数 ξ										
24	流入圆滑边缘孔洞		u	R/D	0.01	0.03	0.05	0.08	0.12	0.16	>0.2			
				ξ	0.44	0.31	0.22	0.15	0.09	0.06	0.03			
25	流入伸出的管道		u	$L/D \leqslant 4$	$\xi = 0.2 \sim 0.56$									
				$L/D > 4$	$\xi = 0.56$									
26	流入斜管口		u	α	10°	20°	30°	40°	50°	60°	70°	80°	90°	
				ξ	1.0	0.96	0.91	0.85	0.78	0.7	0.63	0.56	0.50	
27	进入多孔通道		u	方形孔口	$\xi = 2.0 \sim 2.5$									
				圆形孔口	$\xi = 2.5 \sim 3.5$									
				矩形孔口	$\xi = 1.5 \sim 2.0$									
28	进入平行直分道		u_2	F_1/F_2	0.2	0.4	0.5	0.6	0.7	0.8	0.9	1.0		
				ξ	33	6.0	3.8	2.2	1.3	0.79	0.52	0.50		
29	流经孔板		u_1	F_0/F_1	0.1	0.2	0.3	0.4	0.5	0.6	0.7	0.8	0.9	1.0
				ξ	280	57	30	15	9	6.2	3.9	2.7	1.9	1.0
30	交换器		u	$\xi_1 = 2.5$										
				$\xi_2 = 4.0$										
31	阀门		u	h/d	0.15	0.20	0.25	0.30	0.35	0.40	0.45			
				ξ	9.0	4.5	3.0	2.1	1.7	1.6	1.5			

序号	阻力类型	简图	计算速度	局部阻力系数 ξ												
32	蝶阀		u	α	5°	10°	15°	20°	25°	30°	40°	50°	60°	70°	80°	90°
				圆管	0.24	0.52	0.90	1.54	2.51	3.91	10.8	32.6	118	256	751	∞
				方管	0.28	0.45	0.77	1.34	2.16	3.54	9.3	24.9	77.4	158	568	∞

序号	阻力类型	简图	计算速度	局部阻力系数 ξ										
33	烟道闸板		u	h/D	0.1	0.2	0.3	0.4	0.5	0.6	0.7	0.8	0.9	1.0
				矩形闸板	200	40	20	8.4	4.0	2.2	1.0	0.4	0.12	0.01
				圆形闸板	155	35	10	4.6	2.06	0.98	0.44	0.17	0.06	0.01
				平行式闸板	—	—	22	12	5.3	2.8	1.5	0.8	0.3	0.15

注：表中 Q 代表流量。

（二）综合阻力系数

序号	阻力类型	简　图	计算速度	综　合　阻　力　系　数 ξ
1	蓄热室格子体		u	西门子式：$\xi=\dfrac{1.14}{d_e^{0.25}}H$ 李赫特式：$\xi=\dfrac{1.57}{d_e^{0.25}}H$ 式中　H——格子体高度，m； 　　　d_e——格孔当量直径，m。
2	换热器直排管束		u	$Re \geqslant 5 \times 10^4$ 时，$\xi_{直}=n\dfrac{s}{b}a+\beta$ 式中，n 为沿流向的排数。 $\qquad a=0.028\left(\dfrac{b}{\delta}\right)^2$ $\qquad \beta=\left(\dfrac{b}{\delta}-1\right)^2$ $Re<5\times10^4$ 时，$\xi=k_1\xi_{直}$ 式中，k_1 为系数，取值如下： | Re | 3×10^4 | 10^4 | 6×10^3 | 4×10^3 | | k_1 | 1.08 | 1.37 | 1.55 | 1.70 |
3	换热器错排管束		u	$Re \geqslant 5 \times 10^4$ 时，$\xi_{错}=(0.8\sim0.9)\xi_{直}$ $Re<5\times10^4$ 时，$\xi=k_2\xi_{错}$ 式中，k_2 为系数，取值如下： | Re | 3×10^4 | 10^4 | 6×10^3 | 4×10^3 | | k_2 | 1.05 | 1.22 | 1.32 | 1.40 |
4	散料层		空腔流速 u	$$\xi=2.2\zeta\frac{H}{d}\times\frac{(1-\varepsilon)^2}{\varepsilon^3}\times\frac{1}{\varphi^2}$$ 式中　d——料粒度，m； 　　　ε——料堆孔隙率，球块 $\varepsilon=0.263$； 　　　φ——形状系数，球块 $\varphi=1$，其他 $\varphi<1$； 　　　ζ——与 Re 有关的系数，取值如下： | Re | <30 | $30\sim700$ | $700\sim70000$ | >7000 | | ζ | $220Re^{-1}$ | $28Re^{-0.4}$ | $7Re^{-0.2}$ | 1.26 |
5	料垛		料垛空隙中流速 u	经验数据：料垛每米长度的阻力为 1Pa。 不同坯件、不同码法时，料垛的阻力计算式可参阅《烧结砖瓦工艺设计》（中国建筑工业出版社，1983 年）一书

附录三　常用材料的物理参数

（一）金属的物理参数

材料名称	密度 ρ /(kg/m³) 20℃	比热容 c_p /[J/(kg·℃)] 20℃	热导率 λ /[W/(m·℃)] 20℃	热导率 λ /[W/(m·℃)] −100℃	0℃	100℃	200℃	300℃	400℃	600℃	800℃	1000℃	1200℃
纯铝	2710	902	236	243	236	240	238	234	228	215	—	—	—
铝合金(92Al-8Mg)	2610	904	107	86	102	123	148	—	—	—	—	—	—
铝合金(87Al-13Si)	2660	871	162	139	158	173	176	180	—	—	—	—	—
纯铜	8930	386	398	421	401	393	389	384	379	366	352	—	—
青铜(89Cu-11Sn)	8800	343	24.8	—	24	28.4	33.2	—	—	—	—	—	—
黄铜(70Cu-30Zn)	8440	377	109	90	106	131	143	145	148	—	—	—	—
铜合金(60Cu-40Ni)	8920	410	22.2	19	22.2	23.4	—	—	—	—	—	—	—
纯铁	7870	455	81.1	96.7	83.5	72.1	63.5	56.5	50.3	39.4	29.6	29.4	31.6
灰铸铁(C≈3%)	7570	470	39.2	—	28.5	32.4	35.8	37.2	36.6	20.8	19.2	—	—
碳钢(C≈0.5%)	7840	465	49.8	—	50.5	47.5	44.8	42.0	39.4	34.0	29.0	—	—
碳钢(C≈1.0%)	7790	470	43.2	—	43.0	42.8	42.2	41.5	40.6	36.7	32.2	—	—
碳钢(C≈1.5%)	7750	470	36.7	—	36.8	36.6	36.2	35.7	34.7	31.7	27.8	27.2	27.2
铬钢(Cr≈5%)	7830	460	36.1	—	36.3	35.2	34.7	33.5	31.4	28.0	27.2	29.0	—
铬钢(Cr≈13%)	7740	460	26.8	—	26.5	27.0	27.0	27.0	27.6	28.4	29.0	25.5	—
铬钢(Cr≈17%)	7710	460	22	—	22	22.2	22.6	22.6	23.3	24.0	24.8	—	—
铬钢(Cr≈26%)	7650	460	22.6	—	22.6	23.8	25.5	27.2	28.5	31.8	35.1	38	—
铬镍钢[18~20Cr/(8~12)Ni]	7820	460	15.2	12.2	14.7	16.6	18.0	19.4	20.8	23.5	26.3	—	—
铬镍钢[(17~19)Cr/(9~13)Ni]	7830	460	14.7	11.8	14.3	16.1	17.5	18.8	20.2	22.8	25.5	28.2	30.9
镍钢(Ni≈1%)	7900	460	45.5	40.8	45.2	46.8	46.1	44.1	41.2	35.7	—	—	—
镍钢(Ni≈3.5%)	7910	460	36.5	30.7	36.0	38.8	39.7	39.2	37.8	—	—	—	—
镍钢(Ni≈25%)	8030	460	13.0	—	13.4	15.4	17.1	18.6	20.1	23.1	—	—	—
镍钢(Ni≈35%)	8110	460	13.8	10.9	15.7	16.1	16.5	16.9	17.1	17.8	18.4	—	—
镍钢(Ni≈44%)	8190	460	15.8	—	—	—	—	—	—	—	—	—	—
镍钢(Ni≈50%)	8260	460	19.6	17.3	19.4	20.5	21.0	21.1	21.3	22.5	—	—	—
锰钢[(12~13)Mn/3Ni]	7800	487	13.6	—	14.8	14.8	16.0	17.1	18.3	—	—	—	—
锰钢(Mn≈0.4%)	7860	440	51.2	—	51.0	51.0	50.0	47.0	43.5	35.5	27	—	—
钨钢(W=5%~6%)	8070	436	18.7	18.4	18.4	19.7	21.0	22.3	23.6	24.9	26.3	—	—
铅	11340	128	35.3	37.2	35.5	34.3	32.8	31.5	—	—	—	—	—
铂	21450	133	73.3	73.3	71.5	71.6	72.0	72.8	73.6	76.6	80.0	84.2	88.9
银	10500	234	427	431	428	422	415	407	399	384	—	—	—
镍	8900	444	91.4	144	94	82.8	74.2	67.3	64.6	69.0	73.3	77.6	—

（二）耐火材料的物理参数

材料名称		密度 ρ /(kg/m^3)	允许使用温度 /℃	平均比热容 c_p /[kJ/(kg·℃)]	热导率 λ /[W/(m·℃)]
黏土砖		2070	1300~1400	$0.84+0.26\times10^{-3}t$	$0.835+0.58\times10^{-3}t$
硅砖		1600~1900	1850~1950	$0.79+0.29\times10^{-3}t$	$0.92+0.7\times10^{-3}t$
高铝砖		2200~2500	1500~1600	$0.84+0.23\times10^{-3}t$	$1.52+0.18\times10^{-3}t$
镁砖		2800	2000	$0.94+0.25\times10^{-3}t$	$4.3-0.51\times10^{-3}t$
滑石砖		2100~2200	—	1.25(300℃时)	$0.69+0.63\times10^{-3}t$
莫来石砖（烧结）		2200~2400	1600~1700	$0.84+0.25\times10^{-3}t$	$1.68+0.23\times10^{-3}t$
铁矾土砖		2000~2350	1550~1800	—	1.3(1200℃时)
刚玉砖（烧结）		2600~2900	1650~1800	$0.79+0.42\times10^{-3}t$	$2.1+1.85\times10^{-3}t$
莫来石砖（电熔）		2850	1600		$2.33+0.163\times10^{-3}t$
煅烧白云石砖		2600	1700	1.07(20~760℃)	3.23(2000℃时)
镁橄榄石砖		2700	1600~1700	1.13	8.7(400℃时)
熔融镁砖		2700~2800	—	—	$4.63+5.75\times10^{-3}t$
铬砖		3000~3200	—	$1.05+0.29\times10^{-3}t$	$1.2+0.41\times10^{-3}t$
铬镁砖		2800	1750	$0.71+0.39\times10^{-3}t$	1.97
碳化硅砖	甲	＞2650	1700~1800	$0.96+0.146\times10^{-3}t$	9~10(1000℃时)
	乙	＞2500			7~8(1000℃时)
碳素砖		1350~1500	2000	0.837	$23+34.7\times10^{-3}t$
石墨砖		1600	2000	0.837	$162-40.5\times10^{-3}t$
锆英石砖		3300	1900	$0.54+0.125\times10^{-3}t$	$1.3+0.64\times10^{-3}t$

（三）隔热材料的物理参数

材料名称	密度 ρ /(kg/m^3)	允许使用温度 /℃	平均比热容 c_p /[kJ/(kg·℃)]	热导率 λ /[W/(m·℃)]
轻质黏土砖	1300	1400	$0.84+0.26\times10^{-3}t$	$0.41+0.35\times10^{-3}t$
	1000	1300		$0.29+0.26\times10^{-3}t$
	800	1250		$0.26+0.23\times10^{-3}t$
	400	1150		$0.092+0.16\times10^{-3}t$
轻质高铝砖	770	1250	$0.84+0.23\times10^{-3}t$	$0.66+0.08\times10^{-3}t$
	1020	1400		
	1330	1450		
	1500	1500		
轻质硅砖	1200	1500	$0.22+0.93\times10^{-3}t$	$0.58+0.43\times10^{-3}t$
硅藻土砖	450	900	$0.113+0.23\times10^{-3}t$	$0.063+0.14\times10^{-3}t$
	650			$0.10+0.228\times10^{-3}t$
膨胀蛭石	60~280	1100	0.66	$0.058+0.256\times10^{-3}t$
水玻璃蛭石	400~450	800	0.66	$0.093+0.256\times10^{-3}t$
硅藻土石棉粉	450	300	0.82	$0.07+0.31\times10^{-3}t$
石棉绳	800	—	0.82	$0.073+0.31\times10^{-3}t$
石棉板	1150	600	0.82	$0.16+0.17\times10^{-3}t$
矿渣棉	150~180	400~500	0.75	$0.058+0.16\times10^{-3}t$
矿渣棉砖	350~450	750~800	0.75	$0.07+0.16\times10^{-3}t$
红砖	1750~2100	500~700	$0.80+0.31\times10^{-3}t$	$0.47+0.51\times10^{-3}t$
珍珠岩制品	220	1000	—	$0.052+0.029\times10^{-3}t$
粉煤灰泡沫混凝土	500	300	—	$0.099+0.198\times10^{-3}t$
水泥泡沫混凝土	450	250	—	$0.10+0.198\times10^{-3}t$

（四）建筑材料的物理参数

材料名称	密度 ρ /(kg/m³)	平均比热容 c_p /[kJ/(kg·℃)]	热导率 λ /[W/(m·℃)]
干土	1500	—	0.138
湿土	1700	2.01	0.69
鹅卵石	1840	—	0.36
干砂	1500	0.795	0.32
湿砂	1650	2.05	1.13
混凝土	2300	0.88	1.28
轻质混凝土	800～1000	0.75	0.41
钢筋混凝土	2200～2500	0.837	$1.55+2.9\times10^{-3}t$
块石砌体	1800～7000	0.88	1.28
地沥青	2110	2.09	0.7
石膏	1650	—	0.29
玻璃	2500	—	0.7～1.04
干木板	250	—	0.06～0.21

注：表中除钢筋混凝土的热导率是温度的函数外，其他均为 20℃时的参数值。

附录四　烟气的物理参数

t /℃	ρ /(kg/m³)	c_p /[kJ/(kg·℃)]	$\lambda\times10^2$ /[W/(m·℃)]	$a\times10^6$ /(m²/s)	$\mu\times10^6$ /Pa·s	$\nu\times10^6$ /(m²/s)	Pr
0	1.295	1.042	2.28	16.9	15.8	12.20	0.72
100	0.950	1.068	3.13	30.8	20.4	21.54	0.69
200	0.748	1.097	4.01	48.9	24.5	32.80	0.67
300	0.617	1.122	4.84	69.9	28.2	45.81	0.65
400	0.525	1.151	5.70	94.3	31.7	60.38	0.64
500	0.457	1.185	6.56	121.11	34.8	76.30	0.63
600	0.405	1.214	7.42	150.9	37.9	93.61	0.62
700	0.363	1.239	8.27	183.8	40.7	112.1	0.61
800	0.330	1.264	9.15	219.7	43.4	131.8	0.60
900	0.301	1.290	10.00	258.0	45.9	152.5	0.59
1000	0.275	1.306	10.90	303.4	48.4	174.3	0.58
1100	0.257	1.323	11.75	345.5	50.7	197.1	0.57
1200	0.240	1.340	12.62	392.4	53.0	221.0	0.56

注：本表是指烟气在压强 $p=101325\text{Pa}$ 时的物理性质参数。烟气中各组分体积分数为：CO_2 13%，H_2O 11%，N_2 76%。

附录五　干空气的物理参数（$\rho=1.01\times10^5\text{Pa}$）

t /℃	ρ /(kg/m³)	c_p /[kJ/(kg·℃)]	$\lambda\times10^2$ /[W/(m·℃)]	$a\times10^6$ /(m²/s)	$\mu\times10^6$ /Pa·s	$\nu\times10^6$ /(m²/s)	Pr
−50	1.584	1.013	2.04	12.7	14.6	9.24	0.728
−40	1.515	1.013	2.12	13.8	15.2	10.04	0.728
−30	1.453	1.013	2.20	14.9	15.7	10.80	0.723
−20	1.395	1.009	2.28	16.2	16.2	11.61	0.716
−10	1.342	1.009	2.36	17.4	16.7	12.43	0.712
0	1.293	1.005	2.44	18.8	17.2	13.28	0.707

续表

t /℃	ρ /(kg/m³)	c_p /[kJ/(kg·℃)]	$\lambda \times 10^2$ /[W/(m·℃)]	$a \times 10^6$ /(m²/s)	$\mu \times 10^6$ /Pa·s	$\nu \times 10^6$ /(m²/s)	Pr
10	1.247	1.005	2.51	20.0	17.6	14.16	0.705
20	1.205	1.005	2.59	21.4	18.1	15.06	0.703
30	1.165	1.005	2.67	22.9	18.6	16.00	0.701
40	1.128	1.005	2.76	24.3	19.1	16.96	0.699
50	1.093	1.005	2.83	25.7	19.6	17.95	0.698
60	1.060	1.005	2.90	26.2	20.1	18.97	0.696
70	1.029	1.009	2.96	28.6	20.6	20.02	0.694
80	1.000	1.009	3.05	30.2	21.1	21.09	0.692
90	0.972	1.009	3.13	31.9	21.5	22.10	0.690
100	0.946	1.009	3.21	33.6	21.9	23.13	0.688
120	0.898	1.009	3.34	36.8	22.8	25.45	0.686
140	0.854	1.013	3.49	40.3	23.7	27.80	0.684
160	0.815	1.017	3.64	43.9	24.5	30.09	0.682
180	0.779	1.022	3.78	47.5	25.3	32.49	0.681
200	0.746	1.026	3.93	51.4	26.0	34.85	0.680
250	0.674	1.038	4.27	61.0	27.4	40.61	0.677
300	0.615	1.047	4.60	71.6	29.7	48.33	0.674
350	0.566	1.059	4.91	81.9	31.4	55.46	0.676
400	0.524	1.068	5.21	93.1	33.0	63.09	0.678
500	0.456	1.093	5.74	115.3	36.2	79.38	0.687
600	0.404	1.114	6.22	138.3	39.1	96.89	0.698
700	0.362	1.135	6.71	163.4	41.8	115.4	0.700
800	0.329	1.156	7.18	188.8	44.3	134.8	0.713
900	0.301	1.172	7.63	216.2	46.7	155.1	0.717
1000	0.277	1.185	8.07	245.9	49.0	177.1	0.719
1100	0.257	1.197	8.50	276.2	51.2	199.3	0.722
1200	0.239	1.210	9.15	316.5	53.5	233.7	0.724

附录六　　在饱和线上水蒸气的物理参数

t /℃	$p \times 10^{-5}$ /Pa	ρ'' /(kg/m³)	i'' /(kJ/kg)	r /(kJ/kg)	c_p /[kJ/(kg·℃)]	$\lambda \times 10^2$ /[W/(m·℃)]	$a \times 10^3$ /(m²/h)	$\mu \times 10^6$ /Pa·s	$\nu \times 10^6$ /(m²/s)	Pr
0	0.00611	0.004847	2501.6	2501.6	1.8543	1.83	7313.0	8.022	1655.01	0.815
10	0.012270	0.009396	2520.0	2477.7	1.8594	1.88	3881.3	8.424	896.54	0.831
20	0.02338	0.01729	2538.0	2454.3	1.8661	1.94	2167.2	8.84	509.90	0.847
30	0.04241	0.03037	2556.5	2430.9	1.8744	2.00	1265.1	9.218	303.53	0.863
40	0.07375	0.05116	2574.5	2407.0	1.8853	2.06	768.45	9.620	188.04	0.883
50	0.12335	0.08302	2592.0	2382.7	1.8987	2.12	483.59	10.022	120.72	0.896
60	0.19920	0.1302	2609.6	2358.4	1.9155	2.19	315.55	10.424	80.07	0.913
70	0.3116	0.1982	2626.8	2334.1	1.9364	2.25	210.57	10.817	54.57	0.930
80	0.4736	0.2933	2643.5	2309.0	1.9615	2.33	145.53	11.219	38.25	0.947
90	0.7011	0.4235	2660.3	2283.1	1.9921	2.40	102.22	11.621	27.44	0.966
100	1.0130	0.5977	2676.2	2257.1	2.0281	2.48	73.57	12.023	20.12	0.984
110	1.4327	0.8265	2691.3	2229.9	2.0704	2.56	53.83	12.425	15.03	1.00
120	1.9854	1.122	2705.9	2202.3	2.1198	2.65	40.15	12.798	11.41	1.02
130	2.7013	1.497	2719.7	2173.8	2.1763	2.76	30.46	13.170	8.80	1.04
140	3.614	1.967	2733.1	2144.1	2.2408	2.85	23.28	13.543	6.89	1.06
150	4.760	2.548	2745.3	2113.1	2.3142	2.97	18.10	13.896	5.45	1.08
160	6.181	3.260	2756.6	2081.3	2.3974	3.08	14.20	14.249	4.37	1.11
170	7.920	4.123	2767.1	2047.8	2.4911	3.21	11.25	14.612	3.54	1.13

t /℃	$p\times10^{-5}$ /Pa	ρ'' /(kg/m³)	i'' /(kJ/kg)	r /(kJ/kg)	c_p /[kJ/(kg·℃)]	$\lambda\times10^2$ /[W/(m·℃)]	$a\times10^3$ /(m²/h)	$\mu\times10^6$ /Pa·s	$\nu\times10^6$ /(m²/s)	Pr
180	10.027	5.160	2776.3	2013.0	2.5958	3.36	9.03	14.965	2.90	1.15
190	12.551	6.397	2784.2	1976.6	2.7126	3.51	7.29	15.298	2.39	1.18
200	15.549	7.864	2790.9	1938.5	2.8428	3.68	5.92	15.651	1.99	1.21
210	19.077	9.593	2796.4	1898.3	2.9877	3.87	4.86	15.995	1.67	1.24
220	23.198	11.62	2799.7	1856.4	3.1497	4.07	4.00	16.338	1.41	1.26
230	27.976	14.00	2801.8	1811.6	3.3310	4.30	3.32	16.701	1.19	1.29
240	33.478	16.76	2802.2	1764.7	3.5366	4.54	2.76	17.073	1.02	1.33
250	39.776	19.99	2800.6	1714.5	3.7723	4.84	2.31	17.446	0.873	1.36
260	46.943	23.73	2796.4	1661.3	4.0470	5.18	1.94	17.848	0.752	1.40
270	55.058	28.10	2789.7	1604.8	4.3735	5.55	1.63	18.280	0.651	1.44
280	64.202	33.19	2780.5	1543.7	4.7675	6.00	1.37	18.750	0.565	1.49
290	74.461	39.16	2767.5	1477.5	5.2528	6.55	1.15	19.270	0.492	1.54
300	85.927	46.19	2751.1	1405.9	5.8632	7.22	0.96	19.839	0.430	1.61
310	98.700	54.54	2730.2	1327.6	6.6503	8.02	0.80	20.691	0.380	1.71
320	112.89	64.60	2703.8	1241.0	7.7217	8.65	0.62	21.691	0.336	1.94
330	128.63	76.99	2670.3	1143.8	9.3613	9.61	0.48	23.093	0.300	2.24
340	146.05	92.76	2626.0	1030.8	12.2108	10.70	0.34	24.692	0.266	2.82
350	165.35	113.6	2567.8	895.6	17.1504	11.90	0.22	26.594	0.234	3.83
360	186.75	144.1	2485.3	721.4	25.1162	13.70	0.14	29.193	0.203	5.34
370	210.54	201.1	2342.9	452.6	81.1025	16.60	0.04	33.989	0.169	15.7
374.15	221.20	315.5	2107.2	0.0	∞	23.80	0.00	44.992	0.143	—

附录七　在饱和线上水的物理参数

t /℃	$p\times10^{-5}$ /Pa	ρ /(kg/m³)	i /(kJ/kg)	c_p /[kJ/(kg·℃)]	$\lambda\times10^2$ /[W/(m·℃)]	$a\times10^8$ /(m²/s)	$\mu\times10^6$ /Pa·s	$\nu\times10^6$ /(m²/s)	$\beta\times10^4$ /K⁻¹	$\sigma\times10^4$ /(N/m)	Pr
0	1.013	999.9	0	4.212	55.1	13.1	1788	1.789	−0.63	756.4	13.67
10	1.013	999.7	42.04	4.191	57.4	13.7	1306	1.306	0.70	741.6	9.52
20	1.013	998.2	83.91	4.183	59.9	14.3	1004	1.006	1.82	726.9	7.02
30	1.013	995.7	125.7	4.174	61.8	14.9	801.5	0.805	3.21	712.2	5.42
40	1.013	992.2	167.5	4.174	63.5	15.3	653.3	0.659	3.87	696.5	4.31
50	1.013	988.1	209.3	4.174	64.8	15.7	549.4	0.556	4.49	676.9	3.54
60	1.013	983.2	251.1	4.179	65.9	16.0	469.9	0.478	5.11	662.2	2.98
70	1.013	977.8	293.0	4.187	66.8	16.3	406.1	0.415	5.70	643.5	2.55
80	1.013	971.8	335.0	4.195	67.4	16.6	355.1	0.365	6.32	625.9	2.21
90	1.013	965.3	377.0	4.208	68.0	16.8	314.9	0.325	6.95	607.2	1.95
100	1.013	958.4	419.1	4.220	68.3	16.9	282.5	0.295	7.52	588.6	1.75
110	1.43	951.0	461.4	4.233	68.5	17.0	259.0	0.272	8.08	569.0	1.60
120	1.98	943.1	503.7	4.250	68.6	17.1	237.4	0.252	8.64	548.4	1.47
130	2.70	934.8	546.4	4.266	68.6	17.2	217.8	0.233	9.19	528.8	1.36
140	3.61	926.1	589.1	4.287	68.5	17.2	201.1	0.217	9.72	507.2	1.26
150	4.76	917.0	632.2	4.313	68.4	17.3	186.4	0.203	10.3	486.6	1.17
160	6.18	907.4	675.4	4.346	68.3	17.3	173.6	0.191	10.7	466.0	1.10
170	7.92	897.3	719.3	4.380	67.9	17.3	162.8	0.181	11.3	443.4	1.05
180	10.03	886.9	763.3	4.417	67.4	17.2	153.0	0.173	11.9	422.8	1.00
190	12.55	876.0	807.8	4.459	67.0	17.1	144.2	0.165	12.6	400.2	0.96
200	15.55	863.0	852.5	4.505	66.3	17.0	136.4	0.158	13.3	376.7	0.93
210	19.08	852.3	897.7	4.555	65.5	16.9	130.5	0.153	14.1	354.1	0.91
220	23.20	840.3	943.7	4.614	64.5	16.6	124.6	0.148	14.8	331.6	0.89
230	27.98	827.3	990.2	4.681	63.7	16.4	119.7	0.145	15.9	310.0	0.88
240	33.48	813.6	1037.5	4.756	62.8	16.2	114.8	0.141	16.8	285.5	0.87
250	39.78	799.0	1085.7	4.844	61.8	15.9	109.9	0.137	18.1	261.9	0.86
260	46.94	784.0	1135.1	4.949	60.5	15.6	105.9	0.135	19.7	237.4	0.87
270	55.05	767.9	1185.3	5.070	59.0	15.1	102.0	0.133	21.6	214.8	0.88

续表

t /℃	$p \times 10^{-5}$ /Pa	ρ /(kg/m³)	i /(kJ/kg)	c_p /[kJ/(kg·℃)]	$\lambda \times 10^2$ /[W/(m·℃)]	$a \times 10^8$ /(m²/s)	$\mu \times 10^6$ /Pa·s	$\nu \times 10^6$ /(m²/s)	$\beta \times 10^4$ /K⁻¹	$\sigma \times 10^4$ /(N/m)	Pr
280	64.19	750.7	1236.8	5.230	57.4	14.6	98.1	0.131	23.7	191.3	0.90
290	74.45	732.3	1290.0	5.485	55.8	13.9	94.2	0.129	26.2	168.7	0.93
300	85.92	712.5	1344.9	5.736	54.0	13.2	91.2	0.128	29.2	144.2	0.97
310	98.70	691.1	1402.2	6.071	52.3	12.5	88.3	0.128	32.9	120.7	1.03
320	112.90	667.1	1462.1	6.574	50.6	11.5	85.3	0.128	38.2	98.10	1.11
330	128.65	640.2	1526.2	7.244	48.4	10.4	81.4	0.127	43.3	76.71	1.22
340	146.08	610.1	1594.8	8.165	45.7	9.17	77.5	0.127	53.4	56.70	1.39
350	165.37	574.4	1671.4	9.504	43.0	7.88	72.6	0.126	66.8	38.16	1.60
360	186.74	528.0	1761.5	13.984	39.5	5.36	66.7	0.126	109	20.21	2.35
370	210.53	450.5	1892.5	40.321	33.7	1.86	56.9	0.126	264	4.709	6.79

附录八　某些材料在法线方向上的发射率

材料名称	t/℃	ε	材料名称	t/℃	ε
表面磨光的铝	20~50	0.06~0.07	不透明石英	300~835	0.92~0.68
商用铝皮	100	0.090	耐火黏土砖	20	0.85
在600℃氧化后的铝	200~600	0.11~0.19		1000	0.75
磨光的黄铜	38~115	0.10		1200	0.59
无光泽发暗的黄铜	20~350	0.22	硅砖	1000	0.66
在600℃氧化后的黄铜	200~600	0.59~0.61	耐火刚玉砖	1000	0.46
磨光的铜	20	0.03	镁砖	1000~1300	0.38
氧化后变黑的铜	50	0.88	表面粗糙的红砖	20	0.88~0.93
粗糙磨光的铁	100	0.17	抹灰的砖体	20	0.94
磨光后的铸铁	200	0.21	硅粉	—	0.3
车削过的铸铁	800~1025	0.60~0.70	硅藻土粉	—	0.25
没有加工的铸铁	900~1100	0.87~0.95	高岭土粉	—	0.3
镀锌发亮的铁皮	30	0.23	水玻璃	20	0.96
商用涂锡铁皮	100	0.07	水	0	0.97
生锈的铁	20	0.61~0.85	雪	0	0.8
磨光的钢	100	0.066	磨光浅色大理石	20	0.93
轧制的钢板	50	0.56	砂子	—	0.60
磨光的不锈钢	100	0.074	硬橡皮	20	0.95
合金钢(18Cr-8Ni)	500	0.35	煤	100~600	0.81~0.79
生锈的钢	20	0.69	焦油	—	0.79~0.84
镀锌钢板	20	0.28	石油	—	0.8
镀镍钢板	20	0.11	玻璃	0~100	0.94~0.91
氧化后的镍铬丝	50~500	0.95~0.98		250~1000	0.87~0.72
铂	1000~1500	0.14~0.18		1100~1500	0.70~0.67
银	20	0.02	不透明玻璃	20	0.96
石棉布	—	0.78	含铅的耐热玻璃及Pyrex玻璃	260~540	0.95~0.85
石棉纸板	20	0.96			
石棉粉	—	0.4~0.6	有釉陶瓷	20	0.92
石棉水泥板	20	0.96	白色发亮的陶瓷	—	0.70~0.75
水(厚度>0.1mm)	50	0.95	水泥	—	0.54
石膏	20	0.8~0.9	水泥板	1000	0.63
焙烧过的黏土	70	0.91	白色搪瓷	20	0.90
磨光木头	20	0.5~0.7	锅炉炉渣	0~100	0.97~0.93
石灰	—	0.3~0.4		200~500	0.89~0.78
磨光的熔融石英	20	0.93		600~1200	0.78~0.76

附录九　计算辐射角系数和核算面积的公式及图

相互位置和表面形状	辐射角系数和核算面积
1. 两个无限大的平行平面 ⸺⸺⸺⸺⸺⸺1 ⸺⸺⸺⸺⸺⸺2	$\varphi_{12}=\varphi_{21}=1$ $F_{12}=F_{21}=F_1=F_2$
2.(1)两表面形成封闭体系,其中一个是平面或凸面,另一个是凹面 (2)一个凸面位于另一物体内 	$\varphi_{12}=1$ $\varphi_{21}=\dfrac{F_1}{F_2}$ $F_{12}=F_{21}=F_1$
3. 两个不同宽度的无限大平行平面 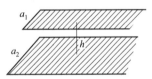	$\varphi_{12}=\dfrac{1}{2A_1}\left[\sqrt{4+(A_1+A_2)^2}-\sqrt{4+(A_2-A_1)^2}\right]$ $\varphi_{21}=\dfrac{1}{2A_2}\left[\sqrt{4+(A_1+A_2)^2}-\sqrt{4+(A_2-A_1)^2}\right]$ 式中 $A_1=\dfrac{a_1}{h}, A_2=\dfrac{a_2}{h}$ $F_{12}=F_{21}=\dfrac{h}{2}\left[\sqrt{4+(A_1+A_2)^2}-\sqrt{4+(A_2-A_1)^2}\right]$
4. 两个任意位置的平面,它们之间的距离与它们的面积尺寸相比是很大的,且它们的表面中心法线在一个平面中 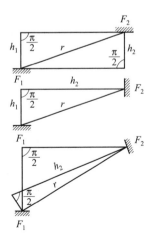	$\varphi_{12}=\dfrac{h_1h_2}{\pi r^2}F_2$ $\varphi_{21}=\dfrac{h_1h_2}{\pi r^2}F_1$ $F_{12}=F_{21}=\dfrac{h_1h_2}{\pi r^4}F_1F_2$

续表

相互位置和表面形状	辐射角系数和核算面积

5. 两个彼此平行而相等的矩形

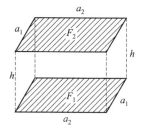

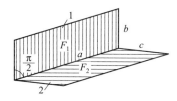

$$\varphi_{12}=\varphi_{21}=\frac{2}{\pi}\left[\frac{\sqrt{1+A_1^2}}{A_1}\arctan\frac{A_2}{\sqrt{1+A_1^2}}\right.$$

$$+\frac{\sqrt{1+A_2^2}}{A_2}\arctan\frac{A_1}{\sqrt{1+A_2^2}}-\frac{1}{A_1}\arctan A_2$$

$$\left.-\frac{1}{A_2}\arctan A_1+\frac{1}{2A_1A_2}\ln\frac{(1+A_1^2)(1+A_2^2)}{1+A_1^2+A_2^2}\right]$$

式中　$A_1=\dfrac{a_1}{h}$,$A_2=\dfrac{a_2}{h}$,$F_{12}=F_{21}=a_1a_2\varphi_{12}$

6. 两个相互垂直具有共同边线的矩形

$$\varphi_{12}=\frac{1}{\pi}\left[\arctan\frac{1}{B}+\frac{C}{B}\arctan\frac{1}{C}-\sqrt{C^2-1}\arctan\frac{1}{\sqrt{B^2+C^2}}\right.$$

$$+\frac{C}{4B}\ln\frac{C^2(1+B^2+C^2)}{(1+C^2)(B^2+C^2)}+\frac{B}{4}\ln\frac{B^2(1+B^2+C^2)}{(1+C^2)(B^2+C^2)}$$

$$\left.-\frac{1}{4B}\ln\frac{1+B^2+C^2}{(1+B^2)(1+C^2)}\right]$$

式中　$B=\dfrac{b}{a}$,$C=\dfrac{c}{a}$,$F_{12}=ab\varphi_{12}$

相互位置和表面形状	辐射角系数和核算面积
7. 两个相互垂直的矩形，它们无共同边线 (1)  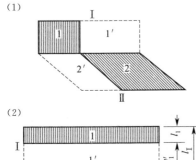 (2) 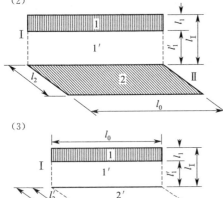 (3)	$(1)\varphi_{12}=\dfrac{F_{12}}{F_1}$ $$F_{12}=\dfrac{1}{2}(F_{\text{I}\,\text{II}}-F_{12'}-F_{1'2})$$ 式中　$\text{I}=1+1'$，$\text{II}=2+2'$ $(2)\varphi_{12}=\dfrac{F_{12}}{l_1l_2}=\varphi_{21}\dfrac{l_1+l_1'}{l_1}\varphi_{1'2}\dfrac{l_1'}{l_1}$ $$F_{12}=F_{\text{I}\,2}-F_{1'2}$$ $(3)\varphi_{12}=(\varphi_{\text{I}\,\text{II}}-\varphi_{12'})\dfrac{l_1+l_1'}{l_1}-(\varphi_{1'\text{II}}-\varphi_{1'2'})\dfrac{l_1'}{l_1}$ $$F_{12}=\varphi_{12}l_1l_0=F_{\text{I}\,\text{II}}-F_{12'}-F_{1'2'}-F_{1'2}$$ 式中　$\text{I}=1+1'$，$\text{II}=2+2'$
8. 微元面 $\mathrm{d}F$ 与矩形 F 相互平行，且矩形的一个顶点在 $\mathrm{d}F$ 面中心的法线方向上 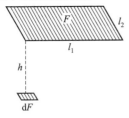	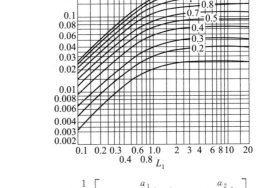 $$\varphi_{\mathrm{d}FF}=\dfrac{1}{2\pi}\left[a_1\arctan\dfrac{a_1}{L_2}L_2+a_2\arctan\dfrac{a_2}{L_2}L_1\right]$$ 式中　$L_1=\dfrac{l_1}{h}$，$L_2=\dfrac{l_2}{h}$ $$a_1=\dfrac{L_1}{\sqrt{1+L_1^2}}，a_2=\dfrac{L_2}{\sqrt{1+L_2^2}}$$ $$\varphi_{F\mathrm{d}F}=\varphi_{\mathrm{d}FF}\mathrm{d}F\dfrac{1}{F}$$ $$F_{\mathrm{d}FF}=\varphi_{\mathrm{d}FF}\mathrm{d}F=\varphi_{F\mathrm{d}F}F$$ 当 $L_2=\infty$ 时，$\varphi_{\mathrm{d}FF}=\dfrac{L_1}{4\sqrt{1+L_1^2}}=\dfrac{a_1}{4}$ 当 $L_1=\infty$ 和 $L_2=0$ 时，$\varphi_{\mathrm{d}FF}=\dfrac{1}{4}$

续表

相互位置和表面形状	辐射角系数和核算面积
9. 微元面 dF 与矩形 F 相互垂直 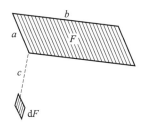	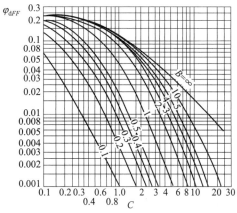 $$\varphi_{dFF}=\frac{1}{2\pi}\left[\arcsin\frac{1}{\sqrt{1+C^2}}-\frac{1}{\sqrt{1+(BC)^2}}\arcsin\frac{1}{\sqrt{1+B^2+C^2}}\right]$$ 式中 $B=\dfrac{b}{a}$，$C=\dfrac{c}{a}$
10. 微元面 dF 与矩形 F 相互平行 (1)微元面 dF 的法线通过矩形 F 内 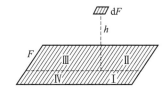 (2)微元面 dF 的法线在矩形 F 之外 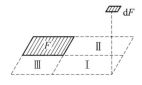	$(1)\varphi_{dFF}=\varphi_{dF\,I}+\varphi_{dF\,II}+\varphi_{dF\,III}+\varphi_{dF\,IV}$ $$\varphi_{FdF}=\varphi_{dFF}\frac{dF}{F}$$ $$F_{dFF}=\varphi_{dFF}dF$$ $\varphi_{dF\,I}$、$\varphi_{dF\,II}$、$\varphi_{dF\,III}$和$\varphi_{dF\,IV}$参见第8条 (2) $$\varphi_{dFF}=\varphi_{dF(I+II+III+F)}-\varphi_{dF(I+II)}-\varphi_{dF(I+III)}+\varphi_{dF\,I}$$ $\varphi_{dF(I+II+III+F)}$、$\varphi_{dF(I+II)}$、$\varphi_{dF(I+III)}$和$\varphi_{dF\,I}$参见第8条
11. 微元球面 dF 中心的法线通过矩形一顶点 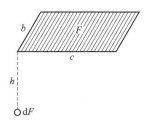	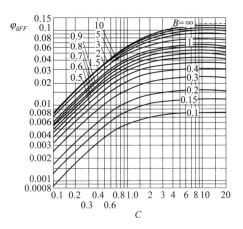

相互位置和表面形状	辐射角系数和核算面积
11. 微元球面 dF 中心的法线通过矩形一顶点 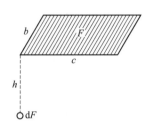	$$\varphi_{dFF} = \frac{1}{4\pi} \arcsin \frac{BC}{\sqrt{1+B^2+C^2+B^2C^2}}$$ 式中 $B = \dfrac{b}{h}, C = \dfrac{c}{h}$ 对于无限大平面，$B = \infty$ 时： $$\varphi_{dFF} = \frac{1}{4\pi} \arcsin \frac{C}{\sqrt{1+C^2}}$$ 对于无限大平面，$B = \infty, C = \infty$ 时： $$\varphi_{dFF} = \frac{1}{8}$$
12. 两个平行圆，其圆心都在同一法线上 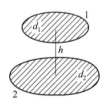	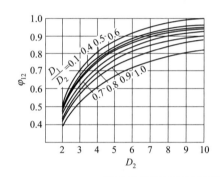 $$\varphi_{12} = \frac{4+D_1^2+D_2^2-\sqrt{(4+D_1^2+D_2^2)^2-4D_1^2D_2^2}}{2D_1^2}$$ $$\varphi_{21} = \frac{4+D_1^2+D_2^2-\sqrt{(4+D_1^2+D_2^2)^2-4D_1^2D_2^2}}{2D_2^2}$$ 式中 $D_1 = \dfrac{d_1}{h}, D_2 = \dfrac{d_2}{h}$ $$F_{12} = \frac{\pi h^2}{4}\left[\sqrt{1+\left(\frac{D_1+D_2}{2}\right)^2} - \sqrt{\left(\frac{D_2-D_1}{2}\right)^2-1}\right]$$ 当两个圆的直径相等时，$d_1 = d_2 = d$，$D_1 = D_2 = D$ $$\varphi_{12} = \varphi_{21} = \frac{2+D^2-2\sqrt{1+D^2}}{D^2}$$ $$F_{12} = F_{21} = \frac{\pi h^2}{4}(\sqrt{1+D^2}-1)^2$$
13. 两个直径相同的平行圆柱体 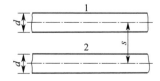	$$\varphi_{12} = \varphi_{21} = \frac{1}{\pi}\left(\arcsin D + \sqrt{\frac{1}{D^2}-1} - \frac{1}{D}\right)$$ 式中 $D = \dfrac{d}{s}$ $$F_{12} = F_{21} = s(\sqrt{1-D^2} + D\arcsin D - 1)$$

相互位置和表面形状	辐射角系数和核算面积
14. 一无限大平面与一管簇相互平行 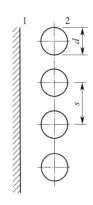	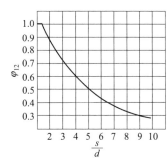 $$\varphi_{12}=1-\sqrt{1-\left(\frac{d}{s}\right)^{2}}+\frac{d}{s}\arctan\sqrt{\left(\frac{s}{d}\right)^{2}-1}$$ $$\varphi_{21}=\frac{1}{\pi}\left[\frac{s}{d}-\sqrt{\left(\frac{s}{d}\right)^{2}-1}+\arctan\sqrt{\left(\frac{s}{d}\right)^{2}-1}\right]$$ $$F_{12}=F_{21}=\varphi_{12}s=\varphi_{21}d$$
15. 一个无限大平面与两个管簇相互平行 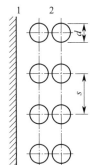	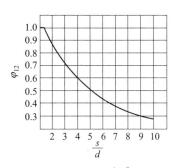 $$\varphi_{12}=1-(1-\varphi_{12}')^{2}$$ $$F_{12}=\varphi_{12}s$$ 式中，φ_{12}' 为一个管簇的角系数，参见第 14 条。 对于 n 个管簇：$\varphi_{12}=1-(1-\varphi_{21}')^{n}$
16. 一个凸面位于两平行平面之间，凸面的尺寸与平行平面相比较是很小的 	$$\varphi_{12}=\varphi_{21}=1,\varphi_{13}=\varphi_{23}=0,\varphi_{31}=\varphi_{32}=\frac{1}{2}$$ $$F_{13}=F_{31}=F_{23}=F_{32}=\frac{1}{2}F_{3}$$ $$F_{12}=F_{1}=F_{2}$$
17. 两个表面形成封闭体系，其表面均为凹面 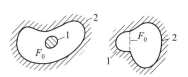	$$\varphi_{12}=\frac{F_{0}}{F_{1}},\varphi_{21}=\frac{F_{0}}{F_{2}}$$ $$F_{12}=F_{21}=F_{0}$$ 式中，F_{0} 相当于拉紧的表面，即"等效面积"

续表

相互位置和表面形状	辐射角系数和核算面积
18. 三个无限延伸的凸面组成的封闭体系 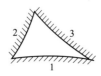	$\varphi_{12}=\dfrac{1}{2}\left(1+\dfrac{F_2}{F_1}-\dfrac{F_3}{F_1}\right)$ $\varphi_{21}=\dfrac{1}{2}\left(1+\dfrac{F_1}{F_2}-\dfrac{F_3}{F_2}\right)$ $F_{12}=F_{21}=\dfrac{1}{2}(F_1+F_2-F_3)$ $\varphi_{13}=\dfrac{1}{2}\left(1+\dfrac{F_3}{F_1}-\dfrac{F_2}{F_1}\right)$ $F_{13}=\dfrac{1}{2}(F_1+F_3-F_2)$ ……
19. 四个无限延伸的凸面组成的封闭体系 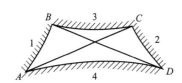	$F_{12}=\dfrac{1}{2}(F_{AC}+F_{BD}-F_3-F_4)$ $F_{13}=\dfrac{1}{2}(F_1+F_3-F_{AC})$ $F_{14}=\dfrac{1}{2}(F_1+F_4-F_{BD})$ …… $\varphi_{kn}=\dfrac{F_{kn}}{F_k}$，参见第 18 条
20. 根据几何分析法确定辐射角系数和核算面积 （平面系统） 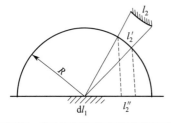	$\varphi_{dl_1l_2}=\dfrac{l''_2}{2R}$ $\varphi_{l_1l_2}=\dfrac{1}{l_1}\displaystyle\int l_1\varphi_{dl_1l_2}\,dl_1$ $F_{dF_1F_2}=\varphi_{dl_1l_2}\,dF_2$
21. 根据几何分析法确定辐射角系数和核算面积 （空间系统） 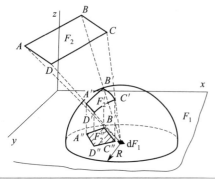	$\varphi_{dF_1F_2}=\dfrac{F''_2}{2R^2}$ $\varphi_{F_1F_2}=\dfrac{1}{F_1}\displaystyle\int F_1\varphi_{dF_1F_2}\,dF_1$ $F_{dF_1F_2}=\varphi_{dF_1F_2}\,dF_1$
22. 在一个方向无限延伸的两个凸面（"拉紧细线"法） 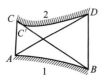	$\varphi_{12}=\dfrac{AD+BC'C-BD-AC}{2AB}$ $F_{12}=\dfrac{1}{2}(AD+BC'C-BD-AC)$

附录十　不稳定导热计算图

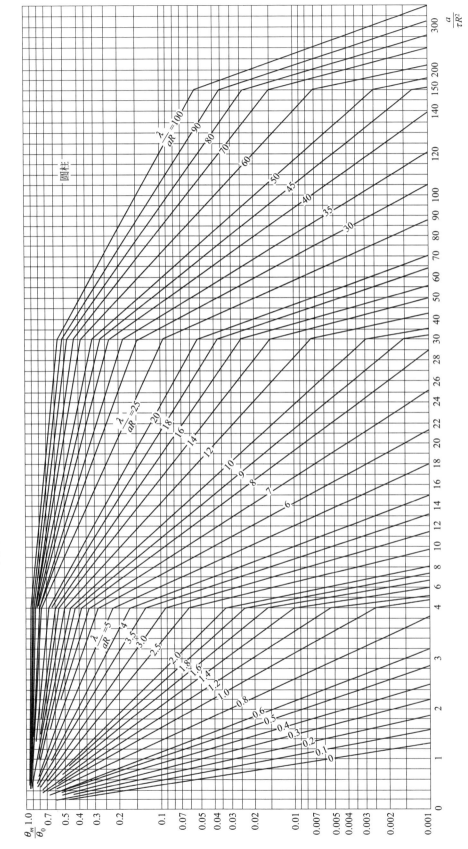

附录图 10-1　无限长圆柱中心的无量纲温度 $\dfrac{\theta_m}{\theta_0}$ 曲线

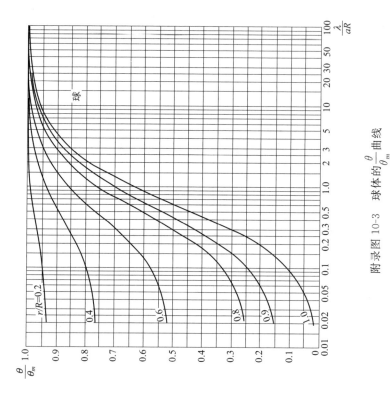

附录图 10-3　球体的 $\dfrac{\theta}{\theta_m}$ 曲线

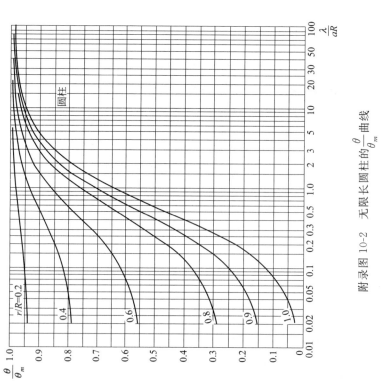

附录图 10-2　无限长圆柱的 $\dfrac{\theta}{\theta_m}$ 曲线

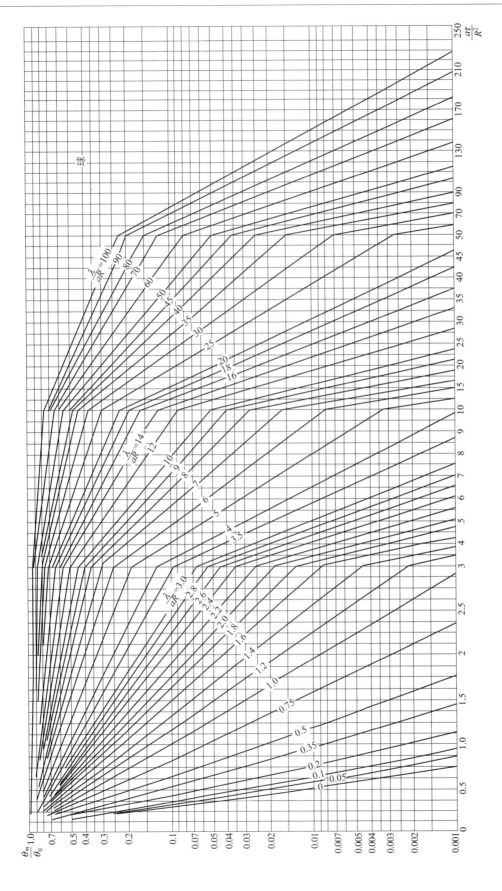

附录图 10-4　球体中心的无量纲温度 $\dfrac{\theta_m}{\theta_0}$ 曲线

附录十一　湿空气的相对湿度表

单位：%

干球温度/℃	干湿球温度差/℃																						
	0.6	1.1	1.7	2.2	2.8	3.3	3.9	4.4	5.0	5.6	6.1	6.7	7.2	7.8	8.3	8.9	9.4	10.0	10.6	11.1	11.7	12.2	12.8
23.9	96	91	87	82	78	74	70	66	63	59	55	51	48	44	41	38	34	31	28	25	22	—	—
24.4	96	91	87	83	78	74	70	67	63	59	55	52	48	45	42	38	35	32	29	26	23	—	—
25.0	96	91	87	83	79	75	71	67	63	60	56	52	49	46	42	39	36	33	30	27	24	—	—
25.6	96	91	87	83	79	75	71	67	64	60	57	53	50	46	43	40	37	34	31	28	25	—	—
26.1	96	91	87	83	79	75	71	68	64	60	57	54	50	47	44	41	37	34	31	29	26	—	—
26.7	96	91	87	83	79	76	72	68	64	61	57	54	51	47	44	41	38	35	32	29	27	24	21
27.8	96	92	88	84	80	76	72	69	65	62	58	55	52	49	46	43	40	37	34	31	28	25	23
28.9	96	92	88	84	80	77	73	70	66	63	59	56	53	50	47	44	41	38	35	32	30	27	25
30.0	96	92	88	85	81	77	74	70	67	63	60	57	54	51	48	45	42	39	37	34	31	29	26
31.1	96	92	88	85	81	78	74	71	67	64	61	58	55	52	49	46	43	41	38	35	33	30	28
32.2	96	92	89	85	81	78	75	71	68	65	62	59	55	53	50	47	44	42	39	37	34	32	29
33.3	96	92	89	85	82	78	75	72	69	65	62	59	56	54	51	48	45	43	40	38	35	33	30
34.4	96	93	89	86	82	79	75	72	69	66	63	60	57	54	52	49	46	44	41	39	36	34	32
35.6	96	93	89	86	82	79	76	73	70	67	64	61	58	55	53	50	47	45	42	40	37	35	33
36.7	96	93	89	86	83	79	76	73	70	67	64	61	59	56	53	51	48	46	43	41	39	36	34
37.8	96	93	90	86	83	80	77	74	71	68	65	62	59	57	54	52	49	47	44	42	40	37	35
38.9	96	93	90	86	83	80	77	74	71	68	65	63	60	57	55	52	50	47	45	43	41	38	36
40.1	96	93	90	86	84	80	77	74	72	69	66	63	61	58	56	53	51	48	46	44	41	39	37
41.1	96	93	90	87	84	81	78	75	72	69	66	64	61	59	56	54	51	49	47	45	42	40	38
42.2	96	93	90	87	84	81	78	75	72	70	67	64	62	59	57	54	52	50	47	45	43	41	39
43.3	97	94	90	87	84	81	78	76	73	70	67	65	62	60	57	55	53	50	48	46	44	42	40
44.4	97	94	90	87	84	82	79	76	73	70	68	66	63	60	58	56	53	51	49	47	45	43	41
45.6	97	94	91	88	85	82	79	76	74	71	68	66	63	61	59	56	54	52	50	48	45	43	41
46.7	97	94	91	88	85	82	79	77	74	71	69	66	64	61	59	57	55	52	50	48	46	44	42
47.8	97	94	91	88	85	82	79	77	74	72	69	67	64	62	60	57	55	53	51	49	47	45	43
48.9	97	94	91	88	85	82	80	77	74	72	69	67	65	62	60	58	56	54	51	49	47	46	44
50.0	97	94	91	88	85	83	80	77	75	72	70	67	65	63	61	58	56	54	52	50	48	46	44
51.1	97	94	91	89	86	83	80	78	75	73	70	68	65	63	61	59	57	55	53	51	49	47	45
52.2	97	94	91	89	86	83	81	78	75	73	71	68	66	64	62	59	57	55	53	51	49	47	46
53.3	97	94	91	89	86	83	81	78	76	73	71	69	66	64	62	60	58	56	54	52	50	48	46
54.3	97	94	92	89	86	84	81	78	76	74	71	69	67	65	62	60	58	56	54	52	50	49	47
55.6	97	94	92	89	86	84	81	79	76	74	72	69	67	65	63	61	59	57	55	53	51	49	47
56.7	97	94	92	89	86	84	81	79	76	74	72	70	67	65	63	61	59	57	55	53	51	50	48
57.8	97	94	92	89	87	84	82	79	77	74	73	70	68	66	64	61	59	58	56	54	52	50	49
58.9	97	94	92	89	87	84	82	79	77	75	73	70	68	66	64	61	60	58	56	55	52	51	49
60.0	97	94	92	89	87	84	82	79	77	75	73	70	68	66	64	62	60	58	56	55	52	51	49

习题答案

第一章　气体力学及其在窑炉系统中的应用

1-1　(1) $-128.6Pa$；(2) $-17.4Pa$。

1-2　上孔逸出热气体 $0.11m^3/s$；下孔吸入冷空气 $0.053m^3/s$。

1-3　(1) $281.9m/s$；(2) $446.3m/s$。

1-4　$-182.0Pa$。

1-5　略。

1-6　顶部出口内径 $1.78m$；底部内径 $2.5\ m$；烟囱高度 $31.13m$。

1-7　略。

第二章　燃料及其燃烧

2-1　(1) $1.22kg$；$1.25kg$；(2) $C_{ar}\ 66.18\%$，$H_{ar}\ 4.82\%$，$O_{ar}\ 7.39\%$，$N_{ar}\ 1.37\%$，$S_{ar}\ 0.56\%$，$A_{ar}\ 14.68\%$，$M_{ar}\ 5\%$。

2-2　(1) $2596Nm^3/h$；(2) $2726Nm^3/h$；(3) $CO_2\ 11.91\%$，$H_2O\ 9.45\%$，$SO_2\ 0.03\%$，$O_2\ 3.34\%$，$N_2\ 75.2\%$。

2-3　(1) $1.44Nm^3/Nm^3$ 烟气；　(2) $2.24Nm^3/Nm^3$ 烟气；　(3) $CO_2\ 15.57\%$，$O_2\ 1.23\%$，$SO_2\ 0.63\%$，$N_2\ 71.7\%$，$H_2O\ 10.87\%$；(4) $1.325kg/Nm^3$。

2-4　$1409℃$；$416℃$。

2-5　5.49%；9.51%。

2-6　(1) $10.63Nm^3/kg$；(2) $10.96Nm^3/kg$；(3) 1.34。

第三章　传热原理

3-1　$370mm$。

3-2　$222W/m$。

3-3　$624℃$。

3-4　略。

3-5　$\geqslant 147mm$。

3-6　直径大的管道热损失大。

3-7　$2713W/m$。

3-8　(1) $442.5W/m^2$；(2) $152.5W/m^2$。

3-9　$35.0W/(m^2 \cdot ℃)$。

3-10　$87.6W/(m^2 \cdot ℃)$。

3-11　(1) 334.2W/m^2，$2.63\times10^4\text{W/m}^2$；(2) $2.75\times10^4\text{W/m}^2$，$5.83\times10^3\text{W/m}^2$；(3) $5.83\times10^3\text{W/m}^2$，$2.75\times10^4\text{W/m}^2$；(4) $-2.17\times10^4\text{W/m}^2$，$2.17\times10^4\text{W/m}^2$。

3-12　$1.08\times10^4\text{W/m}^2$；$8.03\times10^2\text{W/m}^2$。

3-13　$1.08\times10^4\text{W/m}$；$5.79\times10^3\text{W/m}$。

3-14　$534℃$。

3-15　$2.55\times10^4\text{W/m}^2$；$9.64\times10^4\text{W/m}^2$；$2.08\times10^5\text{W/m}^2$。

3-16　6918W/m^2；$30.7\text{W/(m}^2\cdot℃)$。

3-17　655mm。

3-18　15.8m^2。

3-19　39.1m^2。

3-20　$192℃$；$136.8℃$；$163.2℃$。

第四章　传质原理

4-1　$5.45\times10^{-2}\text{mol/(m}^2\cdot\text{s})$。

4-2　$4.7\times10^{-4}\text{mol/(m}^2\cdot\text{s})$，$-4.7\times10^{-4}\text{mol/(m}^2\cdot\text{s})$。

4-3　$0.533\text{kg/(m}^2\cdot\text{h})$。

4-4　$1.62\times10^{-4}\text{kmol/(m}^2\cdot\text{s})$。

4-5　0.0031kmol/m^3；$3.54\times10^{-4}\text{kmol/(m}^2\cdot\text{s})$。

第五章　干燥过程与设备

5-1　$\varphi=65\%$，$x=0.018\text{kg 水蒸气/kg 干空气}$，$I=76\text{kJ/kg 干空气}$，$p_\text{w}=2.7\text{kPa}$，$\rho_\text{w}=0.0193\text{kg/m}^3$，$t_\text{d}=23.5℃$，$\rho_\text{s}=1.13\text{kg/m}^3$。

5-2　略。

5-3　(1) $x=0.012\text{kg 水蒸气/kg 干空气}$，$t_\text{d}=16.5℃$，$I=49.4\text{kJ/kg 干空气}$；(2) $Q=8260\text{kJ/h}$。

5-4　$l_\text{w}^0=43.5\text{kg 干空气/kg 水}$；$q^0=3330\text{kJ/kg 水}$。

5-5　(1) $m_\text{w}=45.69\text{kg/h}$；(2) $\Delta q=2964.36\text{kJ/kg 水}$；(3) $L=2405\text{kg 干空气/h}$；(4) $x_2\approx0.027\text{kg 水蒸气/kg 干空气}$；(5) $Q=312650\text{kJ/h}$。

5-6　30706kg 干空气/h；31013kg/h；$255\times10^3\text{kJ/h}$。

5-7　略。

参 考 文 献

[1]　孙晋涛. 硅酸盐工业热工基础 [M]. 武汉：武汉理工大学出版社，2015.

[2]　张美杰. 材料热工基础 [M]. 北京：冶金工业出版社，2013.

[3]　肖奇，黄苏萍. 无机材料热工基础 [M]. 北京：冶金工业出版社，2010.

[4]　姜金宁. 硅酸盐工业热工过程及设备 [M]. 第2版. 北京：冶金工业出版社，2011.

[5]　姜洪舟，田道全. 无机非金属材料热工基础 [M]. 第2版. 武汉：武汉理工大学出版社，2012.

[6]　徐利华，延吉生. 热工基础与工业窑炉 [M]. 北京：冶金工业出版社，2006.

[7]　蔡增基，龙天渝. 流体力学 泵与风机 [M]. 第4版. 北京：中国建筑工业出版社，1999.

[8]　Frank M White. Fluid Mechanics (5th Edition) [M]. McGraw-Hill Book Companies，2004.

[9]　张国强，吴家鸣. 流体力学 [M]. 北京：机械工业出版社，2006.

[10]　伍悦滨，朱豪生. 工程流体力学 泵与风机 [M]. 第2版. 北京：化学工业出版社，2016.

[11]　姚仲鹏，王瑞君. 传热学 [M]. 第2版. 北京：北京理工大学出版社，2003.

[12]　杨世铭. 传热学 [M]. 北京：高等教育出版社，1987.

[13]　皮茨 D 等. 传热学 [M]. 葛新石等，译. 北京：科学出版社，2002.

[14]　沈慧贤，胡道和. 硅酸盐热工工程 [M]. 武汉：武汉工业大学出版社，1993.

[15]　Jay F Hooper. Basic Pneumatics [M]. Carolina Academic Press，2013.

[16]　Irvin Glassman，Richard A Yetter，Nick G Glumac. Combustion (5th Edition) [M]. Academic Press，2014.

[17]　Holman J P. Heat Transfer (9th Edition) [M]. New York：McGrsw Hill Book Companies，2002.

[18]　Incropera F P，Dewitt D P，Bergman T L，Lavine A S. 传热和传质基本原理 [M]. 葛新石，叶宏，译. 北京：化学工业出版社，2007.

[19]　曾玲可，税安泽. 陶瓷工业实用干燥技术与实例 [M]. 北京：化学工业出版社，2008.

[20]　刘圣华，姚明宇，张宝剑. 洁净燃烧技术 [M]. 北京：化学工业出版社，2006.

[21]　姜洪舟. 无机非金属材料热工设备 [M]. 第2版. 武汉：武汉理工大学出版社，2010.

[22]　张学学. 热工基础 [M]. 北京：高等教育出版社，2006.

[23]　王新月. 气体动力学基础 [M]. 西安：西北工业大学出版社，2006.

[24]　陈浮，宋彦萍，陈焕龙，刘华坪. 气体动力学基础 [M]. 哈尔滨：哈尔滨工业大学出版社，2013.

[25]　徐通模. 燃烧学 [M]. 北京：机械工业出版社，2011.

[26]　张美杰，程玉宝. 无机非金属材料工业窑炉 [M]. 北京：冶金工业出版社，2008.

[27]　陈景华，张长森，蔡树元. 无机非金属材料热工过程及设备 [M]. 上海：华东理工大学出版社，2015.

[28]　贾绍义，柴诚敬. 化工传质与分离过程 [M]. 第2版. 北京：化学工业出版社，2007.

[29]　马铁成. 陶瓷工艺学 [M]. 北京：中国轻工业出版社，2017.

200

180

160

140

120

100

80

60

40

20

−2

燃烧量/(kJ/kg/℃)